Lecture Notes in Mathematics

Edited by A. Dold and B. Eckmann

667

Jacek Gilewicz

T0215466

Approximants de Padé

Springer-Verlag
Berlin Heidelberg New York 1978

Auteur
Jacek Gilewicz
Université de Toulon
Département de Mathématiques
F-83130 La Garde

Centre de Physique Théorique
C.N.R.S.
Centre de Luminy
F-13009 Marseille

AMS Subject Classifications (1970): 26A48, 30A08, 30A10, 30A22, 30A28, 30A78, 30A80, 30A82, 41A20, 41A50, 42A16, 44A50, 65B05, 65B10, 65D15, 65E05

ISBN 3-540-08924-1 Springer-Verlag Berlin Heidelberg New York
ISBN 0-387-08924-1 Springer-Verlag New York Heidelberg Berlin

Printed in Germany

Printing and binding: Beltz Offsetdruck, Hemsbach/Bergstr.
2141/3140-543210

Kochanej Michèle i kochanym Cioteczkom,

a także niezatartej pamięci mego ojca, który zaginął bez wieści po ... wyzwoleniu z obozu w Leitmeritz

Jacek Gilewicz

- INTRODUCTION -

Contexte Scientifique des Questions Traitées

Une fraction rationnelle dont le développement en série au voisinage de l'origine se confond jusqu'à un certain terme avec une série formelle est appelée approximant de Padé de cette série.

Déjà en 1821, Cauchy, dans son "Cours d'Analyse" traite du problème d'interpolation des fonctions connues en un certain nombre de points par les fractions rationnelles. La notion d'approximant, que nous appelons "de Padé", est due à Jacobi (1846). Frobenius (1881) a étudié les propriétés algébriques de ces approximants. Henri Padé (1863-1953) a marqué une grande étape dans l'étude de ces approximants qui portent aujourd'hui son nom, par ses travaux [144 ; 145] de 1892 et 1899. Il a étudié systématiquement la structure d'une table de ces approximants, il a abordé le problème de la convergence en formulant sa fameuse conjecture et il a même suggéré certaines généralisations de ces approximants, comme par exemple les approximants quadratiques auxquels on n'a que tout récemment attaché de l'importance.

Le livre de Wall [163] de 1948 a contribué à la redécouverte des approximants de Padé, mais ce n'est qu'à partir de 1961 que commence, avec les travaux de Georges Alan Baker Jr., la véritable poussée des travaux sur les approximants de Padé motivés par les succès de leurs applications aux problèmes de la physique.

De leur côté, les mathématiciens s'intéressent aux problèmes d'accélération de la convergence des suites. En 1955, Shanks [154] propose une intéressante transformation des suites et en 1956 Peter Wynn [171] donne un algorithme pour calculer par récurrence les transformées de Shanks. Désormais, ce procédé d'accélération de la convergence s'appellera "ε-algorithme" et Shanks montrera que les nombres calculés par l'ε-algorithme ne sont autres que les valeurs des approximants de Padé en un certain point.

Bien que cette jonction entre les approximants de Padé et l' ε -algorithme ait été faite, les physiciens et les mathématiciens travailleront encore longtemps séparément sur les mêmes types de problèmes et ne réuniront leurs efforts qu'à partir de 1972, environ, date des conférences de Boulder [119] et de Canterbury [115 ; 116].

Dans la dernière décennie, le développement des travaux sur les approximants de Padé et les problèmes annexes était tel qu'à l'heure actuelle, on compte déjà plus de mille références [206].

Dans cette situation, il nous a paru nécessaire de présenter une mise à jour sur le sujet en question destinée aussi bien aux théoriciens qu'aux utilisateurs des approximants de Padé. Pour que ce texte soit autonome, nous l'avons précédé de quatre chapitres traitant les sujets auxquels on fait fréquemment référence dans la théorie des approximants de Padé. Il s'agissait aussi de procéder à une mise au clair de cette théorie dont plusieurs points importants étaient encore obscurs. Le livre que nous présentons est issu du premier texte [214] corrigé et légèrement modifié ; dans la littérature récente il apporte certains compléments aux ouvrages de Baker [12] et de Brezinski [52].

<u>Contenu</u>

Nous étudions exclusivement les approximants de Padé ordinaires en mentionnant seulement en Annexe III les approximants généralisés. Les problèmes généraux traités sont ceux d'approximation d'une fonction, de prolongement analytique d'une fonction donnée par sa série de Taylor, d'extrapolation de la limite d'une suite et d'accélération de la convergence. Dans tous ces problèmes on essaye de faire référence à l'information contenue dans un nombre fini de termes d'une suite, telle qu'elle se présente dans la pratique courante.

Le chapitre 2 a pour ambition de remettre à jour la théorie des suites et des fonctions totalement monotones et dépasse le cadre du strict nécessaire à son application à la théorie des approximants de Padé.

Les approximants de Padé ne sont introduits qu'au chapitre 5 . Les trois derniers chapitres sont consacrés à des applications numériques de la méthode d'approximation de Padé, applications à propos desquelles se pose le problème du choix du meilleur approximant de Padé dans un ensemble fini d'approximants. Le lecteur intéressé exclusivement par cette application peut aborder le chapitre 8 directement.

Remerciements

Il convient de dire que ce travail a été non seulement filtré, mais enrichi de nombreux résultats nouveaux grâce à la collaboration de Marcel Froissart, Professeur au Collège de France. Qu'il veuille bien trouver en ces mots trop brefs l'expression de toute ma reconnaissance.

Je dois aussi de très vifs remerciements à Monsieur le Professeur M. Cadilhac pour m'avoir orienté vers l'étude des approximants de Padé après avoir dirigé mes travaux exposés au chapitre 9.

Nombreux sont ceux qui m'ont apporté leur concours : G.A. Baker Jr., J. Bellissard, D. Bessis, C. Brezinski, J.S.R. Chisholm, N. Gastinel, B. Nayroles, M. Pindor, R. Stora, et beaucoup d'autres, à qui j'adresse l'expression de ma profonde gratitude.

Note sur la Présentation et la Terminologie

Les chapitres, et parfois les paragraphes, sont précédés d'introductions très détaillées où nous signalons en particulier les résultats, à notre connaissance nouveaux.

Toutes les numérotations sont indépendantes d'un chapitre à l'autre. La référence aux formules, théorèmes, etc. est faite en indiquant d'abord le numéro du chapitre où ils figurent, puis, après la séparation par un point, leurs numéros dans le chapitre en question. Les formules, théorèmes, etc. faisant partie du chapitre en cours, font exception à cette règle : dans leur cas, le numéro du chapitre est omis. Par exemple, la référence (5.32) rencontrée au chapitre 6 renvoit à la formule (32) du chapitre 5 et la référence (32) à la formule (32) du chapitre 6.

Les textes des théorèmes, propriétés, lemmes et définitions se distinguent du reste par une barre latérale placée à gauche, en marge. Les fins des démonstrations sont signalées par C.Q.F.D. Les résultats classiques sont donnés en général sans démonstrations, mis à part les cas où nous avons apporté quelques améliorations.

La liste des références bibliographiques, commune à tout le document, n'est certainement pas complète, mais situe suffisamment bien le développement des travaux sur les sujets traités jusqu'à la fin de l'année 1977. Nous avons préféré donner les références aux publications récentes qui reproduisent les résultats classiques au lieu d'accroître inutilement notre bibliographie par des références à des travaux difficilement accessibles. La liste des références a été complétée deux fois : réf. [196] à [205] et réf. [206] à [218].

On a respecté, le mieux possible, les notations habituellement admises en France. Toutefois nous nous tenons rigoureusement aux notations et à la terminologie introduite au fur et à mesure. Les nouveaux termes sont soulignés à l'endroit où ils apparaissent pour la première fois et où se trouve toujours leur définition. L'index placé à la fin et qui comporte l'index des symboles et l'index terminologique, renvoit à ces endroits. Certaines définitions sont groupées en pages 2 à 5 et 42 à 43.

Pour éviter d'éventuels malentendus signalons que :

1°) La notation d'une fonction "$f: x \longmapsto f(x) = \ldots$" est parfois abrégée en "$f: f(x) = \ldots$" ;

2°) Les crochets "$\{\ldots\}$" désignent un ensemble, mais nous avons aussi réservé cette notation pour les suites ;

3°) Les changements de variables sont notés "$z \longrightarrow z(w)$", mais parfois il nous arrive de les noter par exemple "$z \longrightarrow \frac{1}{z}$" ; la flèche est toutefois utilisée pour dire "tend vers..", ce qui par exemple dans "$c_n \rightarrow c$" indique la convergence d'une suite ;

4°) Nous avons systématiquement évité d'utiliser le terme "matrice" en le remplaçant par "table" ; les noms usuels, comme par exemple "matrice de Gram" en font exception ;

5°) Les abréviations "ord" et "deg" désignent respectivement "ordre" et "degré" ;

6°) La lettre "D" peut désigner un disque ou un domaine, mais pour abréger on parle aussi du "disque $|z| < 1$" ou du "domaine $\mathrm{Re}\, z > 0$" ;

7°) $\mathrm{Im}\, z$, $\mathrm{Re}\, z$, $|z|$, $\bar{z}$ désignent respectivement la partie imaginaire de z, la partie réelle de z, le module de z, la valeur complexe conjuguée de z ;

8°) f' désigne la dérivée première de f, $f^{(n)}$ la dérivée n-ième sauf quand il est précisé qu'il s'agit d'un indice ;

9°) $A \backslash B$ désigne le complémentaire dans A de l'intersection $A \cap B$;

10°) Les crochets $[\vdots \vdots \vdots]$ encadrent une table dont le déterminant est noté indifféremment par $\det [\vdots \vdots \vdots]$ ou $|\vdots \vdots \vdots|$;

11°) La notation "$\underset{z \to a}{\lim} \ldots$" désigne la limite dans un secteur du plan des complexes, ce secteur étant toujours précisé ;

12°) Dans les tableaux numériques, on utilise fréquemment la notation abrégée du mode avec l'exposant décimal qui, par exemple pour $0{,}43 \times 10^{-4}$ donne ".43-4".

- T A B L E D E S M A T I E R E S -

CHAPITRE 1

RAPPELS SUR LES SUITES NUMERIQUES

La suite des coefficients d'une série formelle définit l'ensemble des approximants de Padé ; de ce fait la théorie algébrique de ces derniers se réfère aux propriétés des suites. Aussi avons-nous cru bon de rappeler quelques résultats sur celles-ci, résultats classiques pour la plupart [48], [50], [52] , et auxquels nous ferons référence ultérieurement.

Le premier paragraphe reprend et précise quelques définitions concernant les notions de procédé d'accélération de convergence, de sommation, d'extrapolation. Le second paragraphe contient un formulaire et le troisième définit une notion d'équivalence entre suites, notion qui servira à caractériser la classe des suites qui relèvent de notre généralisation d'un théorème de convergence de l'ε-algorithme. Le quatrième et dernier paragraphe reprend les définitions des déterminants de Hankel et de Toeplitz engendrés par une suite numérique ; la table de ces derniers déterminants, dite table c , joue un rôle important dans la théorie algébrique des approximants de Padé.

1.1 NOTIONS SUR LA COMPARAISON DES SUITES ET QUELQUES RAPPELS SUR LES SERIES FORMELLES.

1.1.1 TERMINOLOGIE ET NOTATIONS

Nous donnons ci-dessous une liste de termes et de symboles en rappelant les acceptions usuelles. Les adjectifs : positif, négatif, croissant, décroissant, monotones, ..., seront entendus au sens large ; dans le cas contraire, on précisera : strictement.

$\mathbb{N}$ Ensemble des entiers positifs (ou : ensemble des naturels). L'ensemble $\mathbb{N}$ est ordonné par la relation $\leqslant$.

$\mathbb{R}$ Ensemble des réels (ordonné également).

$\mathbb{C}$ Ensemble des complexes.

$\overline{\mathbb{R}}$ Droite achevée.

$*$ Désigne le complémentaire de 0 dans un ensemble ; exemples : $\mathbb{N}^*$, $\mathbb{R}^*$, $\overline{\mathbb{R}}^*$.

$\mathbb{R}^+$ Ensemble des réels positifs. On a : $\mathbb{R}^{+*} = \mathbb{R} \setminus \mathbb{R}^-$.

Représentation paramétrique (de B au moyen de A) : Application d'un ensemble A sur un ensemble B ; A est l'ensemble des paramètres (ou d'indices) [36, ch.II].

Famille d'éléments d'un ensemble B : Une partie de B munie d'une représentation paramétrique.

Suite (d'éléments d'un ensemble B) : Une famille (d'éléments de B) dont l'ensemble d'indices est une partie de $\mathbb{N}$; une suite est dite infinie ou finie suivant que l'ensemble des indices est une partie infinie ou finie de $\mathbb{N}$ [36, ch.III].

x, $\{x_n\}_{n\in M}$: Notations générales désignant une suite ; $M \subset \mathbb{N}$.

$\{x_n\}_{n\in\mathbb{N}}$, $\{x_n\}_{n\geqslant 0}$, $\{x_n\}$: Notations d'une suite dont l'ensemble des indices est $\mathbb{N}$.

$\{x_{n+1}\}$ La suite $\{x_{n'}\}_{n'\geqslant 1}$ $(n'=n+1)$.

$\{x_n\}_{0\leqslant n\leqslant m}$: Une suite finie particulière.

$(x)_n, x_n$: Terme d'indice n de la suite x .
$\{a\}$: Suite constante : $x_n = a$ pour tout n .
Suite réelle (resp. complexe) : Suite dont les termes sont dans $\mathbb{R}$ (resp. $\mathbb{C}$).
Suites égales : Deux suites x et y sont égales $(x=y)$, si $x_n = y_n$ pour tout n .
Filtre de Fréchet sur $P \subset \mathbb{N}$: Le filtre $\mathfrak{F}_P$ des complémentaires des parties finies de P . Le filtre $\mathfrak{F}_{\mathbb{N}}$ est noté $\mathfrak{F}$.
Limite d'une suite : " c appartenant à $\overline{\mathbb{R}}$ est limite de la suite réelle $\{c_n\}_{n\in P}$ suivant le filtre $\mathfrak{F}_P$ si et seulement si pour tout voisinage V de c dans $\overline{\mathbb{R}}$, il existe un ensemble M dans $\mathfrak{F}_P$ tel que $\{c_n\}_{n\in M} \subset V$ ".
Si c est limite de la suite réelle $\{c_n\}_{n\in P}$, on dit que cette suite converge et on écrit :

$\lim_{n\to\infty} c_n = c$ où : $c_n \to c$ [38, ch.I,II ; 81, t.1,p.51] .

Limite supérieure (resp. inférieure) de la suite de nombres réels c_n :
La limite supérieure (resp. inférieure) suivant le filtre $\mathfrak{F}$ de l'application $n \mapsto c_n$ de $\mathbb{N}$ dans $\overline{\mathbb{R}}$, c'est-à-dire [37,ch.IV]:

$$\limsup_{n\to\infty} c_n = \lim_{I\in\mathfrak{F}} (\mathrm{Sup}\, \{c_k\}_{k\in I})$$

$$\liminf_{n\to\infty} c_n = \lim_{I\in\mathfrak{F}} (\mathrm{Inf}\, \{c_k\}_{k\in I}) .$$

Espace vectoriel des suites : L'ensemble des suites réelles S muni (dans notre cas) d'une structure, dite naturelle, d'espace vectoriel sur le corps des réels par la loi de composition interne -addition terme à terme :

$$\forall x \in S, \forall y \in S \Rightarrow x+y \in S \quad \text{où} \quad (x+y)_n = (x)_n + (y)_n \ \forall n;$$

et la loi externe -multiplication par un scalaire :

$\forall x \in S, \forall \lambda \in \mathbb{R} \Rightarrow \lambda x \in S$ où $(\lambda x)_n = \lambda (x)_n \quad \forall n.$

D'autres espaces vectoriels étudiés plus loin seront également munis d'une structure naturelle.

Espace normé des suites S_B : Sous-espace vectoriel de S constitué des suites bornées et muni (dans notre cas) de la norme de la convergence uniforme :

$$\|x\| = \sup_{n \in \mathbb{N}} |x_n| \qquad x \in S_B \quad (\|x\| \in \mathbb{R}^+).$$

Convergence d'une suite : On dit qu'une suite réelle converge si elle possède une limite.
Par définition il s'agit d'une limite dans $\overline{\mathbb{R}}$. Dans le cas de l'espace S_B c'est une limite dans $\mathbb{R}$ [81,t.1,p.51].

Convergence d'une série : "Un couple de suites x, s est appelé une série si les termes x_n, s_n sont liés par les relations $s_n = x_0 + x_1 + \ldots + x_n$ pour tout n. On dit que la série converge si la suite s (de ses sommes partielles) converge. dans $\mathbb{R}$. [81,t.I,p.95 ; 38,ch.III,IV].

Algèbre commutative des suites : Algèbre de convolution : l'espace vectoriel des suites (S) muni d'une deuxième loi interne (commutative et distributive par rapport à la première) - multiplication :

$$\forall x, y \in S \Rightarrow t = xy \in S \quad \text{où} \quad t_n = \sum_{j=0}^{n} x_j y_{n-j} \quad \forall n \in \mathbb{N}.$$

(cf. paragraphe 1.1.4, où on définit de façon analogue l'algèbre des polynômes et où on la prolonge à l'algèbre des séries formelles).

Opérateur : Application d'un espace vectoriel E dans un espace vectoriel E' , les deux espaces étant sur un même corps K .
La structure vectorielle de E et de E' permet de considérer les opérateurs linéaires sur E , c'est-à-dire les applications linéaires (f) de E dans E' :

$$\forall x \in E, \forall y \in E, \forall \lambda \in K \Rightarrow f(x+y) = f(x) + f(y) ; \; f(\lambda x) = \lambda f(x) ;$$
$$f(x) \in E', f(y) \in E'.$$

Stabilité : "On dit que l'espace E est stable par f (ou : pour l'opérateur f) si $f(E) \subset E$ " [36,fasc.rés. 37,ch.I].

Cette dernière définition peut être étendue à une partie E_1 de l'espace E qui n'est pas nécessairement un sous-espace vectoriel. On considère dans ce cas la restriction de f à E_1 . Nous aurons à traiter des problèmes du type suivant : on se donne un ensemble E_1' contenu dans l'espace E' et il s'agit de déterminer un ensemble E_1 contenu dans l'espace E tel que $f(E_1)$ soit contenu dans E_1' ; si en particulier $f(E_1) \subset E_1$, alors on dit que l'ensemble E_1 est stable par f (ou : pour l'opérateur f).

Un énoncé de forme générale auquel nous serons conduits est le suivant : soient $S_{\mathbb{R}}$ un espace de suites convergeant dans $\mathbb{R}$ et S' un espace de suites contenant des suites divergentes et des suites convergentes (dans $\overline{\mathbb{R}}$). Supposons que l'opérateur f applique $S_{\mathbb{R}}$ dans S' et qu'il existe une partie non-vide V de $S_{\mathbb{R}}$ telle que $f(V) = V' \subset S_{\mathbb{R}} \cap S'$. Les problèmes que nous analysons plus loin concernent précisément la recherche de certains opérateurs de ce type et la caractérisation des ensembles V et V' ; en particulier nous étudierons la stabilité de V par f .

Nous aurons affaire essentiellement à des suites réelles : toutefois certaines formules établies pour ces suites sont aussi valables pour des suites complexes.

Ce travail a pour objet de résoudre un certain nombre de problèmes pratiques. Il convient donc de définir les termes : nombre calculable et suite numérique calculable ; nous reportons ces définitions au chapitre 8 consacré précisément aux applications.

1.1.2 COMPARAISON DES SUITES

Définition 1

Soient $\{u_n\}$ et $\{v_n\}$ deux suites réelles :

(i) S'il existe un entier naturel N et un réel C strictement positifs tels que pour tout $n > N$ on aît :

$$|v_n| < C\,|u_n|$$

on écrit alors :

$$v_n = O(u_n) \quad ;$$

(ii) Si pour tout $\varepsilon > 0$ il existe un naturel N tel que pour tout $n > N$ on aît :

$$|v_n| < \varepsilon\,|u_n|$$

on écrit alors :

$$v_n = o(u_n) .$$

En d'autres termes ceci signifie que si :

$$\limsup_{n \to \infty} \left|\frac{v_n}{u_n}\right| = A$$

et si :

(i) A appartient à $\mathbb{R}^+$, alors on a $v_n = O(u_n)$;

(ii) si en particulier $A = 0$, alors on a $v_n = o(u_n)$ et réciproquement si $v_n = o(u_n)$, alors on a $A = 0$.

On note que $v_n = o(u_n)$ entraîne $v_n = O(u_n)$ et exclut $u_n = O(v_n)$. Dans les deux cas $u_n \neq 0$ pour $n > N$. Dans l'exemple $v_n = n$ et $u_n = 2n$ on a $v_n = O(u_n)$ et $u_n = O(v_n)$; pour $v_n = 1/n^2$ et $u_n = 1/n$ on a

$v_n = o(u_n)$, bien que pour $v_n = \frac{1}{n^2} + 1$ et $u_n = \frac{1}{n} + 1$ on n'a que $v_n = O(u_n)$; dans le cas $v_n = 1/4^n$ et $u_n = (1/2^n) \sin \frac{n\pi}{2}$ on ne peut rien dire.

Considérons maintenant deux suites convergeant vers la même limite : $v_n \to c$ et $u_n \to c$. Notons que dans ce cas la relation $v_n = o(u_n)$ ne peut avoir éventuellement lieu que si la limite c est nulle ou infinie. Pour simplifier l'énoncé de la définition suivante nous ne considérons donc que les suites convergeant vers zéro. Ceci ne restreint pas la généralité, car si une suite, appelons-la $\bar{u}$, converge vers $c \neq 0$, alors on peut toujours en déduire une suite $u = \bar{u} - c$ qui converge vers zéro.

Définition 2

Soient $\{u_n\}$ et $\{v_n\}$ deux suites de nombres réels convergeant vers zéro, alors :

(i) si $u_n = O(v_n)$ et $v_n = O(u_n)$ on dit que $\{v_n\}$ converge comme $\{u_n\}$;

(ii) si $\limsup_{n\to\infty} \left|\frac{v_n}{u_n}\right| = A$ avec $0 \leq A < 1$ on dit que $\{v_n\}$ converge mieux que $\{u_n\}$;

(iii) si $v_n = o(u_n)$ (ou si $\limsup_{n\to\infty} |v_n/u_n| = 0$) on dit que $\{v_n\}$ converge plus vite que $\{u_n\}$.

Théorème 1 [52]

Soient $\{u_n\}$ et $\{v_n\}$ deux suites convergeant vers zéro ;

(i) s'il existe un naturel N et deux réels a et b : $a < 1 < b$ tels que pour tout $n > N$ on ait $\frac{u_{n+1}}{u_n} \notin [a,b]$ et si

$$\lim_{n\to\infty} \frac{v_n}{u_n} = A \quad , \text{ alors } \lim_{n\to\infty} \frac{v_{n+1} - v_n}{u_{n+1} - u_n} = A \ ;$$

(ii) si $\{u_n\}$ est strictement monotone, alors $\lim_{n\to\infty} \frac{v_{n+1} - v_n}{u_{n+1} - u_n} = A$ entraîne $\lim_{n\to\infty} \frac{v_n}{u_n} = A$, A pouvant être infini.

Définition 3

Soient S l'espace vectoriel des suites réelles convergeant dans $\mathbb{R}$, S' l'espace vectoriel des suites réelles et T un opérateur qui applique S dans S'. Si V est une partie de S telle que l'opérateur T y conserve les limites des suites et que pour toute suite u de V (notons sa limite : c) la suite $Tu = v$ satisfait à $v_n - c = o(u_n - c)$, alors on dit qu'on a accéléré la convergence de la suite u et qu'à l'opérateur T défini sur S est associée une méthode d'accélération de la convergence sur V.

On dit aussi que T est un accélérateur de convergence pour la suite u.

En général on démontre d'abord le théorème de convergence, c'est-à-dire qu'on détermine une partie non-vide V de S telle que quelle que soit la suite u dans V la suite Tu converge vers la même limite que u. Puis on démontre le théorème d'accélération de la convergence, c'est-à-dire qu'on montre que T accélère la convergence sur V. Mais dans la littérature on annonce fréquemment une méthode d'accélération de la convergence sans que ces théorèmes soient démontrés. Par exemple, le premier théorème d'accélération de la convergence pour l' ε -algorithme date seulement de cette année [56].

Un problème très difficile est de déterminer un plus grand ensemble V dans S auquel l'opérateur T associe une méthode d'accélération de la convergence. Par exemple pour l' ε -algorithme on ne le sait pas.

Soient $\{u_n\}(u_n \to c)$ une suite donnée et $\{v_n\}$ $(v_n \to c)$ une suite transformée. Selon la définition 3 on a accéléré la convergence de la suite $\{u_n\}$ si et seulement si :

$$\lim_{n\to\infty} \frac{v_n - c}{u_n - c} = 0 . \qquad (1)$$

Cependant, à défaut de connaître la limite c, on ne peut pas toujours vérifier (1) en pratique. Par contre on sait que la suite des premières différences $\{(\Delta u)_n\} : (\Delta u)_n = u_{n+1} - u_n$ tend vers zéro. On dira qu'on a <u>Δ-accéléré la convergence</u> de la suite $\{u_n\}$ en formant la suite $\{v_n\}$ si on a accéléré la convergence de la suite $\{(\Delta u)_n\}$ par la suite $\{(\Delta v)_n\}$, c'est-à-dire si :

$$\lim_{n\to\infty} \frac{(\Delta v)_n}{(\Delta u)_n} = 0 . \tag{2}$$

En conjonction avec les hypothèses supplémentaires (par exemple quand les conditions, qui ne sont que suffisantes, du théorème 1 sont satisfaites) les conditions (1) et (2) peuvent être satisfaites simultanément.

Pour les suites $u_n = 1/n$, $v_n = (-1)^n/n^2$ (1) est satisfait et (2) ne l'est pas. Pour $u_n = (-1)^n/n$, $v_n = 1/n$ (2) est satisfait et (1) ne l'est pas.

1.1.3 EXTRAPOLATION (PROCEDE DE RICHARDSON)

<u>Définition 4</u>

(i) Soient u une suite convergente donnée et $A = (a_{nk})$ un endomorphisme de $\mathbb{R}^N$ tel que la suite :

$$v = A u \tag{3}$$

1°) existe et converge, c'est-à-dire que quel que soit n les séries $\sum_{j=0}^{\infty} a_{nj} u_j$ convergent vers une limite v_n dans $\mathbb{R}$, et

2°) la suite $\{v_n\}$ converge ;

Si $\lim_{n\to\infty} v_n = \lim_{n\to\infty} u_n$, alors on dit que A définit un <u>procédé de sommation de la suite u</u> .

(ii) Si la table donnée A définit un procédé de sommation quelle que soit la suite convergente u , on dit alors que A définit un <u>procédé régulier de sommation.</u>

Un procédé de sommation n'accélère pas nécessairement la convergence et en ce sens est peu intéressant.

Théorème 2 (Toeplitz)

Pour qu'un procédé de sommation soit régulier il faut et il suffit que les trois conditions suivantes soient vérifiées :

(i) $\exists M : \forall n \quad \sum_{k=1}^{\infty} |a_{nk}| < M$,

(ii) $\forall k : \lim_{n \to \infty} a_{nk} = 0$,

(iii) $\lim_{n \to \infty} \sum_{k=1}^{\infty} a_{nk} = 1$.

Définition 5

Soient S l'espace vectoriel des suites réelles convergentes, S' l'espace vectoriel des suites réelles et T un opérateur qui applique S dans S'. Si V est un ensemble non-vide de S tel que pour toute suite u de V on ait $\lim_{n \to \infty} (Tu)_n = 0$, alors on dit que l'application $u \mapsto (\mathbb{1} + T)u$ est une extrapolation et que l'opérateur T définit sur V un procédé d'extrapolation.

Le symbole $\mathbb{1}$ désigne ici l'opérateur identité. On trouvera une définition et une analyse détaillées des procédés d'extrapolation dans [125,49]. Un problème majeur est de savoir si le terme $v_n = u_n + (Tu)_n$ est une meilleure approximation de la limite de la suite u que le terme u_n. S'il existe une table A telle que $Tu = Au$, alors le procédé d'extrapolation se ramène à un procédé de sommation. On remarque que la condition $(Tu)_n \to 0$ peut n'être satisfaite que par des suites d'un type bien particulier, c'est-à-dire que $V \neq S$.

En ce qui nous concerne, nous nous contenterons d'une définition assez différente. Supposons que pour une suite u donnée, on connaît une loi de formation des termes u_n , c'est-à-dire une formule récursive $u_n = f(u_{n-k}, \dots, u_{n-1}) (n \geq k)$. Définissons le cas plus général que l'on rencontre en pratique. On dit que f est une <u>loi de formation approchée</u> de type (ε, N) si la suite u^* définie par :

$$u_n^* = \begin{cases} u_n & 0 \leq n \leq k \\ f(u_{n-k}^*, \dots, u_{n-1}^*) & k \leq n \leq N \end{cases}$$

est telle que pour $n \leq N$ on ait :

$$|u_n^* - u_n| \leqslant \varepsilon .$$

Définition 6

(i) Soit $\{u_j\}_{0 \leq j \leq m}$ une suite finie extraite d'une suite infinie. Si à partir de cette suite finie on détermine une loi de formation approchée des termes d'une suite infinie on dit alors qu'une suite infinie calculée par cette loi est une <u>suite extrapolée</u>.

(ii) Soit T un accélérateur de la convergence de la suite u ; on dit que les termes $(Tu)_n$ <u>extrapolent la limite</u> de la suite u .

Ceci signifie qu'on sous-entend que le terme $(Tu)_n$ est une meilleure approximation de $\lim_{n \to \infty} u_n$ que le terme u_n , et ceci pour tout n supérieur à un naturel N (pour la valeur de N , cf. définition 1(ii) et définition 3). Sans donner explicitement l'opérateur T , citons quelques-uns de ces procédés.

(i) ε -algorithme de Wynn [171]:

$$\varepsilon_{-1}^{(n)} = 0 , \quad \varepsilon_0^{(n)} = u_n , \qquad \varepsilon_{k+1}^{(n)} = \varepsilon_{k-1}^{(n+1)} + \frac{1}{\varepsilon_k^{(n+1)} - \varepsilon_k^{(n)}} \quad ; \qquad (4)$$

(ii) Δ^2 -d'Aitken (cas particulier de l' ε -algorithme) :

$$\varepsilon_2^{(n)} = \frac{u_{n+2}\, u_n - u_{n+1}^2}{u_{n+2} - 2u_{n+1} + u_n} \quad ; \qquad (5)$$

(iii) Extrapolation polynomiale de Richardson :

$$T_0^{(n)} = u_n , \quad T_{k+1}^{(n)} = \frac{x_n T_k^{(n+1)} - x_{n+k+1} T_k^{(n)}}{x_n - x_{n+k+1}} \quad , \qquad (6)$$

où x est une suite réelle telle que $x_k \neq 0$, $x_k \neq x_j$, pour tout $k \neq j$ et $\lim_{n\to\infty} x_n = 0$.

Pour certaines classes de suites ces procédés sont des méthodes d'accélération de la convergence. L' ε -algorithme sera étudié au chapitre 6. Nous donnons ici une brève analyse du procédé de Richardson pour illustrer les définitions qui précèdent.

Rappelons que le nombre $T_k^{(n)}$ est la valeur en $x=0$ du polynôme d'interpolation à une indéterminée x, de degré k : polynôme prenant les valeurs $u_n, \ldots, u_{n+k}$ aux points $x_n, \ldots, x_{n+k}$. La formule (6) est un schéma de Neville-Aitken de construction de telles valeurs. On place les quantités $T_k^{(n)}$ dans un tableau à double entrée :

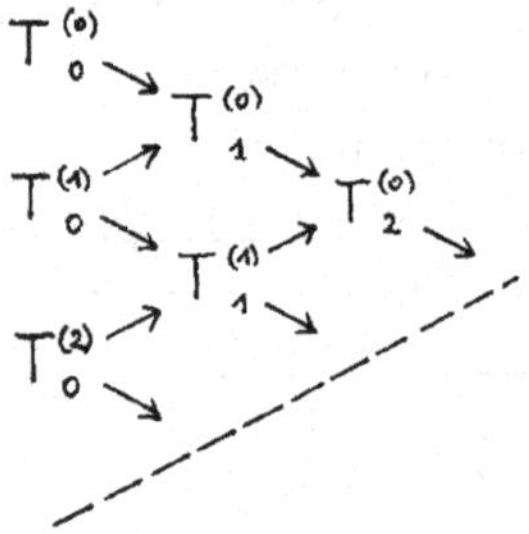

Théorème 3 (découle du théorème de Toeplitz [53])

Le procédé (6) est un procédé régulier de sommation en n $\left(\forall k : \lim_{n\to\infty} T_k^{(n)} = \lim_{n\to\infty} u_n\right)$ si et seulement s'il existe deux réels a et b tels que $a < 1 < b$ et

$$\forall n : \quad \frac{x_{n+p+1}}{x_n} \notin [a, b] \qquad p = 0, 1, \ldots, k-1 .$$

Théorème 4 (Laurent [125])

Soit $\{x_n\}$ une suite de nombres positifs strictement décroissants et tendant vers zéro. Dans ce cas le procédé (6) est un procédé régulier de sommation en k $\left(\forall n : \lim_{k\to\infty} T_k^{(n)} = \lim_{k\to\infty} u_k\right)$ si et seulement s'il existe $a > 1$ tel que $x_n / x_{n+1} \geq a$ pour tout n.

Théorème 5 [52]

Supposons que la condition du théorème 4 soit vérifiée. Une condition nécessaire et suffisante pour que la suite $\{T_{k+1}^{(n)}\}_{n\geq 0}$ (k fixé) converge plus vite que la suite $\{T_k^{(n)}\}_{n\geq 0}$ (k fixé) est que :

$$\lim_{n\to\infty} \frac{T_k^{(n+1)} - u}{T_k^{(n)} - u} = \lim_{n\to\infty} \frac{x_{n+k+1}}{x_n} \qquad \left(u = \lim_{n\to\infty} u_n\right).$$

Le procédé de Richardson est alors une méthode d'accélération de la convergence.

La condition figurant dans ce théorème découle de (1), c'est-à-dire de la condition :

$$\lim_{n\to\infty} \frac{T_{k+1}^{(n)} - u}{T_k^{(n)} - u} = 0 \quad .$$

Ajoutons encore une propriété du procédé (6) :

si $\quad u_n = u + \sum_{i=1}^{k} a_i\, x_n^i \quad$ pour tout $n > N$, alors $T_k^{(n)} = u$ pour tout $n > N$.

1.1.4 QUELQUES RAPPELS SUR LES SERIES FORMELLES

L'algèbre des suites finies est canoniquement isomorphe à l'algèbre des polynômes ; cette dernière peut être prolongée à l'algèbre dite large, celle des séries formelles. C'est le chemin choisi dans Bourbaki [37, ch.III,IV] pour introduire la notion de série formelle. Nous le rappelons.

On désigne un polynôme à une indéterminée par

$$P : P(Z) = \sum_{j=0}^{n} c_j Z^j \quad .$$

Les termes de la suite finie $\{c_j\}_{0\leqslant j\leqslant n}$ s'identifient aux coefficients du polynôme P . Le coefficient c_0 est appelé <u>terme constant</u>. Si $c_n \neq 0$, le naturel n est appelé <u>degré</u> du polynôme P et noté $\deg P$. En écrivant P_n on indique en général le degré du polynôme. Si $c_0 = c_1 = \ldots = c_{k-1} = 0$ et $c_k \neq 0$, alors le naturel k est appelé <u>ordre</u> du polynôme et noté $\operatorname{ord} P$.

Considérons l'ensemble des polynômes à une indéterminé Z et à coefficients dans le corps K ($\mathbb{R}$ ou $\mathbb{C}$), qu'on note $K[Z]$

Transposons sur $K[Z]$ deux lois internes de l'algèbre des suites finies, l'addition et la multiplication définies au paragraphe 1.1.1 $K[Z]$ devient ainsi, en tant qu'espace vectoriel, l'algèbre des polynômes. Par conséquent l'application

$$\forall n : \quad \{c_j\}_{0\leqslant j\leqslant n} \longmapsto P_n(Z) = \sum_{j=0}^{n} c_j Z^j$$

qui à tout élément de l'algèbre des suites finies fait correspondre un élément de l'algèbre des polynômes est un isomorphisme de la première algèbre sur la seconde. Considérons $K[Z]$ comme l'espace vectoriel sur le corps K , puis considérons l'espace produit $K^{\mathbb{N}}$ dont $K[Z]$ est un sous-espace.

Notons que l'ensemble $\mathbb{N}$ muni de l'addition possède la propriété suivante : pour tout élément n de $\mathbb{N}$, il n'y a qu'un nombre fini de couples (i,j) d'éléments de $\mathbb{N}$ tels que $i+j=n$. L'algèbre des polynômes est précisément l'algèbre de $\mathbb{N}$ sur K (en tant que l'espace vectoriel). La propriété de $\mathbb{N}$ qui vient d'être évoquée permet de définir la multiplication des deux polynômes P et Q dont les coefficients sont notés respectivement p_i et q_i :

$$R = PQ : \qquad r_n = \sum_{i+j=n} p_i q_j = \sum_{k=0}^{n} p_k q_{n-k} \quad ,$$

r_n désignant le coefficient du polynôme R . Mais le second membre de cette formule a encore un sens pour des éléments quelconques de l'espace

produit $K^{\mathbb{N}}$; on peut alors définir par cette formule une loi de multiplication sur $K^{\mathbb{N}}$. Cette multiplication et la structure vectorielle de $K^{\mathbb{N}}$ définissent donc sur $K^{\mathbb{N}}$ une structure d'algèbre (dite : large). Cette algèbre s'appelle algèbre des séries formelles à une indéterminée Z et à coefficients dans K et se note $K[[Z]]$.
Ses éléments portent le nom de séries formelles et se notent $\sum_{m\in\mathbb{N}} c_m Z^m$, étant entendu que le signe de sommation qui figure dans cette notation ne correspond à aucune opération algébrique puisqu'il porte en général sur une infinité de termes différents de zéro. Un polynôme s'identifie donc à une série formelle n'ayant qu'un nombre fini de coefficients différents de zéro [37, ch.III,IV].

L'espace vectoriel $K[[Z]]$ peut être également obtenu comme un espace "limite projective" des espaces des polynômes de degré fixé [37, ch.I,II,III ; 38, ch.I].

Une série formelle C est inversible si elle est d'odre zéro, c'est-à-dire si son terme constant est différent de zéro. On écrit alors $\frac{1}{C} = C^{-1}$ et les coefficients de la série C^{-1} sont calculés à partir de l'identité $C C^{-1} = 1$ (cf. formule (36)).
En particulier si P est un polynôme et Q un polynôme inversible, la série formelle $P Q^{-1}$ s'appelle développement de la fraction rationnelle P/Q .

Donnons encore, d'après Della Dora [79], la définition du V-espace des séries formelles qui conduira au chapitre 5 à une très élégante définition de l'approximant de Padé. Rappelons deux définitions et un théorème [79]:

Soit un espace vectoriel X sur un corps K . S'il existe une norme $\| \ \| : X \mapsto \mathbb{R}^+$ vérifiant

1) $\|x\| = 0 \iff x = 0$,

2) $\|\lambda x\| = \|x\| \quad \forall \lambda \in K^* \; ; \forall x \in X$,

3) $\|x+y\| \leq \mathrm{Max}(\|x\|, \|y\|) \quad \forall x, y \in X$,

alors on dit que l'espace X est un espace valué.

On dit que l'espace valué X est un V-espace si les conditions suivantes sont satisfaites :

1) l'espace X est complet pour la norme $\| \ \|$;

2) il existe une partie $\overline{\mathbb{N}}$ de $\mathbb{N}$ et un réel $\rho > 1$ tel que :

$$\Omega = \{\|x\| ; x \in X\} = \{\rho^{-n} ; n \in \overline{\mathbb{N}}\} .$$

Théorème 6 [79]

Soient X un V-espace et $\overline{X}$ un sous-espace vectoriel fermé de X ; alors quel que soit x dans $X \setminus \overline{X}$ il existe un élément $\overline{x}^*$ dans $\overline{X}$ tel que

$$\|x - \overline{x}^*\| = \operatorname*{Inf}_{\overline{x} \in \overline{X}} \|x - \overline{x}\| .$$

Ce théorème assure l'existence de la meilleure approximation, par contre l'unicité n'est pratiquement jamais assurée.

Si $K[Z]$ est une algèbre des polynômes à une indéterminée sur le corps K, munie de la norme :

$$\forall P \in K[Z] : \quad \|P\| = \begin{cases} e^{-\mathrm{ord}\, P} & \text{si} \quad P \not\equiv 0 \\ 0 & \text{si} \quad P \equiv 0 , \end{cases}$$

alors $K[Z]$ est un espace valué (non complet). En définissant l'ordre d'une fraction rationnelle P/Q par $\mathrm{ord}\, P - \mathrm{ord}\, Q$ et en prolongeant la norme qui vient d'être définie à l'algèbre des fractions rationnelles d'ordres positifs $K_+(Z)$ en posant :

$$\left\| \frac{P}{Q} \right\| = e^{\mathrm{ord}\,Q - \mathrm{ord}\,P} \quad , \quad \mathrm{ord}\,P \geqslant \mathrm{ord}\,Q \quad , \quad \frac{P}{Q} \in K_+(Z)$$

on obtient un espace valué (non complet) $K_+(Z)$. Le complété de $K_+(Z)$ pour cette dernière norme est l'algèbre des séries formelles à une indéterminée et à coefficients dans le corps K . Le V-espace ainsi obtenu est noté $K((Z))$.

Comme l'algèbre des suites finies est isomorphe à celle des polynômes, l'algèbre des suites l'est à celle des séries formelles. On peut en particulier développer le formalisme des approximants de Padé en utilisant seulement la notion de suite. Bien qu'il s'agisse d'un isomorphisme il nous arrivera de dire que la suite $\{c_j\}$ engendre la série formelle:

$$C : C(z) = \sum_{n=0}^{\infty} c_n z^n \qquad z \in \mathbb{C} \tag{7}$$

ou que cette série est engendrée par la suite $\{c_j\}$.

L'introduction de la notion de série formelle rend possible les opérations sur des séries (7) avant qu'on ait contrôlé le domaine de convergence de ces séries, ce domaine pouvant être réduit à un seul point $z = 0$. Considérons l'application de l'espace vectoriel des suites dans $\mathbb{R}^+$ définie par :

$$\{c_n\} \longmapsto \rho \; : \quad \frac{1}{\rho} = \limsup_{n \to \infty} |c_n|^{\frac{1}{n}} \quad , \quad \forall \{c_n\} \in S \, . \tag{8}$$

Le réel positif ρ est appelé rayon de convergence de la série C : $C(z) = \sum_{n=0}^{\infty} c_n z^n$. Si la limite

$$\lim_{n \to \infty} |c_n / c_{n+1}|$$

existe, elle est égale à ρ .

La série C converge dans un disque ouvert $|z| < \rho$ noté D_ρ et elle définit dans D_ρ une fonction analytique $f : z \mapsto f(z)$. La série C peut converger sur certains points du cercle $|z| = \rho$ et même sur tout ce cercle. En général f est prolongeable analytiquement, au sens de Weierstrass, au delà de D_ρ . Si ce n'est pas le cas, on dit que le cercle de rayon ρ est une <u>frontière naturelle</u>.

Si $\rho \neq 0$, la série formelle C est une série entière et représente le développement en série de Taylor d'une fonction analytique au voisinage de zéro. Ainsi la série C est-elle une restriction à D_ρ d'une fonction f qui peut être analytique dans un domaine plus grand.

Dans ce qui suit il nous arrivera de dire que la suite $\{c_n\}$ ou la série C engendrent la fonction f et inversement que f engendre $\{c_n\}$.

Notons encore que si $\rho < 1$, alors $\limsup_{n\to\infty} |c_n| = \infty$.
Si $\rho > 1$, alors $c_n \to 0$ et en plus $C(1) = \sum c_n$ converge (dans $\mathbb{R}$ ou $\mathbb{C}$). Le cas $\rho = 1$ nécessite un examen particulier. Si $\rho = \infty$, C définit une <u>fonction entière</u>. Si $\rho = 0$, C diverge pour tout $z \neq 0$, mais peut représenter un développement asymptotique au voisinage de zéro d'une fonction $z \mapsto f(z)$; nous aurons besoin de cette notion au chapitre 4, les séries de Stieltjes en étant des applications particulières [9,185]. Nous définirons le développement asymptotique d'une fonction au voisinage de l'infini (le développement asymptotique au voisinage de zéro s'obtient par le changement de variables $z \to \frac{1}{z}$).

Soit S une série définie par :

$$S(z) = \sum_{j=0}^{\infty} c_j z^{-j} \quad , \tag{9}$$

de somme partielle S_n . On dit que S_n est un <u>développement asymptotique</u> à $(n+1)$ termes de la fonction f au voisinage de l'infini et dans un secteur de $\arg z$ s'il existe deux réels α et β tels que $0 < \beta - \alpha < 2\pi$ et si la fonction:

$$z \mapsto R_n(z) = z^n \left[f(z) - S_n(z) \right]$$

satisfait à la condition:

$$\lim_{|z|\to\infty} R_n(z)=0 \qquad \text{pour} \quad \alpha\leq \arg z \leq \beta \quad (n \text{ fixé}), \qquad (10)$$

même si $|R_n(z)|$ tend vers l'infini avec n pour z fixé.
On appelle la série S série asymptotique si (10) est satisfait pour tout n fixé. Il convient de remarquer qu'à partir d'une fonction on peut construire sa série asymptotique, si elle existe, mais contrairement à une série de Taylor, une série asymptotique ne définit pas de fonction unique. Le terme "série asymptotique" est assez maladroitement choisi. Dieudonné conseille de parler de développement à n termes dans le cas où la série ne converge qu'en un seul point et en particulier si ce point est $+\infty$ [80, ch.III].

Essayons de voir maintenant quelle relation existe entre l'accélération de la convergence et les rayons de convergence des séries $\sum u_n z^n$ et $\sum v_n z^n$, respectivement ρ_1 et ρ_2. Supposons que $u_n \to 0$ et $v_n \to 0$ et que la suite $\{|u_n|^{\frac{1}{n}}\}$ converge.
Alors :

$$\frac{1}{\rho_1} = \limsup_{n\to\infty} |u_n|^{\frac{1}{n}} = \lim_{n\to\infty} |u_n|^{\frac{1}{n}} \qquad ;$$

si on élimine les cas $\rho_1=\rho_2=0$ et $\rho_1=\rho_2=\infty$ on obtient:

$$\frac{\rho_1}{\rho_2} = \frac{\limsup |v_n|^{\frac{1}{n}}}{\limsup |u_n|^{\frac{1}{n}}} = \limsup_{n\to\infty} \left|\frac{v_n}{u_n}\right|^{\frac{1}{n}}$$

ce qui signifie que ρ_2/ρ_1 est le rayon de convergence de la série $\sum (v_n/u_n) z^n$. Si $\rho_1<\rho_2$ (c'est-à-dire $\rho_2/\rho_1>1$) il en résulte que $v_n/u_n \to 0$ et ceci signifie que $\{v_n\}$ converge plus vite que $\{u_n\}$, c'est-à-dire que la suite $\{v_n\}$ est accélérée par rapport à la suite $\{u_n\}$ (cf. (1)).

Soient maintenant $\{u_n\}$ et $\{v_n\}$ deux suites convergeant vers la même limite (en général non nulle), telles que

$$\lim_{n\to\infty} |u_{n+1} - u_n|^{\frac{1}{n}} = \frac{1}{\rho_1} \qquad \text{et} \qquad \limsup_{n\to\infty} |v_{n+1} - v_n|^{\frac{1}{n}} = \frac{1}{\rho_2}$$

avec $\rho_1 < \rho_2$, alors $\{v_n\}$ est une suite Δ-accélérée par rapport à $\{u_n\}$ (cf. (2)).

Ainsi si l'on a trouvé une application $\{u_n\} \mapsto \{v_n\}$ telle que $\lim u_n = \lim v_n$ et si le rayon de convergence de la série $\sum v_n z^n$ est supérieur au rayon de convergence de la série $\sum u_n z^n$, alors on a accéléré la convergence de la suite $\{u_n\}$. Mais on peut parfois accélérer la convergence d'une suite en ayant $\rho_1 = \rho_2$ (par exemple $u_n = \frac{1}{n}$ et $v_n = \frac{1}{n^2}$).

1.2 OPERATEUR DE DIFFERENCE APPLIQUE A UNE SUITE OU A UNE FONCTION.

Les formules établies dans ce paragraphe seront utilisées ultérieurement dans diverses démonstrations.

Définition 7

Pour toute suite x de l'espace vectoriel des suites (resp. toute fonction F de l'espace vectoriel des fonctions réelles définies dans $[a,\infty[\subset \mathbb{R}$) l'opérateur Δ (resp. Δ_T) est défini comme suit :

$$y = \Delta x \quad \text{où} \quad y_n = x_{n+1} - x_n \quad \forall n \in \mathbb{N},$$

(resp. $G = \Delta_T F$ où $G(t) = F(t+T) - F(t) \quad \forall T \in]0,\infty[, \forall t \in [a,\infty[$).

On vérifie facilement que ces opérateurs sont linéaires. Il est de même pour les opérateurs $-\Delta$ et $-\Delta_T$ (certains auteurs comme Wall [163] appellent Δ ce qui pour nous est $-\Delta$; cf. aussi [35]).

On calcule facilement les puissances de Δ et Δ_T :

$$\Delta^m \{x_n\}_{n\geq 0} = \begin{cases} \{x_n\}_{n\geq 0} & m = 0 \\ \Delta^{m-1}\{x_{n+1} - x_n\}_{n\geq 0} & m > 0, \end{cases} \tag{11}$$

d'où : $$(\Delta^m x)_n = (\Delta^{m-1} x)_{n+1} - (\Delta^{m-1} x)_n, \quad m>0 ;\ n\geq 0 ;$$

$$(\Delta_T^m F)(t) = \begin{cases} F(t) & m = 0 \\ (\Delta_T^{m-1} F)(t+T) - (\Delta_T^{m-1} F)(t) & m>0, \end{cases}$$

$$\forall T \in]0,\infty[, \forall t \in [a,\infty[. \tag{12}$$

Remarque : On remarque l'analogie entre les formules qui permettent de construire le triangle de Pascal pour les combinaisons :

$$\binom{n}{k} = C_n^k = \frac{n!}{k!(n-k)!} = C_n^{n-k}$$

et les formules établies ci-dessus pour les opérateurs Δ :

$$C_{n+1}^k = C_n^k + C_n^{k-1} \qquad 1 \leqslant k \leqslant n \quad ,$$

$$(\Delta^{k-1} c)_{n+1} = (\Delta^k c)_n + (\Delta^{k-1} c)_n \qquad 1 \leqslant k \quad .$$

On place les quantités $(\Delta^k c)_n$ dans une table selon le schéma suivant :

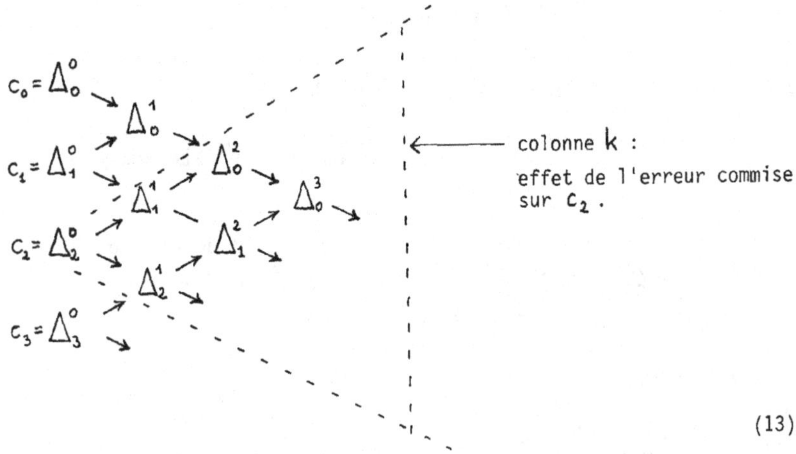

(13)

Cette table peut être utilisée pour la détection de l'erreur commise sur un terme. Cette erreur se propage en éventail et peut provoquer un brusque accroissement des valeurs sur la colonne k si le k-ième chiffre représentatif du terme en question a été erroné. Cette méthode de détection de l'erreur n'est justifiée que pour certaines classes de suites assez "régulières" [140]. Nous la signalons, car les quantités $\varepsilon_k^{(n)}$ calculées par l' ε -algorithme sont fonction des quantités $(\Delta^k c)_n$ et l'erreur commise sur une valeur c_n se propage en éventail de façon analogue dans le tableau des $\varepsilon_k^{(n)}$ (chap. 6).

En itérant (11) on obtient :

$$(\Delta^{j+k} c)_n = \sum_{m=0}^{j} (-1)^{j+m} C_j^m (\Delta^k c)_{n+m} \qquad (14)$$

et pour $k=0$:

$$(\Delta^j c)_n = \sum_{m=0}^{j} (-1)^{j+m} C_j^m c_{n+m} = \sum_{m=0}^{j} (-1)^m C_j^m c_{n+j-m} \quad . \qquad (15)$$

On a également :

$$c_0 = \sum_{m=0}^{j} (-1)^{j-m} C_j^m (\Delta^{j-m} c)_m \quad . \qquad (16)$$

La formule (15) montre que $(\Delta^k c)_n$ est défini par les seuls termes :

$$c_n , c_{n+1} , \ldots , c_{n+k} .$$

En itérant (12) on obtient une formule analogue à (15) :

$$(\Delta_T^j F)(t) = \sum_{m=0}^{j} (-1)^{j+m} C_j^m F(t+mT) \quad . \qquad (17)$$

Lemme 1

L'action de l'opérateur Δ sur la suite des $(-\Delta)^n c$ (resp. $(-\Delta_T)^n F$) est régie par les formules suivantes :

$$(-\Delta)^m \{((-\Delta)^n c)_k\}_{n\geq 0} = (-\Delta)^{m-1} \{((-\Delta)^n c)_{k+1}\}_{n\geq 0} =$$
$$= \{((-\Delta)^n c)_{k+m}\}_{n\geq 0} \quad , \qquad (18)$$

$$(-\Delta)^m \{((-\Delta_T)^n F)(t)\}_{n\geq 0} = (-\Delta)^{m-1} \{((-\Delta_T)^n F)(t+T)\}_{n\geq 0} =$$
$$= \{((-\Delta_T)^n F)(t+mT)\}_{n\geq 0} . \qquad (19)$$

Démonstration : Remarquons qu'en définissant dans (18) $F(t+mT) = c_{k+m}$ $(m\geq 0)$ l'opérateur $(-\Delta)^n$ s'identifie à $(-\Delta_T)^n$ et par conséquent la formule (18) s'identifie à (19) ; démontrons par exemple (18) à partir de (11) :

$$(-\Delta)^m \{((-\Delta)^n c)_k\}_{n\geq 0} = (-\Delta)^{m-1} \{((-\Delta)^n c)_k - ((-\Delta)^{n+1} c)_k\}_{n\geq 0} =$$

$$= (-\Delta)^{m-1}\{((-\Delta)^n c)_k - [((-\Delta)^n c)_k - ((-\Delta)^n c)_{k+1}]\}_{n\geqslant 0} =$$

$$= (-\Delta)^{m-1}\{((-\Delta)^n c)_{k+1}\}_{n\geqslant 0} = \ldots = \{((-\Delta)^n c)_{k+m}\}_{n\geqslant 0}$$

en itérant.

C.Q.F.D.

La formule de Leibniz pour la n-ième dérivée de la fonction est :

$$(fg)^{(n)} = \sum_{m=0}^{n} C_n^m f^{(m)} g^{(n-m)} . \tag{20}$$

Son analogue pour Δ est :

$$\Delta^n \{a_{k+m} b_{\ell+m}\}_{m\geqslant 0} = \{\sum_{j=0}^{n} C_n^j (\Delta^j a)_{k+m} (\Delta^{n-j} b)_{\ell+m}\}_{m\geqslant 0} . \tag{21}$$

Lemme 2

On obtient la série formelle à coefficient $(\Delta^n c)_k$ en multipliant la série formelle $\sum c_k z^k$ par $\left(\frac{1-z}{z}\right)^n$ et en ne retenant que la partie de degrés non-négatifs.

Démonstration :

$$C(z) = \sum_{k=0}^{\infty} c_k z^k \qquad = \quad \sum_{k=0}^{\infty} (\Delta^0 c)_k z^k ,$$

$$(1-z)\ C(z) = c_0 + (c_1 - c_0) z + (c_2 - c_1) z^2 + \ldots = c_0 + z \sum_{k=0}^{\infty} (\Delta^1 c)_k z^k ,$$

\- - - - - - - - - - - - - - - -

$$(1-z)^{n+1} C(z) = P_n(z) + z^{n+1} \sum_{k=0}^{\infty} (\Delta^{n+1} c)_k z^k , \tag{22}$$

où P_n est un polynôme de degré $\leqslant n$:

$$P_n(z) = \sum_{j=0}^{n} z^j (1-z)^{n-j} (\Delta^j c)_0 = \sum_{k=0}^{n} [\sum_{j=0}^{k} (-1)^j C_{j+n-k}^j (\Delta^{k-j} c)_0] z^k =$$

$$= \sum_{k=0}^{n} \Big[\sum_{j=0}^{k} (-1)^{k-j} \, C_{n+1}^{k-j} \, c_j \Big] \, z^k . \qquad (23)$$

C.Q.F.D.

On utilise le symbole "zéro" : $O(z^k)$ pour désigner une série satisfaisant à $\lim_{z \to 0} [O(z^k)/z^k] \in \mathbb{R}$, ce qui en d'autres termes signifie que

$$\operatorname{ord} O(z^k) \geq k . \qquad (24)$$

Définissons la somme partielle $S_m^{(n)}$ de la série (22) par :

$$(1-z)^{n+1} C(z) = S_m^{(n)}(z) + O(z^{m+n+1}) . \qquad (25)$$

on a :

$$S_0^{(n)}(z) = P_n(z)$$

$$S_m^{(n)}(z) = P_n(z) + z^{n+1} \sum_{k=0}^{m-1} (\Delta^{n+1} c)_k \, z^k ; \qquad (26)$$

$$P_n(1) = (\Delta^n c)_0 \; ; \; P_n(0) = c_0 \; ; \; S_m^{(n)}(1) = (\Delta^n c)_m \; ; \; S_m^{(0)}(1) = c_m . \qquad (27)$$

Les formules (22)-(27) seront utilisées dans la démonstration du théorème de convergence de l' ε -algorithme. La formule (22) facilite la sommation de certaines séries ; en effet, connaître la somme du membre de droite de l'égalité (22), c'est connaître la somme de la série C et l'ordre du pôle en $z=1$. La relation de la formule (22) avec la transformation en z est analysée en Annexe I.

1.3 SUITES Δ^k-EQUIVALENTES

La notion de Δ^k-équivalence [108] est issue de l'analyse de la formule (22) et est introduite en vue de la généralisation du théorème de convergence de l' ε -algorithme (chap. 6).

Définition 8

On dit que les suites numériques x et y sont Δ^k-équivalentes si $\Delta^k x = \Delta^k y$.

Propriété 1

Les suites x et y sont Δ^k-équivalentes si et seulement si $\Delta^k (x-y) = \{0\}$.

En d'autres termes ceci signifie que $(x_n - y_n)$ est un polynôme de degré au plus $(k-1)$ en n.

Exemple : Si $c_n \to c \neq 0$ et $s_n = c_n - c$, alors $\{c_n\}$ et $\{s_n\}$ sont Δ^1-équivalentes.

Propriété 2

Si les suites c et s sont Δ^k-équivalentes, alors :

(i) les séries $f : f(z) = \sum c_n z^n$ et $g : g(z) = \sum s_n z^n$ ont le même rayon de convergence ρ, sauf si $\rho_f = 1$ et $\rho_g > 1$ ou vice-versa.

(ii) $$f(z) - g(z) = (1-z)^{-k} P_{k-1}(z) \qquad (28)$$

où $\deg P_{k-1} \leq k-1$.

En particulier si $\{c_n\}$ est Δ^k-équivalente à $\{0\}$, on a :

$$f(z) = P_{k-1}(z)/(1-z)^k. \qquad (29)$$

Démonstration : La formule (22) pour la série $(f-g)$ donne : $(1-z)^k[f(z)-g(z)] = P_{k-1}(z)$ compte tenu de la propriété 1. Le polynôme P_{k-1} est défini comme la différence des polynômes (23) engendrés par f et g. Ceci démontre (ii). En même temps (i) est démontré, car la fonction $(f-g)$ engendrée par la série $(f-g)$ n'est éventuellement singulière qu'en $z=1$. Il est évident qu'une des deux fonctions, f ou g, peut ne pas avoir de singularités en $z=1$, d'où la restriction dans (i).

C.Q.F.D.

En d'autres termes (ii) exprime que la différence entre les fonctions engendrées par les suites Δ^k-équivalentes est définie par les k premiers termes de ces suites : $c_0-s_0, c_1-s_1, \dots, c_{k-1}-s_{k-1}$.

Exemple : La suite $\{n+1\}$ est Δ^2-équivalente à $\{0\}$, d'où d'après (28) on obtient immédiatement :

$$f: f(z)=\frac{P_1(z)}{(1-z)^2} \qquad \text{avec} \qquad P_1(z)=(1-z)(\Delta^0 c)_0+z(\Delta^1 c)_0=1 .$$

Ces deux suites, ainsi que les suites $\{c_n=\frac{1}{2^n}\}$, $\{s_n=1+\frac{1}{2^n}\}$ n'ont pas le même rayon de convergence (voir (i)).

La formule (28) est, comme la formule (22), en relation avec la transformation en z (Annexe I).

Dans la formule (28) nous avons débouché sur l'aspect fonctionnel en partant de l'aspect algèbrique. C'est précisément notre but : mettre en parallèle l'aspect "suite", l'aspect "série" et l'aspect "fonction", car les théorèmes sur les approximants de Padé seront exprimés en termes de suite, de série ou de fonction de variable complexe.

1.4 TABLE c ET DETERMINANTS DU TYPE DE TOEPLITZ ET DU TYPE DE HANKEL

Les déterminants définis dans ce paragraphe vont être fréquemment utilisés par la suite. Pour l'un d'entre eux nous réservons la notation C_n^m en veillant à ce qu'aucune confusion ne soit possible avec les coefficients binomiaux notés de la même façon.

Soit $\{c_n\}$ une suite réelle. On définit <u>une table infinie semi-circulaire C</u> comme suit :

$$C = \begin{array}{|ccccc} c_0 & 0 & 0 & 0 & \cdots \\ c_1 & c_0 & 0 & 0 & \cdots \\ c_2 & c_1 & c_0 & 0 & \cdots \\ \cdot & \cdot & \cdot & \cdot & \cdots \\ \cdots & \cdots & \cdots & \cdots & \cdots \end{array} \qquad (30)$$

On définit deux déterminants :

(i) <u>Le déterminant de type Toeplitz</u> $n \times n$:

$$C_n^m = \begin{vmatrix} c_m & c_{m-1} & \cdots & c_{m-n+1} \\ c_{m+1} & c_m & \cdots & \cdot \\ \vdots & \vdots & \ddots & \\ c_{m+n-1} & \cdots & \cdots & c_m \end{vmatrix} \qquad \begin{array}{l} m \geq 0 \\ n \geq 1 \end{array} \qquad (31)$$

avec les conventions: $c_k = 0$ si $k < 0$; $C_0^m = 1$;

(ii) Le déterminant de type Hankel $(n+1)\times(n+1)$:

$$H_n^m = \begin{vmatrix} c_m & c_{m+1} & \cdots & c_{m+n} \\ c_{m+1} & c_{m+2} & \cdots & \\ \vdots & & \iddots & \\ c_{m+n} & \cdots & \cdots & c_{m+2n} \end{vmatrix} \qquad \begin{array}{l} m \geq 0 \\ n \geq 0 . \end{array} \tag{32}$$

Si on note $f : f(z) = \sum c_n z^n$, alors on peut utiliser les notations équivalentes :

$$C_n^m \quad , \quad C_n^m(f) \quad , \quad C_n^m(\{c_k\}_{k\geq 0}) \quad , \quad C_n^m(c) .$$

Remarquons qu'on a :

$$H_m^k(\{c_n\}_{n\geq 0}) = H_m^0(\{c_n\}_{n\geq k}) .$$

En permutant les colonnes dans (32) on établit les relations suivantes :

$$H_n^m = (-1)^{\frac{n(n+1)}{2}} C_{n+1}^{m+n} \quad , \qquad C_n^m = (-1)^{\frac{n(n-1)}{2}} H_{n-1}^{m-(n-1)} . \tag{33}$$

Il est utile de montrer comment on retrouve C_n^m dans la table C .
Prenons l'exemple de C_4^1 :

$$\begin{array}{l} \qquad c_0 \\ m \longrightarrow \boxed{\begin{array}{llll} c_1 & c_0 & & \\ c_2 & c_1 & c_0 & \\ c_3 & c_2 & c_1 & c_0 \\ c_4 & c_3 & c_2 & c_1 \end{array}} \; c_0 \\ \qquad \underbrace{\cdot \quad \cdot \quad \cdot \quad \cdot}_{n} \; \cdot \quad \cdot \end{array} \tag{34}$$

On pointe sur la ligne $m=1$; $n=4$ désigne la dimension ; les plages vides désignent les zéros. On dira plus loin qu'on "découpe" C_n^m dans la table C .

On appelle <u>table c</u> la table des C_n^m :

$$\begin{array}{c|cccc} {}_m\backslash^n & & & & \\ \hline & C_0^0 & C_1^0 & C_2^0 & \cdots \\ & C_0^1 & C_1^1 & C_2^1 & \cdots \\ & C_0^2 & C_1^2 & C_2^2 & \cdots \\ & \cdot & \cdot & \cdot & \cdots \end{array} = \begin{array}{c|cccc} {}_m\backslash^n & & & & \\ \hline & 1 & c_0 & (c_0)^2 & \cdots \\ & 1 & c_1 & \cdot & \cdots \\ & 1 & c_2 & \cdot & \cdots \\ & \cdot & \cdot & \cdot & \cdots \end{array} \qquad (35)$$

où on a : $C_0^m=1$, $C_1^m=c_m$ et $C_n^0=(c_0)^n$.

On verra au chapitre 5 que les propriétés de cette table déterminent les propriétés de la table de Padé.

Pour des raisons historiques, on réserve la lettre majuscule pour désigner la table (30) (table C) et la lettre minuscule pour désigner la table (35) (table c), bien que le contraire serait plus logique. Gragg [112] note les déterminants (31) par c_{mn} ; notations de Baker [12] :
$C(m/n)=(-1)^{\frac{n(n-1)}{2}}C_n^m$ et $D(m,n)=H_n^m$.

Soient une série formelle inversible $\sum c_n z^n$ $(c_0\neq 0)$ et son inversée $\sum d_n z^n$ où les coefficients d_n sont déterminés récursivement par :

$$d_0=\frac{1}{c_0} \quad , \quad k\geq 1: \quad d_k=-\frac{1}{c_0}\sum_{j=0}^{k-1} d_j\, c_{k-j} \quad . \qquad (36)$$

Les détermiannts C_n^m des suites c et d sont liés par la formule de Hadamard [112,p.24] :

$$\forall m,n \geqslant 0 : \quad C_n^m(d) = \frac{(-1)^{mn}}{c_0^{m+n}} \; C_m^n(c) \quad . \tag{37}$$

Compte tenu de (33) et (37) on obtient :

$$m = 0,1,2 \, ; \forall n \geqslant 0 : \quad H_n^m(d) = \frac{(-1)^{n+\frac{m(m+1)}{2}}}{c_0^{2n+m+1}} \; H_{m+n-1}^{2-m}(c) \, , \tag{38}$$

où par convention $H_{-1}^2(c) = 1$.

Ainsi la connaissance de tous les déterminants de Toeplitz engendrés par la suite c conduit à la connaissance de tous les détermi nants de Toeplitz engendrés par la suite d . Par contre, dans le cas des déterminants de Hankel seule la moitié des déterminants engendrés par la suite d peut être déterminée de façon analogue, parce qu'on se restreint dans la définition de H_n^m à $m \geqslant 0$.

*

* *

CHAPITRE 2

SUITES ET FONCTIONS TOTALEMENT MONOTONES

Nous présentons dans ce chapitre une théorie aussi complète que possible et entièrement mise à jour, des suites et des fonctions totalement monotones. Cette théorie a été fondée par Bernstein et Hausdorff et sa dernière mise au point par Widder [168] remonte à 1946. Notre exposé dépassera le cadre du strict nécessaire à son application à la théorie des approximants de Padé.

Les suites totalement monotones sont des suites de moments de Hausdorff. Bernstein a montré que toute suite totalement monotone peut être interpolée par une fonction de C^{∞} à dérivées de signes alternés, appelée fonction totalement monotone (c'est-à-dire que la suite peut être considérée comme une table des valeurs de la fonction).

Ce n'est que récemment, après que Brezinski ait démontré la convergence de l'ε-algorithme de Wynn pour les suites totalement monotones et que les physiciens aient fait appel à la méthode des approximants de Padé pour résoudre le problème des moments de Hausdorff, que cette théorie a suscité un nouvel intérêt. Bien que quelques résultats nouveaux aient été déjà obtenus, d'abord par Wynn [179], ensuite par nous-mêmes [108] et par Brezinski [55], plusieurs questions importantes restaient encore pendantes. Ce sont les réponses à ces questions que nous donnons dans ce chapitre.

Le célèbre théorème de Bernstein (notre théorème 4) qui est au centre de la théorie dit que la condition nécessaire et suffisante pour qu'une fonction F soit totalement monotone dans $]a,\infty[$ est :

$$(-\Delta_T)^n F \geqslant 0 \qquad \forall T>0,\ \forall n \geqslant 0,\ \forall t \in]a,\infty[\ . \qquad \text{(A)}$$

La démonstration de la suffisance passe par l'établissement de l'équivalence entre la condition (A) et la condition suivante :

$$(-1)^n \Delta_{T_1} \cdots \Delta_{T_n} F \geqslant 0 \qquad \forall T_j \geqslant 0, \forall n \geqslant 0, \forall t \in]a, \infty[\quad \text{(B)}$$

Nous étions surpris, avec M. Froissart, de constater que cette partie de la démonstration était elliptique dans l'article original de Bernstein [22] et qu'elle était erronée dans le livre de Widder [168]. Plus récemment, Choquet [219; cf.220 p.292] a donné une très élégante démonstration du théorème de Bernstein, mais en partant de la condition (B). Il semble donc que notre démonstration du théorème 4 est la première démonstration correcte de ce fameux théorème.

Le lecteur averti peut être étonné que nous ne citons pas la démonstration de Choquet, qui en passant par le théorème de Krein-Milman établit également le théorème 7 sur la représentation intégrale des fonctions totalement monotones. La raison est que nous ne voulions pas, dans cet exposé, utiliser des mathématiques trop sophistiquées.Toutefois notre point de départ est le même : nous montrons que les ensembles des suites et fonctions totalement monotones sont des cônes convexes, pointés et saillants dans des espaces appropriés. Toutes le propriétés classiques s'obtiennent facilement, comme propriétés de ces cônes et en particulier, intrinsèquement, on retrouve les résultats de Choquet dans notre paragraphe 5.

Parmi les résultats intéressants on peut noter au <u>paragraphe 1</u> les propriétés 1 et 2, ainsi que les propositions (vi) et (vii) du théorème 1, résultats trop techniques pour les décrire ici.

<u>Au paragraphe 2</u> :

Le théorème 8, qui fournit une nouvelle condition nécessaire et suffisante pour qu'une fonction soit totalement monotone.

Le théorème 10, dans le style des théorèmes de Blaschke, qui fournit une condition nécessaire et suffisante sur les zéros d'une fonction analytique et bornée dans $\operatorname{Re} z > 0$ pour que cette fonction soit identiquement nulle. Cette condition englobe le cas où les zéros en question s'accumulent sur la frontière du domaine d'analycité !

Le corollaire 10, qui fournit une condition nécessaire et suffisante d'identification des deux fonctions totalement monotones si elles coïncident en un certain nombre de points. La démonstration du théorème 10 qui a une portée beaucoup plus grande a été motivée par ce corollaire.

Le théorème 11 (théorème d'interpolation de Bernstein) auquel nous avons pu, grâce au corollaire 10, ajouter l'unicité.

L'établissement du principe du prolongement de totale monotonie et la détermination de l'intervalle maximal de totale monotonie (cf. théorème 12).

Au paragraphe 3 :

Signalons le théorème 15, qui montre sous quelles conditions les fonctions F^{α} (α réel positif !) et $G : t \mapsto G(t) = F(t)/F(t+T)$ $(T>0)$ sont totalement monotones si F l'est. Ce théorème nous servira au chapitre 8 dans l'analyse de la méthode ρ .

Au paragraphe 4 :

Notre analyse des fonctions totalement monotones avait pour but de trouver de nouveaux résultats sur les suites totalement monotones. Nous pensons que cette façon de procéder est plus simple que l'étude directe des suites. Le théorème 16 est donc la traduction en termes de suites des théorèmes 13, 14 et 15 portant sur les fonctions.

Au paragraphe 5 :

On trouve les théorèmes 17 et 19, où sont établies les inégalités pour les éléments des cônes des suites et des fonctions totalement monotones et où l'on montre que ces inégalités sont saturées par les éléments des génératrices extrémales de ces cônes.

2.1 SUITES TOTALEMENT MONOTONES

Nous donnons ici les définitions des suites H-positives, totalement monotones et totalement oscillantes. Soit une suite réelle c ; pour tout naturel n on peut lui associer la forme quadratique de Hankel Q_n definie par :

$$Q_n(x) = \sum_{i,j=0}^{n} c_{i+j}\, x_i\, x_j \qquad x \in \mathbb{R}^n. \tag{1}$$

Le déterminant de Hankel H_n^0 (cf. (1.32)) est le déterminant de la table $\mathcal{H}_n^0$ engendrée par la forme Q_n. Désignons par $Q_n^{(k)}$ la forme de Hankel engendrée par la suite $\{c_n\}_{n\geq k}$; on a $Q_n = Q_n^{(0)}$.

Définition 1

On dit que la forme de Hankel Q_n est positive, si :

$$\forall x \in \mathbb{R}^n: \quad Q_n \geqslant 0 .$$

On peut raffiner cette définition en disant que la forme Q_n est :

(i) définie positive, si $Q_n > 0$ pour tout $x \in \mathbb{R}^{*n}$;

(ii) semi-définie positive, si elle est positive sans être définie positive.

Un théorème de Sylvester [138] assure que la forme Q_n est définie positive si et seulement si $H_k^0 > 0$ $(k=0,1,\ldots,n)$. Un autre théorème [138,p.352] dit que la forme Q_n est positive si et seulement si $\mathcal{H}_n^0 = BB^T$ où B est une table réelle et B^T désigne une table transposée. Mais ceci signifie que $H_n^0 = \det \mathcal{H}_n^0 = \det(BB^T) = (\det B)^2 \geqslant 0$, ce qui prouve que $Q_n \geqslant 0$ entraîne $H_n^0 \geqslant 0$. En posant dans (1) $x_n = 0$, puis $x_n = x_{n-1} = 0$ etc., on constate que $Q_n \geqslant 0$ entraîne $Q_k \geqslant 0$ $(0 \leqslant k \leqslant n)$; en posant à nouveau $x_0 = 0$, puis $x_0 = x_1 = 0$ etc., on constate que $Q_n \geqslant 0$ entraîne aussi $Q_{n-k}^{(2k)} \geqslant 0$ $(0 \leqslant k \leqslant n)$. En récapitulant on obtient pour n fixé :

$$Q_n > 0 \iff H_m^0 > 0 \qquad 0 \leq m \leq n,$$

$$Q_n \geq 0 \implies Q_{m-k}^{(2k)} \geq 0 \implies H_{m-k}^{2k} \geq 0 \qquad 0 \leq m \leq n \,;\, 0 \leq k \leq m,$$

$$Q_n^{(1)} \geq 0 \implies Q_{m-k}^{(2k+1)} \geq 0 \implies H_{m-k}^{2k+1} \geq 0 \qquad 0 \leq m \leq n \,;\, 0 \leq k \leq m\,; \tag{2}$$

(cf. aussi la propriété 1).
Mais inversement $H_m^0 \geq 0 \; (0 \leq m \leq n)$ n'entraîne pas la positivité de Q_n, ce qu'on peut constater sur l'exemple suivant :

$$c_0 = c_1 = c_2 = c_3 = 1 \;; \qquad \forall n > 3 : \; c_n = 0 \;;$$

$$x_0 = -1, \quad x_1 = 0, \quad x_2 = 1 \;;$$

$$H_m^0 \geq 0 \; (\forall m \geq 0); \qquad Q_2 = -1.$$

Définition 2

On dit qu'une suite réelle est H-positive si toutes les formes de Hankel Q_n engendrées par cette suite sont positives.
Les suites H-positives peuvent être classées en suites :

(i) H-définies positives, si pour tout n, $H_n^0 > 0$;

(ii) H-semi-définies positives, si elles ne sont pas H-définies positives

Propriété 1

Si la suite $\{c_n\}_{n \geq 0}$ est H-positive (resp. H-définie positive), alors quel que soit le naturel pair k la suite $\{c_n\}_{n \geq k}$ est H-positive (resp. H-définie positive). En particulier si les suites $\{c_n\}_{n \geq 0}$ et $\{c_n\}_{n \geq 1}$ sont H-positives (resp. H-définies positives), alors quel que soit le naturel k la suite $\{c_n\}_{n \geq k}$ est H-positive (resp. H-définie positive).

Démonstration : C'est une conséquence directe des formules (2) qui traduisent le fait que les formes de Hankel engendrées par la suite $\{c_n\}_{n \geq 2}$ sont des cas particuliers de celles engendrées par la suite $\{c_n\}_{n \geq 0}$.

C.Q.F.D.

Cette propriété explique en particulier pourquoi seules les suites $\{c_n\}_{n\geqslant 0}$ et $\{c_n\}_{n\geqslant 1}$ interviennent dans la théorie du problème des moments. Mais dans cette théorie qui est liée à la théorie des fractions continues on rencontre les conditions du type : $H_n^0 \geqslant 0$ et $H_n^1 \geqslant 0$ (resp. $H_n^0 \neq 0$ et $H_n^1 \neq 0$) ; il ne faut pas commettre d'erreur et croire que ces conditions entraînent $H_n^k \geqslant 0$ (resp. $H_n^k \neq 0$) pour tout k et n .

Considérons l'espace vectoriel des suites réelles S . Soit x appartenant à S ; on écrit $x \geqslant 0$ si pour tout n on a $x_n \geqslant 0$ (à ne pas confondre avec les suites H-positives). L'opérateur $-\Delta$ défini au paragraphe 1.2 est linéaire dans S . On définit les parties suivantes de S :

Définition 3

On dit que la suite réelle x est totalement monotone si et seulement si pour tout entier naturel k on a :

$$(-\Delta)^k x \geqslant 0 . \qquad (3)$$

L'ensemble des suites totalement monotones est noté TM .

L'ensemble TO des suites totalement oscillantes inclus dans S est défini par :

Définition 4

La suite $\{x_n\}$ appartient à TO si et seulement si la suite $\{(-1)^n x_n\}$ appartient à TM .

Propriété 2

(i) Les ensembles TM et TO sont des cônes convexes, pointés et saillants.

(ii) Les cônes TM et TO sont stables pour l'opérateur $-\Delta$.

Démonstration :

(i) On vérifie aisément que pour toute paire x, y de suites totalement monotones et pour toute paire α, β de réels positifs la suite $\alpha x + \beta y$ appartient à TM. Enfin si la suite totalement monotone x n'est pas la suite nulle, alors la suite $-x$ n'est pas totalement monotone. L'ensemble TM définit donc sur S une relation d'ordre dont il est le cône positif. On suit le même raisonnement pour le cône TO.

(ii) découle trivialement de (3).

C.Q.F.D.

On peut vérifier que l'ensemble des suites H-positives est également un cône convexe, pointé, saillant.

Exemples des suites totalement monotones :

$$\{c_n = c\}\ (c \geq 0),\quad \left\{\frac{1}{n+1}\right\},\quad \{a^n\}\ (0 \leq a \leq 1),\quad \{1, 0, 0, \ldots\};$$

la dernière de ces suites est semi-définie positive.
Remarquons encore que si les coefficients de la série $C : C(z) = \sum_{n=0}^{\infty} c_n z^n$ forment une suite totalement oscillante, alors les coefficients de la série $C' : C'(z) = C(-z)$ forment une suite totalement monotone.

Théorème 1

(i) Toute suite totalement monotone converge dans $\mathbb{R}^+$.

(ii) Si une suite totalement oscillante converge, sa limite est zéro.

(iii) Toute suite totalement monotone est une suite H-positive.

(iv) Si x et y sont des suites totalement monotones, α et β des réels positifs, alors la suite $\alpha x + \beta y$ est totalement monotone

(v) Si x appartient à TM (resp. à TO) alors $(-\Delta)^k x$ appartient à TM (resp. à TO), $k = 0, 1, \ldots$ (fixé).

(vi) Si x appartient à TM (resp. à TO) alors $\{((-\Delta)^n x)_k\}_{n \geq 0}$ appartient à TM (resp. à TO), $k = 0, 1, \ldots$ (fixé).

(vii) Si deux termes d'une suite totalement monotone $\{c_n\}_{n\geq 0}$ sont égaux, alors cette suite est constante à partir du terme c_1.

Les propositions (vi) et (vii) sont nouvelles, la proposition (v) est due à Wynn.

Démonstration :

(i) En posant $k=0$ dans (3), on obtient $x_n \geq 0$ pour tout n ; en posant $k=1$, on obtient $x_n \geq x_{n+1}$ pour tout n. Par conséquent $x_n \geq x_{n+1} \geq 0$ donc la suite x est décroissante et bornée inférieurement et par conséquent $\lim_{n\to\infty} x_n$ existe et appartient à $\mathbb{R}^+$.

(ii) découle de (i) et de la définition 4.

(iii) Si $\{c_n\}$ est totalement monotone, alors $c_n = \int_0^1 t^n d\mu(t)$ (on anticipe sur le théorème de Hausdorff : théorème 5, page 58). Dans ce cas toute forme de Hankel $\sum_{i=0}^{m}\sum_{j=0}^{m} c_{i+j}\, x_i x_j = \int_0^1 \left(\sum_{i=0}^{m} t^i x_i\right)^2 d\mu(t) \geq 0$, car $d\mu(t)$ est positif pour tout t dans $[0,1]$.

(iv) et (v) : C'est la répétition de la propriété 2. Historiquement on a démontré (v) différemment. Par exemple dans le cas où $x \in TO$ il faut montrer que $\{(-1)^n((-\Delta)^k x)_n\}_{n\geq 0} \in TM$. En effet, $\{(-1)^n((-\Delta)^k x)_n\} =$

$$= \left\{(-1)^{n+k} \sum_{m=0}^{k} (-1)^{k+m} C_k^m x_{n+m}\right\}_{n\geq 0} = \left\{\sum_{m=0}^{k} C_k^m \left[(-1)^{n+m} x_{n+m}\right]\right\} = \sum_{m=0}^{k} C_k^m \left\{(-1)^{n+m} x_{n+m}\right\}_{n\geq 0} \in TM$$

d'après (iv), car chacune des suites $\{(-1)^{n+m} x_{n+m}\}$ est totalement monotone.

(vi) Prenons $x \in TM$; il faut montrer que $(-\Delta)^m \{((-\Delta)^n x)_k\}_{n\geq 0} \geq 0$ pour tout m. D'après (1.18), $(-\Delta)^m \{((-\Delta)^n x)_k\} = \{((-\Delta)^n x)_{k+m}\}_{n\geq 0} \geq 0$ pour tout m, car x était totalement monotone.

(vii) Supposons que $c_k = c_{k+p}$; par conséquent $c_k = c_{k+1} = \ldots = c_{k+p}$. Considérons la suite $\{a_n = (-\Delta c)_n\}$; cette suite est totalement monotone d'après (v). Par conséquent $a_n \geq a_{n+1} \geq 0$ pour tout n, mais $a_k = 0$ d'où $a_k = a_{k+1} = \ldots = 0$. D'après (1.15) on a $((-\Delta)^n a)_{k-2} =$ $= a_{k-2} - n\, a_{k-1}$; étant donné que la suite $\{a_j\}$ est totalement monotone, on a $a_{k-2}-n a_{k-1}\geqslant 0$ pour tout n , ce qui n'est possible que si $a_{k-1}=0$. En répétant ce raisonnement pour a_{k-2} etc., on obtient : $a_{k-1}=a_{k-2}=\ldots=a_1=0$ ce qui complète la démonstration. Si $k=0$ (c'est-à-dire $c_0=c_p$), alors toute la suite est constante.

C.Q.F.D.

Soient $g: g(z)$ une fonction analytique au voisinage de $z=0$ et $C: C(z)=\sum a_n z^n$ sa série de Taylor telle que la suite des coefficients $\{a_n\}$ converge vers $c\in\mathbb{R}^*$. Posons $c_n=a_n-c$. Les séries $C, \sum c_n z^n$ et $\sum c z^n$ convergent absolument pour $|z|<1$ et on peut écrire $C(z)=\sum c_n z^n + c\sum z^n$ pour $|z|<1$. La série $\sum c_n z^n$ est une série de Taylor d'une certaine fonction analytique (au moins pour $|z|<1$) $f: f(z)$.
Pour $|z|<1$ on obtient :

$$g(z)=f(z)+\frac{c}{1-z}.$$

La fonction g possède une singularité en $z=1$ et on a :

$$(1-z)g(z)=(1-z)f(z)+c. \tag{4}$$

Si on peut montrer que $\lim_{z\to 1}[(1-z)f(z)]=0$, on peut trouver la limite de la suite $\{a_n\}$.
Nous voulions signaler dès maintenant qu'on utilisera ce type de détours vers les séries ou les fonctions analytiques pour calculer la limite d'une suite. Ceci annonce en particulier l'intérêt que nous porterons pour la singularité de la fonction en $z=1$ (voir aussi la formule (1.22)).

Pour établir d'autres propriétés des suites totalement monotones nous nous appuyerons sur la relation qui existe entre ces suites et les fonctions totalement monotones auxquelles nous consacrons le paragraphe suivant.

2.2 FONCTIONS TOTALEMENT MONOTONES ET THEOREME D'INTERPOLATION

2.2.1 RAPPELS

Nous donnons ci-dessous une liste de termes et de symboles en rappelant les acceptions usuelles (voir aussi paragraphe 1.1.1). Ce paragraphe se poursuit par un bref rappel sur l'intégrale de Stieltjes-Lebesgue et sur celle de Stieltjes-Riemann. La formulation générale du problème des moments, due à F. Riesz et S. Banach [14], nécessite d'introduire la notion d'intégrale de Stieltjes-Lebesgue. Par contre, notre contribution ne nécessite que celle d'intégrale de Stieltjes-Riemann. Ce rappel permet de faire le lien entre les deux notions, et montre en particulier que toute la suite de ce travail peut être traduite en termes de théorie de la mesure.

TERMINOLOGIE ET NOTATIONS

$t \to x-$ (resp. $t \to x+$) : indique que t tend vers x par des valeurs $t < x$ (resp. $t > x$).

Limite à droite : $F(x+)$ (resp. à gauche : $F(x-)$) : Soit F une fonction numérique à valeurs dans $\mathbb{R}$, définie au voisinage de x, mais pas nécessairement en x. On dit que F admet une limite à droite (resp. à gauche) en x si $\lim_{t \to x+} F(t)$ (resp. $\lim_{t \to x-} F(t)$ existe ; on note alors la limite $F(x+)$ (resp. $F(x-)$).

En particulier toute fonction à variation bornée admet une limite à gauche et une limite à droite en tout point.

Point de discontinuité de F : On dit que x est un point de discontinuité de F si $F(x-) \neq F(x+)$.

Continuité à gauche (resp. à droite) de F : Si F est définie et finie en x et si $F(x-) = F(x)$ (resp. $F(x+) = F(x)$), on dit que F est continue à gauche (resp. à droite).

Si F est une fonction numérique finie, définie dans $]a, b[$ et si $F(a+)$ (resp. $F(b-)$) existe et est finie, alors on peut prolonger F par continuité à $[a,b[$ (resp. $]a,b]$) en définissant $F(a)=F(a+)$ (resp. $F(b)=F(b-)$). Mais il est clair qu'une fonction définie sur $[a,b]$ et continue dans $]a,b[$ n'est pas nécessairement continue en a ou en b .

$\uparrow$: espace des fonctions croissantes.

$\mathcal{B}([a,b])$: espace des fonctions numériques à variation bornée sur $[a,b]$; notation brève : $\mathcal{B}$.

$\mathcal{B}_0$: sous-espace vectoriel du précédent constitué des fonctions nulles en a et continues à gauche.

$C^0([a,b])$: espace des fonctions numériques continues sur $[a,b]$; notations brève: C^0.

V_f : ensemble des fonctions prenant un nombre fini de valeurs sur $[a,b]$.

V_i : ensemble des fonctions prenant un nombre infini de valeurs sur $[a,b]$.

$\uparrow \mathcal{B} V_f$: exemple de l'intersection des ensembles définis précédemment ; s'il faut préciser l'intervalle on écrira par exemple $\uparrow \mathcal{B}[a,\infty[$.

μ^* : fonction normalisée par rapport à la fonction μ (cf. formule (9)).

$supp(d\mu)$: support de la mesure $d\mu$.

INTEGRALE DE STIELTJES-RIEMANN

Soient F et μ deux fonctions numériques définies sur l'intervalle $[a,b]$ et les sommes du type

$$\sum_i F(\xi_i)\left[\mu(x_{i+1})-\mu(x_i)\right] \tag{5}$$

où $\{x_n\}$ est une subdivision de $[a,b]$ et où ξ_i est choisi arbitrairement dans $[x_i, x_{i+1}]$. Si les sommes précédentes admettent une limite commune dans $\mathbb{R}$ lorsque $\operatorname{Max}_i(x_{i+1}-x_i)$ tend vers 0, cette limite est nommée intégrale de Stieltjes-Riemann et notée

$$\int_a^b F(x)\,d\mu(x) \quad . \tag{6}$$

Deux conditions suffisantes d'existence de cette intégrale sont bien connues [130, p.32] :

(i) μ est à variation bornée et F est continue.

(ii) F et μ sont à variation bornée et n'ont pas de point de discontinuité commun.

La première de ces conditions donne lieu à un développement classique qui associe les fonctions à variations bornées sur $[a,b]$ aux mesures du type de Radon définies sur cet intervalle. Les lignes essentielles de cette construction sont les suivantes :

L'espace $C^0([a,b])$ est muni de la norme de la convergence uniforme

$$F \in C^0 \longmapsto \|F\| = \underset{x\in[a,b]}{\mathrm{Max}} |F(x)|$$

pour laquelle C^0 est un espace de Banach.

Le dual topologique de C^0 est noté $C^{0\prime}$ et la forme bilinéaire canonique sur ces deux espaces est notée $<\cdot,\cdot>$:

$$(F,g) \in C^0 \times C^{0\prime} \longmapsto <F,g> \in \mathbb{R} .$$

L'espace $C^{0\prime}$ est muni de la norme :

$$g \in C^{0\prime} \longmapsto \|g\|' = \underset{\|F\|=1}{\mathrm{Sup}} <F,g> ,$$

norme pour laquelle il est lui même un espace de Banach (topologie forte)

Toutes ces notations étant en place on peut voir aisément que pour μ donnée dans $\mathcal{B}$ la fonctionnelle

$$F \in C^0 \longmapsto \int_a^b F(x)\, d\mu(x)$$

est linéaire et continue sur C^0 de sorte qu'elle est un élément de $C^{0\prime}$.
Une notation classique est de désigner cet élément par $d\mu$ ce qui conduit à l'écriture :

$$\langle F, d\mu \rangle = \int_a^b F(x)\, d\mu(x) \qquad \mu \in \mathcal{B}.$$

On note que si μ et μ' appartenant à $\mathcal{B}$ diffèrent d'une constante, alors :

$$\langle F, d\mu \rangle = \langle F, d\mu' \rangle .$$

On note aussi que si μ appartient à $\mathcal{B}$ et que si μ' est définie par :

$$\mu'(a) = 0 \;; \quad a < x < b : \; \mu'(x) = \mu(x-) - \mu(a); \quad \mu'(b) = \mu(b) - \mu(a),$$

alors on a encore :

$$\langle F, d\mu \rangle = \langle F, d\mu' \rangle .$$

Autrement dit, à toute fonction μ de $\mathcal{B}$ peut être associée une fonction μ' de $\mathcal{B}_0$ telle que $d\mu = d\mu'$.
$\mathcal{B}_0$ s'identifie ainsi à une partie de $C^{0\prime}$ par la correspondance linéaire :

$$\mu \in \mathcal{B}_0 \longmapsto d\mu \in C^{0\prime}$$

Un théorème de F. Riesz [14] assure que cette correspondance est une bijection. Les éléments de $C^{0\prime}$ sont les mesures de Radon sur $[a, b]$ et la correspondance inverse de la précédente peut être définie à l'aide de :

$$x \in [a, b] \longmapsto \mu(x) = d\mu([a, x[).$$

On a en outre pour tout intervalle contenu dans $[a, b]$ les formules suivantes :

$$d\mu(]\alpha,\beta[) = \mu(\beta) - \mu(\alpha+)$$
$$d\mu([\alpha,\beta]) = \mu(\beta+) - \mu(\alpha)$$
$$d\mu(]\alpha,\beta]) = \mu(\beta+) - \mu(\alpha+)$$
$$d\mu([\alpha,\beta[) = \mu(\beta) - \mu(\alpha). \qquad (7)$$

Les mesures de Radon positives sur $[a,b]$ correspondent évidemment aux fonctions croissantes qui appartiennent à $\mathcal{B}_o$.

INTEGRALE DE STIELTJES-LEBESGUE

L'intégrale de Stieltjes-Riemann $\int F(x)d\mu(x)$ est nommée intégrale de F selon la mesure $d\mu$; c'est une fonctionnelle linéaire qui peut être étendue algébriquement (c'est-à-dire sans se préoccuper de sa continuité) à une classe de fonctions F beaucoup plus vaste que C^o, nommée classe des fonctions $d\mu$ -mesurables, Cette extension constitue précisément l'intégrale de Stieltjes-Lebesgue. En particulier nous voyons dans les formules (7) figurer l'égalité

$$\mu(\beta)-\mu(\alpha)= d\mu([\alpha,\beta[) \, ,$$

où le second membre est égal précisément à l'intégrale de Stieltjes-Lebesgue de la fonction caractéristique de l'intervalle considéré.

C'est pourquoi la signification du crochet $\langle F,d\mu\rangle$ sera désormais étendue à l'intégrale de Stieltjes-Lebesgue selon la mesure $d\mu$, intégrale qui coïncide évidemment avec le produit de dualité entre C^o et $C^{o\prime}$ lorsque F et $d\mu$ leur appartiennent respectivement.

Le théorème suivant, également dû à Riesz [14], permet d'assurer l'existence d'une solution au problème des moments (cf. chap.3) pour un intervalle borné $[a,b]$ et, inversement de comprendre quel type de difficultés théoriques est rencontré lorsque l'intervalle devient infin·

Théorème 2 (Riesz)

Soient B un espace de Banach, B' son dual. Soient une suite réelle $\{c_n\}$, une suite de fonctions $\{F_n\}$ $(F_n \in B)$ et un réel A strictement positif. Pour qu'il existe un élément $d\mu$ de B' satisfaisant aux conditions :

$$\forall n : \quad \langle F_n , d\mu \rangle = c_n$$

$$\| d\mu \|' \leqslant A \tag{8}$$

il faut et il suffit que pout toute suite réelle finie $\{h_i\}_{0 \leqslant i \leqslant r}$ on ait:

$$\left| \sum_{i=0}^{r} h_i c_i \right| \leqslant A \left\| \sum_{i=0}^{r} h_i F_i \right\| .$$

Dans le cas où $B = C^0([a,b])$, alors $B' = C^{0'}$ peut être représenté à l'aide de $\mathcal{B}_0$ comme nous venons de le voir. Au contraire, lorsque l'intervalle est infini , l'espace des fonctions qui y sont continues n'admet plus la structure précédente d'espace de Banach, la norme de la convergence uniforme n'y étant plus définie. On perd donc l'outil très puissant constitué par le théorème précédent (cf. chap.3 : problème de Stieltjes et celui de Hamburger).

Signalons dès maintenant que nous aurons à considérer les intégrales impropres de Stieltjes-Riemann du type $\int_a^\infty e^{-xt} d\mu(x)$ $(t>0)$

où μ est une fonction croissante dans $[a,\infty[$, mais pas nécessairement bornée. Il est évident qu'il faut que $x \mapsto d\mu([a,x[)$ croisse moins vite que $x \mapsto e^{xt}$ pour cette intégrale existe.

Soit μ dans $\uparrow[a,b]$; on dit que μ^* est <u>une fonction normalisée</u> par rapport à μ si μ^* est définie par:

$$\mu^*(a) = 0$$

$$\mu^*(x) = \frac{\mu(x+) + \mu(x-)}{2} - \mu(a) \qquad x \in]a,b[$$

$$\mu^*(b) = \mu(b) - \mu(a) . \tag{9}$$

La normalisation est toujours possible et on remarque que :

$$\mu^* \in \uparrow[a,b] \qquad \text{et} \qquad \int_a^b F d\mu = \int_a^b F d\mu^* .$$

Rappelons encore [163 , p.245] le théorème important sur le passage à la limite sous l'intégrale de Stieltjes-Riemann :

Théorème 3

(i) Soient $\{F_n\}$ une suite uniformément convergente de fonctions continues sur $[a,b]$ et μ une fonction à variation bornée sur $[a,b]$, alors :

$$\lim_{n\to\infty} \int_a^b F_n(x)\, d\mu(x) = \int_a^b \lim_{n\to\infty} F_n(x)\, d\mu(x) .$$

(ii) Soient F une fonction continue sur $[a,b]$ et $\{\mu_n\}$ une suite de fonctions à variation bornée sur $[a,b]$ telle que :

1°) $$\forall x \in X : \quad \lim_{n\to\infty} \mu_n(x) = \mu(x)$$

où $\mu \in \mathcal{B}[a,b]$ et où X est un ensemble dense dans $[a,b]$ et comprenant a et b ,

2°) $$\exists M \in \mathbb{R}^+ : \forall n : \quad \int_a^b |d\mu_n(x)| < M ,$$

alors :

$$\lim_{n\to\infty} \int_a^b F(x)\, d\mu_n(x) = \int_a^b F(x)\, d\mu(x) .$$

Il faut noter dans les conditions de (i) la "continuité uniforme" de la fonction limite, ce qui est une restriction propre à la notion d'intégrale de Stieltjes-Riemann par oppostion à la notion d'intégrale de Stieltjes-Lebesgue. Cette restriction nous a conduit à donner une démonstration un peu longue du théorème 6 (ii) ; autrement ce théorème découle immédiatement du théorème de convergence majorée de Lebesgue. Le terme "défini presque partout" est sous-jacent dans la condition 1°) du théorème 3(ii) ; notons toutefois qu'à partir de μ on peut définir une fonction normalisée μ^*, cette dernière étant définie partout. Si le théorème 3(i) peut être associé au problème des moments, le théorème 3(ii) correspond au problème "dual", lequel peut être formulé ainsi : soient une suite convergente $\{c'_n\}$ donnée et $\{\mu_n\}$ une suite de fonctions à variations bornées ; existe-t-il une fonction continue F telle que

$$\forall n: \qquad c'_n = \int_a^b F(x)\, d\mu_n(x) \quad ?$$

Dans un cas particulier, Gastinel et Bertrandias [102,24] ont donné une solution à ce problème.

2.2.2 FONCTIONS TOTALEMENT MONOTONES

Considérons l'espace vectoriel $C^\infty(]a,b[)$ des fonctions indéfiniment dérivables dans $]a,b[$ et à valeurs réelles. On vérifie facilement que l'opérateur de dérivation noté $D_t = \frac{d}{dt}$ est linéaire dans $C^\infty(]a,b[)$. On note aussi les dérivées de F par $F', F'', \ldots, F^{(n)}, \ldots$

Définition 5

On dit qu'une fonction F indéfiniment dérivable dans $]a,b[$ est totalement monotone et on écrit $F \in TM]a,b[$ si :

$$\forall n \in \mathbb{N}, \ \forall t \in]a,b[: \qquad (-D_t)^n F \geqslant 0 \,. \tag{10}$$

Définition 6

Soit F une fonction totalement monotone dans $]a,b[$;

(i) si $F(a+)$ existe et si on définit $F(a) = F(a+)$, alors on écrit que $F \in TM\,[a,b[$;

(ii) si on définit $F(b) = F(b-)$, alors on écrit que $F \in TM\,]a,b]$;

(iii) si (i), et (ii), alors on écrit que $F \in TM[a,b]$.

On remarque que $F(b-)$ existe toujours : en effet $F \geq 0$ et F est décroissant dans $]a,b[$ (car $F' \leq 0$), donc c'est une fonction décroissante, bornée inférieurement dans $]a,b[$ et par conséquent $F(b-)$ existe. Donc on peut toujours fermer à droite l'intervalle de totale monotonie en prolongeant par continuité la fonction F en b ; toutefois si $b=\infty$ on écrira $[a,\infty[$.

Les fonctions totalement monotones ont été introduites par Hausdorff en 1921 [117], mais déjà en 1914 Bernstein introduisit un ensemble analogue, l'ensemble AM des fonctions absolument monotones [22,23]. Une fonction F de $C^\infty(]a,b[)$ est absolument monotone si pour tout naturel n et pour tout t dans $]a,b[$ on a : $D_t^n F \geq 0$; on écrit alors $F \in AM]a,b[$. Une fonction F est absolument monotone dans $]a,b[$ si et seulement si la fonction $G : G(t) = F(-t)$ est totalement monotone dans $]-b,-a[$.

Propriété 3

(i) Les ensembles $TM]a,b[$ et $AM]a,b[$ (resp. $[a,b[$, $]a,b]$ ou $[a,b]$) sont des cônes convexes pointés saillants dans $C^\infty(]a,b[)$ (resp. dans un sous-espace de $C^\infty(]a,b[)$ des fonctions continues en a ou (et) b).

(ii) Le cône $TM]a,b]$ (resp. $AM[a,b[$) est stable pour l'opérateur $-D_t$ (resp. D_t).

(iii) Si F est totalement monotone dans $]a,b]$, alors F est prolongeable analytiquement en une fonction de variable complexe $z \mapsto F(z)$ analytique dans le disque $|z-b|<b-a$.

(iv) Si F est une fonction analytique dans $]a,b[$ et totalement monotone dans $]b-\varepsilon,b[$ $(a<b-\varepsilon<b)$ alors F est totalement monotone dans $]a,b[$.

Démonstration :

(i) Comme pour la propriété 2(i), ceci découle directement de la définition des ensembles TM et AM.

(ii) Dans le cas de l'intervalle ouvert $]a,b[$ la démonstration est encore analogue à celle de la propriété 2(ii). Considérons maintenant une fonction F appartenant au cône $TM]a,b]$. Pour tout n les limites à gauche $F^{(n)}(b-)$ existent pour les mêmes raisons que $F(b-)$ existe. Il faut toutefois définir les dérivées en b: $F^{(n)}(b)=F^{(n)}(b-)$ pour pouvoir dire que les fonctions $(-1)^n F^{(n)}$ sont totalement monotones dans $]a,b]$; (même raisonnement pour le cône $AM[a,b[$ au point a).

Remarquons que la proposition (ii) n'est pas vraie pour $TM[a,b]$; en effet, si F est dans $TM[a,b]$, alors $F(a+)=F(a)$, mais rien ne permet d'affirmer que les dérivées de F sont continues en a.

(iii) F appartient à $C^\infty(]a,b[)$, alors on peut considérer le développement limité

$$F(x)=\sum_{p=0}^{n-1}\frac{F^{(p)}(x_0)}{p!}(x-x_0)^p+\frac{F^{(n)}(\xi)}{n!}(x-x_0)^n \qquad a<x\leq\xi\leq x_0<b,$$

où tous les termes sont positifs, donc bornés par $F(x)$, d'où :

$$\forall x\in]a,x_0[: \qquad 0\leq(-1)^p\frac{F^{(p)}(x_0)}{p!}\leq\frac{F(x)}{(x_0-x)^p}$$

et par conséquent :

$$\frac{1}{\rho(x_0)}=\limsup_{p\to\infty}\left|\frac{F^{(p)}(x_0)}{p!}\right|^{\frac{1}{p}}\leq\frac{1}{x_0-a}\quad.$$

On peut maintenant majorer le reste :

$$\lim_{n\to\infty}\left|\frac{F^{(n)}(\xi)}{n!}(x-x_0)^n\right|\leq\lim_{n\to\infty}\left|\frac{F^{(n)}(x)}{n!}(x-x_0)^n\right|\leq\lim_{n\to\infty}\left|\frac{x-x_0}{x-a}\right|^n$$

qui tend vers zéro si $|x-x_0|<|x-a|$, donc dans un voisinage de x_0. Par conséquent on a :

$$\forall x_0\in]a,b[\,,\forall x\in]a,x_0[:\quad F(x)=\sum_{n=0}^{\infty}\frac{F^{(n)}(x_0)}{n!}(x-x_0)^n,$$

le rayon de convergence de cette série satisfaisant à :

$$\rho(x_0) \geq x_0 - a .$$

F est donc analytique dans l'union de tous les disques centrés en x_0 et de rayon $(x_0 - a)$, c'est-à-dire dans le disque $|x-b|<b-a$. En définissant, comme dans (ii), $F^{(n)}(b) = F^{(n)}(b-)$ ce développement reste valable pour $x_0 = b$ où on a : $\rho(b) \geq b-a$.
En définissant $F(z) = F(x+iy)$ on obtient :

$$\forall z \in \mathbb{C} \ (|z-b|<b-a) : \qquad F(z) = \sum_{n=0}^{\infty} \frac{F^{(n)}(b)}{n!} (z-b)^n ,$$

ce qui complète la démonstration de (iii).

(iv) Choisissons x_0 dans $]b-\varepsilon, b-\frac{\varepsilon}{2}[$. La série

$$F(x) = \sum_{n=0}^{\infty} \frac{F^{(n)}(x_0)}{n!} (x-x_0)^n$$

converge certainement pour tout x tel que $|x-x_0|<|b-x_0|$ car F y est analytique, et tous ses termes sont positifs ou nuls dans $]2x_0-b, b[$. De la même façon on constate que les fonctions $(-1)^n F^{(n)}$ sont positives ou nulles dans $]2x_0-b, b[$, ce qui prouve que F est totalement monotone dans cet intervalle.
Etant donné que

$$b - 2\varepsilon < 2x_0 - b < b - \varepsilon$$

on peut maintenant répéter ce raisonnement pour le point $x_0 = b-\varepsilon$ et montrer que F est totalement monotone dans $]b-2\varepsilon, b[$.
Allant de proche en proche on montre que F est totalement monotone dans $]a, b[$.

C.Q.F.D.

Dans les exemples de fonctions totalement monotones qui suivent, l'intervalle précisé ne peut pas être augmenté ; nous appellerons plus loin cet intervalle "intervalle maximal de totale monotonie" :

$$t \longmapsto \frac{1}{t} \qquad \mathrm{TM}\ ]0,\infty[$$

$$t \longmapsto c \in \mathbb{R}^{+} \qquad \mathrm{TM}\ ]-\infty,\infty[$$

$$t \longmapsto e^{-t} \qquad \mathrm{TM}\ ]-\infty,\infty[$$

$$t \longmapsto -\log t \qquad \mathrm{TM}\ ]0,1]$$

$$t \longmapsto \sum_{n=1}^{\infty} \frac{(-t)^n}{n^2} \qquad \mathrm{TM}\ [-1,0]$$

$$t \longmapsto e^{\frac{1}{t}} \qquad \mathrm{TM}\ ]0,\infty[$$

$$t \longmapsto \zeta(t+1) \qquad \mathrm{TM}\ ]0,\infty[.$$

2.2.3 THEOREMES DE BERNSTEIN ET DE HAUSDORFF

Théorème 4 (Bernstein)

Soit F une fonction réelle définie dans $]a,\infty[$, alors F est une fonction totalement monotone dans $]a,\infty[$ si et seulement si on a :

$$\forall T>0,\ \forall n \geq 0,\ \forall t \in]a,\infty[: \quad ((-\Delta_T)^n F)(t) \geq 0. \tag{11}$$

La condition (11), compte tenu de (1.17), s'écrit :

$$\sum_{k=0}^{n} (-1)^k C_n^k F(t+kT) \geq 0 . \tag{12}$$

On note que si de plus F est continue en a , alors F est totalement monotone dans $[a,\infty[$.

Démonstration * : La condition est nécessaire ; en effet $F \in TM]a,\infty[$ implique (11) d'après le théorème de la moyenne.
La condition est suffisante. Désignons par $\mathbb{Q}$ l'ensemble des rationnels et par I l'intervalle $]a,\infty[$. On va montrer que F est continue dans $\mathbb{Q} \cap I$, continue dans I, convexe dans I, dérivable dans I et enfin que la fonction $-F'$ obéit aux inégalités (11), ce qui par récurrence donne (10). La difficulté dans cette démonstration réside dans le passage entre les rationnels et les réels et plus particulièrement dans la démonstration de l'existence de F' en tout point de I. Nous démontrons donc les assertions mentionnées ci-dessus dans l'ordre :

F est formellement convexe dans $\mathbb{Q} \cap I$:

On utilise la formule de sommation par parties :

$$\sum_{n=j}^{k} c_n (\Delta_T F)(nT) = c_k F((k+1)T) - c_j F(jT) - \sum_{n=j}^{k-1} (\Delta c)_n F((n+1)T)$$

qui se démontre par identification. On pose :

$$j = p_1 - 1 \; ; \; k = p_3 - 1 \; ; \; T = \frac{1}{q} \; ; \; t_i = \frac{p_i}{q} \; (i=1,2,3) \; ; \; t_i \in \mathbb{Q} \, , \; p_1 < p_2 < p_3 \; ; \; p_i, q \in \mathbb{N}^* ,$$

$$c_n = \begin{cases} (p_3 - p_2)((n+1) - p_1) & n < p_2 \\ (p_2 - p_1)(p_3 - (n+1)) & n \geqslant p_2 \end{cases}$$

et on somme deux fois par parties :

$$0 \leqslant \sum_{n=p_1-1}^{p_3-1} c_n (\Delta_T^2 F)(nT) = (p_2 - p_1) F(p_3 T) + (p_3 - p_2) F(p_1 T) + (p_1 - p_3) F(p_2 T)$$

En divisant par q on obtient :

---

* Obtenue en collaboration avec M. FROISSART.

$$t_1 < t_2 < t_3 : \quad (t_3-t_2)[F(t_2)-F(t_1)] \leq (t_2-t_1)[F(t_3)-F(t_2)] \qquad (13)$$

ce qui peut s'écrire aussi :

$$\alpha, t', t'' \in \mathbb{Q} \ (0<\alpha<1) : \quad F[\alpha t' + (1-\alpha)t''] \leq \alpha F(t') + (1-\alpha)F(t'')$$

c'est ce que nous avons appelé la convexité formelle dans $\mathbb{Q} \cap I$.

<u>F est continue et même lipschitzienne dans $\mathbb{Q} \cap I$:</u>

Considérons les points $a < t_1 < t_2 < t_3 < t_4$; l'inégalité (13) donne :

$$0 \leq F(t_3) - F(t_4) \leq \frac{F(t_2)-F(t_3)}{t_3 - t_2}(t_4-t_3) \leq \frac{F(t_1)-F(t_2)}{t_2 - t_1}(t_4-t_3) \quad ,$$

où la borne inférieure est due à la décroissance de F.
En faisant tendre dans $\mathbb{Q}$ $t_4 \to t_3$ ou $t_3 \to t_4$, on constate que F est uniformément continue dans $\mathbb{Q} \cap I$ et que :

$$\forall t_0 > a \ , \forall t_1, t_2 \, (t_j \geq t_0) : \quad |F(t_1) - F(t_2)| \leq A|t_1 - t_2| \ .$$

<u>F est continue et même lipschitzienne dans I :</u>

Remarquons d'abord que :

$$\forall (\varepsilon, A, r_1 \in I) \exists (t_1, t_2 \in \mathbb{Q} \cap I ; r_2 \in I) : \ t_1 < r_1 < r_2 < t_2 \text{ et } t_2 - t_1 \leq r_2 - r_1 + \frac{\varepsilon}{A} \ .$$

F étant décroissante dans I et lipschitzienne dans $\mathbb{Q} \cap I$, on a :

$$F(r_2) - F(r_1) \leq F(t_2) - F(t_1) \leq A(t_2 - t_1) \leq A(r_2 - r_1) + \varepsilon \ ;$$

ceci étant vrai quel que soit ε ; on obtient finalement :

$$\forall r_0 > a \text{ et } \forall r_1, r_2 \, (r_j \geq r_0) \exists A : \quad |F(r_1) - F(r_2)| \leq A|r_1 - r_2| \ ,$$

ce qui confirme la continuité et le caractère lipschitzien de F dans I.

<u>F est convexe dans I :</u>

D'après (13) on a

$$\alpha F(t_1) + (1-\alpha)F(t_2) - F(\alpha t_1 + (1-\alpha)t_2) \geq 0$$

dans $\mathbb{Q}^3(t_1,t_2,\alpha)$. La fonction définie ci-dessus est également continue dans $\mathbb{R}^3(t_1,t_2,\alpha)$, elle est positive dans l'ensemble dense $\mathbb{Q}^3$, donc elle est positive partout :

$$0<\alpha<1\,;\; r_1<r_2\in I: \qquad F(\alpha t_1 + (1-\alpha)t_2) \leq \alpha F(t_1) + (1-\alpha)F(t_2) \quad (14)$$

ce qui signifie la convexité de F dans I.

<u>F est dérivable dans I :</u>

F est décroissante et convexe dans I, donc en tout point de I sa dérivée à gauche F'_- et à droite F'_+ existent et on a :

$$r\in I: \qquad F'_-(r) \leq F'_+(r) \leq 0 \quad .$$

La décroissance de F et (14) (ou (13)) donnent :

$$r_1<r_2<r_3<r_4\,;\; r_j\in I: \qquad \frac{F(r_2)-F(r_1)}{r_2-r_1} \leq \frac{F(r_4)-F(r_3)}{r_4-r_3} \leq 0 \quad .$$

En faisant tendre $r_2 \to r_1+$ et $r_3 \to r_4-$ on obtient $F'_+(r_1) \leq F'_-(r_4) \leq 0$.
En posant $r_1 = r-\varepsilon$, $r_4 = r$, on obtient, compte tenu du résultat précédent :

$$-F'_+(r-\varepsilon) \geq -F'_-(r) \geq -F'_+(r) \geq 0 \,,$$

ce qui après le passage $\varepsilon \to 0$ donne $F'_+(r) = F'_-(r)$ et $-F'(r) \geq 0$.

<u>La fonction $-F'$ obéit aux inégalités (11) :</u>

On vérifie facilement l'identité suivante :

$$(-\Delta_T F)(t) = \sum_{j=0}^{n-1} (-\Delta_{\frac{T}{n}} F)(t + \frac{jT}{n}) \,.$$

En l'itérant k fois, on obtient :

$$((-\Delta_T)^k F)(t) = \sum_{j_1 \cdots j_k = 0}^{n-1} ((-\Delta_{\frac{T}{n}})^k F)(t + [j_1 + \ldots + j_k]\tfrac{T}{n}).$$

En appliquant l'opérateur $-\Delta_{\frac{T}{n}}$ aux deux membres, le membre de droite reste positif d'après (11), donc:

$$((-\Delta_T)^k (-\Delta_{\frac{T}{n}} F))(t) \geqslant 0 \ ,$$

car Δ_T et $\Delta_{\frac{T}{n}}$ commutent. En divisant par $\frac{T}{n}$ et passant à la limite quand $n \to \infty$ (ce qui est autorisé car F est dérivable), on obtient :

$$\forall k \geqslant 0, \forall t \in I: \qquad ((-\Delta_T)^k (-F'_+))(t) \geqslant 0$$

c'est-à-dire la condition (11) pour la fonction $-F'_+$ et par conséquent pour $-F'$.

Par récurrence on obtient le même résultat pour toutes les dérivées :

$$\forall k, n \geqslant 0, T > 0, \ t \in I: \quad ((-\Delta_T)^k ((-1)^n F^{(n)}))(t) \geqslant 0 \tag{15}$$

ce qui avec $k=0$ démontre le théorème.

C.Q.F.D.

Les inégalités (15) avec $k=1$ conduisent aux propriétés suivantes :

Propriété 4 :

Le cône $TM]a,\infty[$ est stable pour l'opérateur $-\Delta_T$.

Propriété 5 :

Soit F une fonction totalement monotone dans $[a,\infty[$, alors :

$$\forall n \in \mathbb{N}, \forall T > 0, \forall t \in \begin{cases} [a,\infty[& \text{si } n = 0 \\ ]a,\infty[& \text{si } n > 0 \end{cases} : \ (-1)^n F^{(n)}(t) \geqslant (-1)^n F^{(n)}(t+T). \tag{16}$$

On rappelle que si E est un ensemble ordonné par la relation d'ordre $\leqslant$, alors tout élément x de E, pour lequel il n'existe aucun élément y de E tel que $y < x$ est appelé élément minimal de E.

Définition 7

Soit TM l'ensemble des suites totalement monotones muni de la structure d'ordre suivante :

$$x \leqslant y \quad (x \in TM, y \in TM) \Longleftrightarrow (x)_0 \leqslant (y)_0 \quad \text{et} \quad (x)_n = (y)_n \quad \forall n > 0 .$$

On en déduit que x appartenant à TM est une suite totalement monotone minimale pour la relation définie ci-dessus, si quel que soit $\varepsilon > 0$, la suite $\{x_0 - \varepsilon, x_1, x_2, \ldots\}$ n'est pas totalement monotone. On écrit alors $x \in TM_{min}$.

Théorème 5 (Hausdorff):

Une suite $\{c_n\}$ est totalement monotone si et seulement s'il existe une fonction μ dans $\uparrow \mathcal{B}[0,1]$ telle que :

$$\forall n \geqslant 0: \qquad c_n = \int_0^1 x^n \, d\mu(x) . \tag{17}$$

Le calcul direct montre que la condition (17) est suffisante :

$$((-\Delta)^k c)_n = \int_0^1 x^n (1-x)^k \, d\mu(x) \geqslant 0 .$$

Pour la démonstration de la "nécessité", on peut se référer à Widder [168].

Propriété 6

Toute suite totalement monotone définit de façon unique une fonction norlaisée μ^* dans $\uparrow \mathcal{B}[0,1]$ telle que (17) soit satisfait.

Démonstration : (inspirée par [168, p.60]). Supposons qu'il existe deux fonctions normalisées dans $\uparrow \mathcal{B}[0,1]$, μ^* et μ_1^*, telles que

$c_n = \int_0^1 x^n d\mu^*(x) = \int_0^1 x^n d\mu_1^*(x)$ pour tout n. Dans ce cas, la fonction $\alpha^* = \mu^* - \mu_1^*$ est normalisée, à variation bornée sur $[0,1]$ et on a :

$$\int_0^1 x^n \, d\alpha^*(x) = 0 \qquad n = 0,1,\ldots$$

Cette équation avec $n=0$ montre que $\alpha^*(1)=0$, car $\alpha^*(0)=0$ par hypothèse. Par conséquent, l'intégration par parties donne :

$$\int_0^1 x^n \alpha^*(x)\, dx = 0 \qquad n = 0,1,\ldots$$

Si on définit la fonction β: $\beta(x) = \int_0^x \alpha^*(t)dt \; (0 \leq x \leq 1)$, alors $\beta(1)=0$ et en intégrant par parties on obtient :

$$0 = \int_0^1 x^{n+1} \alpha^*(x)\, dx = \int_0^1 x^{n+1} d\beta(x) = -(n+1)\int_0^1 x^n \beta(x)\, dx .$$

La fonction β est continue sur $[0,1]$, donc d'après le théorème de Weierstrass pour tout $\varepsilon > 0$ on peut trouver un polynôme P tel que :

$$\forall x \in [0,1] : \quad |\beta(x) - P(x)| < \varepsilon .$$

Mais étant donné que $\int_0^1 P(x)\beta(x)\, dx = 0$ on peut majorer :

$$\int_0^1 |\beta(x)|^2 dx = \int_0^1 \beta(x)[\beta(x) - P(x)]\, dx \leq \varepsilon \int_0^1 |\beta(x)|\, dx ,$$

ce qui montre que $\beta = 0$ dans $[0,1]$, car ε est arbitraire. Etant donné que $\beta(x) = \int_0^x \alpha^*(t)dt = 0$, alors $\alpha^*(t)=0$ partout où la fonction α^* est continue, donc partout car pour tout t dans $]0,1[$ les limites $\alpha^*(t-)$ et $\alpha^*(t+)$ existent et sont nulles ; et par conséquent :

$$\forall t \in]0,1[: \quad \alpha^*(t-) = \alpha^*(t+) = \alpha^*(t) = 0 .$$

Etant donné que $\alpha^*(0)=\alpha^*(1)=0$, alors $\alpha^*=0$ dans $[0,1]$ et par conséquent $\mu^*(x)=\mu_1^*(x)$ pour tout x dans $[0,1]$.

C.Q.F.D.

Théorème 6

(i) Une suite totalement monotone $\{c_n=\int_0^1 x^n d\mu(x)\}$ est minimale si et seulement si la fonction μ qui la définit est continue en $x=0$.

(ii) Si la fonction μ définit une suite totalement monotone $\{c_n=\int_0^1 x^n d\mu(x)\}$, alors on a :

$$\lim_{n\to\infty} c_n = \mu(1) - \mu(1-) . \tag{18}$$

Démonstration : Nous pouvons restreindre la démonstration aux fonctions normalisées ; elles seront notées sans astérisque.

(i) Nécessité. Toute fonction μ de $\uparrow\mathcal{B}[0,1]$ peut être décomposée en une somme de deux fonctions de $\uparrow\mathcal{B}[0,1]$: $\mu=\mu_0+\mu_1$ où $\mu_0(0)=\mu(0)$, $\mu_0(x)=\mu(0+)$ pour tout x dans $]0,1[$ et μ_1 est continue en $x=0$. Par conséquent toute suite totalement monotone est donnée par :

$$c_0=[\mu(0+)-\mu(0)]+\int_0^1 d\mu_1(x), \qquad c_n=\int_0^1 x^n d\mu_1(x) \quad (n>0) . \tag{19}$$

Si $\{c_n\}$ est dans TM_{min} , alors $\mu=\mu_1$, car autrement on aurait $\mu(0+)>\mu(0)$ et $\{\int_0^1 x^n d\mu_1\}<\{c_n\}$, ce qui est impossible.

Suffisance. Supposons $\mu(0+)=\mu(0)$ et qu'il existe une suite totalement monotone $\{b_n\}=\{\int_0^1 x^n d\alpha(x)\}$ telle que $\{b_n\}<\{c_n\}$.

Dans ce cas, compte tenu de la propriété 6, $\alpha(x)=\mu(x)$ pour $x>0$; $b_0<c_0$ entraîne $\alpha(1)-\alpha(0)<\mu(1)-\mu(0)$, donc $\alpha(0)>\mu(0)=\mu(0+)=\alpha(0+)$, c'est-à-dire α n'est pas une fonc-

tion croissante, ce qui est impossible, car la suite $\{b_n\}$ était supposée totalement monotone.
Par conséquent $\{c_n\} \leq \{b_n\}$.

(ii) La difficulté dans cette démonstration réside dans le fait que l'on ne peut pas intervertir le passage à la limite et l'intégration car l'intégrale de Stieltjes $\int_0^1 (\lim_{n\to\infty} x^n)\, d\mu(x)$ n'a pas de sens si μ n'est pas continu en $x = 1$. On peut contourner cette difficulté de la façon suivante.
Toute fonction μ appartenant à $\uparrow \mathcal{B}[0,1]$ peut être décomposée en une somme de deux fonctions de $\uparrow \mathcal{B}[0,1]$: $\mu = \mu_0 + \mu_1$ où $\mu_1(x) = 0$ pour x dans $[0,1[$, $\mu_1(1) = \mu(1) - \mu(1-)$; $\mu_0 = \mu - \mu_1$ est continue en $x = 1$. Pour tout ε tel que : $0 \leq \varepsilon \leq \mu_0(1) - \mu_0(0)$ il existe $\delta(\varepsilon) > 0$ tel que $\mu_0(1) - \mu_0(1-\delta) \leq \varepsilon$;
Par conséquent on a :

$$\left| \int_0^1 x^n d\mu_0(x) \right| = \int_0^{1-\delta} + \int_{1-\delta}^1 \leq \int_0^{1-\delta} + [\mu_0(1) - \mu_0(1-\delta)]\left(\operatorname*{Max}_{x\in[1-\delta,1]} x^n\right) \leq$$

$$\leq \int_0^{1-\delta} x^n d\mu_0(x) + \varepsilon .$$

Cette fois on peut appliquer le théorème 3(i) :

$\lim_{n\to\infty} \int_0^{1-\delta} x^n d\mu_0(x) = \int_0^{1-\delta} (\lim_{n\to\infty} x^n) d\mu_0(x) = 0$ et par conséquent

$\lim_{n\to\infty} \left| \int_0^1 x^n d\mu_0(x) \right| \leq \varepsilon$, mais ε est arbitraire, donc

$\lim_{n\to\infty} \int_0^1 x^n d\mu_0 = 0$. Etant donné que $\int_0^1 x^n d\mu_1(x) = \mu_1(1) - \mu_1(1-) =$ $= \mu(1) - \mu(1-)$ on obtient : $\lim_{n\to\infty} \int_0^1 x^n \, d\mu(x) = \lim_{n\to\infty} \int_0^1 x^n d\mu_1(x) =$ $= \mu(1) - \mu(1-)$.

C.Q.F.D.

Par exemple la suite totalement monotone $\left\{\frac{1}{n+1}\right\}$ est minimale, mais la suite totalement monotone $\{1,0,0,\ldots\}$ ne l'est pas.

Théorème 7 (Bernstein [168 ,169]) :

(i) Une condition nécessaire et suffisante pour qu'une fonction F soit totalement monotone dans $]0,\infty[$ est qu'il existe une fonction μ dans $\uparrow[0,\infty[$ telle que

$$F(t) = \int_0^\infty e^{-xt}\, d\mu(x) \tag{20}$$

et que cette intégrale converge pour tout t dans $]0,\infty[$.

(ii) Une condition nécessaire et suffisante pour qu'une fonction F soit totalement monotone dans $[0,\infty[$ est qu'il existe une fonction μ dans $\uparrow\mathcal{B}[0,\infty[$ telle que l'on ait (20) et que cette intégrale converge pour tout t dans $[0,\infty[$.

La théorie des suites et fonctions totalement monotones repose en grande partie sur les théorèmes 5 et 7.

Propriété 7

Toute fonction totalement monotone dans $]0,\infty[$ (resp. dans $[0,\infty[$) définit de façon unique une fonction normalisée μ^* dans $\uparrow[0,\infty[$ (resp. dans $\uparrow\mathcal{B}[0,\infty[$) telle que (20) soit satisfait.

La démonstration de cette propriété repose sur la propriété 6, [168,p.59-63].
Le résultat suivant est nouveau :

Théorème 8 :

Soit F une fonction décroissante dans $[0,\infty[$ et continue en $t=0$, alors la condition nécessaire et suffisante pour que F soit totalement monotone dans $[0,\infty[$ est que :

$$\forall T \geq 0 : \quad \{F(nT)\}_{n\geq 0} \in TM . \tag{21}$$

Démonstration : Suffisance. Notons $I=[0,\infty[$ et posons dans (15) $t=\frac{m}{n}T$ $(\frac{m}{n}\in\mathbb{Q})$; le membre droit de (15) est positif d'après (21) car l'argument de chaque terme est un multiple de $\frac{T}{n}$. Par conséquent, pour tout $\frac{m}{n}$ dans $\mathbb{Q}^+$ on a : $((-\Delta_T)^k F)(t)\geq 0$. Si T appartient à $\mathbb{Q}^+$, alors on a $((-\Delta_T)^k F)(t)\geq 0$ pour tout T et t appartenant à $\mathbb{Q}\cap I$. Etant donné que par hypothèse $F(t)\geq F(t+T)$ pour tout T et t dans $[0,\infty[$, alors (même raisonnement que dans la démonstration du théorème 4) $((-\Delta_T)^k F)(t)\geq 0$ pour tout t et T dans $[0,\infty[$, mais cela implique d'après le théorème 4 que F est totalement monotone dans $]0,\infty[$. La continuité de F en $t=0$ montre que F est aussi totalement monotone dans $[0,\infty[$. Remarquons que sans condition $F(t)\geq F(t+T)$ on aurait eu $((-\Delta_T)^k F)(t)\geq 0$ séparément pour t et T rationnels et séparement pour t et T irrationnels et on n'aurait pas pu obtenir cette condition pour tout t et T dans $[0,\infty[$. D'autre part (21) implique l'existence de $F(0)$, mais pas la continuité en $t=0$, donc il fallait ajouter la condition $F(0)=F(0+)$. La suite (21) est bien sûr une suite totalement monotone minimale.

Nécessité. D'après le théorème 7(ii) $F(t)=\int_0^\infty e^{-xt}d\mu(x)$ où μ appartient à $\uparrow\mathcal{B}[0,\infty[$. Le changement de variable $e^{-xT}=y$ conduit à :

$$\alpha(y)=-\mu\left(-\frac{1}{T}\log y\right)\qquad y\in]0,1]$$

et si on définit $\alpha(0)=-\mu(\infty)$ on obtient $\alpha(0)=\alpha(0+)$ et

$$F(t)=\int_0^1 y^{\frac{t}{T}}\,d\alpha(y)\qquad \alpha\in\uparrow\mathcal{B}[0,1]. \tag{22}$$

En posant $t=nT$ on obtient $\{F(nT)\}\in TM_{min}$ d'après le théorème 6(i).

C.Q.F.D.

Lemme 1

Soit F une fonction totalement monotone dans $[a,\infty[$, alors :

(i) la fonction $G:t\mapsto G(t)=F(a+Tt)$ $(\forall T>0)$ est totalement monotone dans $[0,\infty[$.

(ii) la fonction $H:t\mapsto H(t)=((-\Delta_T)^n F)(t)$ $(\forall T>0,\forall n\geq 0)$ est totalement monotone dans $[a,\infty[$.

Démonstration :

(i) est une simple translation avec un changement d'échelle, ce qui en particulier permet de restreindre l'étude des ensembles $TM[a,\infty[$ à l'étude de l'ensemble $TM[0,\infty[$.

(ii) D'après la propriété 4, le cône $TM[a,\infty[$ est stable pour l'opérateur $(-\Delta_T)^n$.

C.Q.F.D.

Théorème 9

Soit F une fonction totalement monotone dans $[a,\infty[$ (resp. dans $]a,\infty[$), alors :

(i) $\forall T \geq 0, \forall h \geq 0$ (resp. $\forall h > 0$): $\{F(a+h+nT)\}_{n\geq 0} \in TM_{min}$; (23)

(ii) $\forall T > 0, \forall c \geq a$ (resp. $\forall c > a$): $\{((-\Delta_T)^n F)(c)\}_{n\geq 0} \in TM$; (24)

(iii) Si $F(t+c) = \int_0^\infty e^{-xt} d\mu(x)$ où μ est dans $\uparrow \mathcal{B}[0,\infty[$ et si la fonction μ est continue en $x = 0$, alors :

$$\{((-\Delta_T)^n F)(c)\}_{n\geq 0} \in TM_{min}. \tag{25}$$

Démonstration :

(i) On pose $t = a+h+mT$ $(m\geq 0)$ dans (11) (théorème 4) et on vérifie aisément que la suite (23) est totalement monotone. Puis on fait la translation de $a+h$ vers 0 dans F conformément au lemme 1(i) et on constate, d'après le théorème 8, que la suite (23) appartient à TM_{min}.

(ii) D'après la formule (1.19), on obtient :

$$(-\Delta)^m \{((-\Delta_T)^n F)(c)\} = \{((-\Delta_T)^n F)(c+mT)\}_{m\geq 0}$$

et d'après le théorème 4 : $((-\Delta_T)^n F)(c+mT) \geq 0$, ce qui prouve que la suite (24) est totalement monotone.

(iii) D'après (22) (avec $T=1$), on a :

$$F(t+c)=\int_0^\infty e^{-xt}d\mu(x)=\int_0^1 y^t\,d\alpha(y) \quad \text{où} \quad \alpha(y)=-\mu(-\log y).$$

En appliquant l'opérateur $(-\Delta_T)^n$ on obtient :

$$((-\Delta_T)^n F)(t+c)=\int_0^1 y^t(1-y^T)^n d\alpha(y) \tag{26}$$

et si on pose $t=0$ et $1-y^T=x$, on obtient :

$$((-\Delta_T)^n F)(c)=\int_0^1 x^n d\beta(x)\ ,$$

où $\beta(x)=-\alpha[(1-x)^{\frac{1}{T}}]$ et $\beta(0)=-\alpha(1)=\mu(0)$; alors β est continu en $x=0$ puisque μ l'est, ce qui d'après le théorème 6(i) démontre (iii).

C.Q.F.D.

Propriété 8

Si la suite $\{c_n\}_{n\geq 0}$ est totalement monotone, alors quel que soit $k>0$ la suite $\{c_n\}_{n\geq k}$ est une suite totalement monotone minimale.

C'est une conséquence immédiate du théorème 6(i) et en particulier de la formule (19).

Commentaires : Si dans (24) on pose $T=0$, on obtient également une suite totalement monotone : $\{F(c),0,0,\ldots\}$.
Si dans (24) $F(t+c)=\varepsilon+e^{-t}$ $(\varepsilon>0)$, alors la suite $\{c_n\}$ obtenue est : $c_0=\varepsilon+1$ et $c_k=(1-e^{-T})^k$ $(k>0)$; pour qu'elle soit minimale il faudrait que $\varepsilon=0$, ce qui confirme la proposition (iii).
A propos des propositions (ii) et (iii), il convient de remarquer que bien qu'il existe une certaine analogie entre l'opérateur Δ_T et l'opérateur de dérivation D_t , il serait dangereux de confondre (10) et (11). En particulier la suite :

$$\{(-1)^n F^{(n)}(c)\}_{n\geq 0} \qquad F\in TM\,]0,\infty[\tag{27}$$

est seulement une suite H-positive (cf. théorème 20) et n'est pas toujours une suite totalement monotone, comme le montre l'exemple de $F(t)=e^{-at}$ avec $a>1$. En fait pour que la suite (27) soit totalement monotone, il faut en particulier que

$$-F'(c)=\lim_{T\to 0+}\frac{F(c)-F(c+T)}{T}=\lim_{T\to 0+}\frac{(-\Delta_T F)(c)}{T}\leqslant F(c) \quad ,$$

mais rien ne peut affirmer cette inégalité. Dans le cas de $F(t)=\frac{1}{t}$ on a même $\frac{F(c)-F(c+T)}{T}=\frac{1}{c(c+T)}>\frac{1}{c}$ pour $c\geqslant 1$ et $T>0$; d'ailleurs $(-1)^n F^{(n)}(c)=n!/c^{n+1}$ et par conséquent la suite (27) n'est pas totalement monotone pour n'importe quel $c>0$.

Le résultat suivant obtenu en collaboration avec M. Froissart [94] est nouveau et nous permettra d'ajouter l'unicité au théorème d'interpolation (théorème 11) :

Théorème 10

(i) Soit f une fonction analytique et bornée dans $\operatorname{Re} z>0$ et s'annulant aux points z_n , tous distincts les uns des autres :

$$f(z_n)=0 \qquad n=0,1,\dots \quad ; \qquad \operatorname{Re} z_n\geqslant 0 \ ,$$

alors la fonction f est identiquement nulle si et seulement si la condition suivante est satisfaite :

$$\sum_n \frac{\operatorname{Re} z_n}{|1+z_n|^2}=\infty \ . \tag{28}$$

(ii) Si les points z_n sont réels : $z_n=x_n$, alors la condition (28) se réduit à :

$$\sum_{x_n<x} x_n+\sum_{x_n>x}\frac{1}{x_n}=\infty \quad , \tag{29}$$

où x est choisit arbitrairement dans $]0,\infty[$.

Démonstration : Si $f \equiv 0$, alors il existe toujours une suite $\{z_n\}_{n \geq 0}$ qui satisfait (28) (ou (29)), donc cette condition est nécessaire. Pour montrer qu'elle est suffisante remarquons d'abord que si l'ensemble $\{z_n\}$ possède un point d'accumulation à l'intérieur du domaine $\mathrm{Re}\, z > 0$, alors d'après le théorème classique sur les fonctions analytiques f est nulle partout et la condition (28) est satisfaite automatiquement. Considérons donc le cas où il n'y a pas de point d'accumulation à l'intérieur de ce domaine.

Par hypothèse, $|f(z)| \leq A$ pour $\mathrm{Re}\, z \geq 0$; alors on a aussi :

$$|f(z)| \leq A \left|\frac{z - z_n}{z + \bar{z}_n}\right| \qquad \mathrm{Re}\, z \geq 0$$

car la fonction $z \mapsto \frac{z+\bar{z}_n}{z-z_n} f(z)$ est analytique dans $\mathrm{Re}\, z > 0$, bornée par A sur $\mathrm{Re}\, z = 0$ et à l'infini, donc partout. En itérant sur les z_n on obtient :

$$|f(z)| \leq A \prod_{n=0}^{k} \left|\frac{z - z_n}{z + \bar{z}_n}\right| \qquad \mathrm{Re}\, z \geq 0$$

Pour montrer que f est nulle partout, il suffit de montrer que le produit infini diverge quel que soit z réel $(z = x)$ dans un intervalle aussi petit que l'on veut, c'est-à-dire :

$$x \in \left]0, \infty\right[\; : \quad P = \prod_{n=0}^{\infty} \left|\frac{z - z_n}{z + \bar{z}_n}\right| = \prod_{n=0}^{\infty} \left|\frac{x - z_n}{x + z_n}\right| = 0 \; .$$

Dans la démonstration nous prendrons ce produit au carré. Notons que si $x = z_n$, alors $P = 0$ automatiquement et si z_n est pur imaginaire, alors il n'intervient pas dans ce produit car $\left|\frac{x - z_n}{x + z_n}\right| = 1$. En excluant ces cas on a :

$$\forall n : \qquad 0 < \left|\frac{x - z_n}{x + z_n}\right| < 1 \; .$$

Remarquons que pour que le produit $\prod_n u_n$ ($0 < u_n < 1$) diverge, il faut et il suffit que $\log \prod_n u_n = -\infty$. En considérant la fonction $g : g(w) = -\log(1-w)$ on a :

$$w \leq g(w) \leq \frac{g(\varepsilon)}{\varepsilon} w \qquad 0 < w \leq \varepsilon < 1 ,$$

où la minoration découle du développement limité et la majoration de la convexité de la fonction g . En sommant sur n on obtient :

$$\sum_n w_n \leq \sum_n g(w_n) \leq \frac{g(\varepsilon)}{\varepsilon} \sum_n w_n .$$

Par conséquent, pour avoir $\sum_n g(w_n) = \infty$ il faut et il suffit que $\sum_n w_n = \infty$. En posant $w_n = 1 - u_n$ on obtient donc la condition

$$\sum_n (1 - u_n) = \infty$$

pour que $\log \prod_n u_n = -\infty$. Dans notre cas, en posant $u_n = \left|\frac{x - z_n}{x + z_n}\right|^2$ cette condition s'écrit :

$$\sum_{n=0}^{\infty} \left(1 - \left|\frac{x - z_n}{x + z_n}\right|^2\right) = \infty$$

ce qui après le réarrangement est équivalent à :

$$\sum_{n=0}^{\infty} \frac{\operatorname{Re} \frac{z_n}{x}}{\left|1 + \frac{z_n}{x}\right|^2} = \infty \qquad x \in]0,\infty[. \tag{30}$$

Compte tenu de nos hypothèses pour tout x appartenant à $]0,\infty[$ il existe ε : $0 < \varepsilon < 1$ tel que la bande $]x\varepsilon , \frac{x}{\varepsilon}[$ dans le plan complexe ne contient qu'un nombre fini de z_n (pour simplifier le raisonnement, on suppose qu'il n'y a pas de point d'accumulation de $\{z_n\}$ à l'infini sur la droite $\operatorname{Re} z = x$). Alors, en choisissant $x = 1$ on peut écrire la condition (30) comme suit :

$$\sum_{\operatorname{Re} z_n \leq \varepsilon} \frac{\operatorname{Re} z_n}{|1 + z_n|^2} + \sum_{\operatorname{Re} z_n \geq \frac{1}{\varepsilon}} \frac{\operatorname{Re} z_n}{|1 + z_n|^2} + \sum_{\varepsilon < \operatorname{Re} z_n < \frac{1}{\varepsilon}} \frac{\operatorname{Re} z_n}{|1 + z_n|^2} = \infty .$$

La troisième somme étant finie, alors pour que le produit $\prod_n \left|\frac{x - z_n}{x + z_n}\right|^2$ diverge il faut et il suffit que

$$\sum_{\operatorname{Re} z_n \leq \varepsilon} \frac{\operatorname{Re} z_n}{|1 + z_n|^2} + \sum_{\operatorname{Re} z_n \geq \frac{1}{\varepsilon}} \frac{\operatorname{Re} z_n}{|1 + z_n|^2} = \infty ,$$

mais cette condition est équivalent précisément à la condition (28).

La proposition (ii) est un cas particulier de (i). En effet, on a les majorations suivantes :

$$\frac{\frac{x_n}{x}}{\left|1+\frac{x_n}{x}\right|^2} < \begin{cases} \frac{x}{x_n} & \text{si} \quad x_n > x \\ \frac{x_n}{x} & \text{si} \quad x_n < x \end{cases},$$

qui, portées dans la condition (30) donnent (29).

C.Q.F.D.

La proposition (ii) de ce théorème se déduit par une transformation conforme d'un théorème de Blaschke [203, p. 333] . Dans le cas particulier où $x_n = n$, on rejoint également un théorème de Carlson [34, p. 153] .

Corollaire 10

Soient F_1 et F_2 deux fonctions totalement monotones dans $[0,\infty[$. Une condition nécessaire et suffisante pour que F_1 et F_2 coïncident partout est qu'elles coïncident en des points distincts x_n :

$$F_1(x_n) = F_2(x_n) \qquad n = 0,1,\ldots \qquad x_n \in [0,\infty[$$

tels qu'il existe un point x dans $]0,\infty[$ tel qu'on ait :

$$\sum_{x_n < x} x_n + \sum_{x_n > x} \frac{1}{x_n} = \infty \quad . \tag{31}$$

Démonstration :Remarquons tout de suite que si la condition (31) (qui n'est autre que (29)) est satisfaite pour un x , elle est satisfaite pour tout x appartenant à $]0,\infty[$. Il est clair que la condition (31) est nécessaire. Pour montrer qu'elle est suffisante on commence par borner la fonction $F_1 - F_2$. Désignons les prolongements analytiques de F_1 et F_2 dans le demi-plan complexe $\mathrm{Re}\, z > 0$ par les mêmes lettres F_1 et F_2 . On montre d'abord que si F est totalement monotone dans

$[0,\infty[$, alors

$$\mathrm{Re}\, z \geq 0 : \qquad |F(z)| \leq F(0).$$

En effet, F est prolongeable analytiquement dans $\mathrm{Re}\, z > 0$ (propriété 3(iii)) et ce prolongement est donné par la représentation du théorème 7(ii) :

$$F(z) = \int_0^\infty e^{-xz}\, d\mu(x) \qquad \mu \in \uparrow \mathcal{B}[0,\infty[$$

qui reste valable pour $\mathrm{Re}\, z = 0$. En plus, pour tout z tel que $\mathrm{Re}\, z \geq 0$ on a

$$\left| \int_0^\infty e^{-xz} d\mu(x) \right| \leq \int_0^\infty d\mu(x) = F(0),$$

c'est-à-dire $|F(z)| \leq F(0)$. On obtient par conséquent :

$$\mathrm{Re}\, z \geq 0 : \qquad |F_1(z) - F_2(z)| \leq F_1(0) + F_2(0).$$

En posant $f = F_1 - F_2$ et $A = F_1(0) + F_2(0)$ et en appliquant le théorème 10(ii), on démontre la proposition.

C.Q.F.D.

Nous pouvons démontrer maintenant le théorème d'interpolation qui établit un pont entre les fonctions et les suites totalement montones et dont nous ferons fréquemment référence dans l'étude des suites. Il nous a paru important de compléter ce théorème (cf. [168]) en montrant l'unicité de la fonction interpolant la suite, ce qui est devenu possible grâce au corollaire 10.

Théorème 11

Soit $\{c_n\}$ une suite réelle donnée. Pour qu'il existe une fonction unique F , totalement monotone dans $[0,\infty[$ et telle que

$$\forall n \geq 0 : \qquad c_n = F(n) \tag{32}$$

il faut et il suffit que la suite $\{c_n\}$ appartienne à TM_{min} .

Démonstration : Nécessité. Si $F \in TM[0,\infty[$, alors $\{F(n)\} \in TM_{min}$ d'après le théorème 9(i). D'autre part, s'il existait deux fonctions totalement monotones telles que $F_1(n) = F_2(n) = c_n$ pour tout n , alors la fonction $F_1 - F_2$ aurait des zéros en $x_n = n$, mais dans ce cas la condition (31) du corollaire 10 est satisfaite, donc les fonctions F_1 et F_2 coïncident partout. D'après la propriété 7 la fonction F définit de façon unique une fonction normalisée appartenant à $\uparrow\mathcal{B}[0,\infty[$.
Suffisance. D'après le théorème 6(i) :

$$c_n = \int_0^1 y^n d\alpha(y) \qquad \alpha \in \uparrow\mathcal{B}[0,1], \quad \alpha(0) = \alpha(0+).$$

Pour s'assurer qu'il existe une fonction totalement monotone dans $[0,\infty[$ satisfaisant à (32) il suffit de vérifier que la fonction définie par :

$$F(t) = \int_0^\infty e^{-xt} d\mu(x) \qquad \mu(x) = -\alpha(e^{-x})$$

est totalement monotone dans $[0,\infty[$ et satisfait à (32), donc elle existe. Nous avons déjà montré qu'elle est unique.

C.Q.F.D.

2.2.4 SUR L'INTERVALLE MAXIMAL DE TOTALE MONOTONIE

On peut se poser la question suivante : soit F une fonction totalement monotone dans un intervalle δ: $]a,b]$ ou $[a,b]$, alors existe-t-il une fonction $\overline{F}$ définie dans un intervalle plus grand que δ coïncidant avec F sur δ et totalement monotone dans un intervalle plus grand que δ ; si oui, est-elle unique ? La réponse est assez simple et on constate que le principe du prolongement analytique (propriété 3(iii)) induit le principe du prolongement de totale monotonie. En effet, dans la démonstration de la propriété 3(iii) on a remarqué que le rayon de convergence de la série $F(x) = \sum \frac{1}{n!} F^{(n)}(b)(x-b)^n$ satisfait à :

$$\rho(b) \geq b - a \quad .$$

Supposons par conséquent qu'on a trouvé une fonction $\overline{F}$ qui prolonge analytiquement F dans $]a',b'[$ et que $\overline{F}$ ne peut plus être prolongé analytiquement sur l'axe réel au-delà de $]a',b'[$. $\overline{F}$ est, bien sûr, unique.

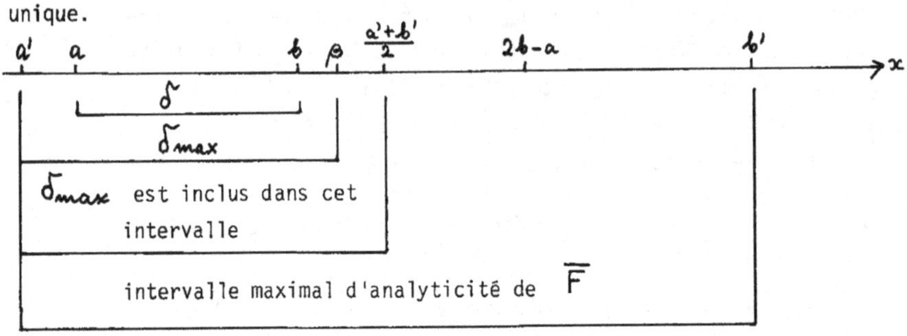

$\overline{F}$ est totalement monotone dans δ . D'après la propriété 3(iv), la propriété de totale monotonie se prolonge à gauche sur l'intervalle d'analyticité, donc $\overline{F}$ est aussi totalement monotone dans $]a',b[$. Remarquons que $\overline{F}$ n'est certainement pas totalement monotone à droite de $\frac{a'+b'}{2}$, car dans ce cas elle serait prolongeable analytiquement à droite de b' .

On peut donc trouver un réel β tel que $b \leqslant \beta \leqslant \frac{a'+b'}{2}$ et tel que $(-1)^n \overline{F}^{(n)}(\beta) \geqslant 0$ et que $\overline{F}$ n'est pas totalement monotone à droite de β . En vérifiant si $\overline{F}$ est continue ou non en a' on peut finalement affirmer que $\overline{F}$ est totalement monotone dans $[a',\beta]$ ou $]a',\beta]$. Nous noterons cet intervalle δ_{max} et nous l'appellerons <u>intervalle maximal de totale monotonie</u>. La propriété de totale monotonie étant locale, δ_{max} est donc l'ensemble de tous les points où $\overline{F}$ est totalement monotone. On a :

$$a' \leqslant a < b < 2b-a \leqslant b' \qquad b \leqslant \beta \leqslant \frac{a'+b'}{2} .$$

Grâce à la propriété 3(iv) on peut affirmer que δ_{max} défini ainsi est un intervalle. On ne peut pas trouver de proposition analogue à la propriété 3(iv) concernant le prolongement de la propriété de totale monotonie à droite de b ; il faut déterminer β par vérification. Considérons le cas particulier où b' est infini. Dans ce cas β peut être infini aussi. Prenons comme exemple la fonction F :

$$t \longmapsto e^{-t} + e^{-\beta} \sin t .$$

F est totalement monotone dans $\delta_{max} =]-\infty, \beta+\varepsilon(\beta)]$ $\left(0 \leq \varepsilon(\beta) \leq \frac{\log 2}{2}\right)$, bien qu'elle soit analytique sur tout $\mathbb{R}$. On peut considérer aussi la fonction définie par $F(t) = e^{-t} + \varepsilon \frac{\sin t}{t}$ qui possède la propriété $\lim_{t \to \infty} F(t) = 0$

et qui n'est certainement pas totalement monotone au voisinage de $+\infty$; pour $\varepsilon > 0$ elle est totalement monotone dans un certain intervalle $]-\infty, \beta]$ Dans le cas particulier des fonctions totalement monotones dans $]0, \infty[$ (ou $[0, \infty[$) on peut se référer à la représentation de Bernstein pour déterminer l'intervalle maximal de totale monotonie sans chercher explicitement leur prolongement analytique à gauche. Par exemple posons dans (20) $\mu(x) = x$ (μ n'est pas borné dans $[0, \infty[$) ; on obtient :

$$F : F(t) = \frac{1}{t} , \qquad F \in TM\,]0, \infty[, \qquad \delta_{max} =]0, \infty[.$$

Posons maintenant $\mu(x) = 1 - e^{-x}$ (μ est borné) ; on obtient :

$$F : F(t) = \frac{1}{1+t} , \qquad F \in TM\, [0, \infty[, \qquad \delta_{max} =]-1, \infty[.$$

Si F appartient à $TM\,]0, \infty[$, alors il existe une fonction μ appartenant à $\uparrow$ telle que :

$$F(t) = \int_0^\infty e^{-xt} \, d\mu(x) .$$

Dans ce cas pour tout $\varepsilon > 0$ la fonction $G : t \mapsto G(t) = F(t+\varepsilon)$ appartient à $TM\, [0, \infty[$ et d'après le théorème 7 on a :

$$G(t) = \int_0^\infty e^{-x(t+\varepsilon)} d\mu(x) = \int_0^\infty e^{-xt} \, d\mu_\varepsilon(x)$$

où

$$\mu_\varepsilon(x) = \int_0^x e^{-\varepsilon y} d\mu(y) \qquad \mu_\varepsilon \in \uparrow \mathcal{B}[0,\infty[\,, \tag{33}$$

(μ n'était pas nécessairement borné).
Si $\mu(y)=y$ et $\varepsilon=1$ on obtient $\mu_1(x)=1-e^{-x}$; ces fonctions correspondent aux exemples cités plus haut. Pour déterminer dans ce cas particulier l'intervalle maximal de totale monotonie on peut, ou bien déterminer pour quelles valeurs de t l'intégrale :

$$I = \int_0^\infty e^{-xt} d\mu(x) \tag{34}$$

converge (application du théorème 7), ou bien trouver pour quelles valeurs de ε (positives ou négatives) la fonction μ_ε définie par (33) est bornée dans $[0,\infty[$ et pour lesquelles elle n'est pas bornée. Compte tenu de ces remarques et de la définition (33) de la fonction G le théorème suivant peut être donné sans démonstration:

Théorème 12

Soient une fonction μ appartenant à $\uparrow[0,\infty[$ (bornée ou non), la fonction μ_ε définie par (33) et l'intégrale I par (34).

(i) L'intégrale I définit une fonction totalement monotone dans $]\varepsilon,\infty[$ où $]\varepsilon,\infty[=\delta_{max}$ si et seulement si :

soit : I converge pour $t>\varepsilon$ et diverge pour $t\leq\varepsilon$,

soit : $\forall\varepsilon'>0: \quad \mu_{\varepsilon+\varepsilon'} \in \uparrow\mathcal{B}[0,\infty[$ et $\mu_\varepsilon \notin \mathcal{B}[0,\infty[$.

(ii) L'intégrale I définit une fonction totalement monotone dans $[\varepsilon,\infty[$ où $[\varepsilon,\infty[= \delta_{max}$ si et seulement si :

soit : I converge pour $t\geq\varepsilon$ et diverge pour $t<\varepsilon$,

soit : $\mu_\varepsilon \in \uparrow\mathcal{B}[0,\infty[$ et $\mu_{\varepsilon-\varepsilon'} \notin \mathcal{B}[0,\infty[\quad \forall\varepsilon'>0$

Par exemple la fonction $t \mapsto \sum_{k=1}^{\infty} \frac{e^{-kt}}{k^2}$ est totalement monotone dans $[0,\infty[$; $\mu(x)=\sum_{k=1}^{\infty}\frac{1}{k^2} H(x-k)$ où H est la fonction échelon unité. La fonction μ est bornée, la fonction μ_ε pour

$\varepsilon=0$ est bornée : $\mu_0(x)=\sum_{1\leq k\leq x}\frac{1}{k^2}$, mais quel que soit $\varepsilon>0$ la fonction $\mu_{-\varepsilon}$ n'est pas bornée : $\mu_{-\varepsilon}(x)=\sum_{1\leq k\leq x}\frac{e^{\varepsilon k}}{k^2}$, d'où $\delta_{max}=[0,\infty[$.

Remarquons que seules les fonctions totalement monotones dans un intervalle infini possèdent la représentation $F(t)=\int_0^\infty e^{-xt}d\mu(x)$ où μ appartient à $\uparrow[0,\infty[$. Même si une fonction totalement monotone dans un intervalle fini possédait une telle représentation, la fonction μ n'appartiendrait pas à $\uparrow$ comme le montre l'exemple de la fonction:

$$F: t\longmapsto \int_0^\infty e^{-xt}d[x-H(x)]=\frac{1}{t}-1 \qquad F\in TM]0,1] ,$$

où

$$\mu : x\longmapsto x-H(x) \qquad \mu\notin\uparrow[0,\infty[,$$

car $\mu(0)=0$, $\mu(0+)=-1$ et par conséquent $\mu(0)>\mu(0+)$.

2.3 PROPRIETES DES FONCTIONS TOTALEMENT MONOTONES

Les résultats classiques sur les fonctions totalement monotones datent des années 1920 (cf. Widder [168]). En y ajoutant quelques résultats nouveaux simples nous les présenterons dans le théorème 13. Les études sur les fonctions totalement monotones ont été reprises par Wynn [179] en 1972. Wynn s'intéressait essentiellement aux transformations qui aux suites totalements monotones font correspondre d'autres suites totalement monotones. Ses démonstrations concernant les suites totalement monotones peuvent être traduites en termes de fonctions totalement monotones grâce au théorème 11 d'interpolation. Grâce au lemme 2 nous allégerons les conditions originales des propositions de Wynn et avec quelques propositions nouvelles nous les présenterons dans le théorème 14. Le théorème 15 est issu de nos études [108] motivées par la méthode ρ de détection numérique du "meilleur" approximant de Padé. Les théorèmes 13-15 seront traduits en termes de suites totalement monotones au paragraphe suivant.

Théorème 13

(i) Si les fonctions F et G sont totalement monotones dans $[0,\infty[$, alors $aF + bG\ (a \geq 0, b \geq 0)$ l'est aussi.

(ii) Si les fonctions F et G sont totalement monotones dans $[0,\infty[$, alors la fonction $F \cdot G$ l'est aussi.

(iii) Si la fonction F est totalement monotone dans $[0,\infty[$, alors la fonction F^m $(m = 0,1,\ldots$ fixé) l'est aussi.

(iv) Si la fonction F est absolument monotone et la fonction G totalement monotone dans $[0,\infty[$, alors la fonction $t \mapsto F(G(t))$ est totalement monotone dans $[0,\infty[$.

(v) Si la fonction F est totalement monotone dans $[0,\infty[$, alors la fonction $t \mapsto F(t) - F(t+T)$, $T \geq 0$, l'est aussi.

(vi) Si la fonction $-F'$ est totalement monotone dans $[0,\infty[$, alors la fonction $t \mapsto F(t) - F(t+T)$, $T \geq 0$, l'est aussi.

(vii) Si les fonctions F_j $(j = 1,2,\ldots)$ sont totalement monotones dans $[0,\infty[$ et si la série $\sum_{j=1}^{\infty} F_j(0)$ converge dans $\mathbb{R}$, alors la fonction $\sum_{j=1}^{\infty} F_j$ est totalement monotone dans $[0,\infty[$.

(viii) Si la fonction F est totalement monotone dans $[0,\infty[$ et s'il existe t_0 dans $[0,\infty[$ tel que $F(t_0)=0$, alors $F(t)=0$ pour tout t dans $[0,\infty[$.

(ix) Si les fonctions F_j $(j=1,2,\ldots)$ sont totalement monotones dans $[0,\infty[$ et si $\prod_{j=1}^{\infty} F_j(0)=c$ $(c\neq 0, c\neq\infty)$ et si $\prod_{j=1}^{\infty} F_j(t_0)\neq 0$ (t_0 arbitraire dans $]0,\infty[$), alors la fonction $\prod_{j=1}^{\infty} F_j$ est totalement monotone dans $[0,\infty[$.

Démonstration :

(i) C'est une conséquence du fait que l'ensemble $TM[0,\infty[$ est un cône convexe saillant pointé.

(ii) On vérifie facilement la définition (10).

(iii) On vérifie (10) en utilisant la formule de Leibniz (1.20).

(iv) On vérifie (10) en remarquant que les valeurs de G appartiennent à $[a,b]\subset\mathbb{R}^+$.

(v) C'est le lemme 1(ii) pour $n=1$.

(vi) Découle de (v) ; en effet, la fonction $t\mapsto -[F(t)-F(t+T)]'$ est totalement monotone dans $[0,\infty[$ puisque $-F'$ l'est. Il reste à vérifier que $F(t)-F(t+T)\geq 0$, mais on a par hypothèse $F'(t)\leq 0$ pour tout t dans $]0,\infty[$, donc F est une fonction décroissante.

(vii) Remarquons que si la série numérique $\sum_{j=1}^{\infty} F_j(t_0)$ $(t_0\geq 0)$ converge dans $\mathbb{R}^+$, alors la série $\sum_{j=1}^{\infty} F_j(t)$ converge dans $\mathbb{R}^+$ pour tout $t\geq t_0$, car $0\leq F_j(t)\leq F_j(t_0)$ pour tout j. La fonction $t\mapsto\sum_{j=1}^{n} F_j(t)$ est totalement monotone dans $[t_0,\infty[$ d'après (i) et ceci reste vrai quand $n\to\infty$. Le cas particulier de $t_0=0$ donne (vii).

(viii) Découle directement du théorème 7(ii). On peut le démontrer autrement : $F(t\geq t_0)=0$ et d'autre part F interpole une suite totalement monotone minimale, qui d'après le théorème 1(vii) est identiquement nulle, donc la fonction F elle-même est identiquement nulle.

(ix) Remarquons que si $\prod F_j(0)=0$, alors $\prod F_j(t)=0$ pour tout t et c'est un cas trivial. Dans le cas où $\prod F_j(0)=c$ et $0<c<\infty$ on utilise (ii), mais il faut prendre une précaution, car la fonction $\prod_{j=1}^{\infty} F_j$ peut ne pas être continue en $t=0$. Plus précisément on peut avoir $\prod_{j=1}^{\infty} F_j(t)=0$ pour tout t dans $]0,\infty[$. La deuxième condition, compte tenu de (viii) élimine cette possibilité.

C.Q.F.D.

Lemme 2

Soit F une fonction continue dans $[0,\infty[$, alors les propriétés (1°) et (2°) sont équivalentes :

(i) 1°) $-F'/F \in TM[0,\infty[$,

2°) $t\in[0,\infty[$: $F(t)=F(0)e^{f(t)}$, $-f'\in TM[0,\infty[$;

(ii) 1°) $[F'/F]'\in TM[0,\infty[$,

2°) $t\in[0,\infty[$: $F(t)=F(0)e^{f(t)}$, $f''\in TM[0,\infty[$.

(iii) Si on ajoute aux propriétés (1°) qu'il existe t_0 dans $[0,\infty[$ tel que $F(t_0)>0$, il en résulte dans les propriétés (2°) que $F(t)>0$ pour tout $t\geq 0$.

Démonstration : On pose $\varphi=F'/F$ ce qui conduit à :

$$F(t)=F(t_0)e^{\int_{t_0}^{t}\varphi(x)\,dx} \qquad t\geq t_0\in[0,\infty[. \tag{35}$$

On pose maintenant $f'=\varphi$ et en choisissant convenablement la constante additive pour f la formule (35) donne le lemme. On note que pour (ii) on pose $\varphi'=[F'/F]'$, alors $\varphi=F'/F$ est continu et on se ramène à (i).

C.Q.F.D.

Théorème 14

(i) Si la fonction F est totalement monotone dans $[0,\infty[$, alors quel que soit $a>0$ la fonction $t \mapsto [a + F(0) - F(t)]^{-1}$ l'est aussi.

(ii) Si la fonction F' est totalement monotone dans $[0,\infty[$, alors la fonction $t \mapsto e^{-F(t)}$ l'est aussi.

(iii) Si la fonction F'/F est totalement monotone dans $[0,\infty[$ et s'il existe t_0 dans $[0,\infty[$ tel que $F(t_0)>0$, alors la fonction F^{-1} est totalement monotone dans $[0,\infty[$.

(iv) Si la fonction $-F'/F$ est totalement monotone dans $[0,\infty[$ et s'il existe t_0 dans $[0,\infty[$ tel que $F(t_0)>0$, alors la fonction F est totalement monotone dans $[0,\infty[$.

(v) Si la fonction $t \mapsto F(t)/F(t+\varepsilon)$ $(\varepsilon>0)$ est totalement monotone dans $[0,\infty[$, alors quel que soit $n>0$ la fonction $t \mapsto F(t)/F(t+n\varepsilon)$ est totalement monotone dans $[0,\infty[$.

(vi) Si la fonction F'' est totalement monotone dans $[0,\infty[$, alors la fonction $t \mapsto e^{F(t)-F(t+T)}$ $(T>0)$ l'est aussi.

Démonstration :

(i), (ii) Wynn [179] (par vérification).

(iii) est inspiré également de [179].
Pour le démontrer il suffit de montrer que la fonction $-(F^{-1})' = \frac{F'}{F}(F^{-1})$ est totalement monotone dans $]0,\infty[$. Le lemme 2 montre que $F^{-1}(t) \geq 0$ pour tout $t \geq 0$; par conséquent $[F'(t)/F(t)]\cdot[F(t)]^{-1} \geq 0$ pour tout t dans $]0,\infty[$. En continuant à appliquer l'opérateur de dérivation $-D_t$ à cette fonction, on l'applique soit à F'/F qui est totalement monotone par définition, soit de nouveau à F^{-1} et dans les deux cas on obtient des fonctions à valeurs positives.

(iv) Découle de (iii) par le changement $G(t) = \frac{1}{F(t)}$.

(v) Découle du théorème 13(ii) appliqué à l'identité :

$$\frac{F(t)}{F(t+n\varepsilon)} = \frac{F(t)}{F(t+\varepsilon)} \cdot \frac{F(t+\varepsilon)}{F(t+2\varepsilon)} \cdot \ldots \cdot \frac{F(t+(n-1)\varepsilon)}{F(t+n\varepsilon)} .$$

(vi) D'après le théorème 13(vi) la fonction $t \mapsto -[F(t)-F(t+T)]'$ est totalement monotone dans $[0,\infty[$, puis on applique le théorème 14(ii).

C.Q.F.D.

A propos de la proposition (v) on remarque que ni $[t \mapsto F(t)/F(t+n\varepsilon)] \in TM$ n'implique $[t \mapsto F(t)/F(t+\varepsilon)] \in TM$, ni $[t \mapsto F(t)/F(t+\varepsilon)] \in TM$ n'implique $[t \mapsto F(t)/F(t+T)] \in TM$ pour tout $T>0$. Le contre-exemple est donné par une fonction périodique de période ε :

$$t \mapsto \frac{\sin\left(\frac{2\pi}{\varepsilon}t\right)+2}{\sin\left[\frac{2\pi}{\varepsilon}(t+\varepsilon)\right]+2} .$$

Les applications numériques (méthodes ρ , chap.8) nous ont motivé à étudier les suites $\{c_n/c_{n+1}\}$, ce qui en termes de fonctions totalement monotones conduit à l'étude de la fonction $t \mapsto F(t)/F(t+1)$, ou plus généralement de la fonction $t \mapsto F(t)/F(t+T)$ $(T>0)$. Cette étude s'avère similaire à celle des fonctions F^α $(\alpha>0$ non entier). Malheureusement si F appartient à $TM[0,\infty[$, les fonctions F^α et $t \mapsto F(t)/F(t+T)$ ne sont pas en général totalement montones, ce que montre le contre-exemple de Froissart [94] avec la fonction $F: t \mapsto 1+e^{-t}$. En effet pour $\varphi: \varphi(t)=F(t)/F(t+1)$ on a déjà $\varphi'''(t)>0$ pour $t<-1-\log(\sqrt{5}-2) \simeq 0.4436$. Il est intéressant de voir que l'intervalle des t où $(-1)^n\varphi^{(n)}(t)$ est positif diminue quand n augmente. Pour voir ceci prenons $\varepsilon>0$, petit et posons :

$$\varphi(t)=\frac{F(t)}{F(t+\varepsilon)} \qquad \text{et} \qquad \varphi^{(n)}(t)=-\varepsilon\frac{\partial^{n+1}}{\partial t^{n+1}}[\log F(t)]+O(\varepsilon^2;t).$$

Si la fonction $t \mapsto \log F(t)$ a un "coude" dans $[0,\infty[$, ceci conduira au changement de signe d'une de ses dérivées dans l'intervalle en question. Intuitivement on comprend cela très bien sur les graphes que nous reproduisons d'après Froissart (le signe $\sim$ signifie "se comporte comme") :

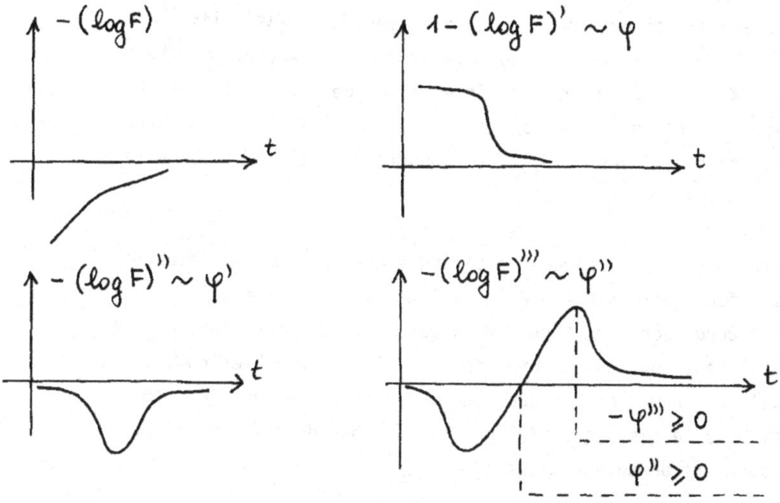

L'intervalle où $(-1)^n \varphi^{(n)}(t)$ est positif se retrécit comme on le voit sur le dernier graphe.

Dans le cas $\varphi = F^\alpha$, α non entier, on a : $-\varphi' = \alpha\varphi[-F'/F]$ et comme dans le cas précédent tout dépend de la fonction $(\log F)'$. Pour $F: F(t) = 1 + e^{-t}$ on obtient :

$$\varphi(t) = (1+e^{-t})^\alpha = \sum_{k=0}^{\infty} \frac{\alpha!}{(\alpha-k)!\,k!} e^{-kt} = 1 + \alpha e^{-t} + \frac{\alpha(\alpha-1)}{2!} e^{-2t} + \ldots,$$

$$(-1)^n \varphi^{(n)}(t) = \sum_k \frac{\alpha!}{(\alpha-k)!\,k!} k^n e^{-kt} =$$

$$= \alpha e^{-t} + \frac{\alpha(\alpha-1)}{2!}(2^n e^{-2t}) + \frac{\alpha(\alpha-1)(\alpha-2)}{3!}(3^n e^{-3t}) + \ldots \qquad (36)$$

Pour $t = n/n_0$, le terme dominant $(k e^{-k/n_0})^n$ dans la dernière série, quand $n \to \infty$, est celui de rang $k = n_0$ (maximum de la fonction $x \mapsto x e^{-x/n_0}$). En choisissant n_0 en fonction de α: $\alpha+1 < n_0 < \alpha+2$, de sorte que le terme dominant soit négatif, on voit que $(-1)^n \varphi^{(n)}(\frac{n}{n_0})$ deviendra strictement négatif pour n assez grand.

Une autre observation sur la fonction $t \mapsto \varphi(t) = (1+e^{-t})^{\alpha}$ est : $\varphi^{(iv)}(0) \geq 0$ à condition que $\alpha > \frac{2}{3}$; encore $\varphi^{(8)}(0) > 0$ à condition que $\alpha > 1$. Pour $\alpha > 1$, l'intervalle de "pseudo totale monotonie" $[0, b[$ s'élargit quand α augmente et en même temps un grand nombre des premières dérivées de φ se comporte dans $[0,\infty[$ comme si φ appartenait à $TM[0,\infty[$.

Il faut, par conséquent, s'attendre que dans des expériences numériques, ces fonctions, ainsi que les suites qu'elles interpollent $\{c_n = \varphi(n)\}$ conduisent aux "bons" résultats réservés aux fonctions et aux suites totalement monotonees. En effet dans les algorithmes numériques on utilise quelques premières dérivées de φ ou quelques premiers termes d'une suite et dans le cas en question ces termes possèdent des propriétés (trompeuses pourtant) de totale monotonie.

L'analyse de ce contre-exemple et les remarques faites par Gastinel nous ont permis de démontrer le :

Théorème 15

(i) Une condition nécessaire et suffisante pour que quel que soit α non entier dans $]0,a]$ la fonction F^{α} soit totalement monotone dans $[0,\infty[$ est qu'il existe t_0 dans $[0,\infty[$ tel que $F(t_0)>0$ et que la fonction $-F'/F$ soit totalement monotone dans $[0,\infty[$.

(ii) Une condition nécessaire et suffisante pour que quel que soit T dans $]0,a]$ la fonction $t \mapsto F(t)/F(t+T)$ soit totalement monotone dans $[0,\infty[$ est que la fonction $(F'/F)'$ soit totalement monotone dans $[0,\infty[$.

Démonstration :

(i) La condition est suffisante. En effet, le leme 2(i) nous montre que $F(t) = F(0)\, e^{f(t)}$ où $-f'$ appartient à $TM[0,\infty[$. D'après le théorème 14(iv) F appartient à $TM[0,\infty[$, mais aussi F^{α} appartient à $TM[0,\infty[$ car $F^{\alpha}(t) = F^{\alpha}(0)\, e^{\alpha f(t)}$ et $-(\alpha f)'$, $(\alpha>0)$ appartient à $TM[0,\infty[$. Pour montrer que la condition est nécessaire posons $\varphi(t)=F^{\alpha}(t)$ et dérivons :

$$(-1)^{n+1}\varphi^{(n+1)}(t)=\varphi(t)\left[\alpha(-1)^{n}(-F'(t)/F(t))^{(n)}+O(\alpha^2;t)\right].$$

Par conséquent pour que $(-1)^{n+1}\varphi^{(n+1)}(t)$ soit positif pour tout t dans $[0,\infty[$ et surtout pour tout α dans $]0,a]$, il faut en particulier que $(-1)^{n+1}\varphi^{(n+1)}(t)$ reste positif quand α tend vers $0+$, mais ceci nécessite que $(-1)^{n}[-F'(t)/F(t)]^{(n)}$ soit positif quel que soit n et quel que soit t dans $[0,\infty[$ c'est-à-dire que $-F'/F$ soit totalement monotone dans $[0,\infty[$.

(ii) La condition est suffisante. En effet, le lemme 2(ii) nous montre que $F(t)=F(0)e^{f(t)}$ où f'' est totalement monotone dans $[0,\infty[$. Par conséquent $F(t)/F(t+T)=e^{f(t)-f(t+T)}$, mais d'après le théorème 14(vi) cette fonction : $t\mapsto e^{f(t)-f(t+T)}$ est totalement monotone dans $[0,\infty[$. Pour montrer que la condition est nécessaire développons selon T la fonction $t\mapsto \frac{F(t)}{F(t+T)}$: $\frac{F(t)}{F(t+T)}=1-\frac{F'(t)}{F(t)}T+O(T^2;t)$; pour tout $n\geq 0$ on a :

$$\left[\frac{F(t)}{F(t+T)}\right]^{(n+1)}=-T\left[\left(\frac{F'(t)}{F(t)}\right)'\right]^{(n)}+O(T^2;t).$$

Par conséquent pour que $(-1)^{n+1}[F(t)/F(t+T)]^{(n+1)}$ soit positif quel que soit t dans $[0,\infty[$ et surtout quel que soit T dans $]0,a]$, il faut en particulier que $(-1)^{n+1}[F(t)/F(t+T)]^{(n+1)}$ reste positif quand T tend vers $0+$, mais ceci nécessite que $(-1)^{n}[(F'/F)']^{(n)}$ soit positif pour tout n et quel que soit t dans $[0,\infty[$, car le reste $O(T^2;t)$ peut être rendu négligeable par rapport au terme linéaire en T. Ceci signifie que $[F'/F]'$ doit être totalement monotone dans $[0,\infty[$.

C.Q.F.D.

Les démonstrations du théorème 14(iv) et (vi) et du lemme 2 ont été motivées par ce dernier théorème. Rappelons que d'après le théorème 14(iv) $-F'/F\in TM[0,\infty[$ entraine $|F|\in TM[0,\infty[$, mais que l'inverse n'est pas vrai. Remarquons aussi, d'après Froissart, que

$F^{\alpha} \in TM\,[0,\infty[$ ($\alpha > 0$ fixé), n'entraine pas $-F'/F \in TM\,[0,\infty[$.
En effet, considérons une fonction totalement monotone f, ce qui entraine que $F = f^n$ est totalement monotone. Pour $\alpha = \frac{1}{n}$ on a $F^{\alpha} = f \in TM$ ce qui entrainerait $-F'/F = -nf'/f \in TM$ et ceci n'est pas vrai, par exemple pour $f(t) = 1 + e^{-t}$.
Considérons quelques exemples de fonctions totalement monotones pour illustrer cette théorie :

1) Cet exemple est inspiré par l'article de Askey [6]:

$$F : t \mapsto (1+t)^{-2\lambda}(1+2xt+t^2)^{-\lambda} \qquad \lambda > 0 ;$$

a) $-1 \leq x = \cos\theta \leq 1$: $F \in TM\,]-1,0]$.

On remarque que $(1+2xt+t^2)^{-\lambda} = \sum_{n=0}^{\infty} C_n^{\lambda}(x)(-t)^n$ où C_n^{λ} sont les polynômes de Gegebauer.

b) $x > 1$: $F \in TM\,[0,\infty[$.

On utilise le théorème 14(iv). Dans deux cas $F(0) > 0$. On montre que la fonction $-F'/F$ est totalement monotone :

$$-\frac{1}{\lambda}\frac{F'}{F} = \frac{2}{1+t} + \frac{1}{t+t_1} + \frac{1}{t+t_2}$$

Pour (a) : $t_1 = x - i\sqrt{1-x^2} = e^{-i\theta}$; $t_2 = e^{i\theta}$ et $-\frac{1}{\lambda}\frac{F'}{F} = 2\sum_{n=0}^{\infty}[1+\cos(n+1)\theta](-t)^n$ entrainent $-F'/F \in TM\,]-1,0]$.
Pour (b) : $t_1 \in \mathbb{R}^+$ et $t_2 \in \mathbb{R}^+$, donc $-F'/F$ est une somme des fonctions totalement monotones dans $]0,\infty[$.

2) $$F : t \mapsto (t+1)^{-\alpha} \ (\alpha \geq 0) \ ; \qquad F \in TM\,]-1,\infty[.$$

F engendre la suite totalement monotone $\{1/(n+1)^{\alpha}\}$.

3) $f : t \mapsto (1+t)\log(1+t) + at^2 + bt + c \quad (a \in \mathbb{R}^+, b \in \mathbb{R}, c \in \mathbb{R})$;

$$F : t \mapsto e^{f(t) - f(t+T)}, \ T \geq 0 ; \qquad F \in TM\,[0,\infty[.$$

4) Fonction Γ (Froissart [94]) (voir le théorème 15(ii)) :

$$F : t \mapsto (\Gamma'/\Gamma)' = \sum_{n=0}^{\infty} \frac{1}{(t+n)^2} \qquad F \in TM]0,\infty[\ ;$$

$$F : t \mapsto \frac{\Gamma(t)}{\Gamma(t+T)}\ , \ T \geq 0 \qquad F \in TM]0,\infty[\ .$$

5) Froissart [94]:

$$F : t \mapsto \sum_{-\infty}^{\infty} a^n e^{-b^n t}\ , \ (0<a<1,\ 0<b<1), \qquad F \in TM]0,\infty[$$

6) Froissart [94]: (Théorème 13(ix)) :

$$F : t \mapsto \prod_{n=1}^{\infty} e^{-c_n t}\ , \ c_n \geq 0\ , \ \sum c_n < \infty, \qquad F \in TM]-\infty,\infty[\ ;$$

$$F : t \mapsto \prod_{n=1}^{\infty} \frac{1+c_n}{1+c_n t}\ , \ c_n \geq 0\ , \ \sum c_n < \infty, \quad F \in TM]-\operatorname{Inf}_n\left(\tfrac{1}{c_n}\right),\infty[$$

7) $$F : t \mapsto e^{-t} + e^{-\beta \sin t}\ , \qquad F \in TM]-\infty, \beta + \varepsilon(\beta)],$$

$$(0 \leq \varepsilon(\beta) \leq \tfrac{1}{2} \log 2).$$

2.4 THEORIE DES SUITES TOTALEMENT MONOTONES EN TERMES DE FONCTIONS TOTALEMENT MONOTONES.

La traduction des théorèmes 13, 14, e t 15, en termes de suites est regroupée dans le théorème suivant :

Théorème 16

Si les suites a et b sont totalement monotones, alors les suites suivantes le sont aussi (les indices j et k sont fixés) ;

(i) $\{a_{n+j} + b_{n+k}\}_{n\geq 0}$ $\quad j,k=0,1\ldots$

(ii) $\{a_{n+j} \cdot b_{n+k}\}_{n\geq 0}$ $\quad j,k=0,1\ldots$

(iii) $\{(a_{n+j})^k\}_{n\geq 0}$ $\quad j,k=0,1\ldots$

(iv) $c>0$: $\{(c+a_0-a_n)^{-1}\}_{n\geq 0}$

(v) $\forall j : a_j \geq 1$: $\{\prod_{m=0}^{n} a_m^{-1}\}_{n\geq 0}$

(vi) $a_0 \leq 1$: $\{\prod_{m=0}^{n} (1-a_m)\}_{n\geq 0}$

(vii) $0<c\leq 1$: $\{c^{-((-\Delta)^k a)_n}\}_{n\geq 0}$

(viii) $0\leq c\leq 1$: $\{c^{\sum_{m=0}^{n} a_m}\}_{n\geq 0}$

(ix) Si pour tout n : $a_n = c e^{-f(n)}$ $(c\geq 0)$ et si f' est totalement monotone dans $[0,\infty[$, alors les suites $\{a_n\}_{n\geq 0}$ et $\{(a_n)^\alpha\}_{n\geq 0}$ $(\alpha\geq 0)$ sont totalement monotones.

(x) Si pour tout n : $a_n = c e^{f(n)}$ $(c\in\mathbb{R}^*)$ et si f'' est totalement monotone dans $[0,\infty[$, alors la suite $\{\rho_n = \frac{a_n}{a_{n+1}}\}_{n\geq 0}$ est totalement monotone.

(xi) Soit $\{a_n\}$ une suite réelle ; si la suite $\{\rho_n = \frac{a_n}{a_{n+1}}\}$ ne converge pas dans $[1,\infty[$, alors la suite $\{a_n\}$ n'est pas totalement monotone

(xii) Soient données une suite $\{a_n\}$ $(a_n \in \mathbb{R}^+ \ \forall n)$ et une suite totalement monotone $\{b_n\}$ telle que $b_0 < \rho$ où ρ est le rayon de convergence de la série $\sum_{k=0}^{\infty} a_k z^k$, alors la suite $\{\sum_{k=0}^{\infty} a_k b_n^k\}_{n \geq 0}$ est totalement monotone.

Démonstration : On utilise les théorèmes 9(i) et 11 (d'interpolation). On remarque d'abord que toute suite $y \in TM$ (et $y \notin TM_{min}$) détermine une seule suite $x \in TM_{min}$, telle que $x < y$. Inversement toute suite $x \in TM_{min}$ détermine l'ensemble des suites y $(y_0 = x_0 + c$, $\forall c \in \mathbb{R}^{+*}$; $\forall n: y_n = x_n) \in TM$ telles que $x < y$. Par conséquent les théorèmes 9(i) et 11 peuvent être utilisés non seulement pour les suites appartenant à TM_{min}, mais pour toute suite totalement monotone x en se souvenant qu'il faut éventuellement modifier l'élément x_0.

(i) Découle du théorème 13(i) ;

(ii) Découle du théorème 13(ii) :

(iii) Découle du théorème 13(iii) ;

(iv) Découle du théorème 14(i) ;

(v) à (viii) Découlent du théorème 14(i), (ii), (iii). Ces propositions sont dues à Wynn [179] qui les a démontrées à partir des formules établies au paragraphe 1.2 ;

(ix) Découle du théorème 15(i) ;

(x) et (xi) Découlent du théorème 15(ii) :

(xii) Découle du théorème 13(iv), étant donné que la fonction $t \mapsto \sum a_k t^k$ appartient à $AM[0,\rho[$ et $b_0 < \rho$.

C.Q.F.D.

Brezinski [55] a exploité récemment la proposition (xii) pour la construction de nombreux exemples de suites totalement monotones.

En Annexe II, on étudiera la suite $\{\frac{1}{n!}\}_{n \geq 1}$ qui n'est pas totalement monotone.

2.5 GENERATRICES EXTREMALES DES CONES DES FONCTIONS ET DES SUITES TOTALEMENT MONOTONES.

Nous établirons d'abord des inégalités portant sur les termes d'une suite totalement monotone ou sur les valeurs d'une fonction totalement monotone dans $[0,\infty[$. Nous montrerons après que les éléments qui saturent ces inégalités définissent les génératrices extrémales du cône TM .

Rappelons [40] qu'un point x d'un sous-ensemble convexe A d'un espace vectoriel est extrémal s'il n'existe aucun segment ouvert contenu dans A et contenant x , c'est-à-dire :

$$x = \lambda y + (1-\lambda) z \; ; \; y \in A, z \in A, y \neq z \quad \text{et} \quad \lambda \in [0,1] \Longrightarrow \lambda = 0 \text{ ou } \lambda = 1. \qquad (37)$$

Si $\mathcal{C}$ est un cône convexe une génératrice extrémale est une génératrice engendrée par les points extrémaux d'une base de ce cône [219] .

Théorème 17

(i) Soit F une fonction totalement monotone dans $[0,\infty[$ et telle que $F(0) \neq 0$, alors quels que soient t dans $[0,\infty[$ et $q \geq 1$ on a:

$$[F(t)/F(0)]^q \leq F(qt)/F(0) . \qquad (38)$$

(ii) Une fonction F appartient à une génératrice extrémale de $TM[0,\infty[$ si et seulement si l'une des deux conditions suivantes est satisfaite:

1°) $F : F(t) = b a^t, \quad a \in [0,1], b \in \mathbb{R}^+ ;$ (39)

2°) Dans la représentation de Bernstein de $F : F(t) = \int_0^\infty e^{-xt} d\mu(x)$ la fonction μ est définie par :

$$\mu : \mu(x) = b\, H(x-c) \qquad b, c \in \mathbb{R}^+ ; \; (a = e^{-c}),$$

où H désigne la fonction échelon unité.

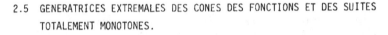

Démonstration :

(i) Rappelons les inégalités de Hölder ;

$$\|fg\|_1 \leq \|f\|_p \, \|g\|_q \,, \quad \frac{1}{p}+\frac{1}{q}=1, \quad p,q \geq 1$$

où la fonction f appartient à $\mathcal{L}^p_\mu$, la fonction g appartient à $\mathcal{L}^q_\mu$ et la norme $\| \; \|_p$ est définie comme suit :

$$\|f\|_p = \left[\int |f(x)|^p \, d\mu(x) \right]^{\frac{1}{p}} .$$

Si F appartient à $TM[0,\infty[$, alors le théorème de Bernstein 7(ii) donne :

$$F(t)=\int_0^\infty e^{-xt} \, d\mu(x) \qquad \mu \in \uparrow \mathcal{B}[0,\infty[.$$

En posant $e^{-xt} = e^{-x(t-\alpha)} \cdot e^{-x\alpha}$ et appliquant les inégalités de Hölder on obtient :

$$F(t)=\int_0^\infty e^{-xt} d\mu(x) \leq \left[\int_0^\infty e^{-x(t-\alpha)\frac{q}{q-1}} d\mu(x) \right]^{\frac{q}{q-1}} \cdot \left[\int_0^\infty e^{-x\alpha q} d\mu(x) \right]^{\frac{1}{q}}$$

et en posant $t=\alpha$ on obtient (38).

(ii) En dérivant une fois $[F(t)/F(0)]^q = F(qt)/F(0)$, on obtient

$$\frac{d}{dt}\left[\log F(t) \right] = \frac{d}{dt}\left[\log F(qt) \right] ,$$

ce qui d'après (i) est vrai pour tout $q \geq 1$; par conséquent $\frac{d}{dt}[\log F(t)] = C^{te} = -c$ pour tout t , d'où $F(t)=F(0)e^{-ct}$. Pour que F appartient à $TM[0,\infty[$ il faut que $F(0)$ et c soient dans $\mathbb{R}^+$. Nous avons montré qu'il existe des éléments de $TM[0,\infty[$ qui saturent les inégalités (38) et qu'ils possèdent la forme (39). Pour affirmer que ces éléments sont extrêmaux nous nous référons au théorème d'interpolation 11 et à la démonstration détaillée qui sera faite pour les suites totalement monotones extrêmales à partir de (39) (théorème 19(iv)).

C.Q.F.D.

Cas particulier : on pose $q = (t+1)/t$ dans (38) :

$$[F(t)/F(0)]^{\frac{1}{t}} \leqslant [F(t+1)/F(0)]^{\frac{1}{t+1}} . \tag{40}$$

Le théorème 17 dit qu'une fonction totalement monotone dans $[0,\infty[$ ne peut pas décroitre plus vite qu'une fonction exponentielle. Démontrons la propriété semblable pour les suites totalement monotones :

Théorème 18

Soit donnée une suite totalement monotone convergeant vers 0 : $\{c_n = \int_0^1 x^n d\mu(x)\}$
Si la fonction μ présente un saut en $a \in]0,1[: \mu(a+) - \mu(a-) = A$, alors:

$$\forall n \geqslant 0 : \qquad c_n \geqslant A\, a^n . \tag{41}$$

Démonstration :

$$c_n = \int_0^1 x^n d\mu(x) \geqslant \lim_{\varepsilon \to 0+} \int_{a-\varepsilon}^{a+\varepsilon} x^n d\mu(x) = A\, a^n .$$

Ceci montre que c_n ne peut tendre vers zéro plus vite que géométriquement dans le cas d'une telle fonction μ .

C.Q.F.D.

Le théorème suivant montre que cela reste vrai quel que soit μ appartenant à $\uparrow \mathcal{B}[0,1]$.

Théorème 19

Soit $\{c_n\}$ une suite totalement monotone, alors :

(i) Les termes de la suite $\{c_n\}$ $(c_0 \neq 0)$ obéissent aux inégalités suivantes:

$$\frac{c_1}{c_0} \leqslant \left(\frac{c_2}{c_0}\right)^{\frac{1}{2}} \leqslant \cdots \leqslant \left(\frac{c_n}{c_0}\right)^{\frac{1}{n}} \leqslant \cdots \tag{42}$$

(ii) $\lim_{n\to\infty} \left(\frac{c_n}{c_0}\right)^{\frac{1}{n}} = \frac{1}{\rho}\ , \qquad \rho \geqslant 1\ ,$ (43)

où ρ est le rayon de convergence de la série $\sum c_n z^n$.

(iii) $\mathrm{supp}\,(d\mu) \subset [0, \frac{1}{\rho}]$.

(iv) La suite $\{c_n\}_{n\geqslant 0}$ appartient à une génératrice extrémale du cône TM si et seulement si l'une des deux conditions suivantes est satisfaite :

1°) $\forall n \geqslant 0 : \qquad c_n = c_0\, c^n, \qquad c \in [0,1]\ ,\ c_0 \in \mathbb{R}^+;$ (44)

2°) dans la représentation de Hausdorff : $\{c_n = \int_0^1 x^n d\mu(x)\}_{n\geqslant 0}$ la fonction μ est définie par :

$$\mu : \mu(x) = c_0\, H(x-c).$$

Démonstration :

(i) (42) découle du théorème 9(i) et de (40) si on pose $F(n) = c_n$ (voir aussi la remarque faite au début de la démonstration du théorème 16). On peut également démontrer (42) en appliquant les inégalités de Hölder à $\int_0^1 x^{n-\alpha} x^\alpha\, d\mu(x)$ et on pose $\alpha = n$ pour obtenir

$$c_n \leqslant c_0^{\frac{m-1}{m}}\ c_{nm}^{\frac{1}{m}} \tag{45}$$

(le rôle de q de (38) est joué par m); puis on pose $m = \frac{n+1}{n}$ et on obtient (42).

(ii) $\lim_{n\to\infty} (c_n/c_0)^{\frac{1}{n}} = \lim_{n\to\infty} (c_n)^{\frac{1}{n}}$ et on retombe sur la définition (1.8) de $1/\rho$; en plus $\frac{c_n}{c_0} \leqslant 1$ pour tout n , donc $(c_n/c_0)^{\frac{1}{n}} \leqslant 1$ pour tout n , d'où $\rho \geqslant 1$.

(iii) Compte tenu de (ii) et de (1.8) on a : $\limsup_{n\to\infty} \left(\frac{c_n}{c_0}\right)^{\frac{1}{n}} = \frac{1}{\rho}$ d'où $\left(\frac{c_n}{c_0}\right)^{\frac{1}{n}} \leqslant \frac{1}{\rho}$ pour tout n , ce qui donne $c_n \leqslant c_0 \left(\frac{1}{\rho}\right)^n = c_0 \int_0^1 x^n dH(x-\frac{1}{\rho})$. Par conséquent la fonction μ définissant les c_n est constante pour $x \geqslant \frac{1}{\rho}$, ce qui démontre (iii).

(iv) En posant dans (42) le signe = (ou dans (39) $t=n$ et $c_n = F(n)$) on obtient $\frac{c_1}{c_0} = \left(\frac{c_n}{c_0}\right)^{\frac{1}{n}}$ d'où $c_n = c_0 \left(\frac{c_1}{c_0}\right)^n = c_0 c^n$, c'est-à-dire (44). On remarque que la suite $\{c_0 c^n\}_{n\geq 0}$ est totalement monotone. A partir de l'ensemble TM construisons l'ensemble TM_1 des suites totalement monotones normalisées en divisant tous les termes d'une suite totalement monotone $\{c_n\}$ par c_0 si $c_0 \neq 0$. TM_1 comporte les suites $\{c_n\}$ telles que $c_0 = 1$ et la suite $\{0\}$. Les inégalités (42) s'écrivent :

$$c_1 \leq c_2^{\frac{1}{2}} \leq \ . \ . \ . \ \leq c_n^{\frac{1}{n}} \leq . \ . \ . \tag{46}$$

Elles sont saturées par les suites $\{c_n = c_1^n\}_{n\geq 0}$, $c_1 \in [0,1]$. Nous montrerons que ces suites sont extrêmales en vérifiant (37). Remarquons que si dans (37) $y = z$, alors $x = y$. Considérons maintenant le cas $y \neq z$. Soient $\{c_n = c_1^n\} \in TM_1$, $\{a_n\} \in TM_1$, $\{b_n\} \in TM_1$ et $\{a_n\} \neq \{b_n\}$ (ce qui signifie qu'il existe $k>0$ tel qe $a_k \neq b_k$). Considérons maintenant :

$$c_k = \lambda a_k + (1-\lambda) b_k, \qquad a_k \neq b_k, \qquad \lambda \in [0,1].$$

Par hypothèse $c_N = c_k^{\frac{N}{k}}$ $(N \geq k)$, donc :

$$c_N = [\lambda a_k + (1-\lambda) b_k]^{\frac{N}{k}} \ .$$

D'autre part $c_N = \lambda a_N + (1-\lambda) b_N \geq \lambda a_k^{\frac{N}{k}} + (1-\lambda) b_k^{\frac{N}{k}}$
car $a_N \geq a_k^{\frac{N}{k}}$ et $b_N \geq b_k^{\frac{N}{k}}$ d'après (43).
Par conséquent $\lambda a_k^{\frac{N}{k}} + (1-\lambda) b_k^{\frac{N}{k}} \leq [\lambda a_k + (1-\lambda) b_k]^{\frac{N}{k}}$.
Cette inégalité doit être satisfaite en particulier pour $N=2k$, ce qui donne après le réarrangement :

$$\lambda(1-\lambda)(a_k - b_k)^2 \leq 0 \ .$$

Compte tenu de l'hypothèse $a_k \neq b_k$ ceci ne peut être satisfait que si $\lambda = 0$ ou $\lambda = 1$ ce qui démontre (iv).

C.Q.F.D.

Une extension des inégalités (42) aux suites des moments de Stieltjes et de Hamburger est présentée dans [57]. Les inégalités (42) sont connues en théorie de probabilité et sont dues à Liapounoff [127].

Corollaire 19

Si la suite $\{c_n\}$ est totalement monotone, alors on a :

$$\frac{c_{k+1}}{c_k} \leqslant \left(\frac{c_{k+2}}{c_k}\right)^{\frac{1}{2}} \leqslant \cdots \leqslant \left(\frac{c_{k+n}}{c_k}\right)^{\frac{1}{n}} \leqslant \cdots \quad (k=0,1\ldots). \tag{47}$$

En effet, si la suite $\{c_n\}_{n\geqslant 0}$ est totalement monotone, alors la suite $\{c_n\}_{n\geqslant k}$ l'est aussi.

Les suites totalement monotones extrêmales peuvent être classées selon la valeur de c figurant dans $\mu : x \longmapsto c_0 H(x-c)$ dans le théorème 19(iv) :

$$\begin{aligned} c=0 &: \quad \{c_n\}=\{1,0,0,\ldots\}, \\ c\in\,]0,1[&: \quad \{c_n = c^n\}, \\ c=1 &: \quad \{c_n = 1\}. \end{aligned} \tag{48}$$

Les inégalités (42) et (45) dans lesquelles $c_0 = 1$ conduisent respectivement à :

$$\begin{aligned} \forall n\geqslant 1 : &\quad (c_1)^n \leqslant c_n , \\ \forall m,n \geqslant 0 : &\quad (c_n)^m \leqslant c_{mn} . \end{aligned} \tag{49}$$

Le théorème suivant complète la liste des inégalités portant sur les fonctions totalement monotones et sur les suites H-positives.

Théorème 20

Soit F une fonction totalement monotone dans $]0,\infty[$, alors

(i) $\forall k \geq 0, \forall m \geq 0, \forall t \in]0,\infty[: \quad H_m^k[\{(-1)^n F^{(n)}(t)\}_{n\geq 0}] \geq 0$ (50)

(ii) La fonction F $(F \not\equiv 0)$ est logarithmiquement convexe :

$$\forall t \in]0,\infty[: \qquad \frac{F(t)}{F'(t)} \leqslant \frac{F'(t)}{F''(t)} \leqslant \frac{F''(t)}{F'''(t)} \leqslant \cdots \tag{51}$$

Démonstration :

(i) Ce résultat découle des formules (2) à condition que les formes quadratiques de Hankel Q_m et $Q_m^{(1)}$ soient positives pour tout m. On montre, plus généralement que pour tout k et m la forme $Q_m^{(k)}$ engendrée par la suite $\{(-1)^n F^{(n)}(t)\}_{n\geqslant k}$ est positive. En effet, compte tenu de la représentation de Bernstein on a :

$$Q_m^{(k)} = \sum_{i,j=0}^{m} (-1)^{i+j+k} F^{(i+j+k)}(t)\, x_i x_j = \int_0^\infty e^{-yt} y^t \Big(\sum_{i=0}^{m} x_i y^i\Big)^2 d\mu(y) \geqslant 0.$$

Commentaire : Dans [168, p.167] ce théorème est donné uniquement pour $k=0$ et $k=1$. Or, pour avoir $H_m^k \geqslant 0$ pour tout m, et k, il ne suffit pas de démontrer que $H_m^0 \geqslant 0$ et $H_m^1 \geqslant 0$ pour tout m, comme s'il s'agissait de la positivité stricte (cf.(2))

(ii) C'est le cas particulier de (i) avec $m = 1$.

C.Q.F.D.

Commentaires : Pour vérifier en pratique si une suite donnée est ou n'est pas une suite totalement monotone (prenons l'exemple de $\{c_n = \frac{1}{(n+1)!}\}_{n\geq 0}$) on peut :

1°) se référer à la définition et vérifier (3) ; dans notre exemple on constatera que $((-\Delta)^3 c)_0 < 0$;

2°) se référer au théorème 5 de Hausdorff ; dans notre exemple on constatera qu'il n'existe pas de fonction μ bornée dans $[0,1]$ telle que $\frac{1}{(n+1)!} = \int_0^1 x^n \, d\mu(x)$;

3°) se référer au théorème 3.9(iv),(v) (cf. chap.3) qui dit que si la suite c est totalement monotone, alors la série $\sum c_n z^n$ représente une fonction de Stieltjes, analytique en dehors de $[1,\infty[$; dans notre exemple ce n'est pas le cas, car $\sum_{n=0}^{\infty}\frac{3^n}{(n+1)!} = (e^3-1)/3$;

4°) se référer à une des inégalités (42), (46), (47), (49), mais cette fois on ne pourra qu'infirmer la propriété de totale monotonie ; dans notre exemple l'inégalité (49) nous donne immédiatement $\frac{1}{2^n} \not\leq \frac{1}{(n+1)!}$ pour tout n ($c_1^n \leq c_n$), ce qui signifie que notre suite n'est pas totalement monotone.

Dans la pratique numérique seuls les tests 1°) et 4°) peuvent être appliqués. Nous voulions montrer que le test 4°) est bien souvent beaucoup plus rapide que le test 1°). Il est évident que toutes les propriétés des suites totalement monotones énoncées dans ce chapitre peuvent également servir de tests de vérification.

Remarquons encore que les inégalités (47) donnent en particulier: $c_{k+1}/c_k \leq 1$, ce qui donne : $((-\Delta)c)_k \geq 0$,
$c_{k+1}/c_k \leq (c_{k+2}/c_k)^{\frac{1}{2}}$, ce qui donne : $((-\Delta)^2c)_k \geq 0$,
mais la correspondance entre (47) et (3) s'arrête là.
Voici les exemples des suites qui vérifient (47) et qui ne sont pas totalement monotones :

$$\{1, \tfrac{1}{\sqrt{3}}, \tfrac{1}{3}, \tfrac{1}{4}, \tfrac{1}{5}, \ldots\} \qquad (\Delta^4 c)_0 = 0.11 < 0,$$

$$\{1, \tfrac{1}{2}, \tfrac{1}{3}, \tfrac{1}{3}, \tfrac{1}{3}, \ldots\}.$$

Les termes d'indices 0, 1, 2, de la première suite sont les valeurs de la fonction f, totalement monotone dans $[0,\infty[$ $f : f(t) = 3^{-t/2}$, en 0, 1 et 2 et les autres termes sont les valeurs en $t = n$ de la fonction g totalement monotone dans $[0,\infty[$ $g : g(t) = \frac{1}{t+1}$. Les graphes de ces deux fonctions sont:

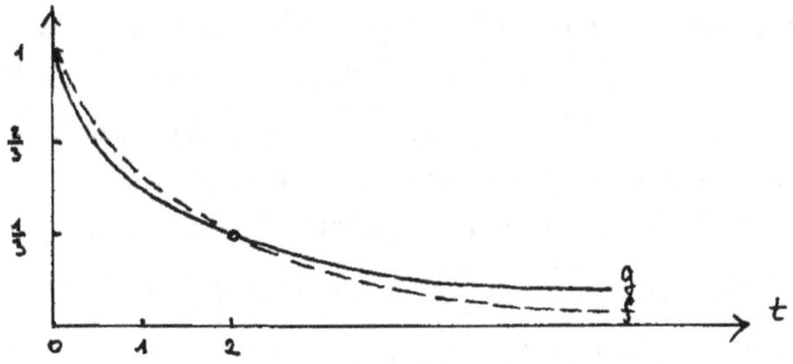

Cet exemple élémentaire montre que l'on ne peut pas encadrer une fonction totalement monotone dans $[0,\infty[$ (normalisée par $f(0)=1$) plus finement que par la fonction constante $t \mapsto 1$ et par une fonction à décroissance exponentielle.

Remarquons encore une trivialité : si F est une fonction totalement monotone dans $[0,\infty[$, mais si ce n'est pas le cas ni de la fonction G , ni de $-G$, alors la fonction $F+G$ peut être quand même totalement monotone comme le montre l'exemple de $F : t \mapsto \frac{1}{1+t}$ et $G : t \mapsto \frac{1}{2^t} - \frac{1}{1+t}$.

Signalons pour terminer ce chapitre que les fonctions totalement monotones forment une sous-classe des fonctions définies positives étudiées par Bochner et Kuelbs [124] et surtout par S. Karlin [122] .

*

* *

CHAPITRE 3

FONCTIONS DE STIELTJES ET FONCTIONS DE CLASSE $\mathcal{S}$. RELATIONS AVEC LES SUITES

Ce chapitre, contrairement au précédent, ne contient que des résultats strictement nécessaires à la suite de notre travail. La plupart des énoncés sont classiques, excepté quelques résultats du paragraphe 3 sur les limites de certaines fonctions de la variable complexe dans un secteur du plan complexe. Ces derniers résultats donnent la clef de la nouvelle démonstration (plus générale) d'un théorème de convergence de l'ε-algorithme faite au chapitre 6 (cf. théorème 6.20).

Les deux premiers paragraphes contiennent une introduction aux problèmes des moments et aux fonctions de Stieltjes. Le paragraphe 4 introduit aux suites totalement positives et aux fonctions de classe $\mathcal{S}$ de Schoenberg. On y voit se dessiner le programme fixé au départ :

"suite - série formelle - fonction de variable complexe".

Nous préparons ainsi le terrain à la théorie de la convergence des approximants de Padé vers les fonctions de Stieltjes et vers les fonctions de classe $\mathcal{S}$.

3.1 PROBLEME DES MOMENTS ET FONCTIONS DE STIELTJES

Dans ce chapitre nous faisons intervenir exclusivement la notion d'intégrale de Stieltjes-Riemann.

Sous réserve qu'elle converge dans un domaine de $\mathbb{C}$, l'intégrale suivante :

$$\int_{-\infty}^{\infty} \frac{d\mu(x)}{z - x} \qquad (1)$$

est appelée transformation de Stieltjes.

Théorème 1 [163, p.247]

Si μ est une fonction de $\uparrow\mathcal{B}]-\infty,\infty[$, alors l'intégrale (1) converge absolument et uniformément dans tout compact n'ayant pas de points communs avec l'axe des réels. Sa limite engendre alors deux fonctions analytiques : une dans le domaine $\operatorname{Im} z > 0$ et l'autre dans le domaine $\operatorname{Im} z < 0$.

En changeant la variable z en $\frac{1}{z}$ et en multipliant par z, on obtient une transformation de Stieltjes qui sera aisément reliée aux trois problèmes des moments étudiés plus loin :

$$\int_{-\infty}^{\infty} \frac{d\mu(x)}{1 - xz} \quad . \qquad (2)$$

Soient $\{\varphi_n\}$ une suite de fonctions numériques définies sur $[a,b]$ et μ une fonction de $\uparrow\mathcal{B}[a,b]$. On appelle moments généralisés, ou simplement moments de μ par rapport aux fonctions φ_n les quantités ([192]; cf. aussi (2.8)) :

$$c_n = \int_a^b \varphi_n(x)\, d\mu(x) \qquad n = 0,1,\ldots \qquad (3)$$

Si $\varphi_n(x) = x^n$ on obtient les moments habituels :

$$c_n = \int_a^b x^n \, d\mu(x) \qquad n=0,1,\ldots \tag{4}$$

La suite c est appelée suite de moments.

Supposons inversement que la suite c soit donnée. S'il existe une fonction μ dans $\uparrow\mathcal{B}$ telle que (4) soit satisfait pour tout n, alors on dit que le problème des moments (4) possède une solution. Résoudre le problème des moments équivaut donc à déterminer une fonction μ à partir de la suite c. On dit que le problème des moments est déterminé si sa solution est unique (on entend par là une fonction μ normalisée ; cf.(2.9)), et indéterminée s'il possède plusieurs solutions.

On distingue trois problèmes des moments selon l'intervalle $[a,b]$:

Problème de Hamburger :

$$c_n = \int_{-\infty}^{\infty} x^n \, d\mu(x) \qquad n=0,1,\ldots \tag{5}$$

Problème de Stieltjes :

$$c_n = \int_0^{\infty} x^n \, d\mu(x) \qquad n=0,1,\ldots \tag{6}$$

Problème de Hausdorff :

$$c_n = \int_0^1 x^n \, d\mu(x) \qquad n=0,1,\ldots \tag{7}$$

où dans tous les cas, la fonction μ appartient à $\uparrow\mathcal{B}[a,b]$.
Il convient de remarquer que si on lève la condition $c_0<\infty$, les solutions μ peuvent être recherchées dans $\uparrow$.

Le problème symétrique

$$c_n = \int_{-1}^{1} x^n \, d\mu(x) \quad , \tag{8}$$

où :

$$\forall x \in [-1,1] : \qquad \mu(x) = -\mu(-x) \tag{9}$$

est lié au problème de Hausdorff. En effet, si μ est la solution de (8) et si on pose $a_n = \frac{1}{2} c_{2n}$, alors si on note :

$$\alpha : \alpha(x) = \mu(\sqrt{x}) \tag{10}$$

on a : $$a_n = \int_0^1 x^n \, d\alpha(x).$$

Inversement, si α est la solution de (7) et si on pose $c_{2n+1} = 0$ et $c_{2n} = 2a_n$, alors :

$$\mu : \mu(x) = \begin{cases} \alpha(x^2) & x \geqslant 0 \\ -\alpha(x^2) & x \leqslant 0 \end{cases} \tag{11}$$

est la solution de (8).

La suite des moments de Hausdorff est une suite totalement monotone (cf. théorème 2.5). Notons encore que si la fonction μ est constante dans $]-\infty, 0]$, le problème de Hamburger se réduit au problème de Stieltjes et si en plus μ est constante dans $[1,\infty[$, celui de Stieltjes se réduit au problème de Hausdorff.

On dit que la série :

$$C : C(z) = \sum_{n=0}^{\infty} c_n z^n \tag{12}$$

est une <u>série de Stieltjes</u> si c est une suite de moments de Stieltjes(*)

(*) Si $\mu \in V_i$, la série de Stieltjes sera appelée <u>série non-rationnelle de Stieltjes.</u>

(6), ce qui contient en particulier le cas de Hausdorff (7). Si on somme formellement cette série en intervertissant les symboles Σ et $\int$ on obtient la représentation intégrale :

$$f : f(z) = \int_0^\infty \frac{d\mu(x)}{1 - xz} \quad . \tag{13}$$

Une fonction de cette forme est appelée fonction de Stieltjes. On dit que (12) est la série de Stieltjes de la fonction de Stieltjes (13).

Si la série de Stieltjes a un rayon de convergence $\rho > 0$, alors elle s'identifie à la série de Taylor de la fonction de Stieltjes:

$$f : f(z) = \int_0^{1/\rho} \frac{d\mu(x)}{1 - xz} \quad , \tag{14}$$

où f est analytique dans le plan complexe z en dehors de la coupure sur l'axe des réels $[\rho, \infty[$:

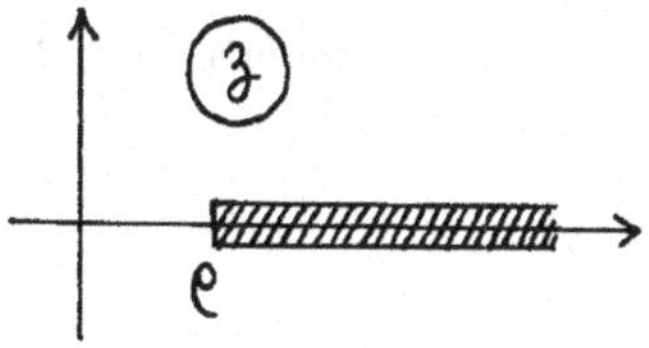

Dans ce cas la fonction μ est constante en dehors de l'intervalle $]0, 1/\rho[$.

Si $\rho = 0$, la série de Stieltjes est une série asymptotique au voisinage de $z = 0$ de la fonction de Stieltjes analytique en dehors de $[0, \infty[$.

On vérifie aisément qu'en développant $(1 - xz)^{-1}$ en série sous le signe de l'intégrale (2) et en intervertissant formellement les symboles $\int$ et Σ , on obtient une série formelle dont les coefficients forment une suite de moments de Hamburger.

Akhiezer [1] a caractérisé axiomatiquement (théorème 2) les fonctions de Stieltjes définies sous la forme suivante :

$$\varphi : \varphi(z) = \int_0^\infty \frac{d\alpha(x)}{z+x} \qquad \alpha \in \uparrow\mathcal{B}[0,\infty[\qquad (15)$$

Théorème 2

Les conditions nécessaires et suffisantes pour que la fonction φ ait la représentation (15) sont ;

(i) φ est analytique dans le plan complexe en dehors de $]-\infty,0]$;

(ii) $\mathrm{Im}\,\varphi(z)/\mathrm{Im}\,z < 0$ pour $\mathrm{Im}\,z \neq 0$;

(iii) $\limsup_{|y|\to\infty} y\varphi(iy)$, pour y réel, existe et est finie.

La troisième condition assure que la fonction α est bornée, car :

$$i \limsup_{|y|\to\infty} y\varphi(iy) = \int_0^\infty d\alpha(x)$$

donc cette intégrale existe,
Remarquons que $\alpha : x \longmapsto H(x)$ (échelon unité) conduit à $\varphi : z \longmapsto \frac{1}{z}$, mais dans (13) $\mu : x \longmapsto H(x)$ conduit à $f : z \longmapsto 1$. Entre (13) et (15), on a la relation

$$-\frac{1}{z}\,\varphi\left(-\frac{1}{z}\right) = f(z) \; .$$

Pour les fonctions de Stieltjes de la forme (13), le théorème 2 peut être présenté sous une forme différente:

Théorème 3 (B. Simon [156])

Si la fonction f remplit les conditions suivantes :

(i) f est analytique en dehors de $[0,\infty[$;

(ii) f est une fonction d'Herglotz, c'est-à-dire :

$$\mathrm{Im}\,f(z)\,\mathrm{Im}\,z > 0 \quad \text{pour} \quad \mathrm{Im}\,z \neq 0 \; ;$$

(iii) f admet une limite uniforme en Θ_1 et Θ_2 dans tout secteur $0 < \Theta_1 < \arg z < \Theta_2 < 2\pi$ (notée en soulignant) :

$$\underline{\lim_{z\to\infty}}\, f(z) = 0 \quad ;$$

(iv) f possède le développement asymptotique (12) au voisinage de $z=0$, c'est-à-dire quand $|z|\to 0$ et $|z|>0$;

Alors f est une fonction de Stieltjes (13) et la série (12) est sa série de Stieltjes.

Inversement si (12) est la série de Stieltjes de la fonction de Stieltjes (13) où μ est une fonction continue à l'origine (pour satisfaire (iii)), alors les conditions (i) à (iv) sont satisfaites.

En pratique, on se réfère parfois aux théorèmes suivants :

Théorème 4 [168, p.364]

Les conditions nécessaires et suffisantes pour que la fonction φ ait la représentation (15) sont :

(i) $$\varphi(u) \geqslant 0$$

$$(-1)^{k-1}\left[u^k\varphi(u)\right]^{(2k-1)} \geqslant 0 \qquad k=1,2,\ldots ;\ u\in\,]0,\infty[\,,$$

(ii) $\lim_{u\to\infty} u\varphi(u)$ existe dans $\mathbb{R}$.

Théorème 5 [168, p.366]

La condition (i) du théorème 4 est une condition nécessaire et suffisante pour que la fonction φ ait la représentation suivante :

$$\varphi(z) = P + \int_0^\infty \frac{d\alpha(x)}{z+x} \qquad P\geqslant 0\ ;\ \alpha\in\uparrow. \qquad (16)$$

3.2 PROBLEME DES MOMENTS ET SUITES

On rappelle rapidement les théorèmes d'existence des solutions de problèmes des moments.

Théorème 6 (Problème de Hamburger), [168, p.129]

Une condition nécessaire et suffisante pour qu'il existe au moins une fonction μ de $\uparrow]-\infty,\infty[$ telle que pour tout naturel n on ait $c_n = \int_{-\infty}^{\infty} x^n d\mu(x)$ où toutes les intégrales convergent est que la suite c soit H-positive.

On note que la condition nécessaire est : $H_n^0 \geqslant 0$ pour tout n [155].

Théorème 7 (Problème de Hamburger), [168, p.134]

Une condition nécessaire et suffisante pour qu'il existe une fonction μ de $\uparrow V_i$ (resp. de $\uparrow V_f$) telle que pour tout naturel n on ait $c_n = \int_{-\infty}^{\infty} x^n d\mu(x)$ est que la suite c soit H-définie positive (resp. H-semi-définie positive ; dans ce cas le problème des moments est déterminé).

(Cf. le paragraphe 2.2.1, pour les définitions des ensembles $\uparrow$, V_i et V_f, et le paragraphe 2.1 pour celles des suites H-positives).
Une fonction μ de $\uparrow V_f$ est nécessairement de la forme ;

$$\mu :\ \mu(x) = \sum_{n=0}^{k} \alpha_n H(x - x_n) \qquad \forall n :\ \alpha_n > 0 \tag{17}$$

où H est une fonction échelon unité. On peut préciser [155] qu'une condition nécessaire et suffisante pour que le problème de Hamburger possède précisément la solution (17) est que :

$$0 \leqslant n \leqslant k :\ H_n^0 > 0 \ ; \qquad n > k :\ H_n^0 = 0 . \tag{18}$$

Il faut toutefois être prudent. La condition (18) est plus forte que la condition : $H_n^0 \geq 0$ pour tout n. On rappelle que cette dernière condition ne suffit pas pour que la suite soit H-positive, de même elle ne suffit pas pour que la fonction μ soit croissante (c'est-à-dire dans $\uparrow$).

Théorème 8 (Problème de Stieltjes) [168, p.136]

Une condition nécessaire et suffisante pour qu'il existe une solution du problème de Stieltjes (6) est que les suites $\{c_n\}_{n\geq 0}$ et $\{c_n\}_{n\geq 1}$ soient H-positives.

Rappelons que cette condition implique que toute suite $\{c_n\}_{n\geq k}$ (tout k) est H-positive (cf. propriété 2.7). Elle implique aussi (cf. (2.2)) que :

$$\forall n: \qquad H_n^0 \geq 0, \qquad H_n^1 \geq 0 . \tag{19}$$

Les conditions (19) sont nécessaires pour l'existence d'une solution du problème de Stieltjes [155].

Théorème 9 (Problème de Stieltjes) [168, p.138]

Une condition nécessaire et suffisante pour que le problème de Stieltjes possède une solution dans $\uparrow V_i$ (resp. dans $\uparrow V_f$) est que les suites $\{c_n\}_{n\geq 0}$ et $\{c_n\}_{n\geq 1}$ soient H-définies positives (resp. H-positives et qu'au moins une d'entre elles soit H-semi-définie positive; dans ce cas le problème des moments est déterminé).

Si ce problème des moments est déterminé, alors on peut préciser [155] que :

$$\mu : \mu(x) = \sum_{n=0}^{k} \alpha_n H(x - x_n) \qquad x_n \neq 0 \; ; \; \alpha_n > 0 \tag{20}$$

si et seulement si :

$$0 \leq n \leq k : \; H_n^0 > 0, \; H_n^1 > 0 \; ; \qquad n > k : \; H_n^0 = H_n^1 = 0 \; ; \tag{21}$$

ou alors que :

$$\mu : \mu(x) = \alpha_0 H(x) + \sum_{n=1}^{k} \alpha_n H(x - x_n) \qquad x_n \neq 0 ; \alpha_n > 0 \quad (22)$$

si et seulement si :

$$0 \leq n \leq k : \ H_n^0 > 0 ; \qquad n > k : \ H_n^0 = 0 ;$$

$$0 \leq n < k : \ H_n^1 > 0 ; \qquad n \geq k : \ H_n^1 = 0 . \quad (23)$$

Il est bien connu que sauf les cas (17), (20) ou (22), la solution aussi bien du problème de Hamburger que de celui de Stieltjes n'est pas unique.

Le théorème 2.5 de Hausdorff peut être présenté sous l'angle du problème des moments :

Théorème 10 (Problème de Hausdorff)

Une condition nécessaire et suffisante pour que le problème de Hausdorff (7) possède une solution est que la suite c soit totalement monotone.

Regroupons tous les théorèmes déjà connus relatifs au problème de Hausdorff :

Théorème 11

Soit μ une fonction de $\uparrow\mathcal{B}[0,1]$, constante en dehors de $]0, \frac{1}{\varrho}[$ ($\varrho \geq 1$) ; pour la mesure $d\mu$, ceci signifie :

$$\mathrm{supp}(d\mu) \subset [0, \tfrac{1}{\varrho}] . \quad (24)$$

Alors :

(i) les moments $c_n = \int_0^1 x^n d\mu(x)$ forment une suite totalement monotone ;

(ii) si μ est continue à l'origine, cette suite est minimale ;

(iii) $$\lim_{n\to\infty} c_n = \mu(1) - \mu(1-) ; \quad (25)$$

(iv) la fonction de Stieltjes :

$$f : f(z) = \int_0^1 \frac{d\mu(x)}{1 - xz} \tag{26}$$

est analytique en dehors de $[\rho, \infty[$ ($\rho \geq 1$) ;

(v) la série de Stieltjes de f est en même temps sa série de Taylor (converge pour $|z| < \rho$) ; ses coefficients forment la suite totalement monotone ;

(vi) si μ est dans $\uparrow BV_f$, alors la suite de moments de Hausdorff satisfait :

$$\forall n \geq 0 : \qquad H_n^0 \geq 0 \tag{27}$$

et la fonction f (26) ne possède que des pôles situés sur $[\rho, \infty[$;

(vii) si μ est dans $\uparrow BV_i$, alors la suite de moments de Hausdorff est H-définie positive ;

(viii) inversement, si c est une suite totalement monotone, alors on a (24), (iv) et (v).

Exemple :

$$a_n = \int_0^1 x^n d\alpha(x) \qquad\qquad b_n = \int_0^1 x^n d\beta(x)$$

$$a_n b_n = \int_0^1 x^n d\mu(x) \qquad\qquad \mu : \mu(x) = \int_0^1 \alpha\left(\frac{x}{t}\right) d\beta(t) . \tag{28}$$

La coupure définie dans (iv) s'étend sur $[\rho_1\rho_2, \infty[$ où ρ_1 et ρ_2 sont, respectivement, les rayons de convergence des séries $\sum a_n z^n$ et $\sum b_n z^n$.

Théorème 12 [168, p.269]

Si la fonction F: $F(z)$ est analytique au point réel $z = c$ et si en ce point la suite suivante :

$$\{(-1)^n F^{(n)}(c)\}_{n\geq 0} \tag{29}$$

est totalement monotone, alors il existe une fonction μ dans $\uparrow\mathcal{B}[0,1]$ telle que pour tout z complexe on a :

$$F:\ F(z) = \int_0^1 e^{-xz}\, d\mu(x). \tag{30}$$

F est une fonction entière.

On se souvient (2.27) que le fait que F soit totalement monotone n'entraine pas nécessairement que la suite $\{(-1)^n F^{(n)}(c)\}_{n\geq 0}$ soit totalement monotone. Pour confronter ce théorème au théorème 11 prenons un cas particulier de $c=0$; on a :

$$F:\ F(z) = \sum_{n=0}^{\infty} (-1)^n \frac{c_n}{n!} z^n \qquad c_n = (-1)^n F^{(n)}(0)\ . \tag{31}$$

La transformée de Laplace de $F: F(t)$ (31) est :

$$\varphi(\zeta) = \int_0^\infty F(t)\, e^{-t\zeta}\, dt = \frac{1}{\zeta} \sum_{n=0}^{\infty} c_n (-\zeta)^n\ . \tag{32}$$

La transformée de Laplace de $F: F(t)$ (30) est :

$$\varphi(\zeta) = \int_0^\infty dt \int_0^1 d\mu(x)\, e^{-t(x+\zeta)} = \int_0^1 \frac{d\mu(x)}{x+\zeta} \qquad \mathrm{Re}\,(x+\zeta)>0. \tag{33}$$

(32) et (33) après les changements $z = -\frac{1}{\zeta}$ et $f(z) = -\frac{1}{z}\varphi\left(-\frac{1}{z}\right)$ donnent :

$$f(z) = \sum_{n=0}^{\infty} c_n z^n = \int_0^1 \frac{d\mu(x)}{1-xz}\ . \tag{34}$$

ce qui est conforme avec (26).

Une présentation différente des problèmes des moments est donnée dans le livre de Vorobyev [162] .

3.3 SINGULARITE D'UNE FONCTION EN $z=1$ ET LIMITES DANS UN SECTEUR

Considérons une fonction de variable complexe f. On dira que $f(z_0)$ est une limite de f dans un secteur si $\lim_{z\to z_0} f(z)$ existe quand z tend vers z_0 par des chemins appartenant à un secteur du plan complexe ayant pour sommet z_0. Pour le spécifier on souligne : $\underline{z\to z_0}$

Théorème 13

Soient $\{c_n\}$ une suite convergeant dans $\mathbb{C}$:

$$\lim_{n\to\infty} c_n = c \tag{35}$$

et C: $C(z)=\sum_{n=0}^{\infty} c_n z^n$ la série engendrée par cette suite, alors :

$$\lim_{\underline{z\to 1}} [(1-z)\,C(z)] = c \qquad |z|<1 \tag{36}$$

dans tout secteur défini par :

$$\theta-\frac{\pi}{2} \leq \arg(1-z) \leq \frac{\pi}{2}-\theta \qquad \forall\theta: 0<\theta\leq\frac{\pi}{2}. \tag{37}$$

Démonstration :

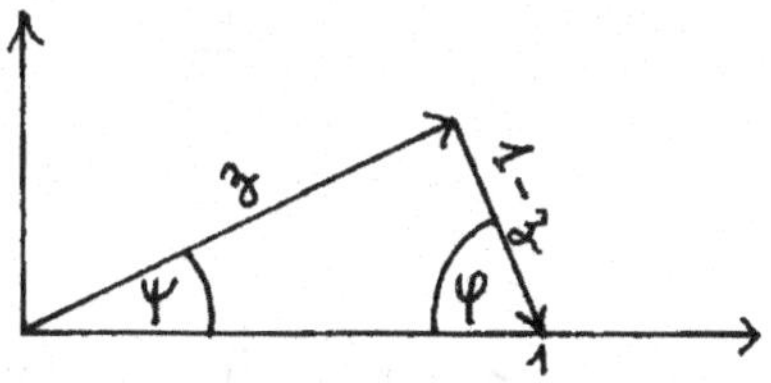

Supposons d'abord que $c=0$, alors :

$$\forall\varepsilon>0\ \exists N:\ \forall n\geq N:\ |c_n|<\varepsilon\ .$$

Pour $|z|<1$ et z appartenant au secteur on a :

$$|(1-z)C(z)|\leqslant |P(z)|+|1-z|\left|\sum_{n=N}^{\infty} c_n z^n\right|\leqslant |P(z)|+\varepsilon\frac{|1-z|}{1-|z|}$$

où P est un polynôme et $P(1)=0$.

En respectant les notations de la figure, on obtient les majorations :

$$\lim_{z\to 1}|(1-z)C(z)|\leqslant \lim_{z\to 1}|P(z)|+\varepsilon\lim_{z\to 1}\frac{|1-z|}{1-|z|}=\varepsilon\lim_{z\to 1}\frac{|1-z|}{1-|z|}\leqslant$$

$$\leqslant \varepsilon\lim_{\psi\to 0}\frac{\sin\psi}{\sin\psi\cos\varphi+\sin\varphi(\cos\psi-1)}=\frac{\varepsilon}{\cos\varphi}\leqslant\frac{\varepsilon}{\cos(\frac{\pi}{2}-\theta)},$$

ce qui démontrer que :

$$\lim_{z\to 1}[(1-z)C(z)]=0 \qquad (c_n\to 0). \tag{38}$$

Supposons maintenant que $c_n\to c\neq 0$. Dans ce cas :

$$|z|<1. \qquad C(z)=\sum(c_n-c)z^n+\sum c z^n=\sum(c_n-c)z^n+\frac{c}{1-z}.$$

Par conséquent :

$$(1-z)C(z)=(1-z)\sum(c_n-c)z^n+c$$

et en appliquant (38), on obtient (36).

C.Q.F.D.

Théorème 14 (B. Simon [156]).

Soit f une fonction de Stieltjes :

$$f:\ f(z)=\int_0^1\frac{d\mu(x)}{1-xz} \qquad \mu\in\uparrow\mathcal{B}[0,1], \tag{39}$$

alors on a :

$$\lim_{z\to 1} [(1-z)f(z)] = c , \qquad c \in \mathbb{R} \tag{40}$$

dans tout secteur défini par :

$$\theta - \pi \leq \arg(1-z) \leq \pi - \theta \qquad \forall\theta : 0 < \theta \leq \pi , \tag{41}$$

où : $c = \lim_{n\to\infty} \int_0^1 x^n d\mu(x) = \mu(1) - \mu(1-)$.

Considérons maintenant des fonctions f définies par les séries C. Voici quelques propriétés évidentes :

Propriété 1

Soit $\{c_n\}$ une suite convergeant dans $\mathbb{R}$, alors la fonction f définie par la série $C : C(z) = \sum c_n z^n$ est analytique pour $|z| < 1$.

Il suffit de remarquer que le rayon de convergence de cette série est égal ou supérieur à 1.

Propriété 2

Soit $\{c_n\}$ une suite qui ne converge pas dans $\mathbb{R}$. S'il existe un naturel $m > 0$ tel que $\lim_{n\to\infty} (\Delta^m c)_n = 0$, alors la fonction f définie par la série C est analytique pour $|z| < 1$.

En effet, $F : F(z) = (1-z)^m C(z)$ est analytique pour $|z| < 1$ compte tenu de (1.22) et de la propriété 1, donc la fonction définie par $C : C(z) = (1-z)^{-m} F(z)$ l'est aussi.

Propriété 3

Soit $\{c_n\}$ une suite telle que $c_n \to 0$ ou $c_n \to \infty$, alors s'il existe $a \neq 0$ tel que $a^n c_n \to c \neq 0$, la fonction f définie par la série $C : C(z) = \sum c_n z^n$ est analytique pour $|z| < a$ et

$$\lim_{z\to a} [(a-z)\, C(z)] = ac \tag{42}$$

dans tout secteur défini par :

$$\theta - \frac{\pi}{2} \leq \arg(a - z) \leq \frac{\pi}{2} - \theta \qquad \forall \theta : 0 < \theta \leq \frac{\pi}{2} .$$

En effet, si on pose $z = a\zeta$, la limite dans (42) doit être prise pour $\zeta \to 1$ et on se ramène au théorème 13.

Propriété 4

Soit $C : C(z) = \sum c_n z^n$ une série formelle convergeant pour $|z| < 1$ vers la fonction f et telle que :

$$\exists m \geq 0 : \qquad \lim_{z \to 1} (1-z)^m C(z) = c , \qquad |z| < 1 , c \in \mathbb{R}$$

et où le secteur est défini par (37), alors la fonction f , analytique dans $|z| < 1$, peut être représentée sous la forme suivante:

$$f : f(z) = \frac{c}{(1-z)^m} + \varphi(z)$$

où la fonction φ satisfait à ;

$$\lim_{z \to 1} (1-z)^m \varphi(z) = 0 .$$

En effet, pour $|z| < 1$ on a :

$$0 = \lim_{z \to 1} (1-z)^m f(z) - c = \lim_{z \to 1} (1-z)^m \left[f(z) - \frac{c}{(1-z)^m} \right]$$

où $\varphi : \varphi(z) = f(z) - \frac{c}{(1-z)^m}$ est analytique dans $|z| < 1$.

La continuité de la fonction μ figurant dans (39) donne une information sur les limites dans un secteur :

Théorème 15 (Schoenberg, [163, p.255])

Soit f une fonction de Stieltjes définie par :

$$f : f(z) = \int_0^1 \frac{d\mu(x)}{1 - xz} \qquad \mu \in \uparrow \mathcal{B}[0,1] ,$$

alors on a les propriétés suivantes :

(i) μ est continue en $x=0$ si et seulement si :

$$\lim_{z\to\infty} f(z)=0 \qquad \theta-\pi \leq \arg(1-z) \leq \pi-\theta \quad \forall\theta : 0<\theta\leq\pi \;;$$

(ii) μ est continue en $x=r$, $0<r<1$, si et seulement si :

$$\lim_{z\to\frac{1}{r}} (1-zr)f(z)=0 \quad \left\{\begin{array}{l} \theta-\pi \leq \arg(\frac{1}{r}-z) \leq -\theta \\ \theta \leq \arg(\frac{1}{r}-z) \leq \pi-\theta \end{array}\right\} \forall\theta : 0<\theta\leq\frac{\pi}{2} \;;$$

(iii) μ est continue en $x=1$ si et seulement si ;

$$\lim_{z\to 1} (1-z)f(z)=0 \qquad \theta-\pi \leq \arg(1-z) \leq \pi-\theta \quad \forall\theta : 0<\theta\leq\pi .$$

3.4 SUITES TOTALEMENT POSITIVES ET FONCTIONS DE CLASSE $\mathcal{S}$

Les fonctions de classe $\mathcal{S}$ et les suites totalement positives ont été introduites par Schoenberg [152] (cf. aussi [153]), puis elles ont été étudiées par Edrei [84] (cf. aussi [85, 86]), par Wynn [181] et par nous-mêmes [108]. Récemment, Arms et Edrei [5] ont démontré un théorème de convergence des approximants de Padé pour ces fonctions.

On se réfère aux définitions de la table C (1,30) et du déterminant de Toeplitz (1.31).

Définition 1

On dit que la suite c est totalement positive et on note $c \in TP$ si tous les mineurs de sa table C sont positifs (quelque soit le choix des lignes et des colonnes).

En particulier il faut avoir $C_m^m \geq 0$. Notons que la somme, terme à terme, des deux suites totalement positives ne donne pas nécessairement une suite totalement positive. L'ensemble TP forme un cône dans l'espace vectoriel des suites (car la multiplication par un scalaire positif redonne une suite totalement positive), mais ce cône n'est pas convexe.

Les suites totalement positives peuvent être reliées à une classe de fonctions de variable complexe de la même façon que les suites totalement monotones ont été reliées à certaines fonctions de Stieltjes (cf. théorème 11 (iv) et (v)).

Définition 2

On dit que la fonction méromorphe f appartient à la classe $\mathcal{S}$ si elle est définie par :

$$f : f(z) = A e^{\gamma z} \frac{\prod_{j=1}^{\infty} (1 + \alpha_j z)}{\prod_{j=1}^{\infty} (1 - \beta_j z)} , \tag{43}$$

où A , γ , α_j , β_j , sont des constantes positives et

$$\sum_j (\alpha_j + \beta_j) < \infty .$$

Il est possible en particulier que tous les α_j et β_j soient nuls. La fonction $z \mapsto e^z$ est de classe $\mathcal{S}$; la suite $\{\frac{1}{n!}\}$ est totalement positive. Dans ce dernier cas, les C_n^m satisfont aux inégalités strictes :

$$C_n^m \left[\{\tfrac{1}{k!}\}_{k \geq 0} \right] > 0 \quad . \tag{44}$$

Théorème 16 (Schoenberg et Edrei [5])

Une condition nécessaire et suffisante pour qu'une fonction f appartienne à la classe $\mathcal{S}$ est que les coefficients de sa série de Taylor forment une suite totalement positive.

La majeure partie des propriétés des suites totalement monotones ont été établies à partir du théorème d'interpolation. On ne dispose pas d'un tel théorème pour les suites totalement positives. Une des conséquences de ce fait est que si la suite $\{c_n\}_{n \geq 0}$ est totalement positive, la suite $\{c_n\}_{n \geq 1}$ n'est pas nécessairement totalement positive. En effet si la fonction f qui engendre la suite $\{c_n\}_{n \geq 0}$ appartient à la classe $\mathcal{S}$, alors la fonction $g : g(z) = \frac{f(z) - c_0}{z}$ qui engendre la suite $\{c_n\}_{n \geq 1}$ n'appartient pas nécessairement à la classe $\mathcal{S}$. Par exemple, la suite $\{\frac{1}{n!}\}_{n \geq 1}$ n'est pas totalement positive $(C_4^1 < 0)$.

Théorème 17

Si les fonctions f et g appartiennent à la classe $\mathcal{S}$, alors

(i) $\forall m \geq 0 :$ $f^m \in \mathcal{S}$;

(ii) $fg \in \mathcal{S}$;

(iii) Si en plus, pour tout naturel n , on a :

$$-\frac{1}{\beta_n} < a < \frac{1}{\alpha_n} \qquad a \in \mathbb{R}$$

alors la fonction $z \mapsto f(z-a)$ appartient à la classe $\mathcal{S}$.

Ce théorème découle directement de la définition de la classe $\mathcal{S}$.

Théorème 18

Si, avec les notations (43), on a :

$$f \in \mathcal{S}, \qquad \alpha = \operatorname{Sup}_i (\alpha_i), \qquad \beta = \operatorname{Sup}_i (\beta_i),$$

alors pour t réel la fonction :

$$t \longmapsto f(-t)$$

est totalement monotone dans un des intervalles suivants :

$$t \in]-\tfrac{1}{\beta}, 0] \qquad \text{si} \qquad \gamma \neq 0,$$
$$t \in]-\tfrac{1}{\beta}, \tfrac{1}{\alpha}] \qquad \text{si} \qquad \gamma = 0.$$

Le théorème 15 conduit à l'unique propriété intéressante :

Propriété 5

Si les suites a et b sont totalement positives, alors la suite produit $c = ab$ est totalement positive.

S'il est facile de vérifier si une suite est totalement positive quand on peut sommer la série de Taylor engendrée par cette suite, il est pratiquement impensable de procéder à des tests numériques qui se réfèrent à la définition 1.

Les suites totalement positives ne convergent pas toujours dans $\mathbb{R}$. Voici quelques suites vues sous l'angle de leur appartenance aux ensembles TM et TP :

$$\left\{\frac{1}{n}\right\}_{n\geq 1} \quad \begin{cases} \in TM \\ \notin TP \end{cases},$$

$$\left\{n\right\}_{n\geq 1} \quad \begin{cases} \notin TM \\ \in TP \end{cases},$$

$$\left\{c^n\right\}_{n\geq 0} \ (0\leq c\leq 1) \quad \begin{cases} \in TM \\ \in TP \end{cases},$$

$$\left\{\frac{1}{n!}\right\}_{n\geq 0} \quad \begin{cases} \notin TM \\ \in TP \end{cases},$$

$$\left\{\frac{1}{n!}\right\}_{n\geq 1} \quad \begin{cases} \notin TM \\ \notin TP \end{cases}.$$

Baker [12] appelle les séries engendrées par les fonctions de classe $\mathcal{S}$ "Pólya frequency series".

3.5 QUELQUES REMARQUES SUR LES SUITES QUI NE CONVERGENT PAS DANS $\mathbb{R}$.

Les méthodes d'accélération de la convergence ont été conçues en premier lieu pour les suites convergeant dans $\mathbb{R}$. Les suites qui tendent vers l'infini ou qui divergent peuvent toutefois intervenir dans la théorie d'approximation des fonctions de variable complexe qui fait intervenir une série formelle. Il serait bon dans ce cas de pouvoir détecter certaines "bonnes" propriétés camouflées dans ces suites. Considérons l'exemple d'une suite totalement oscillante $\{(-1)^n\}$; le simple changement de variable $z \to -z$ au niveau de la fonction qui l'engendre, la transforme en une suite totalement monotone. Considérons l'exemple moins évident :

$$\{0,1,1,2,2,3,3,\ldots\}.$$

En l'inspectant on remarque que $(\Delta^2 c)_n = -(-1)^n$ et en utilisant (1.22) on obtient :

$$(1-z)^2 f(z) = z - z^2 \frac{1}{1+z}$$

et on découvre f :

$$f : f(z) = \frac{z}{(1-z)^2(1+z)} .$$

On peut donc se ramener parfois au cas des suites totalement monotones si les suites $\{(\Delta^k c)_n\}_{n \geqslant 0}$ ou $\{-(\Delta^k c)_n\}_{n \geqslant 0}$ sont totalement monotones ou totalement oscillantes. C'était la raison d'établissement de la formule (1.22) et d'introduction de la notion de la Δ^k -équivalence.

Ces remarques complètent les méthodes algébriques de détection de la propriété de totale monotonie d'une suite.

*

* *

CHAPITRE 4

FRACTIONS CONTINUES

Dans ce chapitre, nous présentons une mise au point condensée et révisée de la théorie des fractions continues en nous référant essentiellement au livre de Wall [163].

Historiquement, une fraction continue était "une fraction étagée infinie". Nous avons préféré (cf. paragraphe 1) identifier une fraction continue à une suite de fractions rationnelles dont les termes sont définis par certaines relations de récurrence. Ceci nous permet de définir de façon claire la convergence d'une fraction continue, ainsi que ses relations avec les fonctions, les séries et les suites.

Au paragraphe 6 nous définissons une fraction continue générale (fraction G) , dont les autres fractions continues sont des cas particuliers. Toute fonction analytique dans un domaine est développable en fraction G , mais pas nécessairement en d'autres fractions.

Le reste de ce chapitre est classique. Si on ne tient pas à rentrer dans les détails, on trouvera dans les pages 140 et 154 les récapitulations analytiques de tous les théorèmes importants.

Ce chapitre, ajouté aux trois premiers, complète en quelque sorte le support fonctionnel auquel nous nous référerons dans la théorie des approximants de Padé. Il contient l'étape de la sommation d'une série formelle par sa transformation en fraction continue, puis le passage de la fraction continue à une fonction de variable complexe, limite de cette fraction. Les approximants des fractions continues (c'est-à-dire les termes de la suite des fonctions qui la définit) ne sont autres que les approximants de Padé d'une série formelle (cf. chapitre 5). Rappelons à cette occasion que les travaux historiques de Henri Padé [144, 145] portaient précisément sur les développements des fonctions en fractions continues.

Ainsi les théorèmes de convergence des fractions continues S ou J seront traduits au chapitre 6 en théorèmes de convergence des approximants de Padé. Il en ressort que les fondements de la théorie de la convergence des approximants de Padé (et par la même occasion de celle de l' ε -algorithme) se trouvent déjà dans les travaux de Stieltjes de 1894.

A titre de référence signalons le livre de Perron [146] et plus récemment les travaux de Jones et Thron [119] sur les fractions continues, les ouvrages de Akhiezer [1], Vorobyev [162] ou celui de Shohat et Tamarkin [155] sur le problème des moments, une série de travaux de Wynn [173, 177, 181, 182, 187, 188] sur les relations entre les fractions continues d'un côté et les fonctions de Stieltjes ou les fonctions de classe $\mathcal{S}$ de l'autre. Signalons également une note de Froissart [93], des travaux de Brezinski [54, 58] et de Gragg [113]. A propos des fractions continues généralisées il convient de se référer aux ouvrages très complets de De Bruin [208] et de Magnus [217].

4.1 FRACTIONS CONTINUES DE JACOBI (FRACTIONS J)

La notion de fraction continue a été introduite dans la littérature classique [163] au moyen de mêmes artifices que ceux utilisés pour la définition d'une série asymptotique. Pour introduire cette notion rigoureusement, nous définissons une application f de l'ensemble $\mathcal{C}$ des couples des suites (en général complexes) dans l'ensemble des suites des fractions rationnelles (*). Les éléments de l'ensemble $f(\mathcal{C})$ seront appelés fractions continues et seront notés au moyen des éléments de $\mathcal{C}$; c'est à cette notation qu'historiquement on a réservé le nom de fraction continue.

Soient x et y deux réels de $\mathbb{R}^*$, alors la fraction $\frac{x}{y}$ est définie et peut être notée indifféremment de la façon suivante :

$$\frac{x}{y} = \frac{1}{\frac{y}{x}} = \frac{1}{\frac{1}{\frac{x}{y}}} = \cdots$$

Etant donné qu'à la fraction étagée on donne le sens de la fraction $\frac{x}{y}$, nous n'excluerons plus le cas de $x=0$. Plus généralement, on a :

$$i=1,\ldots,n : x_i \in \mathbb{R}, \; y_i \in \mathbb{R}^* \qquad \frac{x_1 x_2 \cdots x_n}{y_1 y_2 \cdots y_n} = \frac{x_1}{\frac{y_1}{\frac{x_2}{\frac{y_2}{\ddots \frac{x_n}{y_n}}}}} .$$

Une fraction étagée existe si tous ses dénominateurs y_i sont différents de zéro, les x_i pouvant être par contre nuls.

(*) Cf. paragraphe 1.1.4 et éventuellement 5.1 pour la définition d'une fraction rationnelle.

Considérons une application qui, à tout couple de suites de nombres complexes (a,b): $a=\{a_n\}_{n\geq 1}, b=\{b_n\}_{n\geq 1}$, fait correspondre une suite de fonctions rationnelles de variable complexe $\{\varphi_n\}_{n\geq 0}$:

$$n\geq 0: \qquad \varphi_n: \ \varphi_n(z)=\frac{A_{(n)}(z)}{B_{(n)}(z)} \tag{1}$$

définie par les relations de récurrence suivantes :

$$\begin{aligned}
&A_{(0)}(z)=0, \qquad A_{(1)}(z)=1,\\
&B_{(0)}(z)=1, \qquad B_{(1)}(z)=b_1+z,\\
\forall n>0;\ a_n\neq 0: \quad &A_{(n+1)}(z)=(b_{n+1}+z)A_{(n)}(z)-a_n^2A_{(n-1)}(z)\\
&B_{(n+1)}(z)=(b_{n+1}+z)B_{(n)}(z)-a_n^2B_{(n-1)}(z)
\end{aligned} \tag{2}$$

qui, dès qu'un terme, par exemple a_m , est nul, sont remplacées par :

$$\forall n\geq m;\ a_m=0: \quad A_{(n)}=A_{(m)}, \quad B_{(n)}=B_{(m)}.$$

On peut vérifier que les fonctions φ_n sont définies par :

$$\varphi_0(z)=0, \quad \forall n>0: \quad \varphi_n(z)=\cfrac{1}{b_1+z-\cfrac{a_1^2}{b_2+z-\cfrac{a_2^2}{b_3+z-\cdots-\cfrac{a_{n-1}^2}{b_n+z}}}}. \tag{3}$$

Par conséquent, il est naturel de remplacer la notation (3) de la suite $\{\varphi_n\}_{n\geq 0}$ par une notation globale où on prolonge indéfiniment la fraction étagée :

$$\cfrac{1}{b_1 + z - \cfrac{a_1^2}{b_2 + z - \cfrac{a_2^2}{b_3 + z - \ddots}}} \qquad , \qquad (4)$$

notation à laquelle on donne le sens (3) (ou (1)).
La suite $\{\varphi_n\}$ notée de cette façon porte traditionnellement le nom de fraction continue, mais toute confusion sera levée si on se réfère à la :

Définition 1

Soit donné un couple de suites de nombres complexes (a, b) . On appelle fraction continue J la suite des fractions rationnelles $\{\varphi_n\}_{n \geq 0}$ définie par les relations (2).

Pour simplifier la notation (4) on écrit :

$$\frac{1}{b_1 + z -} \; \frac{a_1^2}{b_2 + z -} \; \frac{a_2^2}{b_3 + z -} \cdots \qquad \text{ou} \qquad \frac{1 \mid}{\mid b_1 + z} - \frac{a_1^2 \mid}{\mid b_2 + z} - \cdots$$

Si un des termes a_n est nul et s'il faut le spécifier, on dira que la fraction continue est finie (par exemple toute fraction φ_n), pour la distinguer des fractions continues (4) qui peuvent être infinies. Une suite $\{\varphi_n\}$ dont tous les termes à partir d'un certain indice sont identiques est donc une fraction continue finie.

L'indice n dans $A_{(n)}$ ou $B_{(n)}$ ne correspond pas nécessairement au degré du polynôme ; par exemple, on a : $A_{(0)}/B_{(0)} = 0$, $A_{(1)}/B_{(1)} = 1/(b_1 + z)$ etc.

Définition 2

On dit que la fraction J est réelle si les suites a et b sont réelles. La fraction rationnelle $\varphi_n = A_{(n)}/B_{(n)}$ est appelée n-ième approximant (ou : convergent) de la fraction continue. Les polynômes $A_{(n)}$ et $B_{(n)}$ sont respectivement numérateur et dénominateur du n-ième approximant de la fraction J (par abus de langage on les appelle aussi : numérateurs et dénominateurs de la fraction J).

Le problème de la convergence d'une fraction continue est par définition celui de la convergence de la suite des fonctions $\{\varphi_n\}$. Nous allons généraliser la notion de convergence de cette dernière suite. Notons par D_n le domaine (*) d'analyticité de la fonction φ_n. Tous les domaines D_n sont définis par le couple des suites (a,b) et par conséquent leur intersection $D_N = \bigcap_{n\in\mathbb{N}} D_n$ également. A priori on ne peut rien dire sur l'ensemble D_N. On peut imaginer que les pôles des fonctions φ_n s'accumulent sur des courbes fermées délimitant des domaines distincts (ils s'accumulent par exemple sur l'axe des réels), ou pire encore - sur tout le plan complexe.

Supposons qu'il existe une partie infinie P de $\mathbb{N}$ telle que l'ensemble $D_P = \bigcap_{n\in P\subset\mathbb{N}} D_n$ contient un domaine D $(D \subset D_P \subset D_N)$. On distingue deux cas :

$\mathbb{N}\setminus P$ est un ensemble fini (par exemple $P = \mathbb{N}$),

$\mathbb{N}\setminus P$ est un ensemble quelconque (par exemple $\mathbb{N}\setminus P$ est un ensemble infini).

Définition 3

On dit que la fraction J converge vers la fonction φ s'il existe une partie infinie P de $\mathbb{N}$ telle que l'ensemble $\mathbb{N}\setminus P$ soit fini et la suite $\{\varphi_n\}_{n\in P}$ converge vers la fonction φ analytique dans un domaine D.

On dit que la fraction J c-converge s'il existe une partie infinie P de $\mathbb{N}$ telle que la suite $\{\varphi_n\}_{n\in P}$ converge dans un domaine D.

Dans les deux cas, la limite φ est appelée limite de la fraction continue, ce qui autorise la notation :

$$\varphi : \varphi(z) = \frac{1}{b_1 + z -}\ \frac{a_1^2}{b_2 + z -}\ \frac{a_2^2}{b_3 + z -} \cdots \qquad \forall z \in D.$$

(*) Un domaine est un ouvert connexe. La fermeture d'un domaine borné est compacte ; par abus de langage on l'appelle "compact".

Il est évident que toute fraction continue finie converge. Quel que soit le type de la convergence, il peut y avoir plusieurs domaines de convergence $\mathbb{D}$. Le premier type de la convergence est classique : c'est la convergence de la suite des fonctions $\{\varphi_n\}_{n\in\mathbb{N}}$ où certaines d'entre elles, mais en nombre fini, peuvent ne pas être analytiques dans $\mathbb{D}$. La notion de c-convergence est plus générale. Il peut y avoir deux parties P' et P'' de $\mathbb{N}$ définissant deux domaines non-disjoints $\mathbb{D}'$ et $\mathbb{D}''$ de la c-convergence où les fonctions limites φ' et φ'' sont différentes.

Ces notions de convergence vont déboucher (cf. chapitre 6) sur les notions de convergence en mesure et en capacité de la suite $\{\varphi_n\}$.

En parlant du développement d'une fonction en fraction continue on sous-entend que cette dernière converge vers la fonction développée dans un domaine inclus dans le domaine d'analyticité de la fonction. Ce domaine de convergence est en général plus grand que le disque de convergence de la série de Taylor, d'ou l'intérêt qu'on porte aux fractions continues.

Par exemple pour développer la fonction $z \mapsto \sqrt{1+z}$ en fraction continue, on se sert de l'identité $(\sqrt{1+z}+1)(\sqrt{1+z}-1) = z$ qui conduit à la relation : $\sqrt{1+z} = 1 + \frac{z}{1+\sqrt{1+z}}$ qui, à son tour, par récurrence, donne le développement suivant :

$$\sqrt{1+z} = 1 + \frac{z}{2+}\,\frac{z}{2+}\,\frac{z}{2+}\,\cdots$$

le développement qui converge dans $\mathbb{C}\setminus\,]-\infty,-1]$.

Théorème 1 [163, p. 65]

Les dénominateurs d'une fraction continue J sont donnés par :

$$B_{(n)}(z)=\begin{vmatrix} b_1+z, & -a_1, & 0, & 0, & 0, & \cdots & 0 \\ -a_1, & b_2+z, & -a_2, & 0, & 0, & \cdots & 0 \\ 0, & -a_2, & b_3+z, & -a_3, & 0, & \cdots & 0 \\ \vdots & & \ddots & \ddots & \ddots & & 0 \\ \vdots & & & \ddots & \ddots & \ddots & \\ & 0 & & & \ddots & \ddots & \ddots \\ & & \cdots & 0, & -a_{n-2}, & b_{n-1}+z, & -a_{n-1} \\ & & \cdots & 0, & 0, & -a_{n-1}, & b_n+z \end{vmatrix} . \qquad (5)$$

On peut les calculer par récurrence selon (2). Notons que ces relations de récurrence ont été utilisées par Gordon [111] dans l'algorithme PD ("product-difference algorithm").

Définition 4

On dit qu'une fraction continue J est définie positive si quel que soit N naturel et x dans $\mathbb{R}^N$ la forme quadratique suivante est positive :

$$\sum_{n=1}^{N} \mathrm{Im}\, b_n\, x_n^2 - 2\sum_{n=1}^{N-1} \mathrm{Im}\, a_n x_n x_{n+1} \geqslant 0. \qquad (6)$$

Théorème 2 [163 , p. 67]

Si une fraction continue J est définie positive, alors :

$$\forall z : \mathrm{Im}\, z > 0 : \qquad B_{(n)}(z) \neq 0. \qquad (7)$$

Considérons les polynômes X_i et Y_i définis par :

$$\forall z \in \mathbb{C} : \quad X_1(z) = 0, \qquad Y_1(z) = 1$$

$$X_{n+1}(z) = \frac{A_{(n)}(z)}{a_1 a_2 \ldots a_n}, \qquad Y_{n+1}(z) = \frac{B_{(n)}(z)}{a_1 a_2 \ldots a_n}. \tag{8}$$

On a :

$$X_{n+1}(z) Y_n(z) - X_n(z) Y_{n+1}(z) = \frac{1}{a_n}. \tag{9}$$

Définition 5

(i) On dit qu'une fraction continue J est déterminée si au moins une des deux séries suivantes engendrées par cette fraction diverge :

$$\sum_{n=1}^{\infty} |X_n(0)|^2 \quad \text{ou} \quad \sum_{n=1}^{\infty} |Y_n(0)|^2 \tag{10}$$

(ii) On dit qu'une fraction continue J est indéterminée si ces deux séries convergent.

Le cas déterminé conduire plus loin à l'unicité et le cas indéterminé à la non-unicité de solution du problème des moments. Une fraction indéterminée peut converger, tendre vers l'infini ou diverger en oscillant, toutefois dans ce dernier cas la fraction J peut être c-convergente. Si une fraction J indéterminée est définie positive et si elle converge, alors elle converge vers une fonction analytique dans $\operatorname{Im} z > 0$. Il n'est pas exclus qu'une fraction J (convergente ou non) converge en certains points de l'axe réel, par exemple en $z = 0$.

Théorème 3 [163 , p. 67]

Une fraction continue J est définie positive si et seulement si les deux conditions suivantes sont satisfaites :

(i) $\forall n : \qquad \operatorname{Im} b_n \geq 0,$ (11)

(ii) $\exists \{g_n\}_{n\geq 0} \ (0 \leq g_n \leq 1)$ tel que :

$$\forall n > 0 : \quad (\operatorname{Im} a_n)^2 = \operatorname{Im} b_n \cdot \operatorname{Im} b_{n+1} (1 - g_{n-1}) g_n . \tag{12}$$

Théorème 4 [163 , p. 110]

Une fraction continue J déterminée et définie positive converge uniformément dans tout compact contenu dans le domaine $\mathrm{Im}\, z > 0$ vers une fonction analytique dans ce domaine.

Définition 6

Soit :

$$M = 3 \sup_n (|a_n|, |b_n|). \tag{13}$$

Si M est fini, on dit que la fraction continue J est bornée et que sa borne est M .

La fonction définie par une fraction J bornée n'est évidemment pas bornée dans tout le plan complexe, mais :

Théorème 5 [163 , p. 112]

Une fraction continue J bornée par M est uniformément convergente en dehors du disque ouvert $|z| < M$.

Théorème 6 [163 , p. 114]

(i) Une fraction J réelle est définie positive.

(ii) Les zéros des dénominateurs d'une fraction J réelle sont réels.

(i) découle de (6). (ii) découle de (i), du théorème 2 et du même théorème appliqué à (4) après le changement de variable $z \to -z$.

4.2 FRACTIONS CONTINUES DE STIELTJES (FRACTIONS S).

Une fraction continue de Stieltjes, ou brièvement fraction S est une suite de fonctions rationnelles $\{\varphi_n\}_{n\geq 0}$ $(\varphi_0(z)=0,\ \varphi_1(z)=1/k_1 z, \ldots)$ définie par une suite de nombres complexes $\{k_n\}_{n\geq 1}$ de la façon suivante :

$$\{\varphi_n\}_{n\geq 0} : \qquad \frac{1}{k_1 z+}\ \frac{1}{k_2+}\ \frac{1}{k_3 z+}\ \frac{1}{k_4+}\ \cdots \tag{14}$$

où la notation et la définition de la convergence sont analogues à celles introduites pour les fractions J.

Théorème 7 [163 , p. 120]

Si les termes de la suite $\{k_n\}$ appartiennent à $\mathbb{R}^{*+}$ et si la série $\sum_{n=0}^{\infty} k_n$ diverge, alors la fraction continue S converge uniformément sur tout compact contenu dans le domaine $\mathbb{C}\setminus\mathbb{R}^-$ vers une fonction analytique dans ce domaine.

$\mathbb{C}\setminus\mathbb{R}^-$ désigne le plan complexe démuni de l'axe des réels négatifs.

Condition H [163 , p. 122]

On dit qu'une suite complexe $\{b_n\}_{n\geq 1}$ satisfait à la condition H si au moins une des conditions suivantes est satisfaite :

(i) $$\sum_{n=0}^{\infty} |b_{2n+1}| = \infty ,$$

(ii) $$\sum_{n=1}^{\infty} \left| b_{2n+1} \left(\sum_{j=1}^{n} b_{2j}\right)^2 \right| = \infty ,$$

(iii) $$\lim_{n\to\infty} \left| \sum_{j=1}^{n} b_{2j} \right| = \infty .$$

Théorème 8 [163 , p. 123]

Si la suite $\{k_n\}_{n\geq 1}$ satisfait à la condition H et si :

$$k_1>0, \quad \forall n>0: \quad k_{2n+1}\geq 0, \quad \mathrm{Re}\, k_{2n}\geq 0, \tag{15}$$

alors la fraction continue S converge uniformément sur tout compact contenu dans le domaine $\mathrm{Re}\, z > 0$ vers une fonction analytique dans ce domaine. Si la condition H n'est pas satisfaite, la fraction continue S diverge quel que soit z .

La condition H est nécessaire pour la convergence d'une fraction S. Toutefois il existe d'autres conditions analogues à (15) qui conduisent à d'autres théorèmes de convergence. Par exemple, si la suite $\{k_n\}$ est réelle, la condition (15) se réduit à [163 , p. 133] :

$$k_1 > 0, \qquad \forall n > 0 : \quad k_{2n+1} \geq 0 \tag{16}$$

et on obtient la convergence en dehors de z réels.
Ceci est particulièrement intéressant car il s'agit là des deux domaines disjoints de convergence (cf. théorème 3.1).

4.3 FRACTIONS J ET S , FONCTIONS RATIONNELLES ET SERIES FORMELLES.

Nous avons donné aux fractions J et S des formes particulières (3) et (14). A partir de celles-ci, on peut obtenir des formes dites équivalentes en multipliant les numérateurs et les dénominateurs des "étages" d'une fraction continue par des constantes et en procédant à certains changements de variable. Ainsi une fraction continue J (4) (sous-entendu : infinie, c'est-à-dire $a_n \neq 0$ quel que soit n) peut s'écrire sous une forme équivalente suivante :

$$\frac{1}{r_1 z + s_1 +} \quad \frac{1}{r_2 z + s_2 +} \quad \cdots \tag{17}$$

Son n-ième approximant est :

$$n>0: \quad \frac{A_{(n)}}{B_{(n)}} = \frac{P_{n-1}}{Q_n} \qquad \deg P_{n-1} = n-1, \ \deg Q_n = n. \tag{18}$$

Pour calculer explicitement les polynômes P_{n-1} et Q_n (notés respectivement f_1 et f_0) à partir des nombres r_j et s_j , on utilise les relations de récurrence suivantes :

$$\frac{P_{n-1}(z)}{Q_n(z)} = \frac{f_1(z)}{f_0(z)} = \frac{1}{r_1 z + s_1 +} \cdots \frac{1}{r_n z + s_n}, \tag{19}$$

$$\frac{f_j(z)}{f_{j-1}(z)} = \frac{1}{r_j z + s_j + \frac{f_{j+1}(z)}{f_j(z)}} \qquad j = n, \ldots, 1 \tag{20}$$

en commençant avec $f_{n+1}(z)=0$ et $f_n(z) = c \neq 0$, ce qui revient à remonter la relation suivante :

$$f_{j-1}(z) = (r_j z + s_j) f_j(z) + f_{j+1}(z) \qquad j = n, \ldots, 1. \tag{21}$$

Inversement, connaissant une fonction rationnelle P_{n-1}/Q_n

on peut lui associer une fraction continue (19) (c'est-à-dire déterminer les nombres r_j et s_j) en procédant de la façon suivante :

$$\frac{Q_n(z)}{P_{n-1}(z)} = \frac{f_0(z)}{f_1(z)} = r_1 z + s_1 + \frac{f_2(z)}{f_1(z)} \quad . \tag{22}$$

Le reste de cette division : f_2/f_1 est une fraction rationnelle. On continue ce processus en divisant f_1 par f_2 et en général f_{j-1} par f_j (cf. (21) avec $j=1,2,\dots,n$), ce qui donne les formules de récurrence pour r_j et s_j [163 , p. 163].

La fraction continue (17) peut être écrite sous une autre forme équivalente ; considérons son n-ième approximant :

$$\frac{P_{n-1}(z)}{Q_n(z)} = \frac{a_0}{b_1+z-} \cdots \frac{a_{n-1}}{b_n+z} \tag{23}$$

où :

$$a_0 = \frac{1}{r_1} , \qquad a_j = -\frac{1}{r_j r_{j+1}} \qquad j=1,2,\dots,n-1$$

$$b_j = \frac{s_j}{r_j} \qquad j=1,2,\dots,n. \tag{24}$$

Remarquons que la fraction rationnelle P_{n-1}/Q_n est toujours développable en série de $\frac{1}{z}$:

$$\frac{P_{n-1}(z)}{Q_n(z)} = \frac{c_0}{z} + \frac{c_1}{z^2} + \cdots = \sum_{k=0}^{\infty} \frac{c_k}{z^{k+1}} \tag{25}$$

(elle n'est pas toujours développable en série $\sum c_k z^k$, car le polynôme Q_n n'est pas toujours inversible). En développant le m-ième $(m \leq n)$ approximant de la fraction (23) en série de $\frac{1}{z}$ on peut vérifier que :

$$\frac{A_{(m)}(z)}{B_{(m)}(z)} - \frac{P_{n-1}(z)}{Q_n(z)} = O\left[\left(\frac{1}{z}\right)^{2m+1}\right] \quad . \tag{26}$$

(pour le symbole O cf. (1.24)). Cette relation reste vraie quand n tend vers l'infini, car la convergence de la fraction J n'y intervient pas (cf. plus loin (35)). (26) signifie qu'au moins $2m$ premiers termes des développements en série de $\frac{1}{z}$ du m-ième et du n-ième approximants de la fraction J (23) coïncident. Cette relation conduira à l'identification des approximants des fractions continues aux approximants de Padé.

Théorème 9 [163 , p. 168]

Une condition nécessaire et suffisante de l'existence de la décomposition :

$$\frac{P_{n-1}(z)}{Q_n(z)} = \sum_{j=1}^{n} \frac{\alpha_j}{z-\beta_j} \qquad \alpha_j \in \mathbb{R}^{*+}, \beta_j \in \mathbb{R}, \ j=1,\dots,n \tag{27}$$

où β_j sont tous distincts, est que la fraction rationnelle P_{n-1}/Q_n possède le développement en fraction J (23) avec b_j réels et $a_j > 0$.

L'orthogonalité des dénominateurs de fractions continues J a été déjà étudiée par Tchebycheff. Considérons l'espace vectoriel $\mathcal{P}$ des polynômes à une indéterminée. On note

$$X^n : x \longmapsto x^n \qquad\qquad X^n \in \mathcal{P}$$

$$P_n(X) = p_0^{(n)} + p_1^{(n)} X + \dots + p_n^{(n)} X^n \qquad\qquad P_n \in \mathcal{P} .$$

Etant donnée une suite réelle c , on définit une application linéaire M_c de $\mathcal{P}$ dans $\mathbb{R}$ par (*) :

$$\forall P_n \in \mathcal{P} \longmapsto M_c(P_n) = \sum_{j=0}^{n} c_j \, p_j^{(n)} \in \mathbb{R}. \tag{28}$$

Notons que $M_c(P_n)$ n'est pas nécessairement réel, c'est-à-dire ce n'est pas nécessairement un produit scalaire, ce qui conduit à une certaine généralisation de la notion de polynômes orthogonaux :

(*) Wall [163] l'appelle "intégration formelle d'un polynôme par rapport à une suite", Widder [168] appelle $M_c(P_n)$ "moment du polynôme P_n par rapport à la suite c ", Dieudonné introduit [81, t. II, p. 198] cette application sans lui donner de nom.

Définition 7

On dit qu'une suite de polynômes $\{Q_n\}$ est orthogonale par rapport à la suite c si :

$$\forall i,j\ (i \neq j): \qquad M_c(Q_i Q_j) = 0$$
$$\forall j: \qquad M_c(Q_j Q_j) \neq 0 \,. \tag{29}$$

Théorème 10 [163, p. 195]

Soit donnée une suite c, alors une condition nécessaire et suffisante d'existence des polynômes uniques $Q_n\ (n=0,1,\dots,m)$ tels que :

$$M_c(Q_i Q_j) \begin{cases} = 0 & i \neq j \quad i,j \leqslant m \\ \neq 0 & i = j \quad i < m \end{cases} \tag{30}$$

est que la suite c satisfasse aux conditions suivantes :

$$H_n^0 \neq 0 \qquad n = 0,1,\dots,m-1 \,. \tag{31}$$

Les polynômes Q_n peuvent être obtenus par récurrence :

$$\forall x \in \mathbb{C}: \qquad Q_0(x) = 1$$
$$Q_1(x) = b_1 + x$$
$$n = 2,\dots,m: \qquad Q_n(x) = (b_n + x)Q_{n-1}(x) - a_{n-1}Q_{n-2}(x) \tag{32}$$

où les coefficients a_j et b_j sont déterminés au fur et à mesure par les termes de la suite donnée c :

$$n = 0,1,\dots,m-1: \quad M_c(X^n Q_n) = a_0 a_1 \dots a_n$$
$$M_c(X^{n+1} Q_n) = -a_0 a_1 \dots a_n (b_1 + b_2 + \dots + b_{n+1}) \,. \tag{33}$$

Les relations (33) sont obtenues à partir des relations (30) et (32).
Le calcul des nombres a_j et b_j (donc par (32), des polynômes Q_j) en fonction des termes de la suite c se poursuit dans l'ordre suivant :

$$M_c(Q_0) = c_0 = a_0 \qquad\Longrightarrow\qquad a_0$$

$$M_c(XQ_0) = c_1 = -a_0 b_1 \qquad\Longrightarrow\qquad b_1 \; ; \; Q_1$$

$$M_c(XQ_1) = b_1 c_1 + c_2 = a_0 a_1 \qquad\Longrightarrow\qquad a_1$$

$$M_c(X^2 Q_1) = b_1 c_2 + c_3 = -a_0 a_1 (b_1 + b_2) \qquad\Longrightarrow\qquad b_2 \; ; \; Q_2$$

etc...

Inversement, si on connaît les suites $\{a_n\}$ et $\{b_n\}$, on peut déterminer la suite $\{c_n\}$ d'après (32) et (33).

En comparant (32) à (2), on constate que les polynômes Q_n sont les dénominateurs de la fraction continue J finie (23). Cependant, comme on l'a fait dans la formule (26), on peut faire tendre m vers l'infini dans les formules (30) et (31) et dans ce cas, les polynômes Q_n seront les dénominateurs de la fraction J infinie [163, p. 196]. Considérons donc le schéma suivant :

$$\frac{a_0}{b_1+z-}\cdots\frac{a_{m-1}}{b_m+z}\left(\text{fraction J finie}\right) \xrightarrow[m\to\infty]{} \frac{a_0}{b_1+z-}\,\frac{a_1}{b_2+z-}\cdots\left(\begin{array}{l}\text{fraction J infinie}\\ \forall j:\ a_j\neq 0\end{array}\right)$$

$$\| $$

$$\frac{A_{(m)}(z)}{B_{(m)}(z)}$$

$$\| $$

$$P^{(m)}: P^{(m)}\left(\frac{1}{z}\right)=\sum_{n=0}^{\infty}\frac{c_n^{(m)}}{z^{n+1}} \xrightarrow[m\to\infty]{} P: P\left(\frac{1}{z}\right)=\sum_{n=0}^{\infty}\frac{c_n}{z^{n+1}}$$

Notons que dans ce schéma, on n'aborde pas le problème de la convergence de la fraction J. Ce schéma reste inchangé même si on enlève la condition

$a_j \neq 0$ pour tout j . Par conséquent, il est naturel de dire que la fraction J :

$$\frac{a_0}{b_1+z-}\;\frac{a_1}{b_2+z-}\;\cdots \tag{34}$$

est développable en série formelle P :

$$P:\ P\left(\frac{1}{z}\right)=\sum_{n=0}^{\infty}\frac{c_n}{z^{n+1}} \tag{35}$$

et inversement, que la série P est développable en fraction J.
Soit donnée une série formelle P^* . Si P^* s'identifie à P , alors P^* est le développement en série de la fraction J . La relation $P^* \equiv P$ est une relation d'équivalence, mais pour simplifier la nomenclature (et par abus de langage), nous dirons dans ce cas qu'il existe une équivalence entre la série P^* et la fraction J , ce qui, compte tenu de (26) donne lieu à la :

Définition 8

On dit qu'il existe une équivalence entre une fraction J (34) et une série formelle P (35) (ou que l'une est le développement de l'autre et vice-versa) si :

$$\forall n>0:\quad \frac{A_{(n)}(z)}{B_{(n)}(z)}-P\left(\frac{1}{z}\right)=O\left[\left(\frac{1}{z}\right)^{2n+1}\right]. \tag{36}$$

Les coefficients c_j sont appelés "moments $\frac{1}{z}$ " de la fraction continue J.
Pour désigner cette équivalence, nous utiliserons le signe $\simeq$ entre la série et la fraction continue.

Théorème 11 [163 , p. 197]

Soit donnée une série formelle P :

$$P:\ P\left(\frac{1}{z}\right)=\sum_{n=0}^{\infty}\frac{c_n}{z^{n+1}}\ .$$

Pour qu'il existe une fraction J infinie :

$$\frac{a_0}{b_1+z-}\ \frac{a_1}{b_2+z-}\ \cdots \qquad (\forall n:\ a_n \neq 0)$$

équivalente à la série P, il faut et il suffit que la suite c satisfasse aux conditions suivantes :

$$\forall n: \quad H_n^0 \neq 0 . \tag{37}$$

Les déterminants H_n^0 satisfont dans ce cas aux relations de récurrence :

$$H_n^0 = a_0 a_1 \ldots a_n H_{n-1}^0 \quad \text{avec} \quad H_{-1}^0 = 1 . \tag{38}$$

Etant donné que l'équivalence signifie que quel que soit n , les 2n premiers termes de la série P sont identiques aux 2n premiers termes du développement en série de $\frac{1}{z}$ du n-ième approximant de la fraction J , il est évident qu'une série équivalente à une fraction J infinie ne peut pas représenter de fonction rationnelle.

La fraction J (34) où tous les b_n sont nuls devient une fraction S :

$$\frac{a_0}{z-}\ \frac{a_1}{z-}\ \cdots \tag{39}$$

En la multipliant par z/z on obtient une forme équivalente :

$$\frac{a_0 z}{z^2-}\ \frac{a_1}{1-}\ \frac{a_2}{z^2-}\ \frac{a_3}{1-}\ \cdots$$

et en divisant par z on obtient :

$$\frac{a_0}{z^2-}\ \frac{a_1}{1-}\ \frac{a_2}{z^2-}\ \cdots \tag{40}$$

En regardant cette forme, il est facile de voir que son développement en série ne contient que des puissances paires de $\frac{1}{z}$. On aurait pu le constater directement en développant la fraction J (34) en série P, et puis, en posant $b_n = 0$ ce qui entraîne $c_{2n+1} = 0$ dans la série (35). Par conséquent, la fraction (40) a pour développement la série suivante :

$$\frac{1}{z} P\left(\frac{1}{z}\right) = \frac{c_0}{z^2} + \frac{c_2}{z^4} + \frac{c_4}{z^6} + \cdots \tag{41}$$

En remplaçant z^2 par z dans (40) , on obtient la fraction S suivante :

$$\frac{a_0}{z-} \; \frac{a_1}{1-} \; \frac{a_2}{z-} \; \frac{a_3}{1-} \; \cdots \tag{42}$$

dont le développement en série (en posant $s_n = c_{2n}$ dans (41)) est :

$$C : C\left(\frac{1}{z}\right) = \frac{s_0}{z} + \frac{s_1}{z^2} + \cdots \tag{43}$$

En considérant la fraction (39) en tant que fraction J , on constate que ses moments sont $s_0, 0, s_1, 0, s_2, 0, \ldots$. Ainsi, compte tenu du théorème 11, il existe une correspondance biunivoque entre la fraction S (42) et la série (43) à condition que :

$$s_0 \neq 0, \quad \begin{vmatrix} s_0 & 0 \\ 0 & s_1 \end{vmatrix} \neq 0, \quad \begin{vmatrix} s_0 & 0 & s_1 \\ 0 & s_1 & 0 \\ s_1 & 0 & s_2 \end{vmatrix} \neq 0, \ \ldots$$

ce qui est équivalent, pour la suite s , à :

$$H_0^0, \quad H_0^0 H_0^1, \quad H_1^0 H_0^1, \ldots, H_m^0 H_n^1, \ldots \neq 0 .$$

Par conséquent, on a :

Théorème 12 [163, p. 202]

Soit donnée une série formelle C :

$$C : C\left(\frac{1}{z}\right) = \sum_{n=0}^{\infty} \frac{s_n}{z^{n+1}}$$

Pour qu'il existe une fraction S infinie :

$$\frac{a_0}{z-}\ \frac{a_1}{1-}\ \frac{a_2}{z-}\ \frac{a_3}{1-} \cdots \quad \left(\forall n : a_n \neq 0\right)$$

équivalente à la série C , il faut et il suffit que la suite s satisfasse aux conditions suivantes :

$$\forall n : \quad H_n^0 \neq 0, \quad H_n^1 \neq 0 . \tag{44}$$

En particulier, d'après (38), on a : $a_n > 0$ quel que soit n si et seulement si :

$$\forall n : \quad H_n^0(s) > 0, \quad H_n^1(s) > 0 . \tag{45}$$

La série (35) (et de façon analogue (43)) après le remplacement de $\frac{1}{z}$ par z et la division par z devient :

$$C : C(z) = \sum_{n=0}^{\infty} c_n z^n . \tag{46}$$

Par analogie à la définition 8 , les coefficients c_n sont appelés "moments z " de la fraction continue.

Après les mêmes transformations, la fraction J (34) devient :

$$\frac{a_0}{b_1 z + 1 -}\ \frac{a_1 z^2}{b_2 z + 1 -}\ \frac{a_2 z^2}{b_3 z + 1 -} \cdots \tag{47}$$

dont les approximants satisfont, d'après (36) et les changements de variable qui sont intervenus, à :

$$\frac{A_{(n)}(z)}{B_{(n)}(z)} - C(z) = O(z^{2n}) . \tag{48}$$

Après les mêmes transformations, puis le remplacement de z^2 par z, la fraction S (39) devient :

$$\frac{a_0}{1-}\ \frac{a_1 z}{1-}\ \frac{a_2 z}{1-}\ \cdots \tag{49}$$

dont les approximants satisfont à :

$$\frac{A_{(n)}(z)}{B_{(n)}(z)} - C(z) = O(z^n)\ . \tag{50}$$

Attention : si on identifie les coefficients c_n des séries C figurant dans (48) et (50), alors il ne faut pas confondre les coefficients a_n de (47) à ceux de (49). Si par contre on confond ces derniers coefficients, il faut distinguer les coefficients c_n de (48) des coefficients c_n figurant dans (50) (cf. (43)).

Récapitulation (théorèmes 11 et 12)

Toutes les fractions sont infinies $(\forall n :\ a_n \neq 0)$:

$$P\left(\frac{1}{z}\right) = \sum_{n=0}^{\infty} \frac{c_n}{z^{n+1}} \simeq \begin{cases} \dfrac{a_0}{b_1+z-}\ \dfrac{a_1}{b_2+z-}\ \cdots & \text{fraction J ssi } \forall n:\ H_n^0 \neq 0 \quad (51) \\[2ex] \dfrac{a_0}{z-}\ \dfrac{a_1}{1-}\ \dfrac{a_2}{z-}\ \dfrac{a_3}{1-}\ \cdots & \text{fraction S ssi } \forall n:\ H_n^0 H_n^1 \neq 0 \quad (52) \end{cases}$$

$$C(z) = \sum_{n=0}^{\infty} c_n z^n \simeq \begin{cases} \dfrac{a_0}{b_1 z+1-}\ \dfrac{a_1 z^2}{b_2 z+1-}\ \dfrac{a_2 z^2}{b_3 z+1-}\ \cdots & \text{fraction J ssi } \forall n:\ H_n^0 \neq 0 \quad (53) \\[2ex] \dfrac{a_0}{1-}\ \dfrac{a_1 z}{1-}\ \dfrac{a_2 z}{1-}\ \cdots & \text{fraction S ssi } \forall n:\ H_n^0 H_n^1 \neq 0 \quad (54) \end{cases}$$

Le signe $\simeq$ désigne l'équivalence au sens de la définition 8.
Les c_n sont les moments $\frac{1}{z}$ des fractions continues (51) et (52),

ainsi que les moments z des fractions (53) et (54). En particulier, on a : $a_j > 0 \quad (j=0,1,\ldots)$ si :

$$\forall n: \quad H_n^0 > 0 \qquad \text{dans (51) et (53),} \qquad (55)$$

$$\text{ou: } \forall n: \quad H_n^0 > 0,\ H_n^1 > 0 \qquad \text{dans (52) et (54)} \qquad (56)$$

Attention : ici les coefficients a_j des fractions J sont distincts des coefficients des fractions S notés également a_j .

En définissant les séries C_m selon :

$$C: \; C(z) \equiv C_0(z) = \sum_{n=0}^{\infty} c_n z^n = c_0 + c_1 z + \ldots + c_{m-1} z^{m-1} + z^m C_m(z) \qquad (57)$$

il faut prendre, pour assurer les développements des séries C_m en fractions continues (53) et (54), les conditions décalées sur les déterminants de Hankel :

$$C(z) \simeq \begin{cases} c_0 + c_1 z + \ldots + c_{m-1} z^{m-1} + \dfrac{a_0 z^m}{b_1 z + 1 -} \; \dfrac{a_1 z^2}{b_2 z + 1 -} \cdots (a_n \neq 0) & \forall n: H_n^m \neq 0 \quad (58) \\[2ex] c_0 + c_1 z + \ldots + c_{m-1} z^{m-1} + \dfrac{a_0 z^m}{1 -} \; \dfrac{a_1 z}{1 -} \; \dfrac{a_2 z}{1 -} \cdots (a_n \neq 0) & \forall n: H_n^m H_n^{m+1} \neq 0 \quad (59) \end{cases}$$

Les conditions (55) et (56) sont décalées également.

Certains auteurs [5] travaillent sur les développements de la série C_1 en fractions continues, ce qui conduit au décalage des conditions nécessaires et suffisantes, ou ce qui revient au même, formellement aux mêmes conditions, mais portant sur la suite $\{c_n\}_{n \geq 1}$. Ces conditions, compte tenu de (1.33), peuvent être exprimées en termes de déterminants C_n^m.

Théorème 13 [163 , p. 208]

Si la fraction J : $\dfrac{a_0}{b_1 z + 1 -} \; \dfrac{a_1 z^2}{b_2 z + 1 -} \; \dfrac{a_2 z^2}{b_3 z + 1 -} \cdots$ (resp. fraction S : $\dfrac{a_0}{1 -} \; \dfrac{a_1 z}{1 -} \; \dfrac{a_2 z}{1 -} \cdots$) converge uniformément pour $|z| \leq M$,

alors le rayon de convergence de son développement en série C :
$C: C(z)=\sum_{n=0}^{\infty} c_n z^n$ satisfait à :

$$\rho \geqslant M$$

et la fonction engendrée par la série C est la limite de la fraction J (resp. S).

Théorème 14 [163 , p. 209]

(i) Soit $\{a_n\}$ une suite satisfaisant à :

$$\lim_{n\to\infty} a_n = 0 \quad \text{et} \quad \forall n: \ a_n \neq 0, \tag{60}$$

alors la fraction continue S : $\frac{a_0}{1-} \frac{a_1 z}{1-} \frac{a_2 z}{1-} \cdots$ converge uniformément vers une fonction méromorphe de z sur tout compact ne contenant pas de pôles de cette fonction.

(ii) Soit $\{a_n\}$ une suite satisfaisant à :

$$\lim_{n\to\infty} a_n = a \neq 0, \tag{61}$$

alors la fraction continue S : $\frac{a_0}{1-} \frac{a_1 z}{1-} \frac{a_2 z}{1-} \cdots$ converge uniformément vers une fonction sur tout compact contenu dans le domaine $\mathbb{C}\setminus[\frac{1}{4a},\infty[$ et ne contenant pas de pôles de cette fonction. En dehors de la coupure $[\frac{1}{4a},\infty[$ les singularités de la fonction en question ne peuvent être que des pôles.

4.4 DEVELOPPEMENTS DES FONCTIONS DE STIELTJES ET DES FONCTIONS DE CLASSE $\mathcal{S}$ EN FRACTIONS CONTINUES.

Théorème 15 [163 , p. 254]

Si une fraction continue J définie positive converge vers la fonction f , alors f est donnée par la transformation de Stieltjes :

$$f : f(z) = \int_{-\infty}^{\infty} \frac{d\mu(x)}{z - x} \qquad \begin{cases} \mu \in \uparrow\mathcal{B}]-\infty,\infty[\\ \mu(+\infty)-\mu(-\infty)=1 \end{cases} \tag{62}$$

où si μ est normalisée (avec par exemple $\mu(-\infty)=0$), alors μ est déterminée de façon unique par f .

Ce théorème établit une équivalence entre une fraction continue convergente et une intégrale de Stieltjes. Bien qu'une fraction continue convergente puisse représenter une fonction analytique dans un domaine quelconque, ses approximants ne possèdent que des singularités polaires. Nous verrons plus loin que les pôles et les zéros des approximants peuvent "dessiner" une coupure dans le plan complexe (s'accumuler ou tendre vers la coupure selon le cas).

Considérons la représentaiton intégrale (62) du n-ième approximant d'une fraction continue J :

$$\frac{A_{(n)}(z)}{B_{(n)}(z)} = \int_{-\infty}^{\infty} \frac{d\mu_n(x)}{z - x} \tag{63}$$

où la fonction μ_n satisfait aux conditions figurant dans (62). Dans le cas d'une fraction J réelle (cf. théorème 6) μ_n est une fonction en escalier. On peut donc obtenir facilement une information sur les fonctions μ_n en examinant les approximants d'une fraction continue et par la suite tenter le passage à la limite quand n tend vers l'infini (cf. théorème 2.3 (ii)) pour obtenir la limite f .

Par exemple si les pôles de tous les approximants d'une fraction J réelle se trouvent dans un intervalle de l'axe des réels, alors l'intégration dans (63) et par conséquent dans (62) ne s'étend que sur cet intervalle. Ainsi, une fraction S (14), compte tenu du théorème 7, converge vers une fonction définie par :

$$z \longmapsto \int_{-\infty}^{0} \frac{d\mu(x)}{z-x}$$

et en remplaçant x par $-x$ et $\alpha(x) = -\mu(-x)$ on obtient :

$$\frac{1}{k_1 z+} \frac{1}{k_2+} \frac{1}{k_3 z+} \cdots = \int_0^\infty \frac{d\alpha(x)}{z+x} \qquad k_n \in \mathbb{R}^{*+},\ z \in \mathbb{C}\setminus]-\infty,0] \tag{64}$$

Si on confronte (64), (3.13) et (54), on voit que le changement de variable $z \to -\frac{1}{z}$ conduit à :

$$\sum_{n=0}^{\infty} c_n z^n \simeq \frac{1}{k_1-} \frac{z}{k_2-} \frac{z}{k_3-} \cdots = \int_0^\infty \frac{d\alpha(x)}{1-xz} \qquad z \in \mathbb{C}\setminus [0,\infty[\tag{65}$$

Pour la fraction J bornée suivante (cf. aussi (39)) on a :

$$\sum_{n=0}^{\infty} \frac{c_n}{z^{n+1}} \simeq \frac{1}{z-} \frac{a_1^2}{z-} \frac{a_2^2}{z-} \cdots = \int_{-1}^{+1} \frac{d\mu(x)}{z-x} \tag{66}$$

et la formule équivalente :

$$\sum_{n=0}^{\infty} c_n z^n \simeq \frac{1}{1-} \frac{a_1^2 z^2}{1-} \frac{a_2^2 z^2}{1-} \cdots = \int_{-1}^{+1} \frac{d\mu(x)}{1-xz} . \tag{67}$$

Pour la fraction suivante qui converge dans $\mathbb{C}\setminus [1,\infty[$ et qui joue un rôle important dans le problème des moments (cf. théorème 3.11), on a :

$$\frac{1}{1-} \frac{(1-g_0)g_1 z}{1-} \frac{(1-g_1)g_2 z}{1-} \cdots = \int_0^1 \frac{d\mu(x)}{1-xz} \qquad g_n \in [0,1],\ z \in \mathbb{C}\setminus [1,\infty[\tag{68}$$

Considérons la suite $\left\{\frac{\gamma^n}{n!}\right\}_{n\geq 0}$ $(\gamma > 0)$. Compte tenu de (3.44) et (1.33) la condition $H_n^m H_n^{m+1} \neq 0$ est satisfaite. Arms et Edrei [5] ont montré que cette relation est satisfaite pour toute fonction non-rationnelle de classe $\mathcal{S}$, c'est-à-dire pour les fonctions définies par (3.43) avec ou bien $\gamma \neq 0$, ou bien (et) au moins une des suites $\{\alpha_j\}$ ou $\{\beta_j\}$ ayant un nombre infini de termes non-nuls. Par conséquent, on a :

<u>Théorème 16</u> (Arms et Edrei)

Toute fonction non-rationnelle de classe $\mathcal{S}$ est développable en fraction continue J (58) et en fraction continue S (59).

4.5 SOLUTION DU PROBLEME DES MOMENTS PAR L'INTERMEDIAIRE DES FRACTIONS CONTINUES.

Résoudre le problème des moments, c'est déterminer la fonction μ dans (3.5) - (3.8) à partir d'une suite donnée c. Il faut s'assurer au préalable, en utilisant les critères développés au chapitre 3, que la suite c est bien une suite de moments, ce qui, en d'autres termes, signifie que le problème des moments possède une solution. Ceci justifie notre étude sur les suites totalement monotones (suites de moments de Hausdorff). L'existence d'une solution du problème des moments est régie par les théorèmes 3.6 à 3.10 et ceux qui vont suivre. Il faut avoir aussi une méthode pratique de calcul de la fonction μ. Pour ceci, on construit les approximants de la fraction continue à partir de premiers termes d'une suite de moments. Si ces approximants (on verra plus loin que ce sont les approximants de Padé d'une série de Stieltjes), ont des pôles sur l'axe des réels, disons aux points x_j, alors chaque approximant permet de construire une fonction μ_n :

$$x \longmapsto \mu_n(x) = \sum_{j=1}^{n} \alpha_j \, H(x - x_j) \, ,$$

où H désigne la fonction échelon unité. Les conditions du théorème 2.3 (ii) étant satisfaites, on peut avoir donc :

$$\lim_{n\to\infty} \mu_n = \mu \, .$$

Voici les théorèmes classiques sur l'existence des solutions de divers problèmes des moments en fonction des propriétés des fractions continues.

Théorème 17 (problème de Hamburger) [163 , p. 326]

Soit $\{c_n\}_{n\geq 0}$ $(c_0 = 1)$ une suite H-définie positive. La série formelle

$\sum_{n=0}^{\infty} \frac{c_n}{z^{n+1}}$ possède alors le développement en fraction continue J (cf. (55)) :

$$\frac{a_0}{b_1+z-}\ \frac{a_1}{b_2+z-}\cdots \quad , (\forall n : a_n \neq 0)$$

et le problème de Hamburger possède une solution μ dans $\uparrow V_i$ (cf. théorème 3.7).

(i) Le problème de Hamburger possède une infinité de solutions si la fraction J est indéterminée, ou une seule solution si la fraction J est déterminée.

(ii) (Carleman) Le problème de Hamburger est déterminé si la série suivante diverge (dans $\mathbb{R}$) :

$$\sum_{n=1}^{\infty} \left(\frac{1}{c_{2n}}\right)^{\frac{1}{2n}} \quad . \tag{69}$$

Ce théorème complète les théorèmes 3.6 et 3.7. Rappelons qu'une suite est H-définie positive si, quel que soit n $H_n^0 > 0$ et cette condition assure entre autres que dans la fraction J(4) ou (51), on a : $a_n > 0$.

Théorème 18 (problème de Stieltjes) [163 , p. 329]

Soit $\{c_n\}_{n\geq 0}$ une suite réelle telle que :

$$\forall n : \qquad H_n^0 > 0 , \qquad H_n^1 > 0 . \tag{70}$$

La série formelle $\sum_{n=0}^{\infty} \frac{c_n}{z^{n+1}}$ possède alors le développement en fraction continue S (cf. (56)) :

$$\frac{1}{k_1 z-}\ \frac{1}{k_2-}\ \frac{1}{k_3 z-}\cdots \quad , (\forall n : k_n > 0) \tag{71}$$

et le problème de Stieltjes possède une solution μ dans $\uparrow V_i$ (cf. théorème 3.9).

(i) Le problème de Stieltjes est déterminé si et seulement si la série $\sum k_n$ diverge.

(ii) (Carleman) Le problème de Stieltjes est déterminé si la série suivante diverge :

$$\sum_{n=1}^{\infty} \left(\frac{1}{c_n}\right)^{\frac{1}{2n}} . \tag{72}$$

Ce théorème complète les théorèmes 3.8 et 3.9.

Attention : les conditions de Carleman dans les théorèmes 17 et 18 sont seulement suffisantes !

Nous montrerons maintenant que toute solution du problème de Stieltjes s'exprime à l'aide d'une solution du problème de Hamburger, ce qui fait que le théorème 18 est une conséquence du théorème 17. En effet, si dans la fraction S (52) on remplace z par z^2 et puis si on la multiplie par z , on obtient alors une fraction J réelle :

$$\frac{a_0}{z-} \; \frac{a_1}{z-} \cdots \simeq z P\left(\frac{1}{z^2}\right) \tag{73}$$

dont les moments $\frac{1}{z}$ sont $c_0, 0, c_1, 0, \ldots$

Si la fraction (73) est représentable par :

$$\int_{-\infty}^{\infty} \frac{d\alpha(x)}{z - x} , \tag{74}$$

alors :

$$\forall n : \quad c_n = \int_{-\infty}^{\infty} x^{2n} d\alpha(x) \quad \text{et} \quad \int_{-\infty}^{\infty} x^{2n+1} d\alpha(x) = 0. \tag{75}$$

En écrivant ceci différemment, on a :

$$c_n = \int_0^{\infty} x^{2n} d\left[\alpha(x) - \alpha(-x)\right] = \int_0^{\infty} x^n d\mu(x) \tag{76}$$

où :

$$\mu : \; x \longmapsto \mu(x) = \alpha(\sqrt{x}) - \alpha(-\sqrt{x}) . \tag{77}$$

La fonction μ est la solution du problème de Stieltjes et la fonction α la solution du problème de Hamburger. Si la fraction (73) est déterminée, le problème de Stieltjes est déterminé. Mais inversement, si le problème de Stieltjes est déterminé (c'est-à-dire si la suite $\{c_n\}$ satisfait seulement aux conditions du théorème 18 (i)), le problème de Hamburger $c_n = \int_{-\infty}^{\infty} x^n \, d\beta(x)$ n'est pas déterminé [163 , p. 329] ; une de ses solutions β est constante pour $x < 0$.

En pratique, on utilise les conditions simplifiées de Carleman à la place de (69) et (72) :

Théorème 19 (conditons approchées de Carleman)

(i) Le problème de Hamburger est déterminé si la suite $\{c_n\}_{n \geq 0}$ est H-définie positive et si

$$\forall n : \qquad c_{2n} \leq \frac{(2n)!}{\sqrt{n}} \quad . \tag{78}$$

(ii) Le problème de Stieltjes est déterminé si les suites $\{c_n\}_{n \geq 0}$ et $\{c_n\}_{n \geq 1}$ sont H-définies positives et si

$$\forall n : \qquad c_n \leq \frac{(2n)!}{\sqrt{n}} \tag{79}$$

Démonstration : Les démonstrations de (i) et de (ii) sont identiques. Pour démontrer par exemple (i) , on compare la série (69) à la série divergente de Riemann $\sum \frac{1}{\alpha n}$ $(\alpha > 0)$ en supposant :

$$c_{2n}^{-\frac{1}{2n}} \geq \frac{1}{\alpha n}$$

d'où : $c_{2n} \leq n^{2n} \alpha^{2n}$. On remplace n^{2n} à l'aide de la formule de Stierling :

$$n! = n^n e^{-n} \sqrt{2\pi n} \left(1 + \frac{1}{12n} + \ldots\right) .$$

On obtient :

$$c_{2n} \leq (2n)! \left(\frac{\alpha e}{2}\right)^{2n} \frac{1}{2\sqrt{n\pi}} \left(1 - \frac{1}{24n} + \cdots\right) .$$

En choisissant $\alpha = 2/e$ on obtient (78).

C.Q.F.D.

Certains auteurs présentent les formules (78) et (79) en négligeant $\sqrt{n}$ au dénominateur.

Théorème 20 (Stieltjes [157])

Soient : c une suite de moments de Stieltjes, μ une solution du problème de Stieltjes engendré par cette suite, f la fonction de Stieltjes définie par μ :

$$f : f(z) = \int_0^\infty \frac{d\mu(x)}{1 - xz} ,$$

C la série de Stieltjes engendrée par la suite c et dont le développement en fraction continue S est :

$$\frac{a_0}{1-} \frac{a_1 z}{1-} \frac{a_2 z}{1-} \cdots ,$$

alors les approximants de la fraction S satisfont aux inégalités suivantes

$$\forall n \geq 0, \forall x \in]-\infty, 0] : \quad \frac{A_{(2n)}(x)}{B_{(2n)}(x)} \leq f(x) \leq \frac{A_{(2n+1)}(x)}{B_{(2n+1)}(x)} . \qquad (80)$$

Ce théorème est à l'origine des inégalités emboîtées bien connues dans la théorie des approximants de Padé (cf. théorème 6.5)

Théorème 21 (problème symétrique) [163 , p. 260]

Le problème symétrique (cf. définition (3.8)) $(c_0 \geq 0)$ possède une solution μ si et seulement si la suite $\{c_n\}$ est une suite de moments $\frac{1}{z}$ de la fraction S réelle :

$$\frac{c_0}{z-} \frac{(1-g_0)g_1}{z-} \frac{(1-g_1)g_2}{z-} \cdots \left(\simeq \sum_{n=0}^{\infty} \frac{c_n}{z^{n+1}} \right) \qquad 0 \leq g_n \leq 1 . \qquad (81)$$

Dans ces conditions, cette fraction converge vers la fonction f :

$$z \longmapsto f(z) = \int_{-1}^{+1} \frac{d\mu(x)}{z-x} \quad . \tag{82}$$

Si on confronte ce résultat à (66) et si on procède au changement de la variable z en $\frac{1}{z}$ dans (81) et (82), alors après la division par z on peut énoncer ce théorème en termes de moments z (cf. (67)) de la fraction :

$$\frac{c_0}{1-} \; \frac{(1-g_0)g_1 z^2}{1-} \; \frac{(1-g_1)g_2 z^2}{1-} \cdots = \int_{-1}^{1} \frac{d\mu(x)}{1-xz} \quad . \tag{83}$$

Ceci montre bien par ailleurs que les moments z impairs du problème symétrique sont nuls (cf. à (3.9), (3.10), et (3.11)). En remplaçant z^2 par z et $\mu(\sqrt{x}) - \mu(-\sqrt{x}) = 2\mu(\sqrt{x})$ par $\mu(x)$ on obtient (cf. à (77)) :

<u>Théorème 22</u> (problème de Hausdorff) [163 , p. 263]

Le problème de Hausdorff (3.7) $(c_0 \geqslant 0)$ possède une solution μ si et seulement si la suite $\{c_n\}$ est une suite de moments z de la fraction S :

$$\frac{c_0}{1-} \; \frac{(1-g_0)g_1 z}{1-} \; \frac{(1-g_1)g_2 z}{1-} \cdots \left(\simeq \sum_{n=0}^{\infty} c_n z^n \right) \qquad 0 \leqslant g_n \leqslant 1 . \tag{84}$$

Dans ces conditions, cette fraction converge vers la fonction

$$z \longmapsto \int_{0}^{1} \frac{d\mu(x)}{1-xz} \quad . \tag{85}$$

On peut confronter ceci à (68). Ce théorème complète le théorème 3.10.

Notons que dans tous ces théorèmes, le cas $c_0 = 0$ conduit à un cas trivial $c_n = 0$ pour tout n et $\mu \equiv 0$.

Considérons encore un <u>problème des moments plus général</u>. On sait que si les suites a et b sont totalement monotones, donc suites de moments de Hausdorff, alors la suite $c = a - b$ n'est pas nécessairement totalement monotone. On peut toutefois chercher une fonction μ

dans $\mathcal{B}$, mais pas nécessairement dans $\uparrow$, telle que :

$$\forall n: \qquad c_n = \int_0^1 x^n \, d\mu(x) \ .$$

Un tel problème des moments possède une solution si et seulement si la suite c est précisément la différence des deux suites totalement monotones. De même, si la suite c est complexe, alors ce problème possède une solution si et seulement si la suite c est donnée par :

$$c = (a' - b') + i \, (a'' - b'') \tag{86}$$

où les suites a' , a'', b', b'' sont totalement monotones.
Cette condition exprimée différemment conduit au :

Théorème 23 (problème des moments complexes) [163 , p. 271]

Soit donnée une suite complexe c . Le problème des moments complexes possède une solution, c'est-à-dire il existe une fonction μ dans $\mathcal{B}$ telle que

$$\forall n: \qquad c_n = \int_0^1 x^n \, d\mu(x) \tag{87}$$

si et seulement si il existe une constante M indépendante de n et telle que :

$$\forall n: \quad \sum_{j=0}^{n} C_n^j \, |(\Delta^{n-j} c)_j| \leq M \tag{88}$$

où par C_n^j on a désigné les coefficients binômiaux.
Si elle existe, la constante M satisfait à l'inégalité suivante :

$$M \geq a_0' + a_0'' + b_0' + b_0'' \ . \tag{89}$$

Théorème 24 (Wall) [163 , p. 279]

Une condition nécessaire et suffisante pour qu'une fonction g soit analytique dans $\mathbb{C}\setminus]-\infty,-1]$, satisfasse à $\operatorname{Re} g > 0$ dans ce domaine et soit réelle pour z réels est qu'elle soit développable en fraction continue suivante :

$$g(z)=\sqrt{1+z}\ \frac{c_0}{1+}\ \frac{(1-g_0)g_1 z}{1+}\ \frac{(1-g_1)g_2 z}{1+}\cdots \quad c_0>0,\ 0\leqslant g_n\leqslant 1. \tag{90}$$

S'il existe, ce développement est unique sous réserve de la convention suivante : si le premier approximant nul de la fraction (90) est le (n+1)-ième approximant, alors la fraction (90) doit être considérée comme une fraction continue finie au n-ième terme.

Ce théorème découle du théorème de Riesz et Herglotz [163 , p. 275 ; 8, p. 18] donnant la représentation intégrale d'une telle fonction g . D'après le théorème 22 , la fonction g est définie par :

$$g : z \longmapsto g(z)=\sqrt{1+z}\int_0^1 \frac{d\mu(x)}{1+xz} \qquad \mu\in\uparrow\mathcal{B} \tag{91}$$

ce qui est précisément l'expression la plus générale de telles fonctions. Inversement, d'après le théorème 3.10, une fonction g possède l'expression (91) si et seulement si dans le développement en série :

$$g(z)=\sqrt{1+z}\ \sum_{n=0}^{\infty}(-1)^n c_n z^n \tag{92}$$

la suite c est totalement monotone.

De la Vallée Poussin et Gronwall, en effectuant certaines transformations sur z dans ces formules, ont défini des procédés de sommation de certaines séries divergentes [163 , 10].

Notons encore qu'en multipliant certaines fonctions de Stieltjes par la fonction $z\mapsto(1-z)^\alpha\ (0<\alpha\leqslant 1)$ on peut les régulariser sur l'extrémité de la coupure $[1,\infty[$. Le terme "régulariser" signifie ici que la fonction produit admet une limite dans un secteur quand z tend vers 1 , dans le cas où la fonction de Stieltjes ne l'admettait pas. C'est en particulier un des buts du facteur $\sqrt{1+z}$ dans (91) en ce qui concerne le point $z=-1$. Les problèmes de régularisation de ce genre interviennent en physique dans les calculs les plus actuels, en particulier dans les applications à la théorie des transitions de phase [139].

La régularisation des fonctions de Stieltjes (analytiques dans $\mathbb{C}\setminus[1,\infty[$) en $z=1$ conduit naturellement à l' ε -algorithme [110] (cf. chapitre 6).

Compte tenu des divers changements de variable, il est difficile parfois de s'y repérer dans les formes des fractions continues, des séries ou des intégrales de Stieltjes. Par conséquent, nous récapitulons encore une fois les résultats précédents. Le signe $=$ doit être compris comme une équivalence au sens des définitions correspondantes. Cette équivalence a lieu sous réserve des conditions figurant dans les théorèmes correspondants.

Récapitulation

fraction J: $$\frac{1}{r_1 z+s_1+}\,\frac{1}{r_2 z+s_2+}\cdots=\frac{a_0}{b_1+z-}\,\frac{a_1}{b_2+z-}\cdots=\sum_{n=0}^{\infty}\frac{c_n}{z^{n+1}}=\int_{-\infty}^{\infty}\frac{d\mu(x)}{z-x},\qquad (93)$$

$$\frac{A_{(n)}}{B_{(n)}}=\frac{P_{n-1}}{Q_n}\qquad n=1,2,\dots\;;$$

par $z\longrightarrow\frac{1}{z}$ et la division par z on obtient :

fraction J: $$\frac{a_0}{b_1 z+1-}\,\frac{a_1 z^2}{b_2 z+1-}\,\frac{a_2 z^2}{b_3 z+1-}\cdots\cdots=\sum_{n=0}^{\infty}c_n z^n=\int_{-\infty}^{\infty}\frac{d\mu(x)}{1-xz}.\qquad (94)$$

fraction S: $$\frac{1}{k_1 z+}\,\frac{1}{k_2+}\,\frac{1}{k_3 z+}\cdots=\frac{a_0}{z-}\,\frac{a_1}{1-}\,\frac{a_2}{z-}\,\frac{a_3}{1-}\cdots=\sum_{n=0}^{\infty}\frac{c_n}{z^{n+1}}=\int_{0}^{\infty}\frac{d\mu(x)}{z+x},\qquad (95)$$

$$a_0=\frac{1}{k_1},\qquad a_n=\frac{-1}{k_n k_{n+1}}\;;$$

par $z\longrightarrow-\frac{1}{z}$ et la division par $-z$ on obtient :

fraction S : $\frac{1}{k_1-}\frac{z}{k_2-}\frac{z}{k_3-}\cdots = \frac{a_0}{1-}\frac{a_1 z}{1-}\frac{a_2 z}{1-}\cdots = \sum_{n=0}^{\infty} c_n z^n = \int_0^{\infty} \frac{d\mu(x)}{1-xz}$, (96)

$$\frac{A(2n)}{B(2n)} = \frac{P_{n-1}}{Q_n} \quad n=1,2,\ldots; \qquad \frac{A(2n+1)}{B(2n+1)} = \frac{P_n}{Q_n} \quad n=0,1,\ldots$$

fraction S : $\frac{1}{z-}\frac{a_1^2}{z-}\frac{a_2^2}{z-}\cdots\cdots\cdots = \sum_{n=0}^{\infty} \frac{c_n}{z^{n+1}} = \int_{-1}^{+1} \frac{d\mu(x)}{z-x}$; (97)

par $z \to \frac{1}{z}$ et la division par z on obtient :

fraction S : $\frac{1}{1-}\frac{a_1^2 z^2}{1-}\frac{a_2^2 z^2}{1-}\cdots\cdots\cdots = \sum_{n=0}^{\infty} c_n z^n = \int_{-1}^{+1} \frac{d\mu(x)}{1-xz}$. (98)

fraction S : $\frac{1}{1-}\frac{(1-g_0)g_1 z}{1-}\frac{(1-g_1)g_2 z}{1-}\cdots\cdots = \sum_{n=0}^{\infty} c_n z^n = \int_0^1 \frac{d\mu(x)}{1-xz}$ (99)

$$0 \leq g_n \leq 1 .$$

On rappelle que la fraction J (94) devient une fraction S (98) si tous les b_n sont nuls.

Volontairement et afin de simplifier cet exposé, nous n'avons pas fait de commentaires sur l'aspect fondamental du terme "équivalence" entre une série formelle, une fraction continue et une fonction. Notons en effet que certaines séries considérées peuvent être asymptotiques et en particulier elles peuvent ne converger nulle part. Par contre, les fractions continues équivalentes à ces séries peuvent converger. C'est par exemple le cas des relations (93) où la série formelle $\sum c_n/z^{n+1}$, si elle ne converge pas, doit représenter au moins le développement asymptotique au voisinage de l'infini de la fonction f: $f(z) = \int_{-\infty}^{\infty} \frac{d\mu(x)}{z-x}$, ce qui signifie (cf. (1.10)) que :

$$\forall n>0: \quad \lim_{z\to\infty} z^n \left[f(z) - \frac{c_0}{z} - \cdots - \frac{c_{n-1}}{z^n} \right] = 0 \quad . \qquad (100)$$

Pour exprimer ceci, on dit usuellement que les <u>relations</u> (ici (93) à (96)) en question <u>possèdent le caractère asymptotique</u>. Nous dirons plus loin qu'une <u>série engendre une fraction continue</u> ou qu'une <u>fraction engendre</u>

<u>une série</u>, qu'elle soit asymptotique ou de Taylor.

En ce qui concerne le problème d'approximation des fonctions, la transformation de certaines séries divergentes en fractions continues J convergentes peut être considérée comme une méthode de sommation des séries en question. Pour s'assurer que la fraction J converge, ou bien on peut utiliser directement le critère de convergence, ou bien on peut essayer de montrer que le problème des moments associé est déterminé. Même si la fraction J est indéterminée, il n'est pas exclu qu'elle converge.

Une application de ces méthodes à l'étude de certains opérateurs non-bornés a fait l'objet des travaux de Bessis et Villani [28, 30, 159].

4.6 FORME GENERALE D'UNE FRACTION CONTINUE. FRACTIONS CONTINUES C

Il est évident que toute série formelle n'est pas nécessairement développable en fraction continue S . Prenons comme exemple la série

$$f: f(z) = 1 + z^2 - z^6 + O(z^7)$$

et développons-la en fraction continue :

$$f(z) = 1 + z^2(1 - z^4 + O(z^5)) = 1 + \frac{z^2}{1 + z^4 + O(z^5)} = 1 + \cfrac{z^2}{1 + \cfrac{z^4}{1 + O(z^1)}} .$$

Considérons le cas général d'une série formelle suivante :

$$g: g(z) = \sum_{n=0}^{\infty} c_n z^n \qquad c_0 \neq 0 \tag{101}$$

En supposant que $c_k \neq 0$ on peut écrire la relation qui définit le polynôme $P_{k-1}^{(0)}$ et la série h :

$$g: g(z) = P_{k-1}^{(0)}(z) + c_k z^k h(z), \qquad h(0)=1, \deg P_{k-1}^{(0)} \leq k-1. \tag{102}$$

On peut, comme dans l'exemple précédent, développer progressivement h en fraction continue de sorte à obtenir une <u>fraction continue générale</u>, appelée <u>fraction G</u> :

$$g: g(z) = P_{k-1}^{(0)}(z) + c_k z^k \frac{1}{P_{\alpha_1-1}^{(1)}(z) +} \frac{a_1 z^{\alpha_1+\beta_1}}{P_{\alpha_2-1}^{(2)}(z) +} \frac{a_2 z^{\alpha_2+\beta_2}}{P_{\alpha_3-1}^{(3)}(z) +} \cdots \tag{103}$$

où les polynômes $P^{(j)}$ satisfont aux conditions suivantes :

$$\deg P_{\alpha_j-1}^{(j)} = \alpha_j - 1 \qquad j = 1,2,\ldots \tag{104}$$

$$P^{(j)}(0) = 1 \qquad j = 1,2,\ldots \tag{105}$$

Par conséquent, le choix des entiers α_j , bien qu'arbitraire, est soumis à la condition (104). Cette condition exprime le fait qu'au cours du développement en fraction continue le coefficient devant $z^{\alpha_j - 1}$ dans la série figurant dans le dénominateur est différent de zéro. Par conséquent, les choix possibles des a_j sont définis entièrement par la suite :

$$\left\{ h_n = \frac{c_{k+n}}{c_k} \right\}_{n \geq 0} \tag{106}$$

En effet, si on inverse la série $h : h(z) = \sum_{n=0}^{\infty} h_n z^n = \left(\sum_{n=0}^{\infty} h_n^{(1)} z^n \right)^{-1}$, alors les choix possibles pour a_1 sont les termes non-nuls de la suite $\{h_n^{(1)}\}$. Après avoir choisi a_1 , on inverse de nouveau une série, puis on choisit a_2 , etc.

On a en général :

$$\forall\, j > 0 : \qquad \alpha_j \geq 1, \qquad \beta_j \geq 0 \tag{107}$$

où la suite β est entièrement définie par les suites h et α .

Le cas $\alpha_j = 1$ pour tout j est toujours possible et conduit à la fraction continue C :

$$g : g(z) = P_{k-1}^{(0)}(z) + c_k z^k \frac{1}{1+} \frac{a_1 z^{1+\beta_1}}{1+} \frac{a_2 z^{1+\beta_2}}{1+} \cdots \tag{108}$$

On remarque que si tous les β_j sont nuls, alors la fraction C devient une fraction S . Pour ceci, il faut et il suffit que :

$$\forall n : \qquad H_n^0(h) \neq 0 \qquad \text{et} \qquad H_n^1(h) \neq 0 . \tag{109}$$

Supposons maintenant qu'il existe un développement avec tous les α_j égaux à 2 :

$$g : g(z) = P_{k-1}^{(0)}(z) + c_k z^k \frac{1}{P_1^{(1)}(z)+} \frac{a_1 z^{2+\beta_1}}{P_1^{(2)}(z)+} \cdots \tag{110}$$

Si dans cette fraction G tous les β_j sont nuls, alors elle devient une fraction J. Pour ceci, il faut et il suffit que :

$$\forall n: \qquad H_n^0(h) \neq 0 \ . \tag{111}$$

On admettra désormais que dans la fraction G (110) :

$$\forall j: \qquad \deg P_1^{(j)} \leqslant 1 \ . \tag{112}$$

On peut définir les algorithmes pour calculer une fraction C [163 , p. 401], ou une fraction G à partir de la suite donnée $\{c_n\}$, puis les algorithmes pour calculer récursivement ses approximants.

Considérons le développement de la série (101) en fraction C suivante :

$$g: g(z) = c_0 + c_1 z + c_2 z^2 + \ldots = c_0 + \frac{g_1 z^{\gamma_1}}{1+} \ \frac{g_2 z^{\gamma_2}}{1+} \cdots \tag{113}$$

Le n-ième approximant $A_{(n)}/B_{(n)}$ de cette fraction continue satisfait à :

$$g(z)\, B_{(n)}(z) - A_{(n)}(z) = O(z^{\gamma_1+\gamma_2+\ldots+\gamma_{n+1}}) \tag{114}$$

où, sauf le cas où g représente exactement la fonction rationnelle $A_{(n)}/B_{(n)}$ on a :

$$O(z^{\gamma_1+\ldots+\gamma_{n+1}}) = (-1)^n \, g_1 g_2 \cdots g_{n+1} z^{\gamma_1+\ldots+\gamma_{n+1}} + \ldots \tag{115}$$

Il faut signaler que certains auteurs comme Wynn [177] et Brezinski [54, 58] utilisent une terminologie empruntée à Perron [146] qui est différente de la nôtre. Une fraction S est appelée <u>fraction correspondante</u>, une fraction G (103) où tous les β_j sont nuls est appelée <u>fraction associée</u> et on passe de la première à la seconde par ce qu'on appelle <u>une contraction</u>. Restreindre l'étude à ces deux fractions conduit à une difficulté évidente : la fraction correspondante (fraction S) n'existe pas toujours, tandis que la fraction G existe toujours. Brezinski remarque

que les approximants d'une fraction associée forment une sous-suite d'approximants de la fraction correspondante. Exploitant cette remarque, il calcule directement une fraction associée (c'est ce qu'il appelle : contraction). Cependant, on n'écarte pas ainsi la difficulté signalée plus haut : pour effectuer une contraction, il faut être sûr que la fraction correspondante existe.

CHAPITRE 5

APPROXIMANTS DE PADE - THEORIE ALGEBRIQUE

Les résultats de ce chapitre sont entièrement nouveaux, les résultats anciens étant pour la plupart généralisés et corrigés.

Au paragraphe 1 nous introduisons un formalisme précis basé sur les classes d'équivalence appelées : forme rationnelle, forme rationnelle réduite et fraction rationnelle, formalisme qui nous conduira au paragraphe 2 à une nouvelle définition des approximants de Padé, et plus précisément, en correspondance avec les classes précédentes, à la définition des notions de forme de Padé, forme réduite, approximant de Padé. Cette définition lève les difficultés qui existaient jusqu'à présent à la rencontre des blocs carrés, déjà observés par Perron [146, p. 422] dans une table de Padé (table formée d'approximants). La structure de ces blocs, où certains approximants de Padé n'existent pas, a été récemment décrite par Baker [13] et indépendamment par nous-mêmes [109]. De plus, cette définition et les théorèmes 1 à 6 qui la suivent (très techniques à première vue) simplifient grandement toutes les démonstrations ultérieures et rendent tous les théorèmes généraux en ce sens qu'ils tiennent compte de l'existence éventuelle des blocs.

Le théorème 6, dit théorème de Gragg, qui est au centre du second paragraphe, est composé des propositions dues à Frobenius, Padé [144, 145] , Wall [163] , Gragg lui-même, Kronecker et Capelli, Baker [13] et nous-mêmes [109]. Il est inspiré par Gragg [112, p. 13] , mais celui-ci n'introduisait pas la notion d'approximant de Padé et par conséquent ne pouvait rien dire sur la structure des blocs. Les notions de forme de Padé et de forme réduite introduites par Gragg prêtent également à confusion. Il s'agissait donc de réviser et de compléter ce théorème.

Le théorème 6 nous a permis en particulier de corriger le résultat de Frank (cf. théorème 8) portant sur la condition nécessaire et suffisante d'existence d'un bloc dans la table $\mathbf{C}$ qui a été définie au chapitre 1.

Dans la stratégie numérique de détection d'un bloc dans une table $\mathbf{C}$ on profite utilement de la propriété de progression géométrique des éléments situés aux bords des blocs (cf. corollaire 9, qui m'a été signalé par Froissart).

Au paragraphe 3 nous présentons brièvement la terminologie utilisée par divers auteurs en signalant une certaine incohérence dans les définitions anciennes (cf. théorèmes 10 et 11). Nous analysons également certaines tentatives récentes de présenter un approximant de Padé comme une meilleure approximation locale, toutes ces tentatives, y compris la nôtre (dans $\mathcal{L}^2$; cf. théorème 13) ne conduisant pas aux approximants de Padé, mais aux formes réduites (ou aux fractions de Padé engendrées par ces formes, qui existent toujours).

Le paragraphe 4 est assez classique ; on y montre que les approximants de Padé sont les approximants des fractions continues, et on y étudie les séries normales (celles qui n'engendrent pas de blocs) et les séries non-rationnelles de Stieltjes (celles dont les sommes ne sont pas des fractions rationnelles).

Le paragraphe 5 traite des transformations. En partant de la définition d'une transformation compatible et d'une analyse générale (cf. théorèmes 19 et 20) nous établissons une série de théorèmes nouveaux sans émettre d'hypothèse sur la normalité (c'est-à-dire en tenant compte de l'existence éventuelle des blocs). Nous étudions en détail les transformations des blocs sous l'effet des transformations compatibles. L'invariance des approximants de Padé diagonaux par rapport aux transformations homographiques, connue pour les séries normales, apparaît alors comme cas particulier de théorèmes plus généraux.

Les précisions apportées aux formules de décomposition des approximants de Padé permettent de corriger certains théorèmes de convergence des approximants de Padé dont la démonstration faisait appel à ce type de formules, sans tenir compte des blocs.

Au paragraphe 6, nous examinons certaines structures en blocs des tables C , caractéristiques de certaines séries lacunaires. Un exemple illustre les résultats des paragraphes 5 et 6.

5.1 INTRODUCTION.

Dans ce paragraphe on introduit les notions de forme rationnelle et de fraction rationnelle en tant que classes d'équivalences, puis on donne une brêve motivation des développements qui vont suivre.

Soient $K[Z]$ l'algèbre des polynômes à coefficients dans le corps K (cf. paragraphe 1.1.4) et $K^*[Z]$ l'ensemble des éléments non-nuls de $K[Z]$: $K^*[Z]=\{P\in K[Z]; P\neq 0\}$. Définissons dans $K[Z]\times K^*[Z]$ la relation d'équivalence ω :

$$(P,Q)\overset{\omega}{\sim}(P',Q') \Leftrightarrow \exists a\in K^*: P'=aP,\ Q'=aQ,\ (P\in K[Z], Q\in K^*[Z]). \quad (1)$$

La classe de (P,Q) modulo ω est notée $P/\!/Q$ et est appelée <u>forme rationnelle</u> :

$$cl_\omega(P,Q)=P/\!/Q=\{(aP,aQ)\ ;\ a\in K^*\}\ . \quad (2)$$

Dans chaque classe $P/\!/Q$ il existe un unique <u>élément normalisé</u> (P_0,Q_0), c'est-à-dire l'élément qui satisfait à :

$$[Q_0(z)/z^{\operatorname{ord} Q_0}]_{z=0}=1 \quad (3)$$

L'ensemble quotient $K[Z]\times K^*[Z]/\omega$ des formes rationnelles est noté $\mathcal{K}[Z]$. Définissons la seconde relation d'équivalence Ω dans $K[Z]\times K^*[Z]$:

$$(P,Q)\overset{\Omega}{\sim}(P',Q') \iff PQ'-QP'=0. \quad (4)$$

Les relations ω et Ω étant compatibles, donc Ω/ω est une relation d'équivalence dans $\mathcal{K}[Z]$:

$$P/\!\!/Q \overset{\Omega/\omega}{\sim} P'/\!\!/Q' \Longleftrightarrow PQ'-QP'=0 . \qquad (5)$$

La classe de $P/\!\!/Q$ modulo Ω est notée P/Q et est appelée fraction rationnelle :

$$cl_{\Omega}(P,Q) = P/Q . \qquad (6)$$

Dans la classe P/Q il existe une unique forme rationnelle réduite $P_1 /\!\!/ Q_1$ telle que :

$$\forall P/\!\!/Q \in P/Q \quad \exists R \in K^*[Z]: \quad (P,Q)=(RP_1,RQ_1). \qquad (7)$$

Par abus de langage on dira que le polynôme P_1 est le numérateur et le polynôme Q_1 le dénominateur de la fraction rationnelle P/Q . Dans la classe $P_1 /\!\!/ Q_1$ il existe bien sûr un unique élément normalisé. L'ensemble quotient $\mathcal{K}[Z]/(\Omega/\omega) = K[Z]\times K^*[Z]/\Omega$ est noté $K(Z)$. $K(Z)$ est muni d'une structure habituelle d'algèbre.

Il est clair que le concept d'irréductibilité s'applique aux formes rationnelles, et non aux fractions rationnelles : à toute forme rationnelle correspond d'après (5) et (7) une unique forme rationnelle réduite. Nous parlerons donc de simplification maximale d'une forme rationnelle : c'est l'opération qui fait correspondre à une forme rationnelle l'unique forme rationnelle réduite équivalente.

On définit l'ordre d'une forme rationnelle par :

$$\mathrm{ord}\,(P/\!\!/Q) = \mathrm{ord}\,P' - \mathrm{ord}\,Q' \qquad \forall (P',Q') \in P/\!\!/Q . \qquad (8)$$

Cette définition est compatible avec la définition suivante de l'ordre d'une fraction rationnelle :

$$\mathrm{ord}\,(P/Q) = \mathrm{ord}\,P' - \mathrm{ord}\,Q' \qquad \forall P'/\!\!/Q' \in P/Q . \qquad (9)$$

Rappelons que l'algèbre $K_+(Z)$ introduite au paragraphe 1.1.4 est une sous-algèbre de $K(Z)$:

$$K_+(Z) = \left\{ \frac{P}{Q} \in K(Z) \ ; \ \mathrm{ord}\left(\frac{P}{Q}\right) \geq 0 \right\} . \tag{10}$$

Etant donné que $P/Q = P_1/Q_1$ où $P_1 // Q_1$ est la forme rationnelle réduite, $\mathrm{ord}(P/Q) \geq 0$ entraîne $\mathrm{ord}\, Q_1 = 0$ et au lieu de (10) on peut écrire :

$$K_+(Z) = \left\{ \frac{P}{Q} \in K(Z) \ ; \ \mathrm{ord}\, Q = 0 \right\} . \tag{11}$$

Par conséquent toute fraction rationnelle P/Q de $K_+(Z)$ est développable en série formelle notée PQ^{-1} et la définition suivante de l'ordre de la série formelle PQ^{-1} est encore compatible avec les définitions précédentes :

$$\mathrm{ord}\,(PQ^{-1}) = \mathrm{ord}\, P - \mathrm{ord}\, Q = \mathrm{ord}\, P. \tag{12}$$

Notons que dans le cas de la définition (11) la série $P\,Q^{-1}$ est parfaitement définie, et ceci peu importe si l'élément (P, Q) définit une forme rationnelle quelconque ou une forme rationnelle réduite.

Si A et B sont deux séries formelles et si $\mathrm{ord}\, A \neq \mathrm{ord}\, B$, alors $\mathrm{ord}\,(A+B) = \mathrm{Min}\,(\mathrm{ord}\, A, \mathrm{ord}\, B)$; ceci conduit aux inégalités suivantes :

$$\mathrm{ord}(A+B) \begin{cases} \leq \mathrm{ord}\, A & \text{si} \quad \mathrm{ord}\, A \neq \mathrm{ord}\, B \\ \geq \mathrm{ord}\, A & \text{si} \quad \mathrm{ord}\, A = \mathrm{ord}\, B . \end{cases} \tag{13}$$

Considérons une série formelle C :

$$C : \ C(z) = \sum_{n=0}^{\infty} c_n z^n . \tag{14}$$

si la série C est un développement en série de Taylor d'une fonction analytique au voisinage de l'origine $f : f(z)$, alors il importe de pouvoir reconstruire cette fonction à partir de la série C . Si par contre C est une série asymptotique, alors elle ne définit pas une fonction unique (cf. paragraphe 1.1.4). En pratique on connaît seulement les premiers coefficients de la série C et à partir de cela on désire obtenir une information plus ample sur la fonction f. Une voie envisageable est celle qui revient à chercher des applications de l'algèbre des séries formelles dans l'algèbre des fractions rationnelles. Parmi de telles applications, nous nous intéressons à celle qui conduit à la notion d'approximant de Padé.

Il est utile dès maintenant d'analyser quelques exemples pour mieux comprendre les motivations qui nous ont conduits à ces différentes définitions et au grand théorème du paragraphe suivant. C'est pourquoi et sans rentrer dans les détails, nous considérons le problème d'approximation de la série formelle C par une fraction rationnelle P_M/Q_N $(\deg P_M \leq M, \deg Q_N \leq N)$ en ce sens que la série formelle $P_M Q_N^{-1}$ coïncide avec la série donnée le plus loin possible.

Si on détermine de telles fractions pour la série $e^z = \sum_{n=0}^{\infty} \frac{z^n}{n!}$ on constate qu'à tout couple des naturels (M, N) correspond une fraction rationnelle différente :

M \ N	0	1	2	
0	1	$\frac{1}{1-z}$	$\frac{1}{1-z+\frac{z^2}{2}}$	au dénominateur : série inversée tronquée
1	$1+z$	$\frac{2+z}{2-z}$	$\frac{6+2z}{6-4z+z^2}$	. . .
2	$1+z+\frac{z^2}{2}$	$\frac{6+4z+z^2}{6-2z}$	$\frac{12+6z+z^2}{12-6z+z^2}$	. . .
	série tronquée	. . .	. . .	. . .

Considérons maintenant le cas de la série $\frac{z^k}{1-z} = \sum_{n=0}^{\infty} z^{k+n}$:

M \ N	0	1	2	
0	0	0	0	. . . .
	0	0	0	. . . .
	0	0	0	. . . .
	0	0	0	. . . .
k	z^k	$z^k/1-z$	$z^k/1-z$	. . . .
k+1	z^k+z^{k+1}	$z^k/1-z$	$z^k/1-z$	. . . .
	↓	.	.	. . . .

série tronquée

Cette table, par contraste à la première, contient k lignes de zéros au début, une colonne correspondant aux fractions P_M/Q_0 (séries tronquées) et un bloc infini de fractions P_k/Q_1 . On constate par conséquent que des "réductions" ont eu lieu quand on a calculé les polynômes P_M et Q_N dans le cas $M>k$ et $N>1$. C'est précisément l'analyse détaillée de ces réductions qui nous a conduit à distinguer les formes rationnelles des fractions rationnelles.

Le formalisme qui va être développé au paragraphe suivant repose sur trois notions, celles de forme de Padé (forme rationnelle), de forme réduite et d'approximant de Padé (fraction rationnelle). Ce formalisme apporte de grandes simplifications dans la démonstration des propositions faisant partie du théorème que nous appelons théorème de Gragg. Certaines propositions de ce théorème sont réunies par Baker sous le nom du théorème de Padé [12, p. 20] .

Nos résultats sont issus des discussions que j'ai eues en 1972 avec F. Lambert et S. Steenstrup sur "l'apparition" des approximants de Padé "inexistants" dans des blocs finis et en particulier dans le cas où on perturbe par un ε un coefficient d'une série géométrique (exemple de E. Ferreira : $1+z+z^2+z^3+(1+\varepsilon)z^4+z^5+\ldots$).

5.2 NOUVELLE DEFINITION DES APPROXIMANTS DE PADE ET REVISION DU THEOREME DE GRAGG.

Soit C une série formelle (14) ; on donne :

Définition 1

On appelle forme de Padé de la série formelle C une forme rationnelle $U_M // V_N$ $(\deg U_M \leq M, \deg V_N \leq N)$ définie par la condition suivante :

$$\mathrm{ord}\,(CV_N - U_M) \geq M+N+1 . \qquad (15)$$

Les éléments d'une classe $U_M // V_N$ sont appelés par certains auteurs "approximants de Padé-Frobenius".

Avec la notation suivante :

$$\begin{aligned} U_M &: U_M(z) = u_0 + u_1 z + \ldots + u_M z^M \\ V_N &: V_N(z) = v_0 + v_1 z + \ldots + v_N z^N \end{aligned} \qquad (16)$$

la condition (15) est équivalente au système de $M+N+1$ équations linéaires à $M+N+2$ inconnues :

$$\begin{cases} -u_k + \sum_{j=0}^{N} c_{k-j} v_j = 0 & k=0,1,\ldots,M \qquad (17') \\ & (c_n \equiv 0 \quad n<0) \\ \sum_{j=0}^{N} c_{k-j} v_j = 0 & k=M+1,\ldots,M+N \qquad (17'') \end{cases}$$

On note par S_{MN} la table du système (17) et par B_{MN} celle du système (17") :

$$B_{MN} = \begin{bmatrix} c_{M+1} & c_M & \cdots & c_{M-N+1} \\ c_{M+2} & c_{M+1} & \cdots & \cdot \\ \vdots & \vdots & & \vdots \\ c_{M+N} & c_{M+N-1} & \cdots & c_M \end{bmatrix} \qquad (18)$$

D'après un théorème de Frobenius le système (17) possède toujours une solution non-triviale $u_0, u_1, \dots, u_M, v_0, v_1, \dots, v_N$; il n'y a pas d'unicité.

Théorème 1 (Frobenius)

Quel que soit le couple des naturels (M,N) une forme de Padé $U_M/\!/V_N$ existe toujours.

Notons que d'après notre définition de forme rationnelle, on a :

$$V_N \not\equiv 0 \; . \tag{19}$$

Nous avons vu au paragraphe précédent que si la série C est d'ordre $k>0$, alors la table de ses approximants commence par k lignes des zéros, puis tous les approximants ont en facteur z^k. Par conséquent sans restreindre la généralité nous ne considérerons désormais, à moins qu'on ne spécifie le contraire, que des séries formelles inversibles :

$$C: \; C(z) = \sum_{n=0}^{\infty} c_n z^n \quad , \quad c_0 \neq 0 \; . \tag{20}$$

Dans ce cas d'après (15), $V_N \equiv 0$ implique $U_M \equiv 0$ (solution triviale que nous avons éliminée) et $\text{ord}\, V_N = \lambda$ implique $\text{ord}\, U_M = \lambda \; (0 \leq \lambda \leq \text{Min}(M,N))$. Selon (3) dans chaque classe $U_M/\!/V_N$ il existe un élément unique normalisé :

$$v_\lambda = 1 \; , \qquad 0 \leq \lambda = \text{ord}\, V_N \leq \text{Min}\,(M,N) \; . \tag{21}$$

Chaque solution (U_M, V_N) du système (17) avec M et N fixés définit une classe $U_M/\!/V_N$; chaque classe $U_M/\!/V_N$ définit une classe U_M/V_N (fraction rationnelle) ; dans chaque classe U_M/V_N il existe une unique forme rationnelle réduite obtenue par la simplification maximale de la forme rationnelle $U_M/\!/V_N$.

Définition 2

On appelle forme réduite (de Padé) la forme rationnelle réduite engendrée par la forme de Padé.

Le problème essentiel est de savoir si pour M et N fixés, toutes les solutions du système (17) engendrent la même fraction rationnelle U_M/V_N, c'est-à-dire si toutes les formes de Padé appartiennent à la même classe d'équivalence (pour la relation Ω).

Théorème 2

Soient M et N deux naturels fixés, alors toutes les formes de Padé définissent une unique fraction rationnelle. Autrement dit la forme réduite est unique.

Démonstration : Il suffit de démontrer que si U_M/V_N et U'_M/V'_N sont deux fractions rationnelles différentes, alors on aboutit à une contradiction : $U_M V'_N = U'_M V_N$. En effet d'après (15), on a :

$$\text{ord}\,(U'_M V_N - U_M V'_N) = \text{ord}\,[(CV_N - U_M)V'_N - (CV'_N - U'_M)V_N] \geq M+N+1\,,$$

ce qui n'est possible que si $U_M V'_N = U'_M V_N$, car autrement

$$\text{ord}\,(U'_M V_N - U_M V'_N) \leq \text{deg}\,(U'_M V_N - U_M V'_N) \leq M+N.$$

C.Q.F.D.

L'existence de la forme réduite découle du théorème 1. Le théorème 2 a toujours été présenté comme théorème d'unicité des approximants de Padé sous la forme : "l'approximant de Padé est unique, s'il existe". Remarquons que bien que la forme réduite soit définie par une forme de Padé, rien ne prouve qu'elle-même soit une forme de Padé.

Définition 3

Soit $P_M//Q_N$ la forme réduite d'une forme de Padé $U_M//V_N$. Si cette forme réduite est une forme de Padé, alors la fraction rationnelle P_M/Q_N est appelée approximant de Padé.

Par définition des fractions rationnelles, on a $P_M/Q_N = U_M/V_N$.
Si la forme réduite n'est pas une forme de Padé, alors on dit que l'approximant de Padé n'existe pas; on utilise même le terme "approximant de Padé inexistant", ceci pour indiquer essentiellement les valeurs de M et N où la condition d'existence n'est pas satisfaite.

On utilise les notations suivantes pour désigner un approximant de Padé de la série formelle C :

$$P_M/Q_N, \quad P_{MN}/Q_{MN}, \quad p_{MN}, \quad [M/N]_C, \quad [M/N], \quad M/N .$$

Parfois par abus de langage on dit que la fraction rationnelle P_M/Q_N est un approximant de Padé de la fonction f et on le note $[M/N]_f$, sans toutefois toujours savoir si et comment la série C représente une fonction et quelle fonction. Dans certaines notations anciennes, par exemple $[N,M]$ ou f_{NM} [8, 115, 163], les positions des indices étaient inversées. Les valeurs de l'approximant $[M/N]_f$ sont notées $[M/N]_f(z)$. Les approximants de Padé appartiennent à l'algèbre $K_+(Z)$ (cf. (10) et (11)). En effet si $U_M // V_N$ est une forme de Padé de la série C et $\operatorname{ord} C = k \geqslant 0$, alors d'après (15) seule la seconde alternative dans (13) est possible, d'où :

$$\operatorname{ord}(CV_N) = k + \operatorname{ord} V_N = \operatorname{ord} U_M$$

c'est-à-dire $\operatorname{ord} U_M - \operatorname{ord} V_N = k \geqslant 0$, ce qu'il fallait démontrer. Par conséquent, la forme réduite $P_M // Q_N$ se caractérise par :

$$\operatorname{ord} Q_N = 0 , \qquad \operatorname{ord} P_M = \operatorname{ord} C . \tag{22}$$

On retrouve ici la confirmation de ce qui a été observé dans les exemples du paragraphe précédent. Désormais, par convention et à moins qu'il en soit spécifié autrement, les formes réduites seront normalisées, c'est-à-dire :

$$Q_N(0) = 1 . \tag{23}$$

Il en découle immédiatement le :

Théorème 3

L'approximant de Padé P_M/Q_N de la série formelle C existe si et seulement si la forme réduite $P_M // Q_N$ satisfait à :

$$\operatorname{ord}(CQ_N - P_M) \geqslant M + N + 1 . \tag{24}$$

Ce théorème est peu pratique, car il faut d'abord calculer la forme réduite, puis vérifier (24). Pour le calcul pratique des approximants de Padé, on utilise le théorème suivant :

Théorème 4 (Baker)

Une condition nécessaire et suffisante d'existence d'un approximant de Padé p_{MN} est qu'il existe au moins une forme de Padé $U_M // V_N$ satisfaisant à la condition

$$V_N(0) = 1 \; . \tag{25}$$

Démonstration : Nécessité : si P_M/Q_N est un approximant de Padé, alors il existe une forme de Padé $P_M // Q_N$ qui est également une forme réduite, donc elle satisfait à $Q_N(0) = 1$; $(\text{ord}\, Q_N = \lambda = 0)$.
Suffisance : s'il existe une forme de Padé $U_M // V_N$ satisfaisant à (25), alors le plus grand diviseur commun des polynômes U_M et V_N ne peut être qu'un polynôme R d'ordre zéro : $U_M = R P_M$, $V_N = R Q_N$, $P_M // Q_N$ étant une forme réduite. Mais dans ce cas $\text{ord}(CV_N - U_M) = \text{ord}(CQ_N - P_M)$, donc (24) est satisfait et P_M/Q_N est un approximant de Padé.

C.Q.F.D.

Avec la condition (25) le système (17) devient un système de $M+N+1$ équations pour autant d'inconnues :

$$\begin{cases} -u_k + \sum_{j=1}^{N} c_{k-j}\, v_j = -c_k & k = 0,1,\ldots,M \quad (26') \\ \sum_{j=1}^{N} c_{k-j}\, v_j = -c_k & k = M+1,\ldots,M+N \, . \quad (26'') \end{cases}$$

En amputant la table B_{MN} (18) de la première colonne on obtient la table A_{MN} du système (26") ; on note que $\det A_{MN} = C_N^M$.
Ce système n'a pas toujours de solution (l'approximant de Padé n'existe pas toujours) ; toutefois s'il possède la solution (U_M , V_N) , alors, par simplification éventuelle, elle définit l'approximant de Padé $U_M/V_N = P_M/Q_N$.

L'exemple suivant, dû à Baker [13] , illustre le cas où la condition (25) n'est pas satisfaite :

$$C : C(z) = 1 + z^2 + z^3 + \ldots \; ; \; U_1(z)/\!/V_1(z) = z/\!/z \; ; \; U_1(z)/V_1(z) = 1 = P_1/Q_1 \tag{27}$$

et on constate que P_1 et Q_1 ne satisfont pas à (24).

Prenons un autre exemple :

$$C : \quad C(z) = 1 + z^4 + z^5 + \ldots \tag{28}$$

et déterminons toutes les formes de Padé $U_2/\!/V_1$ à partir du système (17) qui se réduit dans ce cas à :

$$v_0 = u_0 , \qquad v_1 = u_1 , \qquad 0 = u_2 , \qquad 0 = 0 . \tag{29}$$

On distingue deux formes $U_2/\!/V_1$ normalisées :

$$U_2(z) = 1 + az \quad ; \qquad V_1(z) = 1 + az \qquad \forall a \in \mathbb{R} , \tag{30}$$

et $$U_2(z) = z \quad ; \qquad V_1(z) = z \quad . \tag{31}$$

La forme (30) satisfait à (25), donc $p_{21} = 1$ est un approximant de Padé. La forme (31) ne satisfait pas à (25), mais elle définit bien sûr le même approximant de Padé, car ce dernier est unique. Notons que le système (26) donne uniquement la solution (30).

Notons que le déterminant du système (26") est précisément le déterminant de Toeplitz C_N^M. D'autre part si le système (26") possède une solution, alors le système (26) tout entier possède une solution. Par conséquent, l'existence d'un approximant de Padé ne dépend que du système (26")

Théorème 5

Une condition suffisante d'existence d'un approximant de Padé p_{MN} de la série formelle C est :

$$C_N^M(C) \neq 0 . \tag{32}$$

Démonstration : Si un des termes $c_{M+1}, \ldots, c_{M+N}$ est différent de zéro, alors le système (26") possède la solution non-triviale sous réserve de la condition (32) ; si par contre le système (26") est homogène, alors $v_1 = \ldots = v_N = 0$, mais on peut choisir $v_0 \neq 0$, c'est-à-dire satisfaire à la condition (25) du théorème 4.

C.Q.F.D.

La condition (32) n'est pas nécessaire (*) , on peut donc avoir en même temps $C_N^M = 0$ et $V_N(0) = 1$ (cf. solution (30)).

Au chapitre 1 nous avons défini une application qui, à toute suite, faisait correspondre la valeur du déterminant C_N^M . La table infinie des déterminants C_N^M était appelée table c (cf. (1.35)). On sait maintenant que les déterminants C_N^M sont les déterminants des systèmes (26") définissant les dénominateurs des approximants de Padé. De façon analogue, à toute suite (ou à toute série formelle), on peut faire correspondre la table des approximants de Padé M/N :

M \ N				
	0/0	0/1	0/2	. . .
	1/0	1/1	1/2	. . .
	2/0	2/1	2/2	. . .
	.	.	.	. . .

appelée table de Padé ou table p. On dira que certains éléments de cette table n'existent pas si le système (26") n'a pas de solution. La première colonne contient des approximants polynômiaux de la série C (habituellement appelés : séries tronquées). On appelle table r la table des formes réduites. On appelle paradiagonale (resp. antidiagonale) dans les tables p, r ou c , une diagonale parallèle (resp. perpendiculaire) à la diagonale principale "N/N". Une antidiagonale est caractérisée par la donnée du nombre $M+N$.

(*) Dans [116, p. 5] , les théorèmes 4 et 5 sont, par erreur, confondus.

On appelle paradiagonale inférieure M (resp. paradiagonale supérieure N) la paradiagonale dont le premier élément est $M/0$ (resp. $0/N$).

Les tables p, r et c ont des structures semblables. Dans ce paragraphe et les suivants, nous analysons, entre autres, les relations existantes entre ces tables. Autant que possible, nous respecterons par la suite les conventions suivantes :

1) les lettres minuscules m, n, $\varkappa$ etc. dans P_m, Q_n, $D_\varkappa$ etc. désignent les degrés exacts des polynômes considérés ;

2) les lettres majuscules M, N, etc. dans P_M, Q_N, etc. désignent les degrés maximaux des polynômes considérés ;

3) les indices dans p_{MN}, p_{mn}, C_N^M etc. définissent les emplacements dans les tables correspondantes.

Par exemple, l'écriture $[M/N] = P_M/Q_N = P_m/Q_n = [m/n]$ signifie que l'approximant de Padé $[M/N]$ à la position (M,N) s'identifie à l'approximant $[m/n]$ à la position (m,n), que la forme de Padé $P_M // Q_N$ se réduit en forme de Padé $P_m // Q_n$ et que $\deg P_M \leq M$, $\deg Q_N \leq N$, $\deg P_m = m$, $\deg Q_n = n$.

Dans le théorème de Gragg, qui suit, les propositions (i), (ii) et (v) sont reprises de l'article de Gragg [112, p. 13], les propositions (iii) et (vi) sont inspirées par cet article, mais corrigées ; les autres propositions, sauf mention contraire, sont nouvelles.

Théorème 6 (théorème de Gragg)

Soient $P_m // Q_n$ ($\deg P_m = m$, $\deg Q_n = n$) une forme réduite et P_m/Q_n l'approximant de Padé p_{mn} de la série formelle inversible C ($c_0 \neq 0$) tels que :

$$\operatorname{ord}(CQ_n - P_m) = m + n + 1 + k \quad ; \tag{33}$$

soient U_M et V_N les polynômes définis par :

$$U_M : U_M(z) = z^\lambda D_\varkappa(z) P_m(z) \qquad \deg U_M = \lambda + \varkappa + m \leq M \tag{34}$$

$$V_N : V_N(z) = z^{\lambda} D_{\varkappa}(z) Q_n(z) \qquad \deg V_N = \lambda + \varkappa + n \leqslant N \tag{35}$$

où le polynôme $D_{\varkappa}$ satisfait à :

$$\operatorname{ord} D_{\varkappa} = 0, \qquad \deg D_{\varkappa} = \varkappa, \qquad D_{\varkappa} \not\equiv 0 ; \tag{36}$$

soient k_1 , k_2 , k_{min} et k_{max} les naturels définis par M , N , m et n comme suit :

$$M = m + k_1 \qquad , \qquad N = n + k_2$$

$$k_{min} = \mathrm{Min}(k_1, k_2) \qquad , \qquad k_{max} = \mathrm{Max}(k_1, k_2) ; \tag{37}$$

soient respectivement S_{MN} , B_{MN} et A_{MN} les tables des systèmes (17), (17") et (26"), alors quels que soient les naturels M et N définis ci-dessous par les conditions portant sur k_1 et k_2 , les propositions suivantes sont vraies :

(i) $k \geqslant 0$. (38)

(ii) Les formes réduites r_{MN} sont toutes identiques et égales à $P_m // Q_n$ si et seulement si les naturels k_1 et k_2 satisfont aux conditions suivantes :

$$0 \leqslant k_1 \leqslant k \ , \qquad 0 \leqslant k_2 \leqslant k \ ; \tag{39}$$

on dit alors qu'il existe un bloc de type $(m, n; k+1)$ dans la table r.

(iii) La forme rationnelle $U_M // V_N$ est une forme de Padé engendrant la forme réduite $P_m // Q_n$ si et seulement si les conditions (39) sont satisfaites (c'est-à-dire si le couple (M,N) définit une position dans le bloc) et si les polynômes U_M et V_N sont définis par (34) et (35) où les naturels λ et $\varkappa$ satisfont à :

$$0 \leqslant \varkappa \leqslant \mathrm{Min}(k_{min}, k - k_{max}) = \begin{cases} k_{min} & \text{si} \quad k_1 + k_2 \leqslant k \\ k - k_{max} & \text{si} \quad k_1 + k_2 > k \end{cases} \tag{40}$$

$$\mathrm{Max}\,(0, k_1+k_2-k) \leqslant \lambda \leqslant k_{min} - \varkappa . \qquad (41)$$

La première alternative dans (40) contient le cas $k=+\infty$.

(iv) Les approximants de Padé p_{MN} existent et sont tous égaux à p_{mn} si et seulement si :

$$0 \leqslant k_1 + k_2 \leqslant k . \qquad (42)$$

Dans le cas contraire, c'est-à-dire :

$$k_1+k_2 > k, \qquad 0 \leqslant k_1 \leqslant k, \qquad 0 \leqslant k_2 \leqslant k \qquad (43)$$

les approximants de Padé p_{MN} n'existent pas.

(v) Les déterminants C_N^M vérifient les relations suivantes :

$$C_N^M = 0 \qquad 0 < k_1 \leqslant k, \qquad 0 < k_2 \leqslant k, \qquad (44)$$

$$C_m^M \neq 0 \qquad 0 \leqslant k_1 \leqslant k, \qquad (45)$$

$$C_N^m \neq 0 \qquad 0 \leqslant k_2 \leqslant k ; \qquad (46)$$

on dit alors qu'il existe un <u>bloc</u> de type $(m,n\,;k+1)$ dans la table c.

(vi) Les rangs des tables B_{MN} et S_{MN} sont donnés par :

$$\mathrm{rang}\, S_{MN} = M+1 + \mathrm{rang}\, B_{MN} \qquad (47)$$

$$\mathrm{rang}\, B_{MN} = N - \underset{\{U_M /\!/ V_N\}}{\mathrm{Max}} (\varkappa) = N - \mathrm{Min}(k_{min}, k - k_{max}) \qquad (48)$$

où le maximum est pris entre toutes les formes de Padé avec M et N fixés.

(vii) Les formes de Padé $U_M /\!/ V_N$ sont uniques si et seulement si $\mathrm{rang}\, B_{MN} = N$, c'est-à-dire :

$$k_{min} = 0 \qquad \text{ou} \qquad k_{max} = k ; \qquad (49)$$

dans ces cas on a :

$$\varkappa = 0 , \qquad \lambda = k_{min} . \tag{50}$$

(viii) (Kronecker-Capelli) [138]
Une condition nécessaire et suffisante pour que le système (17") possède au moins une solution non-triviale avec $v_0 \neq 0$ est que :

$$\operatorname{rang} B_{MN} = \operatorname{rang} A_{MN} . \tag{51}$$

Par conséquent l'approximant de Padé p_{MN} n'existe pas si et seulement si :

$$\operatorname{rang} B_{MN} \neq \operatorname{rang} A_{MN} . \tag{52}$$

(ix) La série C représente la fraction rationnelle p_{mn} si et seulement si $k = \infty$.

Démonstration :

(i) La relation (33) combinée avec la relation (24) du théorème 3 démontre le résultat (38).

(ii) Les polynômes $U_M : U_M(z) = z^\lambda P_m(z)$ et $V_N : V_N(z) = z^\lambda Q_n(z)$ définissent une forme de Padé si et seulement si $\operatorname{ord}(CV_N - U_M) \geq M+N+1$, mais d'après l'hypothèse (33) on a : $\operatorname{ord}(CV_N - U_M) = m+n+1+k+\lambda$, ce qui donne $m+n+k+\lambda \geq M+N$, ou ce qui revient au même :

$$\lambda \geq \operatorname{Max}(0, M-m+N-n-k) = \operatorname{Max}(0, k_1+k_2-k). \tag{53}$$

Inversement si $U_M // V_N$ est une forme de Padé réductible en $P_m // Q_n$, alors d'après (34) et (35), on a :

$$\lambda + \varkappa \leq \operatorname{Min}(M-m, N-n) = k_{min} . \tag{54}$$

Les inégalités (53) et (54) donnent :

$$\operatorname{Max}(0, k_1+k_2-k) \leq \lambda \leq k_{min} - \varkappa . \tag{55}$$

Ainsi pour démontrer la proposition (ii) il suffit d'établir la condition nécessaire et suffisante d'existence des solutions positives λ et $\varkappa$ de l'inégalité (55) ; cette condition est : $Max(0, k_1+k_2-k) \leq k_{min} - \varkappa \leq k_{min}$, d'où si $k_1+k_2<k$, alors $k_{min} \geq 0$ et si $k_1+k_2 \geq k$, alors $k_{min}+k_{max}-k \leq k_{min}$, c'est-à-dire $k_{max} \leq k$, ce qui démontre (39).

(iii) D'après (ii) toute forme de Padé faisant partie du bloc est définie par les polynômes U_M et V_N de forme (34) et (35), la condition (39) qui en fait est une condition sur M et N garantit l'appartenance au bloc. L'inégalité (41) vient d'être démontrée (cf. (55)). La même inégalité pour $\varkappa$ donne : $\varkappa \leq k_{min} - Max(0, k_1+k_2-k) = k_{min} + Min(0, k-k_1-k_2) = Min(k_{min}, k-k_{max})$, c'est-à-dire (40).

(iv) Pour que la forme réduite $P_m // Q_n$ engendrée par une forme de Padé $U_M // V_N$ soit aussi une forme de Padé, il faut et il suffit que $ord\,(CQ_n - P_m) \geq M+N+1$, ce qui d'après (33) donne $m+n+k \geq M+N = m+n+k_1+k_2$, c'est-à-dire (42) et par exclusion (43).

(v) $C_N^M = 0$ si et seulement si le système (17") avec $v_0 = 0$ possède au moins une solution non-triviale (condition sur les systèmes homogènes), ce qui équivaut à $0 < \lambda$. D'autre part d'après (41) on a $\lambda \leq k_{min}$, d'où : $k_{min} > 0$ est une condition nécessaire et suffisante pour que $C_N^M = 0$, ce qui est traduit dans (44), (45) et (46).

(vi) La relation (47) découle de la forme du système (17') :

$$-u_k + \sum_{j=0}^{N} c_{k-j}\, v_j = 0 \qquad k = 0, 1, \ldots, M,$$

dont la table est de rang $M+1$ grâce aux coefficients -1 devant les u_k.

La relation (48) découle du fait que la solution générale du système (17) définit la forme de Padé $\sum_{\forall\varkappa} a_\varkappa U_M^{(\varkappa)} // \sum_{\forall\varkappa} a_\varkappa V_N^{(\varkappa)}$ où les polynômes $U_M^{(\varkappa)}$ et $V_N^{(\varkappa)}$ sont définis par (34) et (35) et comme $\varkappa = 0, 1, \ldots, Max(\varkappa)$, cette solution contient $Max(\varkappa)+1$ paramètres $a_\varkappa$, dont $Max(\varkappa)$ sont indépendants car la normalisation permet de fixer un de ces paramètres. Ceci conduit à (48) où on a reporté (40).

(vii) D'après (vi) et (iii) les formes de Padé sont uniques si dans (48) $\mathrm{Max}(\varkappa) = \mathrm{Min}(k_{min}, k - k_{max}) = 0$ $(\mathrm{rang}\, B_{MN} = N)$, ce qui donne (49) et par conséquent (50).

(viii) L'inexistence des approximants de Padé découle du théorème de Kronecker Capelli et du théorème 4.

(ix) D'après l'hypothèse (42) est satisfait pour tout k_1 et k_2 , c'est-à-dire il existe un bloc infini d'approximants de Padé tous égaux à P_m / Q_n . D'après (33) $\mathrm{ord}(CQ_n - P_m) = \infty$, ce qui veut dire que la série C est engendrée par la fraction rationnelle P_m / Q_n .

C.Q.F.D.

Comme nous l'avons déjà remarqué (cf. l'exemple du paragraphe précédent) l'hypothèse sur l'inversibilité de la série C n'est pas essentielle dans le théorème 6. En effet si on suppose $\mathrm{ord}\, C = q$ il faut multiplier le polynôme P_m du théorème 6 par z^q et toutes les tables commenceront par q lignes des zéros. Nous commenterons donc le théorème 6 dans le cas $\mathrm{ord}\, C = 0$.

Théorème 6 commenté

(ii) Existence d'un bloc carré de dimensions $(k+1) \times (k+1)$ dans la table r des formes réduites (bloc de type $(m, n ; k+1)$) :

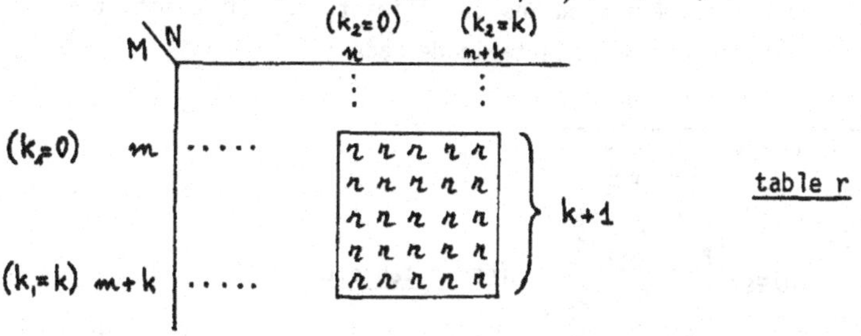

Dans ce bloc toutes les formes réduites r_{MN} s'identifient à $P_m // Q_n$ noté r .

(iii) Cette proposition précise qu'en dehors du bloc précédent, il n'y a pas de formes réduites égales à p .
Les inégalités (40) et (41) donnent les valeurs possibles de $\varkappa$ et λ dans un bloc :

$$\mathrm{Min}(\varkappa) = 0 \tag{56}$$

$$\mathrm{Max}(\varkappa) = \mathrm{Min}(k_{min}, k-k_{max}) \tag{57}$$

$$\mathrm{Min}(\lambda) = \mathrm{Max}(0, k_1+k_2-k) \tag{58}$$

$$\mathrm{Max}(\lambda) = k_{min} \tag{59}$$

$$\lambda + \varkappa \leqslant k_{min}. \tag{60}$$

Pour illustrer ceci, considérons le cas $k=4$:

$\mathrm{Max}(\varkappa)$

$k_1 \backslash k_2$	0	1	2	3	4
0	0	0	0	0	0
1	0	1	1	1	0
2	0	1	2	1	0
3	0	1	1	1	0
4	0	0	0	0	0

$\mathrm{Min}(\lambda)$

$k_1 \backslash k_2$					
	0	0	0	0	0
	0	0	0	0	1
	0	0	0	1	2
	0	0	1	2	3
	0	1	2	3	4

$\mathrm{Max}(\lambda)$

$k_1 \backslash k_2$					
	0	0	0	0	0
	0	1	1	1	1
	0	1	2	2	2
	0	1	2	3	3
	0	1	2	3	4

On constate que $\mathrm{Max}(\varkappa)$ représente la distance au bord du bloc.

(iv) Cette proposition précise où les approximants de Padé existent et où ils n'existent pas dans la table de Padé :

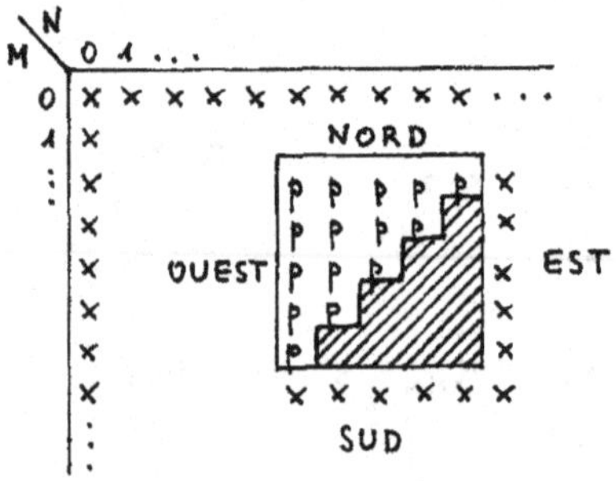

table p

Dans la partie hachurée du bloc, les approximants de Padé n'existent pas (d'après (iii) dans cette partie $\lambda > 0$) ; dans l'autre partie du bloc, ils sont tous égaux à P_m/Q_n noté p . On retrouve ce résultat d'après la table des $Min(\lambda)$ et le théorème 4 qui dit que l'approximant de Padé existe s'il existe une forme de Padé avec $\lambda = 0$. Aux endroits notés par les croix les approximants de Padé existent : sur la colonne $N = 0$, car il s'agit là de la série tronquée ; sur la ligne $M = 0$, car on a admis que la série C est inversible ; sur l'extérieur Sud-Est du bloc, car il ne peut correspondre qu'aux côtés Nord-Ouest des autres blocs éventuels.

(v) Le bloc des zéros dans la table c est de dimensions $k \times k$. Pour être homogène avec les autres tables, on lui associe le côté Nord-Ouest :

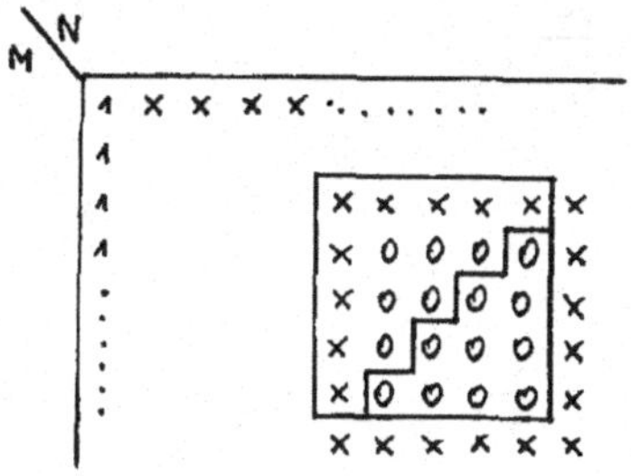

table c (61)

Les croix signifient ici : "différent de zéro". Pour les mêmes raisons que dans le cas de la table p , l'extérieur Sud-Est du bloc satisfait à :

$$C_N^{m+k+1} \neq 0 \qquad n \leq N \leq n+k+1$$

$$C_{n+k+1}^{M} \neq 0 \qquad m \leq M \leq m+k+1 . \qquad (62)$$

(vi) Les rangs des tables B_{MN} dans le bloc de type $(m,n\,;\,5)$ d'après (48) d'une part et la table de $Max(x)$ d'autre part sont:

$k_1 \backslash k_2$	0	1	2	3	4
0	n	$n+1$	$n+2$	$n+3$	$n+4$
1	n	n	$n+1$	$n+2$	$n+4$
2	n	n	n	$n+1$	$n+4$
3	n	n	$n+1$	$n+2$	$n+4$
4	n	$n+1$	$n+2$	$n+3$	$n+4$

(vii) Les formes de Padé sont uniques sur la partie hachurée de la table suivante des formes de Padé :

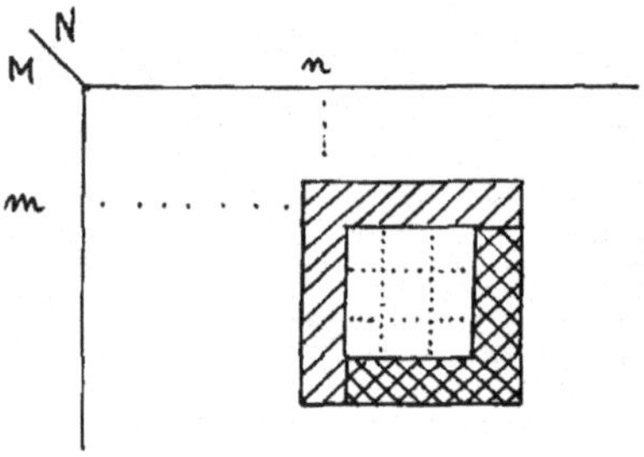

et bien sûr en dehors des blocs. Elles sont irréductibles $(\lambda=0)$ dans la partie simplement hachurée et réductibles par z^{λ} $(\lambda>0)$ dans la partie doublement hachurée.

(viii) Pour situer les blocs, il suffit de repérer les situations (52) où rang $B_{MN} \neq$ rang A_{MN} (rang A_{MN} = rang $B_{MN} - 1$) qui ont lieu au-dessous de la ligne grasse dans la table présentée en (vi). La table B_{MN} a une colonne de plus que la table A_{MN} ; cette colonne ne peut qu'augmenter le rang, donc on a :

(63)

Si rang $A_{MN} = N$, alors on a automatiquement (51) : rang A_{MN} = rang B_{MN}
Si rang $A_{MN} < N$, alors il faut vérifier si (51) est satisfait pour affirmer que l'approximant de Padé existe.

C'est la méthode que nous avons employée dans les exemples qui suivent.

(ix) C'est le cas où toutes les tables présentent un bloc infini de type $(m,n;\infty)$; en particulier, dans la table p l'approximant P_m/Q_n est la solution du problème $CQ_n - P_m = 0$:

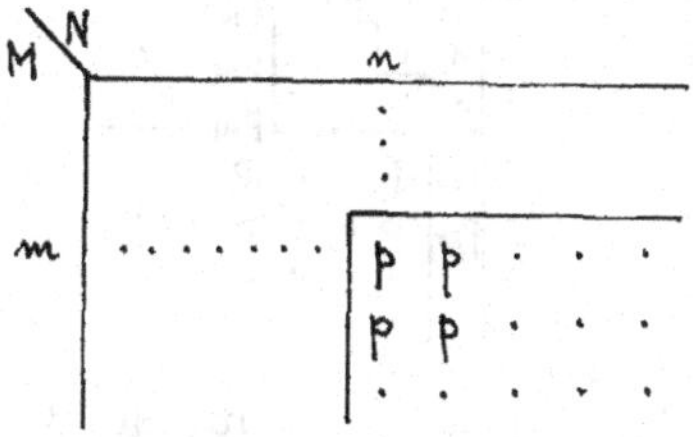

On note que dans un bloc infini tous les approximants de Padé existent.

A titre d'illustration du théorème de Gragg nous présentons deux exemples :

Exemple 1 : (cf. (28) - (31))

$$C : C(z) = 1 + z^4 + z^5 + \ldots \tag{63}$$

La table C :

0	1							
1	0	1				0		
2	0	0	1					
3	0	0	0	1				
4	1	0	0	0	1			
5	1	1	0	0	0	1		
6	1	1	1	0	0	0	1	
7	1	1	1	1	0	0	0	1
⋮	⋱	⋱	⋱	⋱	⋱	⋱	⋱	⋱

$A_{23} =$ ⬚ (cadre en pointillé)

$B_{23} =$ ☐ (cadre plein)

On "découpe" la table B_{MN} à partir de la ligne $M+1$. Rappelons que $\det A_{MN} = C_N^M$. On voit facilement qu'à partir de C_2^5 tous les déterminants $C_{N\geq 2}^{M\geq 5}$ sont nuls, donc il existe un bloc infini et la série C représente la fraction rationnelle :

$$p : p_{41}(z) = \frac{1 - z + z^4}{1 - z} \; . \tag{64}$$

table c

M \ N	0	1	2	3	4	5	6
0	×	×	×	×	×	×	...
1	×	0	0	0	×	×	...
2	×	0	0	0	×	×	...
3	×	0	0	0	×	×	...
4	×	×	×	×	×	×	...
5	×	×	0	0	0	0	...
6	×	×	0	0	0	0	...
·	·	·	·	·	·	·	...

table p

M \ N	0	1	2	3	4	5	6
0	1	1	1	1	p_{04}	·	· ·
1	1	1	1		p_{14}	·	· ·
2	1	1			p_{24}	·	· ·
3	1				p_{34}	·	· ·
4	p_{40}	p	p	p	p	·	· ·
5	p_{50}	p	p	p	p	·	· ·
6	·	·	·	·	·	·	· ·

Dans le bloc de type $(0,0;4)$ de la table r, toutes les formes réduites r_{MN} sont égales à $1//1$; par conséquent $C(z)\cdot 1-1=z^4+\ldots$ et $\text{ord}\,(C-1)\geqslant M+N+1$ (théorème 3) n'est pas satisfait par :

$$r_{13},\ r_{22},\ r_{23},\ r_{31},\ r_{32},\ r_{33}.$$

Prenons par exemple le cas de r_{23} pour illustrer le théorème 6 (viii) :

$$A_{23}=\begin{bmatrix}0&0&1\\0&0&0\\1&0&0\end{bmatrix},\qquad B_{23}=\begin{bmatrix}0&0&0&1\\1&0&0&0\\1&1&0&0\end{bmatrix},\ \text{rang}\,A_{23}=2,\ \text{rang}\,B_{23}=3.$$

Les rangs n'étant pas égaux, r_{23} ne définit pas un approximant de Padé (p_{23} n'existe pas). La forme de Padé $U_2//V_3$ est unique ($v_0=v_1=v_3=0$; $v_2=1$), $\lambda=2$, $\varkappa=0$, ce qui illustre le théorème 6 (vii). Les rangs des tables A et B sont présentés dans la table suivante avec la convention : rang A / rang B .

M \ N	0	1	2	3	4
0		1/1	2/2	3/3	4/4
1		0/0	1/1	2/3	4/4
2		0/0	0/1	2/3	4/4
3		0/1	1/2	2/3	4/4
4		1/1	2/2	3/3	4/4
5		1/1	1/1	2/2	3/3

Aux endroits où $\text{rang} A \neq \text{rang} B$ (théorème 6 (viii)) les approximants de Padé n'existent pas. La condition du rang maximal (théorème 6 (vii)) :

$$\text{rang}\ B_{MN} = N \tag{65}$$

n'est pas satisfaite à l'intérieur (sauf les bords) des blocs, même s'ils sont infinis.
Les formules (30) et (31) donnent deux formes de Padé $U_2/\!/N_1$ possibles. Pour illustrer le théorème 6(iii) et (vi) considérons les tables B_{02}, B_{12} et B_{22} :

	rang	λ possibles	$\varkappa$ possibles
B_{02}	2	0	0
B_{12}	1	0 / 0 , 1	0 , 1 / 0
B_{22}	1	1 / 1 , 2	0 , 1 / 0

Exemple 2 (E. Ferreira)

$$C:\ C(z) = 1 + z + z^2 + z^3 + (1+\varepsilon)z^4 + z^5 + \ldots \quad (\varepsilon \neq 0) \tag{66}$$

La perturbation du coefficient c_4 de la série géométrique fait d'une part que cette série a pour somme l'approximant de Padé $p_{51} : p_{51}(z) = \varepsilon z^4 + \frac{1}{1-z}$ et d'autre part que la table p présente un bloc de type $(0,1\,;\,3)$ où les approximants de Padé p_{13}, p_{22} et p_{23} n'existent pas.

Théorème 7 [112, p. 17]
Si le rang de la table B_{MN} est maximal :

$$\text{rang}\ B_{MN} = N, \tag{67}$$

alors la forme de Padé $U_M // V_N$ est définie par :

$$U_M : U_M(z) = \det \begin{bmatrix} C_{(M)}(z) & z\,C_{(M-1)}(z) & \cdots & z^N C_{(M-N)}(z) \\ c_{M+1} & c_M & \cdots & c_{M-N+1} \\ \vdots & \vdots & & \vdots \\ c_{M+N} & \cdot & \cdots & c_M \end{bmatrix}, \tag{68}$$

$$V_N : V_N(z) = \det \begin{bmatrix} 1 & z & \cdots\cdots & z^N \\ c_{M+1} & c_M & \cdots\cdots & c_{M-N+1} \\ \vdots & \vdots & & \vdots \\ c_{M+N} & \cdot & \cdots\cdots & c_M \end{bmatrix} =$$

$$= \det\left[A_{MN} - z A_{M+1,N}\right], \tag{69}$$

où

$$C_{(K)} : C_{(K)}(z) = \begin{cases} \sum_{j=0}^{K} c_j z^j & \text{si} \quad K \geq 0 \\ 0 & \text{si} \quad K < 0 . \end{cases}$$

La forme de Padé $U_M // V_N$ ne peut dans ce cas être réductible que par z^λ
Le terme d'erreur $O(z^{M+N+1})$ est donné dans ce cas par :

$$O(z^{M+N+1}) = C(z)V_N(z) - U_M(z) = (-1)^N \sum_{k=1}^{\infty} \det \begin{bmatrix} c_{M+1} & c_M & \cdots & c_{M-N+1} \\ \vdots & \vdots & & \vdots \\ c_{M+N} & \cdot & \cdots & c_M \\ c_{M+N+k} & c_{M+N+k-1} & \cdots & c_{M+k} \end{bmatrix} z^{M+N+k} \tag{70}$$

On démontre facilement ce théorème par simple vérification. La condition (67) qui assure que $V_N \neq 0$ dans (69) est satisfaite en dehors des blocs et sur les bords des blocs $(\varkappa = 0)$, d'où la remarque sur la divisibilité éventuelle par z^λ.

Par soustraction des colonnes dans (69) on obtient la formule équivalente :

$$V_N : V_N(z) = \det \begin{bmatrix} (1-z) & z(1-z) & \dots & z^{N-1}(1-z) & z^N \\ (\Delta c)_M & (\Delta c)_{M-1} & \dots & (\Delta c)_{M-N+1} & c_{M-N+1} \\ \vdots & \vdots & & \vdots & \vdots \\ (\Delta c)_{M+N-1} & \cdot & \dots & (\Delta c)_M & c_M \end{bmatrix} \qquad (71)$$

qui est utilisée dans l'ε-algorithme, car elle donne rapidement la valeur de $V_N(1)$.

Identification des blocs

Pour situer un bloc dans la table p on recherche des blocs dans la table c en se servant du théorème suivant, qui, compte-tenu de notre analyse et du diagramme (61) est évident (*) :

Théorème 8

(i) Une condition nécessaire et suffisante d'existence d'un bloc de dimensions $k \times k$ $(k>1)$ est qu'il existe une colonne ou une ligne dans la table c qui contient $(k-1)$ zéros consécutifs et que les éléments immédiatement extérieurs à ces zéros soient non-nuls.

(*) Ce théorème serait dû à Frank, mais on comprend mal pourquoi il est toujours cité de façon erronée : Wall [163, p. 395], donne trop de conditions, Gragg [112, p. 15], pas assez.

(ii) Une condition nécessaire et suffisante d'existence d'un bloc de type $(m,n;k)$:

$$m \leq M \leq m+k-1\,,$$
$$n \leq N \leq n+k-1 \tag{72}$$

est que les conditions suivantes soient satisfaites par les éléments C_N^M de la table c :

$$C_n^{m+1} \neq 0\,, \qquad C_{n+k}^{m+k-1} \neq 0\,,$$

$$C_{n+j}^{m+j} = 0 \qquad j=1,\ldots,k-1\,; \quad k>1\,. \tag{73}$$

La proposition (i) assure uniquement l'existence d'un bloc, la proposition (ii), en plus, positionne le bloc. Les diagrammes suivants illustrent ces deux propositions (les croix désignent les éléments non-nuls dans la table c) :

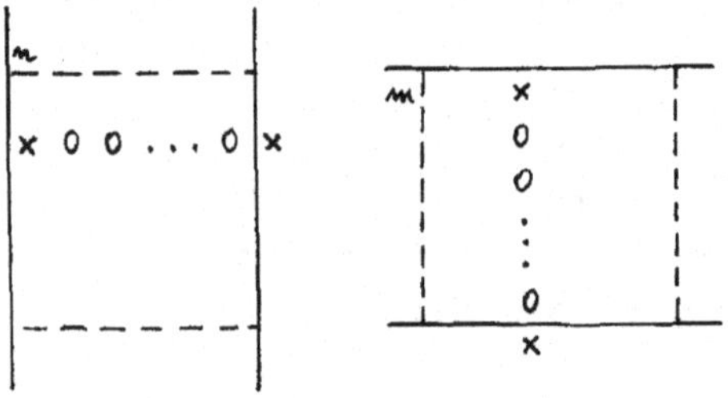

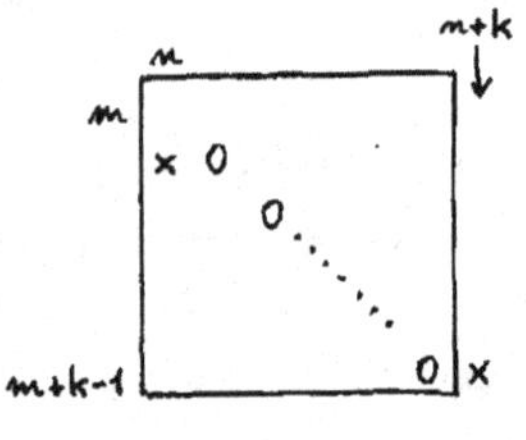

(i)

(ii)

<u>Théorème 9</u> (Sylvester) [12, p. 16]

Les éléments de la table c satisfont à la relation de récurrence suivante :

$$\forall M>0,\ \forall N>0: \quad (C_N^M)^2 = C_{N+1}^M\, C_{N-1}^M + C_N^{M-1}\, C_N^{M+1} \tag{74}$$

avec les conditions initiales suivantes :

$$\begin{aligned} \forall M \geqslant 0: &\quad C_0^M = 1, \quad C_1^M = c_M \\ \forall N \geqslant 0: &\quad C_N^0 = (c_0)^N . \end{aligned} \tag{75}$$

Symboliquement la relation (74) s'écrit : (Centre)^2 = Est x Ouest + Nord x Sud :

$$C^2 = E \cdot O + N \cdot S$$

La loi de récurrence (74) permet de calculer la table c en calculant les éléments "Est" au fur et à mesure et ceci ou bien en remontant les anti-diagonales, ou bien colonne par colonne :

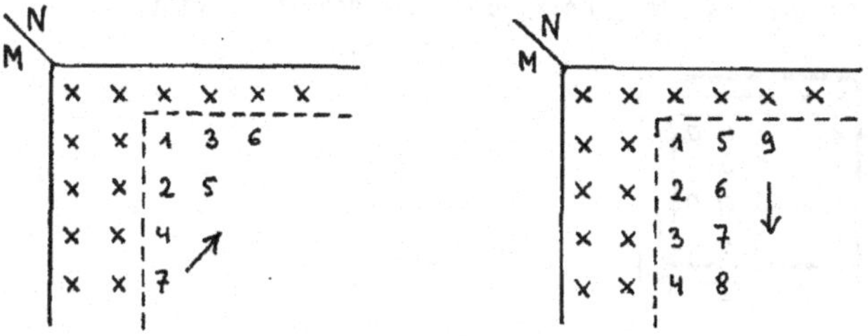

(76)

Les croix désignent les déterminants donnés par (75), les nombres 1,2,... indiquent l'ordre de calcul.

Corollaire 9

Une condition nécessaire et suffisante d'existence d'un bloc de type $(m,n;k)(k>1)$, est qu'exclusivement pour les valeurs suivantes de q :

$$q = 0, 1, \ldots, k$$

on ait :

$$C_n^{m+q} = C_n^m \left(\frac{C_n^{m+1}}{C_n^m} \right)^q . \tag{77}$$

On le démontre facilement à partir de la formule (74) en remarquant que pour $q = 1, \ldots, k-1$ on a : $C_{n+1}^{m+q} = 0$.
Nous avons choisi dans (77) le bord Ouest du bloc, car c'est lui qui est atteint d'abord par la stratégie (76). Il est évident que sur chaque bord du bloc des zéros, les déterminants C_N^M sont en progression géométrique, par exemple, au Nord on a :

$$C_{n+q}^m = C_n^m \left(\frac{C_{n+1}^m}{C_n^m} \right)^q \qquad q = 0, \ldots, k. \tag{78}$$

Notons que ces lois géométriques permettent de faire un tour complet du bloc des zéros, mais pour ceci il faut connaître au moins quatre éléments sur ce tour, par exemple ceux indiqués par les croix sur le diagramme suivant :

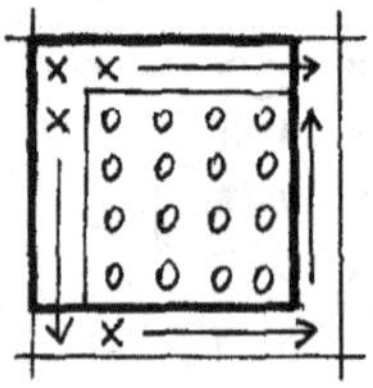

Au chapitre 7 nous donnerons d'autres formules qui permettent de contourner les blocs.

Stratégies numériques de détection d'un bloc

Tout dépend de la façon dont on calcule les déterminants C_N^M .

(1) Les déterminants C_N^M sont calculés indépendamment les uns des autres. Dans ce cas, on choisit une stratégie qui rend minimum l'ordre des déterminants à calculer : par exemple colonne par colonne :

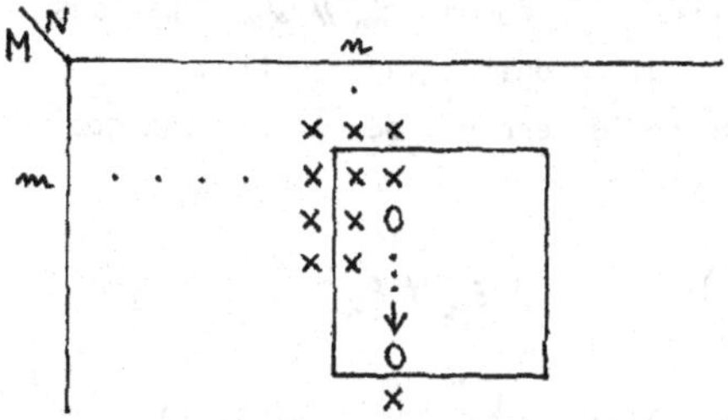

Dès l'apparition d'un zéro, on descend la colonne jusqu'à la découverte d'un élément non-nul. L'ordre des déterminants sur cette colonne est le moins élevé $(n+1)$ par rapport aux autres C_N^M nuls. Notons qu'on aurait pu découvrir déjà sur la colonne précédente la loi géométrique.

(2) Les déterminants C_N^M sont calculés par récurrence (74) selon un des schémas (76). Dans ce cas, pour délimiter un bloc, il faut calculer tous les éléments à gauche dans l'ordre indiqué ci-dessous :

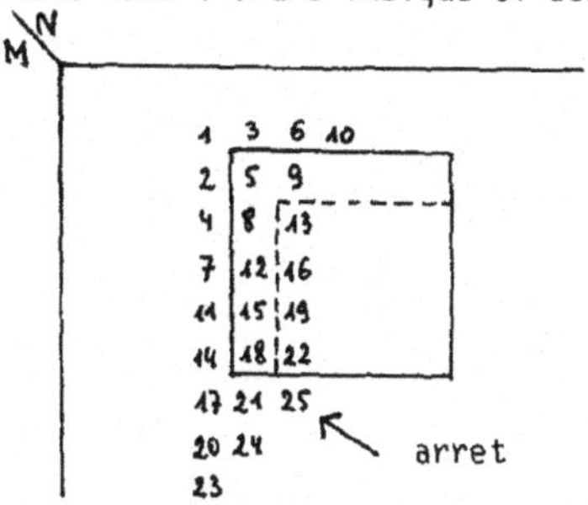

Les éléments 13, 16, 19, 22 sont nuls ; dès qu'on a atteint l'élément 25 non-nul, on a déterminé la position et la dimension du bloc.

Calcul de l'approximant de Padé dans un bloc

Théoriquement tous les approximants de Padé dans un bloc de type $(m,n;k)$ sont égaux à P_m/Q_n . Par conséquent, on ne s'intéresse qu'à un seul approximant $[m/n]$ dans ce bloc, seulement on ne connaît pas, a priori, l'existence de ce bloc. Théoriquement, les autres formes de Padé du bloc calculées par (26) peuvent se distinguer de la forme $P_m // Q_n$ par des facteurs de type $(z-a)//(z-a)$ ce qui conduit à la réduction. Cependant, ou bien les erreurs machine ou les erreurs de calcul font que ce facteur est de la forme :

$$(z-a+\varepsilon_1) // (z-a+\varepsilon_2) \qquad (\varepsilon_1 \neq \varepsilon_2) \tag{79}$$

de sorte qu'en pratique on n'a presque jamais $C_N^M = 0$. Ainsi le système (26) peut numériquement avoir des solutions dans tout le bloc. On peut détecter ce type de situations en analysant les zéros et les pôles des approximants de Padé calculés en pratique. En effet, le facteur de type (79) conduit à l'apparition d'un doublet pôle-zéro. Froissart a montré [95] que ces doublets peuvent être rattachés aux erreurs de calcul : au "bruit".

5.3 REVUE DES DEFINITIONS DES APPROXIMANTS DE PADE. MEILLEURE APPROXIMATION LOCALE.

La plupart des théorèmes cités dans ce paragraphe figurent dans des articles cités en référence sous forme de définitions. En montrant l'équivalence de ces dernières avec les nôtres, nous avons présenté les résultats sous forme de théorèmes. Etant donné qu'une confusion totale règne chez les auteurs en ce qui concerne la terminologie, il nous a paru utile de mettre en parallèle la terminologie de divers auteurs et la nôtre.

Notes sur la terminologie

Au paragraphe 1, nous avons introduit les notions générales : forme rationnelle, forme rationnelle réduite et fraction rationnelle, et au paragraphe 2, les notions particulières : forme de Padé, forme réduite et approximant de Padé. Nous nous limitons à cette nomenclature. Il est clair que le manque de distinction entre les formes et les fractions rationnelles est dans une grande partie de la littérature une source de confusion. On y distingue parfois les termes : fraction réductible (qui correspondrait à notre forme rationnelle) et fraction irréductible (qui correspondrait à notre fraction rationnelle).

Fraction de Padé (Gragg) - fraction rationnelle engendrée par une forme réduite. La fraction de Padé s'identifie à l'approximant de Padé, s'il existe (Gragg n'introduit pas de terme : approximant de Padé).

Approximant de Padé - Frobenius (Nuttall, Bessis, ...) - c'est une forme de Padé.

Approximant de Padé - tout le monde est unanime, bien que certains auteurs, après l'avoir défini, le confondent avec la fraction de Padé.

Approximant de Padé formel - chez de Bruin et van Rossum, c'est simplement un approximant de Padé d'une série formelle, chez Della Dora, c'est une fraction de Padé.

Il est prudent de vérifier les définitions en consultant la littérature.

On considère l'algèbre $K_+(Z)$ des fractions rationnelles définie par (11). On rappelle également qu'en se limitant aux séries formelles inversibles, on simplifie les énoncés des propositions, mais on ne restreint pas essentiellement leur généralité.

Théorème 10

Soit donnée une série formelle inversible C ; s'il existe une fraction rationnelle P_M/Q_N qui satisfait aux conditions suivantes :

$$\operatorname{ord}\left(C - P_M Q_N^{-1}\right) \geqslant M+N+1 \tag{80}$$

$$\deg P_M \leqslant M, \quad \deg Q_N \leqslant N, \tag{81}$$

alors elle s'identifie à l'approximant de Padé $[M/N]$.

Démonstration : S'il existe une fraction rationnelle P_M/Q_N qui satisfait à (80), alors d'après (13) on a : $\operatorname{ord} C = \operatorname{ord}(P_M Q_N^{-1}) = \operatorname{ord} P_M - \operatorname{ord} Q_N = 0$, d'où $\operatorname{ord} P_M = \operatorname{ord} Q_N$ et $\operatorname{ord} Q_N = 0$, car $P_M /\!/ Q_N$ est une forme rationnelle réduite. Par conséquent P_M/Q_N appartient à $K_+(Z)$ et $\operatorname{ord}(C-P_M Q_N^{-1}) = \operatorname{ord} Q_N + \operatorname{ord}(C-P_M Q_N^{-1}) = \operatorname{ord}(CQ_N - P_M)$ et d'après le théorème 3 P_M/Q_N s'identifie à l'approximant de Padé $[M/N]$. Inversement, si P_M/Q_N est l'approximant de Padé $[M/N]$ de la série C, alors d'après le théorème 3 $\operatorname{ord}(CQ_N - P_M) \geqslant M+N+1$ et $\operatorname{ord} Q_N = 0$, ce qui donne (80).

C.Q.F.D.

Dans la plupart des ouvrages, la relation (80) s'écrit :

$$C(z) - \frac{P_M(z)}{Q_N(z)} = O(z^{M+N+1}) \tag{82}$$

où on sous-entend que la fraction P_M/Q_N (si elle existe, elle est unique) est remplacée par son développement en série.

Considérons, d'après Della Dora [79], le cône $\mathcal{V}_N^M$ dans le V-espace $K((Z))$ des fractions rationnelles (cf. paragraphe 1.1.4) :

$$\mathcal{V}_N^M = \{ P/Q \in K((Z));\ \deg P \leq M,\ \deg Q \leq N,\ Q(0)=1 \}. \qquad (83)$$

Notons que $\mathcal{V}_N^M$ appartient à l'algèbre $K_+(Z)$.

Théorème 11

Une forme rationnelle réduite $P_M /\!/ Q_N$ $(\mathrm{ord}\, Q_N = 0)$ est la forme réduite de la série formelle inversible C si et seulement si :

$$\mathrm{ord}\,(C - P_M Q_N^{-1}) = s \qquad (84)$$

où :

$$s = \mathop{\mathrm{Sup}}_{P/Q \in \mathcal{V}_N^M} \left[\mathrm{ord}\,(C - PQ^{-1}) \right] \qquad (85)$$

En plus, si la position (M,N) est la position du bloc de type $(m,n;k+1)$ alors :

$$s = m + n + k + 1 . \qquad (86)$$

Démonstration : Toute forme rationnelle réduite $P /\!/ Q$ telle que $P/Q \in \mathcal{V}_N^M$ satisfait d'après le théorème 6 à :

$$0 \leq \mathrm{ord}\,(C - PQ^{-1}) \leq m + n + k + 1$$

où la position (M,N) appartient au bloc de type $(m,n;k+1)$ (qui peut être éventuellement réduit à $(m,n;1)$). Parmi toutes les formes rationnelles réduites $P /\!/ Q$ il existe, d'après le théorème 2, une unique forme réduite $P_M /\!/ Q_N$ pour laquelle $\mathrm{ord}\,(CQ_N - P_M) = m+n+k+1$, c'est-à-dire $P_M /\!/ Q_N$ réalise le Sup . Inversement si $P_M /\!/ Q_N$ est une forme réduite, alors (86) et par conséquent (85) sont satisfaits.

C.Q.F.D.

On peut écrire :

$$s = M+N+1+\left[k-(M-m)+(N-n)\right], \tag{87}$$

ce qui montre que selon la position dans le bloc s est supérieur ou strictement inférieur à $M+N+1$, c'est-à-dire la fraction rationnelle P_M/Q_N s'identifie ou non à l'approximant de Padé.

Une autre version, beaucoup plus élégante, du théorème 11, a été donnée initialement par de Bruin et van Rossum [60], puis, indépendamment par Della Dora [79] (dans les deux cas : sous forme de définition). Della Dora s'appuie sur le théorème 1.6 (rappelons la définition de sa norme $\| \ \|$: $\|P/Q\| = \exp(\mathrm{ord}\,Q - \mathrm{ord}\,P)$, $P/Q \in K_+(Z)$), et présente la fraction P_M/Q_N comme <u>meilleure approximation</u> dans le cône $\mathcal{V}_N^M$ du V-espace $K((Z))$:

<u>Théorème 11'</u> (deuxième version)

L'élément P_M/Q_N de $\mathcal{V}_N^M$ vérifiant :

$$\left\|C - \frac{P_M}{Q_N}\right\| = \operatorname*{Inf}_{\frac{P}{Q} \in \mathcal{V}_N^M} \left\|C - \frac{P}{Q}\right\| \tag{88}$$

définit la forme réduite $P_M /\!/ Q_N$.

<u>Démonstration</u> : Vérifions seulement que la condition (88) s'identifie à la condition (84). En effet, par définition des normes utilisées, on a :

$$\left\|C - \frac{P}{Q}\right\| = \left\|\frac{CQ-P}{Q}\right\| = e^{\mathrm{ord}\,Q - \mathrm{ord}(CQ-P)} = e^{-\mathrm{ord}(CQ-P)}$$

et par conséquent l'Inf est atteint quand $\mathrm{ord}(CQ-P) = s$.

C.Q.F.D.

<u>Commentaires</u>

Le théorème 2 nous a permis de supprimer la condition d'existence de P_M/Q_N qui figurait dans la définition originale de Della Dora.

Inversement, si on admet que l'Inf dans (88) existe, alors la condition $\operatorname{ord} Q = 0$ (ou $Q(0)=1$) est vérifiée automatiquement. En effet, considérons, pour simplifier le raisonnement, une série inversible C, ce qui donne $\operatorname{ord}(CQ) = \operatorname{ord} Q$. D'après (13) on a :

$$\operatorname{ord}(CQ-P) \begin{cases} \geqslant \operatorname{ord} Q & \text{si} \quad \operatorname{ord} Q = \operatorname{ord} P \\ \leqslant \operatorname{ord} Q & \text{si} \quad \operatorname{ord} Q \neq \operatorname{ord} P . \end{cases}$$

Par conséquent, on a :

$$\operatorname{ord} Q - \operatorname{ord}(CQ-P) \begin{cases} \leqslant 0 & \text{si} \quad \operatorname{ord} Q = \operatorname{ord} P \\ \geqslant 0 & \text{si} \quad \operatorname{ord} Q \neq \operatorname{ord} P \end{cases}$$

ce qui montre que l'Inf dans (88) ne peut être atteint que si $\operatorname{ord} Q = \operatorname{ord} P$. Mais dans ce cas, la forme rationnelle réduite $P/\!/Q$ engendrée par la fraction P/Q satisfait à la condition $\operatorname{ord} Q = 0$.

D'abord Walsh [166], puis Saff et récemment Chui et coll. [68, 69, 70] ont montré que la fraction rationnelle engendrée par la forme réduite est la <u>meilleure approximation rationnelle locale</u>, c'est-à-dire la limite des meilleures approximations rationnelles au sens de Tchebycheff sur l'intervalle $[0, \varepsilon]$. Le théorème qui suit repose sur le théorème d'existence d'une meilleure approximation rationnelle au sens de Tchebycheff, puis on démontre que la limite quand ε tend vers zéro est unique grâce à l'identification avec la forme réduite. En réalité, les auteurs cités en référence ne s'aperçoivent pas que cette limite est une fraction rationnelle engendrée par la forme réduite et parlent "d'approximant de Padé", pourtant défini dans leurs articles comme chez nous. Nous présentons donc, d'après [68], le théorème de Walsh-Chui corrigé :

<u>Théorème 12</u>

Soit donnée une série formelle C de rayon de convergence $\rho > 0$. Soient $[0, \varepsilon]$ $(0 < \varepsilon \leqslant \delta < \rho)$ un intervalle réel et $r^{(\varepsilon)}$ la meilleure approximation rationnelle sur $[0, \varepsilon]$ dans le cône $\mathcal{V}_N^M$ de la série C

au sens de Tchebycheff, c'est-à-dire :

$$\| C - r^{(\varepsilon)} \|_{[0,\varepsilon]} = \operatorname*{Inf}_{r \in \mathcal{V}_N^M} \| C - r \|_{[0,\varepsilon]} \tag{89}$$

où la norme $\| \ \|_{[0,\varepsilon]}$ est définie par :

$$\| C \|_{[0,\varepsilon]} = \operatorname*{Max}_{x \in [0,\varepsilon]} |C(x)| \qquad 0 < \varepsilon \leq \delta < \rho , \tag{90}$$

alors la fraction rationnelle $r = P_M/Q_N$ de $\mathcal{V}_N^M$ définie par :

$$r = \lim_{\varepsilon \to 0+} r^{(\varepsilon)} \tag{91}$$

engendre la forme réduite $P_M /\!/ Q_N$.

Nous avons présenté dans [105] un résultat similaire en remplaçant la norme de la convergence uniforme par la norme :

$$\| C \|_{\overline{D}_\varepsilon} = \left(\oint_{|z|=\varepsilon} |C(z)|^2 \left| \frac{dz}{z} \right| \right)^{1/2} = \left(\sum_{n=0}^{\infty} c_n^2 \ \varepsilon^{2n} \right)^{1/2} \tag{92}$$

où $\overline{D}_\varepsilon = \{ z : |z| \leq \varepsilon \ ; \ 0 < \varepsilon \leq \delta < \rho \}$.

Il nous semble que le nouvel article annoncé par Chui [71] sur la meilleure approximation locale dans $\mathcal{L}^2$ va reproduire la même idée.

<u>Théorème 13</u>

Soit donnée une série formelle C de rayon de convergence $\rho > 0$. Soient $\overline{D}_\varepsilon$ un disque fermé dans le plan des complexes et $r^{(\varepsilon)}$ une meilleure approximation rationnelle sur $\overline{D}_\varepsilon$ dans le cône $\mathcal{V}_N^M$ de la série C au sens de la norme (92), c'est-à-dire :

$$\| C - r^{(\varepsilon)} \|_{\overline{D}_\varepsilon} = \operatorname*{Inf}_{r \in \mathcal{V}_N^M} \| C - r \|_{\overline{D}_\varepsilon} \qquad 0 < \varepsilon \leq \delta < \rho , \tag{93}$$

alors la fraction rationnelle $r = P_M/Q_N$ de $\mathcal{V}_N^M$ définie par :

$$r = \lim_{\varepsilon \to 0+} r^{(\varepsilon)} \tag{94}$$

engendre la forme réduite $P_M // Q_N$.

Démonstration : Dans les formules (89) et (93), les fractions $r = P/Q$ peuvent être remplacées par les séries de Taylor PQ^{-1} ; notons par $\{\bar{c}_j\}_{j\geq 0}$ la suite des coefficients d'une telle série.
Par définition de notre norme, on a :

$$\| C - r \|_{\bar{D}_\varepsilon} = \left(\sum_{j=0}^{\infty} | c_j - \bar{c}_j |^2 \varepsilon^{2j} \right)^{1/2} \tag{95}$$

où $\{c_n\}$ est la suite des coefficients de la série C . Quand ε tend vers zéro, le premier terme non-nul dans la série du second membre devient dominant$^{x)}$. Pour minimiser cette norme, il s'agit donc de rendre maximum l'ordre de la série $C - r$, ce qui à la limite conduit à la définition de la forme réduite $P_M // Q_N$ (cf. théorème 11).

C.Q.F.D.

Les deux derniers théorèmes ont le même inconvénient : ils ne s'appliquent qu'aux séries de Taylor ; la convergence de la série pour les normes utilisées intervient clairement dans (89) et (93).

Il est à noter également que toutes les tentatives de définition d'un approximant de Padé comme une meilleure approximation aboutissent à la définition d'une forme réduite (ou si on veut : à la définition d'une fraction rationnelle qui engendre une forme réduite).

---

x) A. Magnus vient de me faire remarquer que cette affirmation est inexacte. Le contre-exemple est fourni par la série $1+z^2$ et $r^{(\varepsilon)} = P_1/Q_1$. Sauf $j = 0,2$ les termes de la série (95) sont proportionnels à ε^4 . Toutefois nous n'avons pas pu trouver de contre-exemple au théorème.

5.4 RELATIONS ENTRE LES APPROXIMANTS DE PADE ET LES FRACTIONS CONTINUES. NORMALITE.

Théorème 14

Les 2n-ièmes (resp. (2n+1)-ièmes) approximants de la fraction continue suivante :

$$\frac{a_0}{1-}\ \frac{a_1 z}{1-}\ \frac{a_2 z}{1-}\ \cdots \tag{96}$$

s'identifient aux approximants de Padé $[n-1/n]$ (resp. $[n/n]$) de la série formelle $C : C(z) = \sum c_n z^n$ engendrée par cette fraction.

Démonstration : D'après (4.50), on a : $A_{(p)}(z)\,B_{(p)}^{-1}(z) - C(z) = O(z^p)$; en outre, d'après (4.96) : $A_{(2n)}/B_{(2n)} = P_{n-1}/Q_n \ (n=1,2,\dots)$ et $A_{(2n+1)}/B_{(2n+1)} = P_n/Q_n \ (n=0,1,\dots)$, d'où :

$$\mathrm{ord}\,(P_{n-1}Q_n^{-1} - C) \geq 2n \qquad \text{et} \qquad \mathrm{ord}\,(P_n Q_n^{-1} - C) \geq 2n+1 ,$$

ce qui, confronté au théorème 10 démontre le théorème.

C.Q.F.D.

Notons que l'existence des approximants de Padé est impliquée dans ce théorème par l'existence de la fraction S .

Soient C une série formelle inversible et $D = C^{-1}$ la série inversée. Désignons respectivement par c et d les suites des coefficients des séries C et D et par C_k et D_k les séries définies par :

$$C_k : \ C_k(z) = c_k + c_{k+1} z + \dots \tag{97}$$

$$D_k : \ D_k(z) = d_k + d_{k+1} z + \dots \tag{98}$$

Considérons les développements en fractions S suivantes :

$$C(z) \simeq \begin{cases} c_0 + c_1 z + \ldots + c_{k-1} z^{k-1} + z^k \cdot \dfrac{a_0^{(k)}}{1-} \dfrac{a_1^{(k)} z}{1-} \dfrac{a_2^{(k)} z}{1-} \cdots & k=1,2,\ldots \\ \dfrac{a_0}{1-} \dfrac{a_1 z}{1-} \dfrac{a_2 z}{1-} \cdots & k=0 \end{cases} \tag{99}$$

$$C(z) = D^{-1}(z) \simeq \frac{1}{d_0 + d_1 z + \ldots + d_{k-1} z^{k-1} + z^k \cdot \dfrac{b_0^{(k)}}{1-} \dfrac{b_1^{(k)} z}{1-} \dfrac{b_2^{(k)} z}{1-} \cdots} \qquad k=1,2,\ldots \tag{100}$$

Il est clair que la fraction (96) (et (99) avec $k=0$) s'identifie à la fraction (100) avec $k=1$ (les coefficients $b_m^{(1)}$ sont notés b_m) :

$$\frac{a_0}{1-} \frac{a_1 z}{1-} \cdots = \frac{1}{d_0 +} \frac{b_0 z}{1-} \frac{b_1 z}{1-} \cdots = \frac{\left(\frac{1}{d_0}\right)}{1-} \frac{\left(-\frac{b_0}{d_0}\right) z}{1-} \frac{b_1 z}{1-} \cdots$$

d'où :

$$a_0 = \frac{1}{d_0}, \qquad a_1 = -\frac{b_0}{d_0}, \qquad a_{n+1} = b_n \qquad n > 0 . \tag{101}$$

Les définitions (97) et (98) confrontées à (99) et (100) donnent :

$$C_k(z) \simeq \frac{a_0^{(k)}}{1-} \frac{a_1^{(k)} z}{1-} \frac{a_2^{(k)} z}{1-} \cdots \tag{102}$$

$$D_k(z) \simeq \frac{b_0^{(k)}}{1-} \frac{b_1^{(k)} z}{1-} \frac{b_2^{(k)} z}{1-} \cdots \tag{103}$$

Définition 4

On dit qu'une série formelle C et la table r des formes réduites qui lui est associée sont normales si toutes les formes réduites de la série sont différentes les unes des autres. On dit que la table de Padé engendrée par la table r normale est normale.

Théorème 15

La table de Padé et la série C sont normales si et seulement si une des conditions suivantes est satisfaite :

(i) $\forall m,n \geq 0 :$ $\qquad C_n^m(c) \neq 0.$ (104)

(ii) $\forall m,n \geq 0 :$ $\qquad H_n^m(c) \neq 0$ et $H_n^m(d) \neq 0.$ (105)

(iii) Quel que soit $k \geq 0$ les séries C_k et D_k possèdent les développements en fractions continues S (102) et (103).

(iv) Toutes les formes de Padé $P_m // Q_n$ sont uniques et telles que $\text{ord}\, Q_n = 0$; elles s'identifient donc aux formes réduites, tous les approximants de Padé existent et on a :

$$\deg P_m = m, \qquad \deg Q_n = n.$$

Démonstration :

(i) D'après le théorème 6 (v) et (104), la table de Padé n'est composée que des blocs de type $(m,n;1)$, c'est-à-dire chaque élément constitue son propre bloc ; alors, d'après le théorème 6 (iii) (cf. théorème 6 (iii) commenté) toutes les formes réduites sont différentes les unes des autres.

(ii) Ceci découle de (i) et des formules (1.33) et (1.37). La suffisance est immédiate : $C_n^m(c) \neq 0$ entraîne $H_n^m(c) \neq 0$ (cf. (1.33)) et $C_n^m(c) \neq 0$ entraîne aussi $C_m^n(d) \neq 0$ (cf. (1.37)) donc $H_m^n(d) \neq 0$. La nécessité est moins triviale : il faut remarquer que la condition $H_n^m(c) \neq 0$ conduit par l'intermédiaire de (1.33) à (104), mais seulement pour la moitié de la table c , d'où la condition $H_n^m(d) \neq 0$ qui intervient pour la moitié restante.

(iii) Ceci découle du théorème 4.12 (cf. formule (4.54)) et de (ii) .

(iv) D'après le théorème 6 (vii) (cf. théorème 6 (vii) commenté), les formes de Padé sont uniques aux bords des blocs, donc la table à formes de Padé uniques peut contenir au plus les blocs de type $(m,n;2)$; la condition $\text{ord}\, Q_n = 0$ (ou $\lambda = 0$) restreint cette possibilité aux blocs de type $(m,n;1)$. La suite de la démonstration est identique à celle de (i). D'après le théorème 6, on a aussi : $\deg P_m = m, \quad \deg Q_n = n.$

C.Q.F.D.

Une table normale est constituée donc des blocs de type $(m,n;1)$. On dit dans ce cas, par abus de langage, <u>qu'il n'y a pas de blocs</u> dans la table (il serait correct de dire : il n'y a pas de blocs de zéros dans la table c).

<u>Théorème 16</u> [163, p. 380]

Soient (99) et (100) les développements en fractions S de la série normale C donnée, alors les approximants successifs de la fraction S (99) s'identifient aux approximants de Padé de la <u>chaîne</u> suivante :

$$\begin{array}{llll} [k-1/0] & & & \\ [k/0] & [k/1] & & \\ & [k+1/1] & [k+1/2] & \\ & & \downarrow & \to \end{array} \qquad (106)$$

où, si $k=0$, on supprime l'approximant $[k-1/0]$; les approximants successifs de la fraction S (100) s'identifient aux approximants de Padé de la chaîne suivante :

$$\begin{array}{llll} [0/k-1] & [0/k] & & \\ & [1/k] & [1/k+1] & \\ & & [2/k+1] & \to \downarrow \end{array} \quad . \qquad (107)$$

<u>Démonstration</u> : La condition sur la normalité assure que tous les approximants de Padé existent et sont différents les uns des autres. Pour démontrer (106) considérons donc la fraction continue (99) et ses approximants qui, d'après le théorème 14, sont :

$$\sum_{j=0}^{k-1} c_j z^j = [k-1/0]_C(z) \qquad k>0 \qquad (108)$$

$$\sum_{j=0}^{k-1} c_j z^j + z^k [n-1/n]_{C_k}(z) = [k+n-1/n]_C(z) \qquad n=1,2,\ldots;k>0 \qquad (109)$$

$$\sum_{j=0}^{k-1} c_j z^j + z^k [n/m]_{C_k}(z) = [k+n/m]_C(z) \qquad n=0,1,\dots\,;\ k>0 \tag{110}$$

Mais les seconds membres sont précisément les approximants de Padé de la chaîne (106). (107) se démontre de façon identique.

C.Q.F.D.

Par conséquent, les approximants de la fraction (99) occupent la partie inférieure gauche de la table de Padé et les approximants de la fraction (100) la partie supérieure droite :

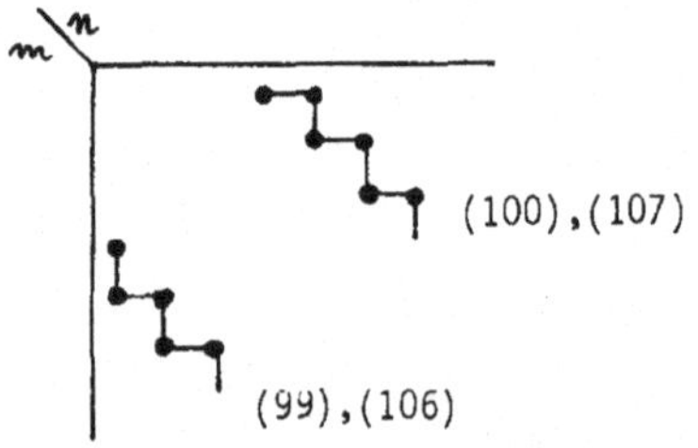

Rappelons qu'une série formelle dont les coefficients sont les moments de Stieltjes $\left(c_n = \int_0^\infty x^n d\mu(x)\right)$ est une série de Stieltjes (cf. (3.12)). Chaque série de Stieltjes est donc engendrée par une fonction μ. Rappelons également (cf. paragraphe 2.2.1) qu'aux fonctions μ appartenant à l'ensemble $\uparrow \mathcal{B}V_f\,[0,\infty[$ sont associées des mesures $d\mu$ qui sont des sommes finies des mesures de Dirac. Le complémentaire de l'ensemble $\uparrow\mathcal{B}V_f$ dans $\uparrow\mathcal{B}$ était noté $\uparrow\mathcal{B}V_i$.

Définition 5

On appelle série non-rationnelle de Stieltjes la série de Stieltjes engendrée par une fonction de $\uparrow\mathcal{B}V_i[0,\infty[$.

Théorème 17

Une condition nécessaire et suffisante pour qu'une série formelle $C: C(z) = \sum c_n z^n$ soit une série non-rationnelle de Stieltjes est que les suites $\{c_n\}_{n\geq 0}$ et $\{c_n\}_{n\geq 1}$ soient H-définies positives.

C'est exactement le théorème 3.9.

Théorème 18

Une série non-rationnelle de Stieltjes est normale.

Démonstration : Selon le théorème 17 $H_n^0(c)>0$ et $H_n^1(c)>0$ pour tout n, ce qui entraîne, d'après la propriété 2.1, $H_n^m(c)>0\ (m,n\geqslant 0)$. Ceci à son tour entraîne, d'après la formule (1.38) prise avec $m=0,1$ et 2, et en remarquant que $(-1)^{n+1}H_n^m(d)=H_n^m(-d)$:

$$\forall n\geqslant 0:\quad -H_n^0(-d)>0,\quad H_n^1(-d)>0,\quad H_n^2(-d)>0\ ; \tag{111}$$

les deux dernières inégalités entraînent, d'après la propriété 2.1 $H_n^m(-d)>0\ (m\geqslant 1, n\geqslant 0)$, ce qui, avec la première inégalité donne $H_n^m(d)\neq 0$ pour tout m et n positifs. Par conséquent, les conditions (105) du théorème 15 (ii) sont vérifiées.

C.Q.F.D.

Au passage de cette démonstration, on a démontré le lemme suivant qui nous servira plus tard :

Lemme 1

Si la série C est une série non-rationnelle de Stieltjes, alors il en est de même pour la série $-D_1$, ces deux séries étant liées par la relation suivante :

$$C(z)=\frac{1}{d_0+zD_1(z)} \tag{112}$$

Le terme "non-rationnelle" est justifié par le fait que la fonction de Stieltjes engendrée par une série non-rationnelle de Stieltjes n'est pas une fonction rationnelle. Par conséquent, aucun approximant de Padé n'est égal à cette fonction. Rappelons que si une série entière représente une fonction rationnelle, alors la méthode d'approximation de Padé est un moyen automatique pour identifier cette fonction.

5.5 EFFETS DES TRANSFORMATIONS DE FONCTIONS ET DE VARIABLE SUR LES APPROXIMANTS DE PADE. DECOMPOSITION DES APPROXIMANTS DE PADE.

Ce paragraphe traite des transformations qui au moins à certains approximants de Padé font correspondre les approximants de Padé des séries transformées. La plupart des formules démontrées plus loin sont nouvelles et font état de la présence des blocs dans la table de Padé. Les formules connues dans le cas des séries normales sont ainsi généralisées. Notre méthode de démonstration est également nouvelle et beaucoup plus simple que celle que l'on trouve par exemple dans [10]. Elle évoque fréquemment le théorème 4 (existence d'un approximant de Padé) ; nous écrirons symboliquement $\lambda = 0$ (cf. théorème 6) pour préciser que les conditions du théorème 4 sont satisfaites.

On désigne par $\mathcal{T}$ aussi bien une transformation de fonction que celle de variable, cette dernière étant définie par une fonction $z = z(w)$.

Définition 6

On dit qu'une <u>transformation</u> $\mathcal{T}$ est <u>compatible</u> si elle satisfait aux conditions suivantes :

(i) Il existe un ensemble A dans l'algèbre $K[[Z]]$ des séries formelles tel que :

$$\mathcal{T}(A) \subset \begin{cases} K[[Z]] & \text{si } \mathcal{T} \text{ transforme les fonctions} \\ K[[W]] & \text{si } \mathcal{T} \text{ transforme la variable ;} \end{cases}$$

(ii) Il existe un ensemble B dans l'algèbre $K_+(Z)$ des fractions rationnelles tel que :

$$\mathcal{T}(B) \subset \begin{cases} K_+(Z) & \text{si } \mathcal{T} \text{ transforme les fonctions} \\ K_+(W) & \text{si } \mathcal{T} \text{ transforme la variable ;} \end{cases}$$

(iii) Il existe un sous-ensemble non-vide $A_{\mathcal{T}}$ de A et un ensemble non-vide $N_{\mathcal{T}}$ de couples des naturels (m,n) tels que pour tout élément f de $A_{\mathcal{T}}$ et tout couple (m,n) de $N_{\mathcal{T}}$ l'approximant de Padé $[m/n]_f$ est dans B et en plus $\mathcal{T}([m/n]_f)$ est l'approximant de Padé de la série $\mathcal{T}(f)$, c'est-à-dire :

$$\mathcal{T}([m/n]_f) = [m'/n']_{\mathcal{T}(f)} \quad (113)$$

Commentaires

La condition (iii), préparée par (i) et (ii), exprime ce que nous appelons compatibilité. Il est évident que nous nous intéressons en premier lieu aux transformations qui engendrent les plus grands ensembles $A_{\mathcal{T}}$ et $N_{\mathcal{T}}$.

ad.(i) : Dans le cas de la transformation $\mathcal{T}: f \to f^{-1}$ l'ensemble A est composé des séries inversibles.

ad.(ii) : Dans le cas de la transformation $z: z(w) = \sqrt{w}$ les ensembles A et B sont composés des séries ou des fractions où ne figurent que des termes de degrés pairs.

ad.(iii) : Pour que la fraction rationnelle $\mathcal{T}([m/n]_f)$ soit un approximant de Padé de la série $\mathcal{T}(f)$ il faut et il suffit qu'elle satisfasse à :

$$\operatorname{ord}[\mathcal{T}(f) - \mathcal{T}([m/n]_f)] \geq m' + n' + 1 \quad (114)$$

On voit que si l'opérateur $\mathcal{T}$ est linéaire, il suffit de l'appliquer aux deux membres de l'équation $f(z) - [m/n]_f(z) = O(z^{m+n+1})$ pour déterminer les conditions exactes de compatibilité (c'est-à-dire les ensembles $A_{\mathcal{T}}$ et $N_{\mathcal{T}}$). En particulier, si $\mathcal{T}$ est une transformation de variable, alors $\mathcal{T}$ est linéaire, par contre dans le cas de la transformation de fonctions on n'a pas toujours :

$$\mathcal{T}(f - [m/n]_f) = \mathcal{T}(f) - \mathcal{T}([m/n]_f) \quad (115)$$

(comme c'est le cas de $\mathcal{T} : f \to f^{-1}$) et il faut dans ce cas imposer une condition particulière pour satisfaire à (113). On est donc amener à séparer l'étude des transformations de fonctions de celle des transformations de variable.

On remarque aussi que si $\mathcal{T}_1$ et $\mathcal{T}_2$ sont deux transformations compatibles, alors elles ne commutent pas nécessairement et leur produit $\mathcal{T}_1 \mathcal{T}_2$ (ou $\mathcal{T}_2 \mathcal{T}_1$) n'est pas nécessairement compatible.

Théorème 19

Une transformation $\mathcal{T}$ est compatible si elle satisfait aux conditions suivantes :

(i) Il existe un ensemble A dans l'algèbre $K[[Z]]$ satisfaisant à la condition (i) de la définition 6 et en plus tel que pour tout couple d'éléments (f, g) de A la relation :

$$\mathrm{ord}\,(f+g) \geq p \qquad \text{entraine} \qquad \mathrm{ord}(\mathcal{T}(f)+\mathcal{T}(g)) \geq p. \tag{116}$$

(ii) Il existe un ensemble B dans l'algèbre $K_+(Z)$ satisfaisant à la condition (ii) de la définition 6 et en plus tel que pour tout élément P_m/Q_n de B la fraction $p_{m'}/q_{n'} = \mathcal{T}(P_m/Q_n)$ satisfait à :

$$m' + n' = m + n \,. \tag{117}$$

Démonstration : Si on a : $\mathrm{ord}(f - P_m/Q_n) \geq m+n+1$, alors d'après (116) et (117) on a : $\mathrm{ord}(\mathcal{T}(f) - p_{m'}/q_{n'}) \geq m'+n'+1$, c'est-à-dire (113) est satisfait.

C.Q.F.D.

Ce théorème a été établi essentiellement pour les transformations non-linéaires des fonctions. En particulier pour les transformations de variable, la condition (117) est trop restrictive et on y perd toute la généralité. Les conditions (116) et (117) sont inspirées par [194].

Pour faciliter l'énoncé du théorème général sur la compatibilité des transformations de variable, nous le précédons des trois lemmes évidents :

Lemme 2

Soient $\mathcal{T}$ une transformation de variable définie par la fonction $z : z(w)$ analytique à l'origine et $C : C(z)$ une série formelle, alors en définissant la série formelle $C' : C'(w)$ par :

$$C(z) = C(z(w)) = C'(w)$$

on a :

$$\mathrm{ord}_w C' = \mathrm{ord}_w z \cdot \mathrm{ord}_z C \tag{118}$$

où $\mathrm{ord}_w z$ désigne l'ordre selon la variable w du développement en série de la fonction z au voisinage de l'origine. En particulier si

$$\mathrm{ord}_w z = 1 \quad , \tag{119}$$

alors la transformation $\mathcal{T}$ conserve l'ordre des séries formelles.

Lemme 3

Si $\mathcal{T}$ est une transformation de variable définie par la fonction $z : z(w)$, alors pour que l'algèbre $K_+(Z)$ soit stable par $\mathcal{T}$ il faut et il suffit que z appartienne à l'algèbre $K_+(W)$.

Lemme 4

Si $\mathcal{T}$ est une transformation de variable définie par la fonction $z : z(w)$ appartenant à $K_+(W)$, alors pour que $\mathcal{T}$ soit compatible, il faut et il suffit que ;

$$\mathrm{ord}_w z \geqslant 1 . \tag{120}$$

La condition (120) assure que $\mathrm{ord}[\mathcal{T}(f-[m/n]_f)] \neq 0$. En se limitant, contrairement aux conditions du lemme 3, à une partie de $K_+(Z)$ on peut trouver des transformations compatibles définies par les fonctions qui ne sont pas nécessairement analytiques au voisinage de l'origine comme $z : z(w) = \sqrt{w}$ que nous avons déjà signalée. Etant donné que tous les approximants de Padé existants du bloc de type $(m,n;k+1)$ se confondent à l'approximant de Padé $[m/n]$, dans le cas d'existence d'un bloc éventuel les théorèmes qui suivent se réfèrent précisément à cet approximant du bloc.

Théorème 20

Soient f une série formelle, $[m/n]_f$ l'approximant de Padé appartenant au bloc de type $(m,n;k+1)(k\geq 0)$, et $\mathcal{T}$ une transformation de variable définie par la fraction rationnelle suivante :

$$z : z(w) = w^{\omega} \frac{u_{\mu}(w)}{v_{\nu}(w)} \tag{121}$$

où :

$$\mathrm{ord}_w z = \omega \geq 1, \qquad \deg u_\mu = \mu, \qquad \deg v_\nu = \nu,$$

alors le couple des naturels (m,n) appartient à l'ensemble $N_{\mathcal{T}}$ de compatibilité de $\mathcal{T}$ si l'une des conditions suivantes est satisfaite:

$$m \leq n : \quad \mathrm{Max}(\nu m, \nu m + m(\omega+\mu-\nu)) + n \cdot \mathrm{Max}(\nu, \omega+\mu) \leq \omega(m+n+k+1)-1,$$

$$m \geq n : \quad \mathrm{Max}(\nu m, \nu m + n(\omega+\mu-\nu)) + m \cdot \mathrm{Max}(\nu, \omega+\mu) \leq \omega(m+n+k+1)-1. \tag{122}$$

Démonstration : D'après l'hypothèse $\mathrm{ord}(f-[m/n]_f) = m+n+k+1$ donc, d'après le lemme 2, on a :

$$\mathrm{ord}[\mathcal{T}(f-[m/n]_f)] = \omega(m+n+k+1). \tag{123}$$

Si on note par $\{m'/n'\}$ une fraction rationnelle $p_{m'}/q_{n'}$ ($\deg p_{m'} \leq$ $\leq m'$, $\deg q_{n'} \leq n'$), alors en remarquant que ;

$$\mathcal{T}([m/n]_f) = \left\{\frac{m'}{n'}\right\} = \begin{cases} \left\{\dfrac{\mathrm{Max}(\nu n, \nu n + m(\omega+\mu-\nu))}{n \cdot \mathrm{Max}(\nu, \omega+\mu)}\right\} & \text{si} \quad m \leq n \\ \left\{\dfrac{m \cdot \mathrm{Max}(\nu, \omega+\mu)}{\mathrm{Max}(\nu m, \nu m + n(\omega+\mu-\nu))}\right\} & \text{si} \quad m \geq n \end{cases} \qquad (124)$$

la relation (114) conduit à (122).

C.Q.F.D.

Commentaires : La raison pour laquelle la condition (122) n'est que suffisante est que $\mathcal{T}([m/n]_f) = p_{m'}/q_{n'}$ peut être un approximant de Padé de la série $\mathcal{T}(f)$, même si la condition (116) n'est pas satisfaite, car la forme rationnelle $p_{m'} /\!/ q_{n'}$ n'est pas nécessairement une forme rationnelle réduite.

Le théorème 20 dit (cf. définition 6) que l'ensemble $A_{\mathcal{T}}$ s'identifie à toute l'algèbre $K[[Z]]$; l'ensemble $N_{\mathcal{T}}$ dépend de la série f par l'intermédiaire des nombres k qui dépendent de f , m et n .

Corollaire 20

Sous réserve des conditions du théorème 20 et dans le cas des approximants de Padé diagonaux $(m = n)$, on a :

$$\mathcal{T}([n/n]_f) = [n \cdot \mathrm{Max}(\nu, \omega+\mu) / n \cdot \mathrm{Max}(\nu, \omega+\mu)]_{\mathcal{T}(f)} \qquad (125)$$

si :

$$2n \cdot \mathrm{Max}(\nu-\omega, \mu) \leq \omega(k+1) - 1 \ . \qquad (126)$$

(126) découle de (122), et (125) de (124), quand on pose $m = n$.

Les transformations compatibles que nous allons étudier maintenant vérifient ou bien les conditions du théorème 19 ou celles du théorème 20. Il nous arrivera, par abus de langage, d'utiliser le terme "approximant de Padé d'une fonction" en pensant toutefois à la série engendrée par la fonction en question.

Introduisons les notations suivantes, qui ne sont pas tout-à-fait homogènes avec celles des paragraphes précédents :

$$f \; : \; f(z) = c_0 + c_1 z + \dots$$

$$f_m \; : \; f_m(z) = \begin{cases} c_m z^m + c_{m+1} z^{m+1} + \dots & m \geq 0 \\ f(z) & m \leq 0 \end{cases}$$

$$f_{(m)} = f - f_{m+1} \qquad -\infty < m < +\infty \qquad \text{(série tronquée)}$$

$$g_m \; : \; g_m(z) = z^{-m} f_m(z) \qquad -\infty < m < +\infty$$

$$R_j \; : \; R_j(z) = r_0 + r_1 z + \dots + r_j z^j \; ; \quad (r_j \neq 0) \tag{127}$$

Transformations de fonctions.

Théorème 21

Soient f une série normale et $g_k \; (k>0)$ la série définie par (127), alors :

$$\forall k>0 ; \forall m,n : m \geq n-1 : \qquad C_n^m(g_k) = C_n^{m+k}(f) \neq 0 \; ; \tag{128}$$

par contre, si $m < n-1$, les déterminants $C_n^m(g_k)$ et $C_n^{m+k}(f)$ ne sont pas nécessairement égaux.

(Si f n'est pas normale, on supprime $\neq 0$ dans (128)).

Ceci, compte tenu du théorème 6 signifie que :

(i) Si $m \geq n-1$, alors les approximants de Padé $[m/n]_{g_k}$ existent (si la série f n'est pas normale, il faut lire : "existent si les approximants $[m+k/n]_f$ existent"). Plus précisément, si $m > n-1$, alors aucun de ces approximants n'appartient à un bloc ($[m/n]_{g_k} = P_m / Q_n$, $\deg P_m = m$, $\deg Q_n = n$); Si $m = n-1$, alors l'approximant $[n-1/n]_{g_k}$ peut appartenir à un bloc tout en étant situé dans le coin Sud-Ouest du bloc en question, ce qui fait que son dénominateur est encore de degré n.

(ii) Si $m < n-1$, alors l'approximant $[m/n]_{g_k}$ peut ne pas exister.

Démonstration : Sur le même diagramme nous reproduisons schématiquement les tables C engendrées par les séries f et g_k, c'est-à-dire par les suites $\{c_n\}_{n \geq 0}$ et $\{c_n\}_{n \geq k > 0}$:

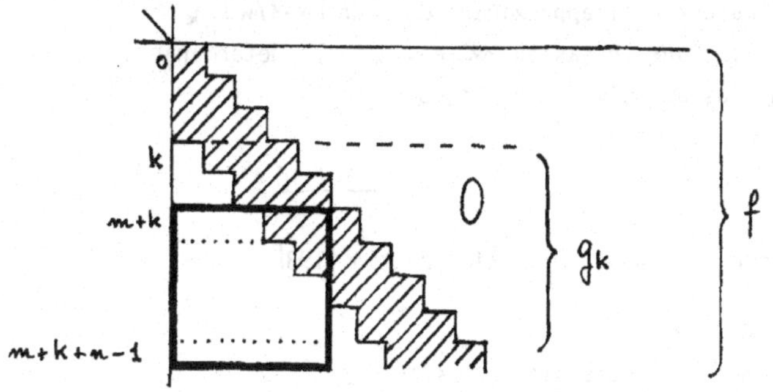

Pour obtenir la table C engendrée par la série g_k il faut remplacer les éléments figurant dans la partie hachurée par les zéros. Le même carré délimite les déterminants $C_n^{m+k}(f)$ et $C_n^m(g_k)$. S'il est à cheval sur la partie hachurée, les tables de f et de g_k ne sont pas les mêmes, bien que leurs déterminants, par hasard, peuvent être égaux. Ainsi une simple inspection de ce diagramme confirme les relations (128). Par conséquent même si la série f est normale, dans le cas où $m < n-1$ le déterminant $C_n^m(g_k)$ peut être nul et par conséquent l'approximant de Padé $[m/n]_{g_k}$ peut ne pas exister, c'est-à-dire la série g_k peut ne pas être normale ($k > 0$).

Sur la figure suivante on représente schématiquement la table c engendrée par la série g_k où, au-dessous de la ligne continue en escalier les déterminants $C_m^m(g_k)$ sont différents de zéro :

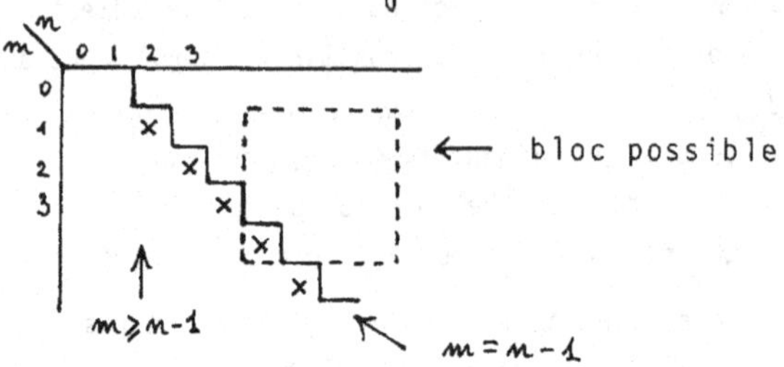

On constate que seuls les éléments $C_n^{n-1}(g_k)$ indiqués par les croix peuvent faire partie des blocs éventuels, mais compte tenu de cette position dans le bloc le dénominateur de l'approximant de Padé $[n-1/n]_{g_k}$ est quand même de degré n . Dans le cas où $m > n-1$ les déterminants $C_m^m(g_k)$ n'appartiennent pas aux blocs, ce qui confirme les assertions de (i).

C.Q.F.D.

Nous reproduisons le théorème suivant d'après Zinn-Justin [193] :

Théorème 22

(i) Soit f une série formelle inversible, alors :

$$\forall m,n \geqslant 0: \qquad [m/n]_f^{-1} = [n/m]_{f^{-1}} \quad . \tag{129}$$

En particulier si la série f engendre un bloc de type $(m,n;k)$, alors la série inversée f^{-1} engendre le bloc de type $(n,m;k)$.

(ii) Soit f une série formelle, alors

$$\forall m,n \geqslant 0: \qquad [m/n]_{f^*} = [m/n]_f^* \tag{130}$$

où la conjugaison complexe notée par l'astérisque porte sur les coefficients de la série ou de ceux de l'approximant de Padé. En particulier, si f est à coefficients réels, alors les coefficients des approximants de Padé de f sont réels.

(iii) Soit f une fonction telle que $f(z)f^*(z^*)=1$, alors :

$$\forall m,n \geq 0 : \qquad [m/n]_f(z)\,[n/m]_f^*(z^*)=1. \tag{131}$$

Démonstration : La compatibilité des transformations de fonctions (i) et (ii) découle du théorème 19.

(i) $([m/n]_f(z))^{-1}=(f(z)+O(z^{m+n+1}))^{-1}=f^{-1}(z)(1+f^{-1}(z)O(z^{m+n+1}))^{-1}=$

$$= f^{-1}(z)+O(z^{m+n+1})\,;$$

par conséquent d'après (82), on a ; $([m/n]_f)^{-1}=[n/m]_{f^{-1}}$, car l'inverse d'une fraction rationnelle est une fraction rationnelle et l'approximant de Padé est unique.

(ii) $[m/n]_f^*(z^*)=([m/n]_f(z))^*=(f(z)+O(z^{m+n+1}))^*=f^*(z^*)+O^*(z^{*m+n+1})$,

donc d'après (82), on a : $[m/n]_f^*(z^*)=[m/n]_{f^*}(z^*)$.

(iii) Ceci découle de (i) et de (ii) :

$$[m/n]_f(z)\,[n/m]_f^*(z^*)=[m/n]_f(z)\,[n/m]_{f^*}(z^*)=$$

$$=[m/n]_f(z)\,[n/m]_{f^{-1}}(z)=[m/n]_f(z)\,[m/n]_f^{-1}(z)=1\,.$$

C.Q.F.D.

Théorème 23

Soient $[m/n]_f$ l'approximant de Padé de la série formelle f appartenant au bloc de type $(m,n;k+1)$, $(k\geq 0)$, et R_j un polynôme de degré j , alors on a :

$$[m/n]_f+R_j=\begin{cases}[m/n]_{f+R_j} & \text{si} \quad 0\leq j\leq m-n\\ [n+j/n]_{f+R_j} & \text{si} \quad \mathrm{Max}(0,m-n+1)\leq j\leq m-n+k.\end{cases} \tag{132}$$

Si $k=0$, tous les cas sont représentés par la première alternative.
Dans la table de Padé de la série $f+R_j$ il y a, selon la valeur de j , un bloc de type suivant ;

$$0 \leqslant j \leqslant m-n: \qquad (m,n\,;\,k+1)$$

$$j=m-n+k-p \geqslant m-n \quad (0\leqslant p\leqslant k): \qquad (m+k-p,n\,;\,p+1) \tag{133}$$

Démonstration : Le théorème 19 étant trop restrictif, nous nous référons à la définition 6 pour démontrer la compatibilité de cette transformation de fonctions. Une fraction rationnelle P_M/Q_N non-identifiée à un approximant de Padé est notée $\{M/N\}$. D'après l'hypothèse, on a :

$$m+n+k+1 = \text{ord}(f-[m/n]_f) = \text{ord}[(f+R_j)-([m/n]_f+R_j)] =$$

$$= \text{ord}[(f+R_j)-\{\text{Max}(m,n+j)/n\}]. \tag{134}$$

La fraction $\{\}$ est irréductible, car $[m/n]_f$ l'est par hypothèse (donc $\lambda=0$ et on peut se référer au théorème 4). Plus précisément si on note cette fraction $\{\}=P/Q$, on a :

$$m>n+j: \quad \{m/n\}, \quad \deg P=m \quad , \quad \deg Q=n \quad ;$$

$$m=n+j: \quad \{m/n\}, \quad \deg P\leqslant m \quad , \quad \deg Q=n \quad ;$$

$$m<n+j: \quad \{n+j/n\}, \quad \deg P=n+j \quad , \quad \deg Q=n.$$

Pour que la fraction $\{\ \}$ soit un approximant de Padé de la série $(f+R_j)$, il suffit que :

$$\text{Max}(m,n+j) \leqslant m+k \qquad (m,n,k,j \geqslant 0).$$

Cette condition est satisfaite automatiquement si $m \geqslant n+j$ (première relation (132)), dans le cas contraire on a : $m < n+j \leq m+k$, d'où on obtient la seconde relation (132). Pour démontrer (133), on utilise également la relation (134). Si $j \leq m-n$, alors $\{\ \} = \{m/n\}$, d'où la première alternative. Si $j \geq m-n$, alors $\{\ \} = \{m+k-p/n\}$ et il suffit d'écrire $m+n+k+1 = (m+k-p)+(n)+(p)+1$ pour voir que la secondealternative a lieu (cf. théorème 6).

C.Q.F.D.

Nous illustrons ce théorème sur le diagramme suivant :

table de f approximants des séries $f+R_j$

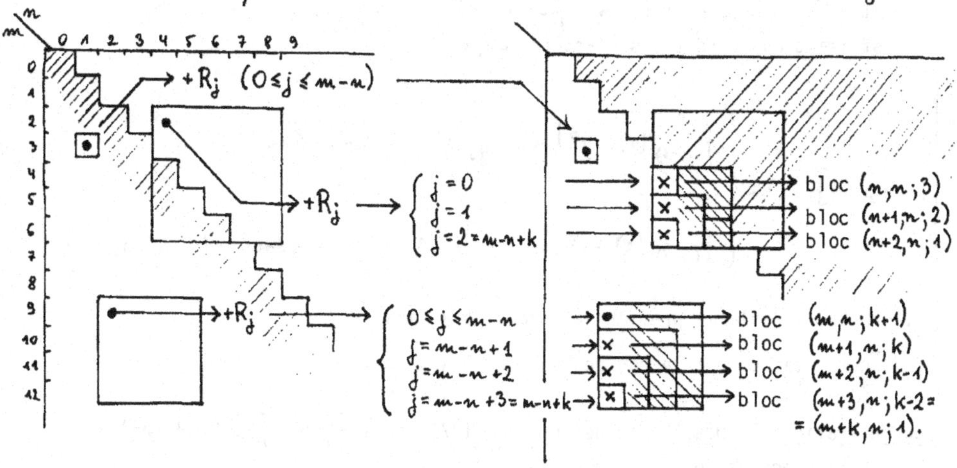

• : $[m/n]_f$

• : $[m/n]_{f+R_j}$

× : $[n+j/n]_{f+R_j}$

Sur la figure de gauche au-dessous de la ligne en escalier la condition $m-n \geq 0$ est satisfaite, donc dans ce cas les deux alternatives du théorème peuvent avoir lieu ; au-dessus de cette ligne, seule la seconde alternative peut avoir lieu et ceci à condition que $m-n+k \geq 0$, c'est-à-dire que la bloc en question chevauche la partie inférieure.

Sur la figure de droite, on indique différents blocs créés selon la valeur de j ; cette figure réunit donc les images de toutes les tables possibles. La partie hachurée en antidiagonales indique que l'on ne peut pas l'atteindre par la transformation (132), c'est-à-dire qu'il n'existe pas de triplet (m,n,j) qui définirait un élément de cette partie de la table. Il est de même pour la partie hachurée en diagonales à condition qu'elle ne se trouve pas dans le bloc créé.

Théorème 24

Soient f une série formelle, g_p $(p>0)$ la série engendrée par f et définie par (127), et $[m+p/n]_f$ l'approximant de Padé de f appartenant au bloc de type $(m+p,n;k+1)$, alors pour tout m,n satisfaisant aux conditions ci-contre on a :

$$[m+p/n]_f(z)=\begin{cases} f_{(p-1)}(z)+z^p[m/n]_{g_p}(z) & n-1\leq m \\ f_{(p-1)}(z)+z^p[n-1/n]_{g_p}(z), & n-1-k\leq m<n-1 \end{cases} \qquad (135)$$

Si $k=0$, seule la première alternative a lieu.

(cf. commentaire pour le cas de p: $-m\leq p\leq 0$).

Démonstration : D'après la définition (127), on a : $f(z)=f_{(p-1)}(z)+z^p g_p(z)$.
D'après l'hypothèse on a :

$$m+n+p+k+1 = \text{ord}\left(f-[m+p/n]_f\right)=$$

$$=\text{ord}\left[(f-f_{(p-1)})+([m+p/n]_f-f_{(p-1)})\right]. \qquad (136)$$

Mais par définition, $\text{ord}\left([m+p/n]_f - f_{(p-1)}\right)=p$, donc :

$$[m+p/n]_f(z)-f_{(p-1)}(z)=\{\text{Max}(m+p,n+p-1)/n\}=z^p\{\text{Max}(m,n-1)/n\};$$

d'autre part, $f(z) - f_{(p-1)}(z) = z^p g_p(z)$, ce qui donne :

$$\mathrm{ord}\,(g_p + \{(m,n-1)/n\}) = m+n+k+1$$

et d'après le théorème 4 $(\lambda = 0)$ et la définition (82), la fraction $\{\ \}$ est un approximant de Padé de g_p si :

$$\mathrm{Max}\,(m\,,\,n-1) \leq m+k \qquad (k \geq 0)$$

ce qui, en reprenant (136) et selon que $m \geq n-1$ ou $m < n-1$, conduit au résultat annoncé.

C.Q.F.D.

Commentaire : Bien que notre démonstration ne s'applique pas au cas $p \leq 0$, on peut donner un sens (trivial) aux formules (135) sans conditions sur m et n . En effet dans ce cas, on a : $f_{(p-1)} \equiv 0$ et ces formules se réduisent à :

$$0 \leq r \leq m\,;\ \forall m,n: \qquad [m/n]_{g_{-r}}(z) = z^r\,[m-r/n]_f(z) \tag{137}$$

où $-p = r = \mathrm{ord}\, g_{-r} \geq 0$. Ce n'est donc qu'une simple définition des approximants de Padé des séries d'ordre positif.
Les formules (135) dans le cas $m=n$ relient les approximants de Padé paradiagonaux aux diagonaux.

Théorème 25

Soient f une série formelle, a, b, c et d des constantes arbitraires mais telles que la série $cf+d$ soit inversible $(cf(0)+d \neq 0)$, et $[m/n]_f$ l'approximant de Padé de f appartenant au bloc de type $(m,n\,;\,k+1)$, alors on a :

$$|m-n| \leq k : \quad \frac{a\,[m/n]_f + b}{c\,[m/n]_f + d} = [\mathrm{Max}(m,n)/\mathrm{Max}(m,n)]_{\frac{af+b}{cf+d}} \,. \tag{138}$$

Démonstration : $\dfrac{a f(z)+b}{c f(z)+d} = \dfrac{a[m/n]_f + b + O(z^{m+n+k+1})}{c[m/n]_f + d + O(z^{m+n+k+1})} =$

$$= \frac{a[m/n]_f + b + O(z^{m+n+k+1})}{c[m/n]_f + d}\left(1 - \frac{O(z^{m+n+k+1})}{c[m/n]_f + d} + \cdots\right) =$$

$$= \left(\frac{a[m/n]_f + b}{c[m/n]_f + d} + O(z^{m+n+k+1})\right)\left(1 + O(z^{m+n+k+1})\right) =$$

$$= \frac{a[m/n]_f + b}{c[m/n]_f + d} + O(z^{m+n+k+1}) = \left\{\frac{\mathrm{Max}(m,n)}{\mathrm{Max}(m,n)}\right\} + O(z^{m+n+k+1}),$$

La fraction $\{\ \}$ est irréductible par z^λ ($\lambda = 0$; théorème 4), car la série $cf+d$ est inversible par hypothèse, alors pour que cette fraction soit un approximant de Padé de la fonction $\dfrac{af+b}{cf+d}$, il suffit que $2\,\mathrm{Max}(m,n) \leq m+n+k$, ce qui conduit à $|m-n| \leq k$.

C.Q.F.D.

Avec $k=0$ (138) se réduit au résultat classique de Baker [7, 10] connu en tant que l'invariance des approximants de Padé diagonaux par rapport aux transformations homographiques sur la fonction :

$$(k=0), \forall n : \qquad [n/n]_{\frac{af+b}{cf+d}} = \frac{a[n/n]_f + b}{c[n/n]_f + d} \quad . \tag{139}$$

Transformations de variable.

Par notre théorème 20 on généralise toutes les transformations de variable de type (121) qui, historiquement, ont été étudiées séparement ; il définit en plus les transformations des blocs. Les cas particuliers les plus fréquents de ce théorème sont regroupés dans le théorème suivant:

Théorème 26

Soient f une série formelle, $[m/n]_f$ l'approximant de Padé appartenant au bloc de type $(m,n;k+1)$, $(k \geq 0)$, et $\mathcal{T}$ une transformation de variable définie par la fraction rationnelle suivante :

$$z : z(w) = w^{\omega} \frac{u_\mu(w)}{v_\nu(w)} \tag{140}$$

où $\operatorname{ord} z = \omega \geq 1$, $\deg u_\mu = \mu$, $\deg v_\nu = \nu$, alors dans les conditions particulières définies ci-dessous l'approximant de Padé $[m/n]_f$ (resp. le bloc de type $(m,n;k+1)_f$ de f) est transformé en approximant de Padé $[\cdot/\cdot]_g$ (resp. le bloc de type $(\cdot,\cdot;\cdot)_g$ de g) où $g = \mathcal{T}(f) : g(w) = f(z(w))$:

(i) $\nu = \mu = 0 \quad (z : z(w) = \alpha w^{\omega})$

$$\forall m,n : \begin{cases} [m/n]_f(z(w)) = [\omega m/\omega n]_g(w) \\ (m,n;k+1)_f \xrightarrow{\mathcal{T}} (\omega m, \omega n; \omega(k+1))_g . \end{cases} \tag{141}$$

(ii) $\nu = 0,\ \mu \neq 0 \quad (z : z(w) = w^{\omega} u_\mu(w))$

$\mu(m+n) \leq \omega(k+1) - 1$:

$$\begin{cases} [m/n]_f(z(w)) = [m(\omega+\mu)/n(\omega+\mu)]_g(w) \\ (m,n;k+1)_f \xrightarrow{\mathcal{T}} (m(\omega+\mu), n(\omega+\mu); \omega(k+1) - \mu(m+n)). \end{cases} \tag{142}$$

(iii)

$\mu = 0, \quad \nu \leq \omega ; \quad m = n \quad \left(z : z(w) = \dfrac{\alpha w^{\omega}}{v_\nu(w)}\right)$

$$\forall n : \begin{cases} [n/n]_f(z(w)) = [\omega n/\omega n]_g(w) \\ (m,n;k+1)_f \xrightarrow{\mathcal{T}} (\omega n, \omega n; \omega(k+1))_g . \end{cases} \tag{143}$$

(iv) $\mu=0, \quad \nu=\omega=1 \qquad \left(z : z(w) = \dfrac{\alpha w}{1+\beta w}\right.$;transformation d'Euler$\left.\right)$

$$|m-n| \leq k : \begin{cases} [m/n]_f(z(w)) = [\mathrm{Max}(m,n)/\mathrm{Max}(m,n)]_g(w) \\ (m,n\,;k+1)_f \xrightarrow{\mathcal{T}} (\mathrm{Max}(m,n),\mathrm{Max}(m,n);k+1-|m-n|)_g . \end{cases} \quad (144)$$

En particulier si $m=n$, alors la transformation d'Euler conserve les approximants de Padé et par conséquent les blocs.

Démonstration : Toutes les propositions sont des cas particuliers des formules (122), (123) et (124). Les types des blocs transformés sont obtenus par la décomposition adéquate du membre de droite de l'équation (123).

C.Q.F.D.

Historiquement, la proposition (iv) dans le cas $m=n$ et $k=0$ a été démontrée la première fois par Edrei [84] et est connue en tant que l'invariance des approximants de Padé diagonaux par rapport aux transformations homographiques sur la variable conservant l'origine:

$$(k=0), \forall n : \qquad [n/n]_f\left(\frac{\alpha w}{1+\beta w}\right) = [n/n]_g(w) \quad . \qquad (145)$$

La proposition (iii) est due à Baker [12,p.111] .

On note que même si la série f est normale, alors dans la plupart des cas, la série $g=\mathcal{T}(f)$ ne l'est plus.

En vérifiant les conditions de compatibilité, il est facile de voir quand le produit $\mathcal{T}_1\mathcal{T}_2$ des deux transformations compatibles est compatible. Le cas cité dans la littérature [12] est celui du produit de la transformation (139) et (145).

Décomposition des approximants de Padé.

Nous répondrons maintenant à la question : Que peut-on dire des fractions rationnelles issues de la décomposition (en particulier de la division du numérateur par le dénominateur) d'un approximant de Padé ? Nous obtiendrons les formules de décomposition à partir des théorèmes 23 et 24. On aboutit à deux types de décompositions, dont les formules suivantes sont des cas particuliers :

$$m \geq n : \quad [m/n]_f(z) = \begin{cases} c_0 + \ldots + c_{m-n} z^{m-n} + z^{m-n+1} [n-1/n]_{g_{m-n+1}}(z) & (146) \\ \\ r_0 + \ldots + r_{m-n} z^{m-n} + [n-1/n]_{f-R_{m-n}}(z), & (147) \end{cases}$$

où f est une série formelle arbitraire, $[m/n]_f$ l'approximant de Padé appartenant au bloc $(m,n\,;\,k+1)$, R_{m-n} le polynôme issu de la division du numérateur par le dénominateur de cet approximant de Padé et les autres notations sont celles indiquées en (127). La formule (147) est parfois rencontrée dans certaines démonstrations des théorèmes de convergence des approximants de Padé [12; 141] (cf. théorème 6.20). Les formules générales données dans le théorème suivant qui est en quelque sorte le corollaire des théorèmes [23] et [24], sont à notre connaissance nouvelles.

Théorème 27

(i) Soient f une série formelle et $[n+s/n]_f$ l'approximant de Padé appartenant au bloc de type $(n+s,n\,;\,k+1)$, $(k \geq 0)$, alors pour tout naturel n et tout couple d'entiers (s,ℓ) satisfaisant aux conditions ci-contre, on a :

$$[n+s/n]_f(z) = \begin{cases} f_{(s-\ell-1)}(z) + z^{s-\ell}[n+\ell/n]_{g_{s-\ell}}(z) \\ \qquad -\mathrm{Min}(1,n) \leq \ell < s, \\ \\ f_{(s-\ell-1)}(z) + z^{s-\ell}[n-1/n]_{g_{s-\ell}}(z) \\ \qquad -\mathrm{Min}(k+1,n) \leq \ell < \mathrm{Min}(-1,s). \end{cases} \qquad (148)$$

(ii) Soient f une série formelle et $[m/n]_f$ l'approximant de Padé appartenant au bloc de type $(m,n;k+1)$, $(k\geqslant 0)$, avec $m\geqslant n$, alors la division du numérateur de $[m/n]_f$ par son dénominateur conduit à :

$$m\geqslant n: \quad [m/n]_f = R_{m-n} + [n-1/n]_{f-R_{m-n}} \quad ; \tag{149}$$

La série $(f-R_{m-n})$ contient au moins le bloc de type $(n-1,n;m-n+2+k)$ et au plus le bloc de type $(n-1-s,n;$ $m-n+2+k+s)$ où $0\leqslant s\leqslant n-1$.

Démonstration :

(i) Les formules (148) sont obtenues par le changement des indices (m,p) en (s,ℓ) ($m=\ell+n$; $p=s-\ell$) dans les formules (135). En réunissant les conditions : $m\geqslant 0$, $p>0$, et celles qui figurent dans (135) on obtient les conditions de (148).

(ii) La division du numérateur de l'approximant $[m/n]_f$ par son dénominateur donne :

$$[m/n]_f = R_{m-n} + \{n-1/n\},$$

où le degré du dénominateur de la fraction $\{\ \}$ est n, car par hypothèse $[m/n]_f$ est irréductible. La formule (132) prise précisément avec le polynôme R_{m-n} donne :

$$[m/n]_f = R_{m-n} + [m/n]_{f-R_{m-n}}.$$

En comparant ces deux résultats et compte tenu du théorème 4 on a :

$$\{n-1/n\} = [m/n]_{f-R_{m-n}} = [n-1/n]_{f-R_{m-n}} \quad , \tag{150}$$

ce qui démontre (149).

Notons que dans la série f seuls les coefficients $c_0, c_1, \ldots, c_{m-n}$ sont modifiés par la soustraction du polynôme R_{m-n}. Par conséquent, on a :

$$\forall M,N: \quad M-N \geq m-n \qquad C_N^M(f-R_{m-n}) = C_N^M(f) \qquad (151)$$

(cf. à (128)). Examinons la table c de la série $f - R_{m-n}$ représentée sur la figure suivante :

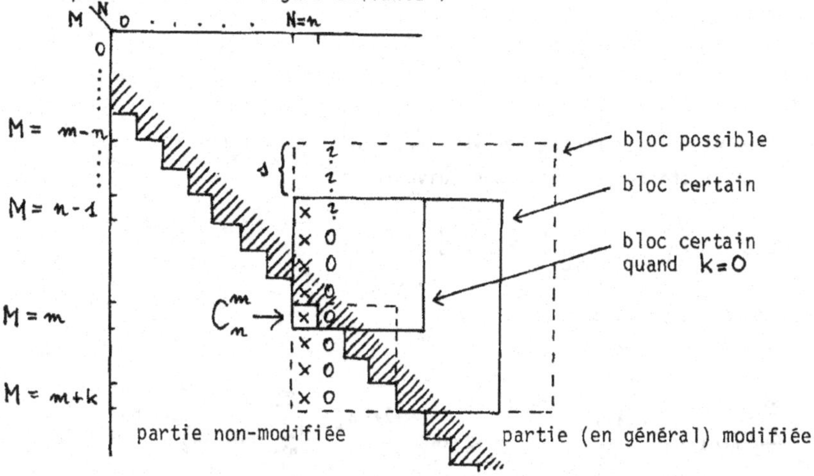

Au-dessous de la paradiagonale $m-n$ les relations (151) ont lieu, ce qui signifie que les zéros de la première colonne du bloc de type $(m,n\,;\,k+1)$ sont reproduits dans la table c de $f-R_{m-n}$ D'après (150), cette colonne des zéros se prolonge vers en haut, ce qui d'après le théorème 8 permet d'affirmer l'existence du bloc certain et une existence éventuelle du bloc plus grand.

C.Q.F.D.

Pour $\ell \geq s$, les formules (148) se transforment en identité du type (137).
Notons que même si la série f est normale, on peut avoir $s>0$ (bloc plus grand).
La méthode de décomposition permet de construire une série non normale à partir d'une série quelconque. On peut noter également que certains théorèmes classiques dont la démonstration s'appuit sur les formules de décomposition sont incomplets (ou erronés) à cause du manque de précision sur la structure des blocs transformés qui n'a jamais été étudiée auparavant.

5.6 SUR CERTAINES SERIES LACUNAIRES

On dit qu'une série formelle est lacunaire si certains de ses coefficients sont nuls. On peut parler de la même façon des suites lacunaires. Nous examinons ici quelques cas où ces "lacunes" se répétent de façon périodique.

Définition 7

On dit qu'une série lacunaire est de type (m,k,s) où les entiers m,k et s satisfont aux conditions suivantes :

$$m \geqslant -1 \ ; \qquad k > s \geqslant 1,$$

si elle est de forme suivante :

$$f : f(z) =$$

$$= f_{(m)}(z) + \sum_{n=0}^{\infty} c_{m+1+kn} z^{m+1+kn} + \sum_{n=0}^{\infty} c_{m+2+kn} z^{m+2+kn} + \ldots + \sum_{n=0}^{\infty} c_{m+s+kn} z^{m+s+kn} \qquad (152)$$

où:

$$f_{(-1)} \equiv 0,$$

$$\forall m \geqslant 0 : \ f_{(m)} : f_{(m)}(z) = c_0 + \ldots + c_m z^m .$$

Les tables (c ou de Padé) engendrées par ce type de séries (*) présentent des structures caractéristiques en blocs (des structures périodiques). Nous allons examiner ces structures ainsi que les effets de certaines transformations sur ces tables.

Soit $\mathcal{F}$ un ensemble de séries formelles. Considérons une table c formelle qui contient les zéros uniquement aux emplacements (m,n) tels que :

$$\forall f \in \mathcal{F} : \qquad C_m^m(f) = 0 .$$

(*) cf. aussi [209].

Nous dirons que la structure en blocs de cette table formelle est une structure minimale engendrée par les éléments de $\mathcal{F}$. Si un élément de $\mathcal{F}$ engendre une table c qui possède précisément cette structure, alors nous dirons qu'il réalise la structure minimale, mais il se peut qu'aucun élément de $\mathcal{F}$ ne possède cette propriété.

Théorème 28

Les séries lacunaires de type $(-1,k,1)$ $\left(f: f(z)=\sum_{n=0}^{\infty} c_{nk}\, z^{nk}\right)$

engendrent les tables c à structure périodique minimale des blocs de type $(mk, nk\,; k)$, $(m,n=0,1,\ldots)$:

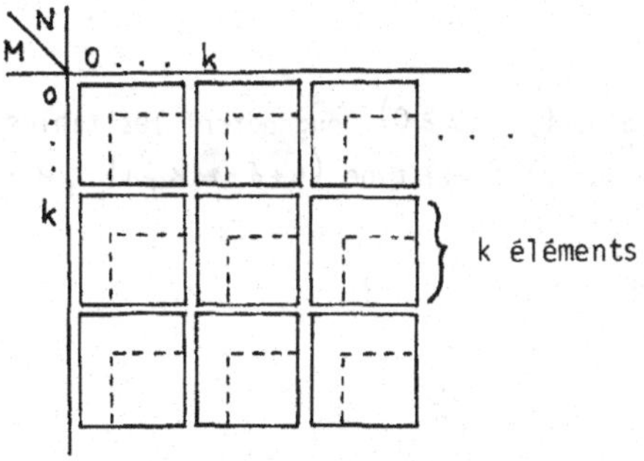

Pour qu'une série lacunaire de type $(-1,k,1)$ réalise la structure minimale, il faut et il suffit que la série formelle engendrée par la suite $x=\{x_n=c_{nk}\}_{n\geq 0}$ soit normale.

Si $C_n^m(x)=0$, alors quatre blocs sont "soudés" en bloc de type $((m-1)k, nk\,; 2k)$.

Démonstration : Supposons que la série $g: g(w)=\sum_{n=0}^{\infty} x_n w^n$ soit normale. La transformation $w: w(z)=z^k$ transforme cette série en série lacunaire f de type $(-1,k,1)$, mais d'après le théorème 26(i), tout bloc de type $(m,n;1)$ de g se transforme en bloc de type $(mk,nk;k)$ de f . Par exclusion il ne peut pas y avoir de blocs plus petits, ce qui démontre la structure minimale annoncée et le reste du théorème. La condition de "soudure" est une application particulière du théorème 26(i).

C.Q.F.D.

Par exemple, la série $\sum z^{3^n}$ engendre la table c suivante :

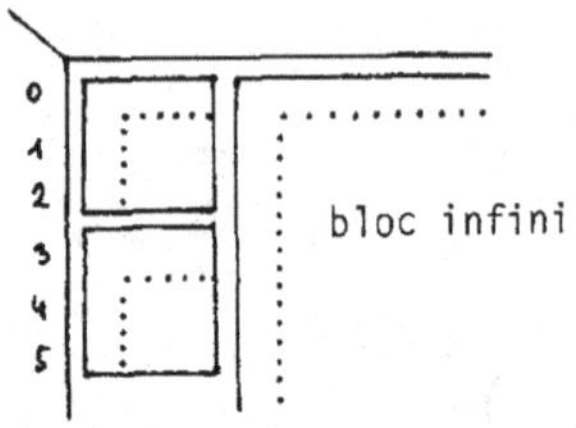

Théorème 29

Les séries lacunaires de type $(p,k,1)$ $(p \geq 0)$ engendrent les tables c à structure périodique minimale des blocs de type $(p+1+mk, nk ; k)$ $(m,n \geq 0 \ ; \ m \geq n)$:

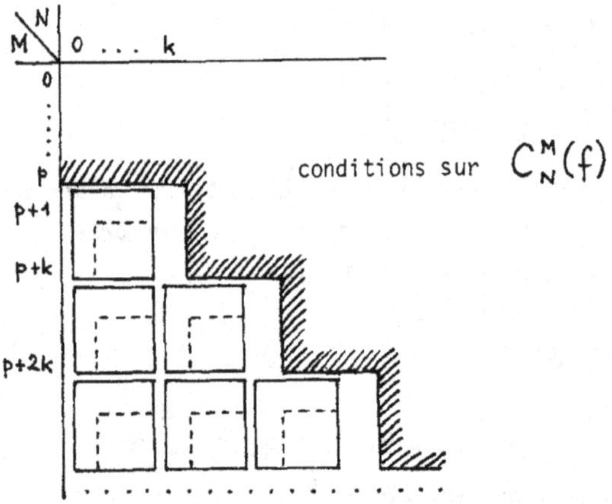

Pour qu'une série lacunaire f de type $(p,k,1)$ réalise la structure minimale, il faut et il suffit que les conditions suivantes soient satisfaites :

(i) Au-dessus de la structure minimale en blocs dans la partie délimitée par la ligne en escalier la série f remplit les conditions d'une série normale ;

$$C_N^M(f) \neq 0 \tag{153}$$

(ii) La série $g : g(w) = \sum_{n=0}^{\infty} x_n w^n \qquad (\forall n : x_n = c_{p+1+kn})$

satisfait aux conditions suivantes :

$$\forall M, N \ (M \geq \mathrm{Max}(N+p, p+1)) : \qquad C_N^M(g) \neq 0 . \tag{154}$$

Démonstration : Par la transformation $w : w(z) = z^k$, la série g s'identifie à la série $g_{p+1} : g_{p+1}(z) = z^{-p-1}(f(z) - f_{(p)}(z))$. D'après le théorème 21 (cf.(128)), les éléments de la table c de f s'identifient aux éléments de la table c de g_{p+1} au moins au-dessous de la ligne en escalier :

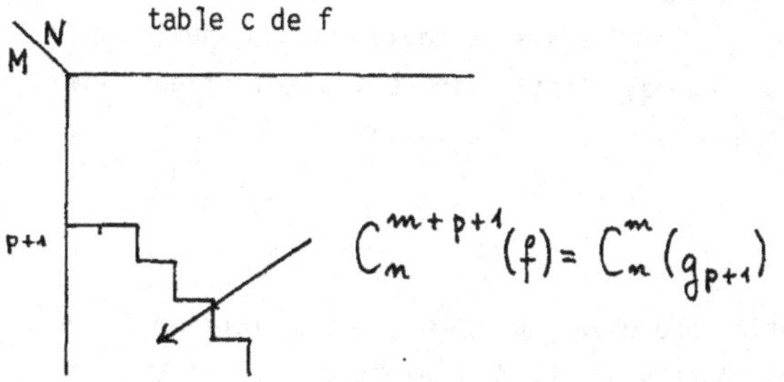

La table c de g après la transformation $w : w(z) = z^k$ donne la table c de g_{p+1} à structure minimale définie par le théorème 28 et dont seule, la partie située au-dessous de la ligne en escalier correspond à la table c de f. Ceci démontre le théorème. Les conditions (154) sont les conditions du théorème 28 concernant la partie en blocs et les conditions (153) sont les conditions classiques de normalité (les éléments situés immédiatement à l'Est des blocs sont différents de zéro d'après le théorème 6, d'où les limites pour (153)).

C.Q.F.D.

Théorème 30

Les séries lacunaires de type $(-1, k, s)$ $(s > 1)$ engendrent les tables C à structure périodique minimale des blocs de type $(s-1+mk, 0; k-s+1)$ $(m \geq 0)$:

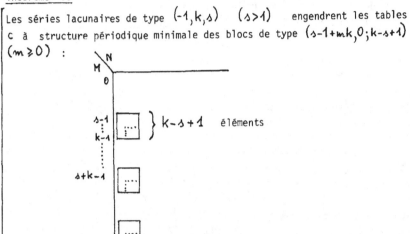

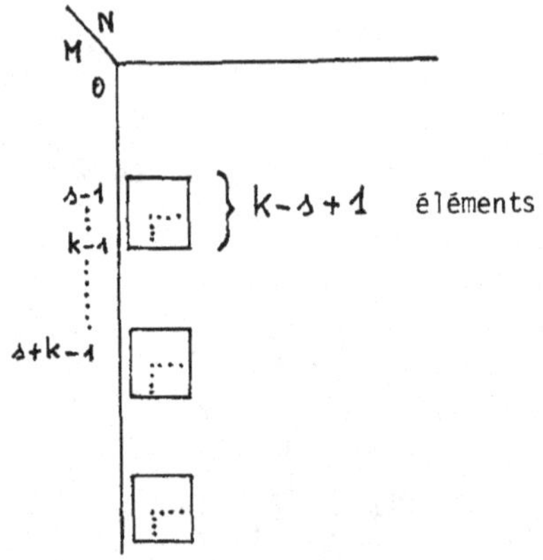

Démonstration : La façon la plus simple pour voir qu'il en est ainsi est la construction de la table C et la vérification, par "découpage" des déterminants C_m^m, quels sont ceux qui sont nuls à cause de la seule présence des lacunes, c'est-à-dire sans qu'on tienne compte des valeurs des termes non-nuls de la suite lacunaire.

C.Q.F.D.

La vérification proposée pour démontrer le théorème 30 peut être effectuée pour les théorèmes 28 et 29 également.

L'exemple que nous allons étudier maintenant a servi à Baker [13] pour illustrer les théorèmes (assez élémentaires) qui disent qu'il existe toujours des suites infinies d'approximants de Padé et ceci quelles que soient la ligne, la paradiagonale ou la colonne dans la table de Padé. L'analyse des structures minimales engendrées par les séries lacunaires montre que dans les mêmes directions, on peut trouver également des suites infinies d'emplacements où les approximants de Padé n'existent pas. La fonction que nous examinons est prise de [11], mais elle n'a pas été étudiée sous l'angle des séries lacunaires :

$$f : f(x) = \frac{[(1+x+x^2)(1+2x)]^{1/3} - 1}{x} \qquad x \in \mathbb{R}. \tag{155}$$

Par la transformation d'Euler ;

$$x : x(y) = \frac{y}{1-y} \tag{156}$$

on obtient :

$$g : g(y) = f(x(y)) = \frac{(1+y^3)^{1/3} - 1}{y} + 1. \tag{157}$$

Définissons, comme suit, la fonction h et développons-là en série de Taylor :

$$h : h(y) = (1+y^3)^{1/3} = 1 + \frac{1}{3}y^3 - \frac{1}{3^2}y^6 + \frac{1}{3^3}\frac{5}{3}y^9 - \frac{1}{3^4}\frac{5 \cdot 7}{3 \cdot 4}y^{12} + \ldots \tag{158}$$

C'est une série lacunaire de type (-1,3,1). En introduisant la série (158) dans (157), on obtient la série lacunaire de type (1,3,1) $(\deg f_{(1)} = 0)$:

$$g : g(y) = 1 + \frac{1}{3}y^2 - \frac{1}{3^2}y^5 + \frac{5}{3^3 \cdot 3}y^8 - \frac{5 \cdot 7}{3^4 \cdot 3 \cdot 4}y^{11} + \ldots \tag{159}$$

Par la transformation inverse à (154) :

$$y : y(x) = \frac{x}{1+x} \tag{160}$$

on obtient la série f :

$$f : f(x) = 1 + \frac{1}{3}x^2 - \frac{2}{3}x^3 + x^4 - \frac{13}{9}x^5 + \frac{20}{9}x^6 - \frac{11}{3}x^7 + \frac{509}{81}x^8 - \ldots \tag{161}$$

Pour voir quelle est la structure de la table c de f, il est plus facile de considérer la table c de g et d'utiliser le théorème 26(iv) pour arriver à la table c de f.

La table C engendrée par la série g est :

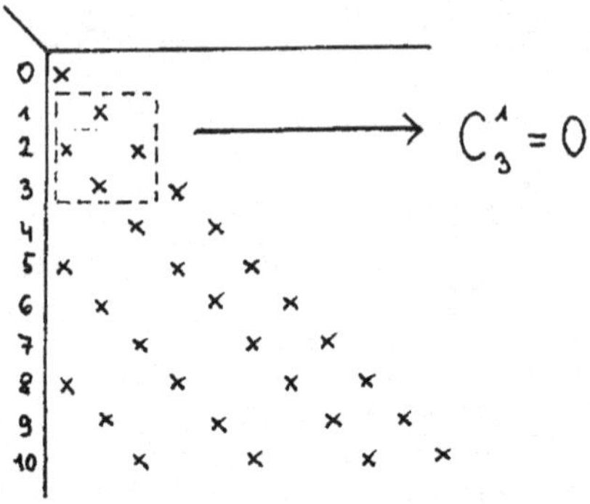

où seuls les éléments indiqués par les croix sont différents de zéro. En "découpant" dans cette table les déterminants C_m^m comme indiqué sur l'exemple de C_3^1, on construit facilement la table c engendrée par la série g :

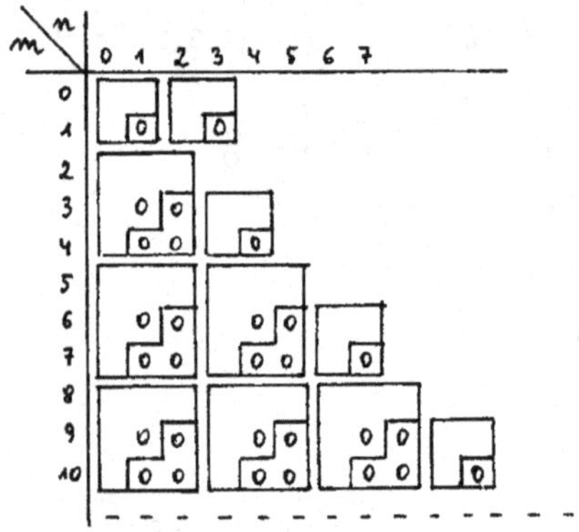

On y a indiqué tous les blocs et on a délimité dans ces blocs les emplacements qui correspondent à l'inexistence des approximants de Padé.

En appliquant le théorème 26(iv), (formule (144)), on construit la table c engendrée par la série f :

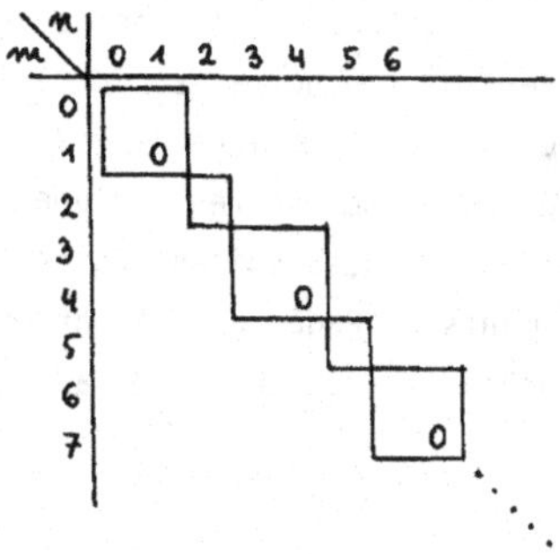

En effet, par la transformation (160), les approximants $[3n/3n]_g$ définissent les approximants $[3n/3n]_f$ et les blocs diagonaux se conservent, tandis que les approximants $[3n+2/3n]_g$ définissent les approximants $[3n+2/3n+2]_f$ et les blocs sous-diagonaux se réduisent à un élément. Les approximants de Padé de g, compte tenu de la relation entre g et h, sont à leur tour liés à ceux de h par :

$$[3n/3n]_g(y) = \frac{[3n/3n]_h(y)-1}{y} + 1$$

$$[3n+2/3n]_g(y) = \frac{[3n+3/3n]_h(y)-1}{y} + 1 \quad . \tag{162}$$

Par conséquent, les parties diagonales des tables de Padé des séries h, g, et f, sont liées entre elles. En particulier dans les tables de g et de f les approximants de Padé $\{[3n+1/3n+1]\}_{n\geq 0}$ n'existent pas. Or, Luke [133] en démontrant le théorème de convergence des approximants de Padé $[N/N]_h$ et $[N+1/N]_h$ vers la fonction h n'a pas pris de précautions concernant cette inexistence, ce qui a été relevé par Baker [13]. Baker corrige le théorème de Luke en remplaçant la phrase :

" la suite des approximants de Padé .... converge vers...."

par :

"La sous-suite des approximants de Padé ...".

Cette correction doit être apportée à tous les théorèmes classiques de convergence des approximants de Padé des séries non-normales. En réalité ces théorèmes classiques font appel aux suites des fractions de Padé (cf. paragraphe 5.3), une fraction de Padé étant engendrée par une forme réduite qui existe toujours. En éliminant de ces suites les fractions de Padé qui ne sont pas des approximants de Padé, on obtient des suites extraites qui sont des suites infinies d'approximants de Padé que l'on peut noter par exemple :

$$\{[n/n]\}_{n\in P\subset \mathbb{N}} \quad . \tag{163}$$

En revenant au théorème de Luke et compte tenu de la structure en blocs de la table de la série h , la suite des fractions de Padé $\{P_N/Q_N\}$ conduit à la suite :

$$\{[3n/3n]_h\}_{n\geq 0} \tag{164}$$

et la suite des fractions de Padé $\{P_{N+1}/Q_N\}$ à :

$$[0/0]_h,\ [3/0]_h,\ [3/3]_h,\ [6/3]_h,\ldots,[3n/3n]_h,[3n+3/3n]_h,\ldots \tag{165}$$

Par conséquent, compte tenu des relations (162), le théorème de convergence de Luke implique les théorèmes de convergence des approximants de Padé diagonaux suivants :

$$\{[n/n]\}_{n\in P\subset\mathbb{N}} \qquad P=\{n\in\mathbb{N}\ ;\ n\neq 3k+1,\ \forall k\in\mathbb{N}\} \tag{166}$$

vers les fonctions g et f .

Dans l'exemple qui précède la série g est lacunaire, la série f ne l'est pas. Nous nous sommes posés la question suivante : étant donnée une série f , existe-t-il une transformation d'Euler $x : x(y)=\dfrac{\alpha y}{1-\beta y}$ qui transforme cette série en une série lacunaire ? La réponse est en général négative et est fournie par le théorème suivant :

Théorème 31

Soient $f : f(x) = \sum_{n=0}^{\infty} c_n x^n$ une série formelle et $x : x(y) = \frac{\alpha y}{1-\beta y}$ une transformation d'Euler, alors les coefficients de la série transformée $g : g(y) = f(x(y)) = \sum_{k=0}^{\infty} c'_k y^k$ sont données par :

$$c'_0 = c_0$$

$$\forall k>0: \qquad c'_k = \alpha^k \begin{vmatrix} \binom{k-1}{k-1}c_1 & -\binom{k-1}{k-2}c_2 & \cdots & (-1)^{k-1}\binom{k-1}{0}c_k \\ 1 & \beta/\alpha & & 0 \\ & 1 & \beta/\alpha & \\ 0 & & \ddots & \ddots \\ & & 1 & \beta/\alpha \end{vmatrix} . \qquad (167)$$

Démonstration : En utilisant le développement $(1-t)^{-n} = \sum_{j=0}^{\infty} \binom{n+j-1}{j} t^j$ on obtient :

$$g(y) = f(x(y)) = c_0 + \sum_{k=1}^{\infty} \Big[\sum_{n=1}^{k} c_n \binom{k-1}{k-n} \alpha^n \beta^{k-n} \Big] y^k = \sum_{k=0}^{\infty} c'_k y^k , \qquad (168)$$

ce qui est équivalent à (165).

C.Q.F.D.

D'après (167), chaque coefficient c'_n est un polynôme de degré $(n-1)$ en α/β , donc l'équation $c'_n\left(\frac{\alpha}{\beta}\right)=0$ possède (n-1) solutions $\gamma_j^{(n)} = \frac{\alpha_j^{(n)}}{\beta_j^{(n)}}$ $(j=1,\ldots,n-1)$. Par conséquent, on peut toujours créer une lacune dans la série g , mais pour obtenir une série lacunaire de type (m,k,s) , il faut qu'une des solutions $\gamma_j^{(n)}$ soit aussi solution des autres équations $c'_p\left(\frac{\alpha}{\beta}\right)=0$.

*

* *

CHAPITRE 6

APPROXIMANTS DE PADE ET ε - ALGORITHME

THEORIE DE LA CONVERGENCE

La théorie de la convergence des approximants de Padé a fait ces derniers temps un pas en avant grâce aux théorèmes de Pommerenke, de Nuttall, d'Edrei et de Varga. Cette théorie a été complétée tout récemment par Froissart: théorèmes 18, 19 et 20 (pour la fonction exponentielle) et par nous-mêmes : théorèmes 3(ix) et 7 (pour les fonctions de Stieltjes) et théorèmes 23 et 25 (pour l' ε -algorithme). Ces théorèmes, qui reprennent parfois les résultats classiques, sont au premier plan de notre présentation.

Au paragraphe 1, partant des idées de Zinn-Justin, on développe la théorie des polynômes orthogonaux engendrés par les approximants de Padé. On présente une série de résultats sur les zéros "excédentaires" de ces polynômes, c'est-à-dire ceux qui ne sont pas entièrement contrôlés dans l'état actuel de la théorie. Dans ce cadre, le théorème 3(ix) est nouveau : il complète, en un certain sens par symétrie, les résultats classiques. On expose en détail une méthode générale et peu connue de construction des polynômes orthogonaux. C'est grâce à notre analyse des blocs dans les tables de Padé faite au chapitre précédent, que nous avons pu obtenir les précisions dont nous faisons état dans cette méthode.

Le paragraphe 2, consacré au cas de Stieltjes, commence par la traduction en termes d'approximants de Padé des résultats des Chapitres 3 et 4. Il s'achève par un résultat nouveau et important (théorème 7) sur la convergence géométrique des suites non-diagonales d'approximants de Padé, dans certains domaines. Ce théorème, démontré en collaboration avec M. Froissart, a pour origine un théorème erroné de Baker [12, p. 220].

Au paragraphe 3, on regroupe les théorèmes généraux de convergence des approximants de Padé en précisant les divers types de la convergence : uniforme dans des compacts, en capacité ou en mesure. L'interprétation que nous donnons au théorème 14 de Nuttall fournit une explication de la propriété qui était évidente dans le cas de Stieltjes, mais peu claire dans un cas plus général : la reconstitution des coupures par les zéros et les pôles des approximants de Padé et le fait que le choix de ces coupures est fait automatiquement par les approximants de Padé à partir de la position des points de branchement d'une fonction et du point autour duquel on développe cette fonction en série. Nous montrons en particulier comment les approximants de Padé peuvent fournir les valeurs d'une fonction sur le second feuillet de Riemann. Ce paragraphe s'achève par les résultats récents de Froissart qui éclairent complètement le problème de la convergence des approximants de Padé pour la fonction exponentielle.

Au paragraphe 4, nous présentons ce que nous croyons constituer la totalité des résultats sur un problème très intéressant, celui des approximants de Padé des fonctions présentant les frontières naturelles au sens de Weierstrass. La théorie dans ce domaine est encore au stade des conjectures. Nous exposons d'abord les résultats numériques de Froissart sur le comportement des pôles et des zéros des approximants de Padé calculés à partir des séries dont les coefficients ont été perturbés par un "bruit", ces pôles et ces zéros se groupant de façon très caractéristique en doublets pôle-zéro placés au voisinage de la frontière naturelle créée par le bruit en question. Sous réserve de la validité d'une conjecture de Gammel, les fonctions étudiées par Froissart seraient liées aux fonctions quasi-analytiques pour lesquelles Gammel et Nuttall ont démontré un théorème de convergence. Nous complétons ce paragraphe par une conjecture de Wall, un peu oubliée, qui associe une structure caractéristique en blocs d'une table c à l'existence d'une frontière naturelle.

Au paragraphe 5 nous présentons une nouvelle méthode d'analyse de l'ε -algorithme. Cette méthode, disons analytique, et beaucoup moins laborieuse que la méthode algébrique, utilise les résultats sur la convergence des approximants de Padé et sur les limites dans un secteur (cf. paragraphe 3.3). Elle nous a permis de généraliser un très important théorème de convergence de l'ε -algorithme à une large classe de suites dérivées des suites totalement monotones (théorème 23) et de démontrer le théorème 25 sur l'anti-limite. Ce dernier théorème donne enfin l'explication d'une propriété souvent observée numériquement, à savoir que l'ε-algorithme réalise dans certains cas le prolongement analytique d'une fonction définie par sa série. La méthode d'analyse proposée ici n'est certainement pas complètement exploitée et on peut espérer qu'elle permettra de réaliser un certain parallélisme entre la théorie de la convergence des approximants de Padé et celle de l'ε -algorithme.

Dans le sous-paragraphe 6.5.5 nous signalons un algorithme dérivé de l'ε -algorithme, à la mise au point duquel nous avons participé il y a un an.

M. Varga vient de me signaler des résultats tout récents, analogues à ceux de Froissart et qu'il a obtenus avec Saff sur la fonction exponentielle [218].

6.1 POLYNOMES ORTHOGONAUX ENGENDRES PAR LES APPROXIMANTS DE PADE.

La théorie de convergence des approximants de Padé repose sur certaines propriétés des polynômes orthogonaux engendrés par les approximants en question. Dans cet aspect, les polynômes orthogonaux ont été étudiés dans [2 ; 3 ; 12 ; 26 ; 42 ; 186 ; 193] .

Soit P_n un polynôme d'ordre zéro ; on note $\overline{P}_n$ le polynôme de degré n défini par :

$$\overline{P}_n : \overline{P}_n(x) = x^n P_n\left(\frac{1}{x}\right). \tag{1}$$

<u>Théorème 1</u>

Soit $f : f(z) = \sum_{n=0}^{\infty} c_n z^n$ une série formelle où :

$$\forall n : \quad c_n = \int_a^b x^n \, d\mu(x) \; ; \quad \mu \in \mathcal{B}[a,b] \; ; \; a, b \in \mathbb{R} \tag{2}$$

et telle que pour $k \geq -1$ fixé tous les approximants de Padé de la suite :

$$k \geq -1 \qquad \{[n+k/n]_f\}_{n \geq \mathrm{Max}(0,-k)} \tag{3}$$

existent, alors les dénominateurs Q_n de ces approximants définissent selon (1) les polynômes $\overline{Q}_n$ orthogonaux au sens de :

$$\forall n, n' : \quad \int_a^b \overline{Q}_n(x)\, \overline{Q}_{n'}(x)\, x^{k+1} d\mu(x) = \alpha_n \delta_{nn'} . \tag{4}$$

Démonstration : L'hypothèse sur l'existence des approximants de Padé assure que $\deg \overline{Q}_n = n$ pour tout n, car $Q_n(0) = 1$, d'où :

$$\overline{Q}_n : \overline{Q}_n(x) = x^n Q_n(\tfrac{1}{x}) = x^n + q_1 x^{n-1} + \ldots + q_n . \tag{5}$$

Pour que (4) soit vérifié, il faut et il suffit que pour tout $n'<n$ on ait :

$$\int_a^b x^{n'} \overline{Q}_n(x) x^{k+1} d\mu(x) = 0$$

ce qui avec (2) et (5) donne :

$$\sum_{j=1}^{n} c_{n'+k+1+n-j}\, q_j = - c_{n'+k+1+n} \qquad n' = 0,1,\ldots,n-1; \tag{6}$$

c'est-à-dire précisément le système linéaire (5.26") définissant le dénominateur Q_n de l'approximant de Padé $[n+k/n]$. Notons que la condition $k \geqslant -1$ assure que les indices dans (6) sont tous positifs, ce qui permet d'utiliser (2). Inversement si le système (6) possède la solution quel que soit n, alors les polynômes orthogonaux (5) existent.

C.Q.F.D.

Remarque : Notons que dans (2) on n'a pas imposé à la fonction μ d'être dans $\uparrow$. Remarquons aussi que dans le cas particulier $k=-1$ et où la fonction μ est dérivable (4) donne :

$$\int_a^b \overline{Q}_n(x)\, \overline{Q}_{n'}(x)\, \mu'(x)\, dx = \alpha_n \delta_{nn'} \tag{7}$$

où μ' est une fonction poids habituelle $(\mu' > 0)$ si μ est dans $\uparrow$. Toutefois cette relation diffère des relations habituelles d'orthogonalité où l'un des deux polynômes est complexe conjugué. On note également que les termes de la suite (3) ne peuvent appartenir éventuellement qu'aux coins Sud-Ouest ou Nord-Est des blocs, sinon l'hypothèse de l'existence ne serait pas satisfaite. Le cas d'un bloc infini ne présente pas d'intérêt car il

conduit aux α_n nuls (cf. commentaire (2) après le théorème 3).
Le théorème 1 s'applique en particulier aux séries de Stieltjes, y compris dans le cas où leur rayon de convergence ρ est nul. Nous analyserons maintenant le cas des séries formelles de rayon de convergence $\rho > 0$ en utilisant la méthode de Zinn-Justin [189 ; 181 ; 26].

Lemme 1

Soient : f une fonction analytique au voisinage de $z=0$ et en général dans le domaine $\mathbb{C} \setminus [\rho, \infty[$ sauf éventuellement un certain nombre de points isolés, P_m/Q_n ($\deg P_m = m$, $\deg Q_n = n$) l'approximant de Padé $[m/n]_f$:

$$Q_n(z) f(z) = P_m(z) + z^{m+n+1} R(z), \tag{8}$$

$Q_{n'}$ un polynôme arbitraire de degré $n' < n$ et l'intégrale $I^{(m/n)}_{nn'}$ définie par :

$$I^{(m/n)}_{nn'} = \frac{1}{2\pi i} \oint Q_n(z) Q_{n'}(z) f(z) \frac{dz}{z^{n+n'+\alpha}} \tag{9}$$

où le contour d'intégration contient l'origine, mais ne contient aucune singularité de f :

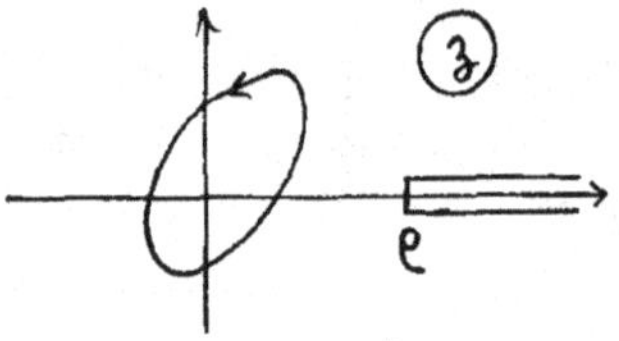

alors pour que l'intégrale $I^{(m/n)}_{nn'}$ s'annule quel que soit $n' < n$, il faut et il suffit que :

$$\alpha = m - n + 2 . \tag{10}$$

Dans ce cas, par le changement de variable $z = \frac{1}{\zeta}$ on obtient :

$$\forall n' \leq n : \quad I^{(m/n)}_{nn'} = -\frac{1}{2\pi i} \oint \bar{Q}_n(\zeta) Q_{n'}(\zeta) f\left(\frac{1}{\zeta}\right) \zeta^{m-n} d\zeta = R(0) Q_{n'}(0) \delta_{nn'} \tag{11}$$

où le contour d'intégration est indiqué sur la figure suivante :

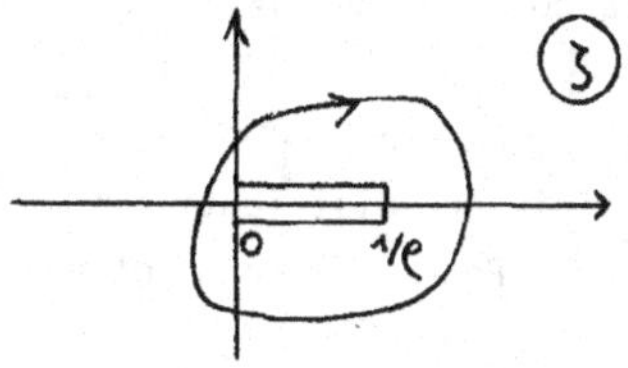

Démonstration : En portant (8) dans (9), on obtient :

$$I_{nn'}^{(m/n)} = \frac{1}{2\pi i} \oint P_m(z) Q_{n'} z^{-n-n'-\alpha} dz + \frac{1}{2\pi i} \oint R(z) Q_{n'}(z) z^{m+1-n'-\alpha} dz . \qquad (12)$$

Pour que ces deux intégrales soient nulles il faut que les séries de Laurent qui figurent sous le signe d'intégration ne comportent pas de terme en z^{-1}. Par conséquent la première série ne doit contenir que des termes de puissances inférieures à z^{-1}, la seconde, que des puissances supérieures à z^{-1}. Ceci, en vertu de l'analyticité de R à l'intérieur du contour (car f y est analytique), donne :

$$m - \alpha - n < -1$$

$$m - \alpha - n' + 1 > -1 ,$$

d'où : $n' - 1 < m - \alpha + 1 < n$; mais ceci doit être vrai pour tout $n' < n$, donc au plus pour $n' = n-1$, ce qui donne : $m - \alpha + 1 = n - 1$, c'est-à-dire (10). Dans ce cas, l'intégrale (9) devient :

$$\forall n' < n : \quad I_{nn'}^{(m/n)} = \frac{1}{2\pi i} \oint Q_n(z) Q_{n'}(z) f(z) \frac{dz}{z^{n'+m+2}} = 0 . \qquad (13)$$

Pour $n = n'$ on obtient $I_{nn'}^{(m/n)} = R(0)\, Q_{n'}(0)$, ce qui après le changement de variable donne la formule (11).

C.Q.F.D.

Nous allons ajouter les conditions supplémentaires sur les fonctions f pour pouvoir rabattre le contour sur la coupure dans les intégrales (9) ou (11). Supposons que la fonction $f : f(z) = f(x+iy)$ ne croît pas plus vite quand y tend vers zéro que y^{-p} où p est un entier positif. Dans ce cas on peut définir une distribution sur $\mathbb{R}$ notée $f^+ : f^+(x) = \lim_{y \to 0+} f(x+iy)$. Pour le moment notons formellement :

$$\varphi : \varphi(x) = \frac{1}{2\pi i} x^{-1}\left[f^+\left(\frac{1}{x}\right) - f^-\left(\frac{1}{x}\right)\right] \qquad x \in]0, \tfrac{1}{\varrho}[\tag{14}$$

où :

$$f^+\left(\frac{1}{x}\right) = \lim_{\varepsilon \to 0+} f\left(\frac{1}{x - i\varepsilon}\right), \qquad f^-\left(\frac{1}{x}\right) = \lim_{\varepsilon \to 0+} f\left(\frac{1}{x + i\varepsilon}\right).$$

Lemme 2

Soit une fonction f analytique dans le domaine $\mathbb{C} \setminus [\varrho, \infty[\ (\varrho > 0)$ et admettant les limites au bord au sens de distributions qui définissent selon (14) la distribution φ à support dans $[0, 1/\varrho]$.
Supposons qu'il existe un entier p (positif ou négatif) tel qu'on ait :

$$\lim_{z \to \infty} \frac{f(z)}{z^p} = 0 \tag{15}$$

où la limite est uniforme en Θ_1 et Θ_2 dans tout secteur :

$$0 < \Theta_1 < \arg z < \Theta_2 < 2\pi$$

et où pour $p-1$ cette limite ou bien n'est pas nulle, ou bien n'existe pas, alors la fonction f peut être reconstruite à partir de la distribution φ modulo un polynôme de degré $p-1$:

$$f : f(z) = z^p \int_0^{1/\varrho} \frac{\varphi(x)}{1 - xz} x^p \, dx + R_{p-1}(z) \tag{16}$$

où $R_{p-1} \equiv 0$ si $p \leqslant 0$.

Remarque : Ce lemme est une généralisation du théorème 3.3 propre au cas de Stieltjes $(p = 0)$. La formule (16), portant en physique théorique le nom de relation de dispersion est une généralisation de la formule de Sokhotski-Plemelj. Si le comportement polynomial de f à l'infini est assuré, on peut la généraliser au cas des ultradistributions φ à support compact ; les cas plus généraux font objet des études en cours [202] .

Démonstration : Considérons l'intégrale de Cauchy :

$$\frac{f(z)}{z^p} = \frac{1}{2\pi i} \oint \frac{f(u)\,du}{u^p(u-z)} \qquad z \in \mathbb{C} \setminus [\rho,\infty[\,;\; z \neq 0 \qquad (17)$$

où le contour initial est indiqué en pointillé sur la figure suivante.
On déforme ce contour en contour indiqué en continu :

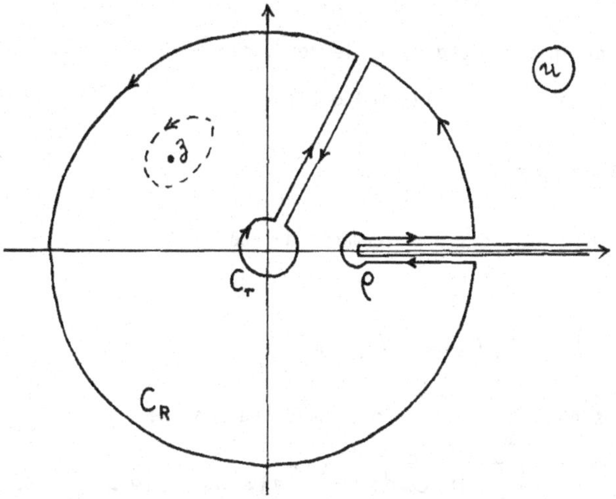

L'hypothèse (15) est suffisante pour qu'on puisse étendre ce contour vers l'infini $(R \to \infty)$ et pour que la contribution $\int_{C_R}$ quand $R \to \infty$ soit nulle (cf. théorème 3.3 et [156, p. 399] pour la démonstration).
Finalement les seules contributions non-nulles à l'intégrale (17) sont :

$$\frac{f(z)}{z^p} = \frac{1}{2\pi i}\int_{\rho}^{\infty} \frac{f^+(u) - f^-(u)}{u^p(u-z)}\, du + \frac{1}{2\pi i}\oint_{C_r} \frac{f(u)du}{u^p(u-z)} =$$

$$= \frac{1}{2\pi i}\int_{\rho}^{\infty} \frac{f^+(u) - f^-(u)}{u^p(u-z)}\, du + \sum_{j=0}^{p-1} \frac{f^{(j)}(0)}{j!} z^{j-p} \,, \qquad (18)$$

ce qui montre déjà que la fonction f est définie par son saut sur la coupure modulo un polynôme. Par le changement de variable $u = \frac{1}{x}$ dans (18), et avec la notation (14), on obtient la formule (16).

C.Q.F.D.

Théorème 2

Soit f une fonction définie comme dans le lemme 2, alors :

(i) quel que soit l'entier k fixé tel que :

$$k \geqslant p-1 \qquad (19)$$

les dénominateurs Q_n des approximants de Padé existants de la suite :

$$\left\{ [n+k/n]_f \right\}_{n \geqslant \mathrm{Max}(0,-k)} \qquad (20)$$

définissent les polynômes $\overline{Q}_n$ orthogonaux au sens de :

$$\forall n,n' : \quad I_{nn'}^{(n+k/n)} = \int_0^{1/\rho} \overline{Q}_n(x)\,\overline{Q}_{n'}(x)\, x^{k+1} \varphi(x)\, dx = \alpha_n \delta_{nn'} \;; \qquad (21)$$

(ii) dans le cas contraire, c'est-à-dire si k satisfait à :

$$k < p-1 \qquad (22)$$

et si le support de φ atteint l'origine, alors les polynômes $\overline{Q}_n$ ne sont orthogonaux qu'au sens de (11).

Démonstration : Pour que l'intégrale (11) où $k=m-n$ se réduise à (21), il faut que la fonction $\zeta \mapsto f\left(\frac{1}{\zeta}\right)$ soit analytique en dehors de la coupure (ce qui est assuré par hypothèse) et que la contribution du petit cercle centré en $\zeta = 0$ soit nulle, c'est-à-dire que la condition suivante soit satisfaite :

$$\lim_{r\to 0} r^{k+1} f\left(\frac{1}{r}\right) = 0.$$

En vertu de l'hypothèse (15) cette condition est satisfaite si k satisfait à (19) et ne l'est plus si k satisfait à (22).

C.Q.F.D.

Dans le cas de Stieltjes $p=0$:

Si f est une fonction de Stieltjes, alors :

$$f : f(z) = \int_0^{1/\rho} \frac{d\mu(x)}{1-xz}$$

et d'après le théorème 3.3, on a :

$$\lim_{z\to\infty} f(z) = 0$$

c'est-à-dire $p=0$ dans le théorème précédent.

Théorème 3

Soient f une fonction (série) non-rationnelle de Stieltjes de rayon de convergence ρ strictement positif $(\rho > 0)$, k un entier fixé et $\{[n+k/n]_f\}_{n \geq Max(0,-k)}$ une suite paradiagonale d'approximants de Padé P_{n+k}/Q_n, alors, selon la valeur de k, les polynômes P et Q possèdent les propriétés qui suivent.

Si k satisfait à :

$$k \geqslant -1 \tag{23}$$

alors :

(i) Les dénominateurs Q_n des approximants de Padé considérés définissent selon (1) les polynômes orthogonaux $\overline{Q}_n$ au sens de (4) ou (21), c'est-à-dire :

$$\forall n,n' : \int_0^{1/\rho} \overline{Q}_n(x)\overline{Q}_{n'}(x)x^{k+1}d\mu(x) = \int_0^{1/\rho} \overline{Q}_n(x)\overline{Q}_{n'}(x)x^{k+1}\varphi(x)dx = \alpha_n\delta_{nn'} . \quad (24)$$

(ii) Les résidus des pôles des approximants de Padé sont tous négatifs.

(iii) Les pôles des approximants de Padé se placent dans $]\rho,\infty[$.

(iv) Quel que soit n , les zéros du polynôme Q_n s'intercalent entre les zéros du polynôme Q_{n+1} .

(v) n zéros (ou $n-1$ si $k=-1$) des numérateurs P_{n+k} s'intercalent entre les zéros des dénominateurs Q_n .

Si k satisfait à :

$$k \leqslant 0 \quad (25)$$

alors :

(vi) Les numérateurs P_{n+k} des approximants de Padé de la suite $\{[n+k/n]_f\}_{n\geqslant -k}$ définissent d'après (1) les polynômes orthogonaux $\overline{P}_{n+k}$ au sens de :

$$\forall m,m' : \int_0^{1/\rho} \overline{P}_m(x)\overline{P}_{m'}(x)x^{-k}d\nu(x) = \int_0^{1/\rho} \overline{P}_m(x)\overline{P}_{m'}(x)x^{-k}\psi(x)dx = \beta_m\delta_{mm'} \quad (26)$$

où la fonction ν définit la fonction non-rationnelle de Stieltjes $-g$ qui est liée à f par :

$$\frac{1}{f(z)} = \frac{1}{c_0} - z\,g(z) \ , \quad -g(z) = \int_0^{1/\rho} \frac{d\nu(x)}{1-xz} \qquad \nu \in \uparrow B \quad (27)$$

et où la distribution ψ représente selon (14) le saut de la fonction $-g$.

(vii) Les zéros des approximants de Padé (des polynômes P) se placent dans $]\rho, \infty[$.

(viii) Quel que soit l'entier positif m , les zéros du polynôme P_m s'intercalent entre les zéros du polynôme P_{m+1} .

(ix) $n+k+1$ zéros (ou n si $k=0$) des dénominateurs Q_n se placent dans $]\rho, \infty[$ et s'intercalent entre les zéros des numérateurs P_{n+k} .

L'intersection des cas (23) et (25) montre que dans le cas des suites suivantes :

$$\{[n-1/n]_f\}_{n\geqslant 1}\ , \qquad \{[n/n]_f\}_{n\geqslant 0} \tag{28}$$

aussi bien les numérateurs que dénominateurs des approximants de Padé définissent les polynômes orthogonaux.

Démonstration (partielle) : D'après le théorème 5.18 la série non-rationnelle de Stieltjes est normale, donc tous les approximants de Padé sont différents les uns des autres.

(i) C'est une application des théorèmes 1 et 2 aux fonctions de Stieltjes pour lesquelles $p=0$ dans (15).

(iii),(iv) Propriétés classiques des polynômes orthogonaux (cf. Szegö [158]) : les polynômes orthogonaux par rapport à une mesure ont les zéros qui se placent strictement à l'intérieur du support de la mesure en question. Il en découle en particulier que :

$$k \geqslant -1 : \quad Q_n(\rho) \neq 0, \tag{29}$$

propriété, qui à notre avis, est vraie pour tout k .

(ii),(v) Propositions également classiques. On peut se référer à [12] où on trouve également les démonstrations de (iii) et (iv). Une démonstration graphique très claire est donnée par Bessis [26]. Ce qui est moins trivial, c'est la position des autres zéros, dites "excédentaires", des polynômes P_{n+k} (voir commentaire qui suit).

(vi), (vii)
et (viii)

D'après le lemme 5.1 la fonction $-g$ définie par (27) est non-rationnelle si la fonction f l'est elle-même. Il suffit maintenant d'appliquer à f les formules (5.129) et (5.135) :

$$[n+k/n]_f^{-1}(z) = \frac{Q_n(z)}{P_{n+k}(z)} = [n/n+k]_{f^{-1}}(z) =$$

$$= \frac{1}{c_0} + z[n-1/n+k]_{-g}(z) = \frac{1}{c_0} + \frac{T_{n-1}(z)}{P_{n+k}(z)}, \tag{30}$$

cette décomposition n'étant valable que pour $k \leq 0$.
Par conséquent les polynômes P_{n+k} sont les dénominateurs des approximants $[n-1/n+k]_{-g}$ et les propositions précédentes s'y appliquent.

(ix) D'après (30), le polynôme Q_n est donné par :

$$Q_n(z) = \frac{1}{c_0} P_{n+k}(z) + z\,T_{n-1}(z).$$

D'après (v), le polynôme T_{n-1} a $n+k$ (ou $n-1$ si $k=0$) zéros dans $]\rho,\infty[$ qui s'intercalent entre $n+k$ zéros de P_{n+k}, et comme Q_n est une combinaison de T_{n-1} et P_{n+k}, Q_n a nécessairement $n+k+1$ (ou n si $k=0$) zéros dans $]\rho,\infty[$. Pour affirmer ceci, il convient de préciser que $[n/n+k]_f$ est une fonction croissante, bornée et à valeurs positives dans $[0,\rho]$, donc le premier zéro de Q_n ne peut se placer qu'à droite du point $x=\rho$. Cette propriété de l'approximant $[n/n+k]_f$ pourrait être démontrée maintenant, mais nous ne la donnons que sous forme des inégalités générales au théorème 5. Illustrons ceci sur l'exemple de l'approximant $[2/5]_f$ qui conduit à $Q_5(z) = \frac{1}{c_0} P_2(z) + z T_4(z)$:

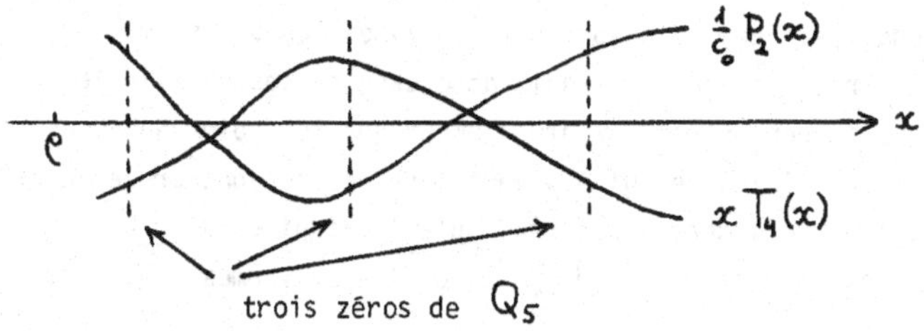

Notons que pour $k=0$ et $k=-1$ cette proposition découle déjà de la proposition (v).

C.Q.F.D.

Commentaires :

(1) Table de Padé

Pour illustrer le théorème 3, on partage la table de Padé en zones suivantes :

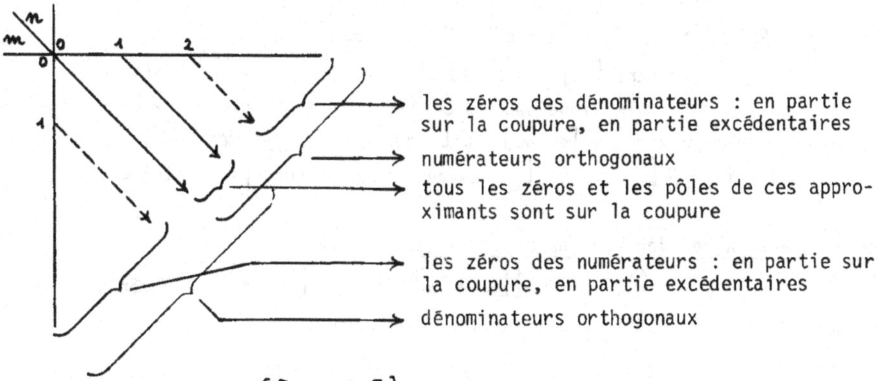

On note que la suite $\{[n-1/n]\}_{n\geq 1}$ n'engendre pas de polynôme de degré zéro ; il suffit dans ce cas de prendre $Q_0 = c$ où la constante c est définie par la normalisation choisie.

(2) <u>Existence des approximants</u> des suites $\{[n+k/n]\}$.

Dans le théorème 3, l'existence est assurée par l'hypothèse sur la non-rationalité. Dans le théorème 1, on admet les blocs, mais on fait l'hypothèse sur l'existence. On doit donc dans ce cas choisir les paradiagonales qui ne rencontrent éventuellement que les coins Sud-Ouest ou Nord-Est des blocs finis, ce qui équivaut à ne pas rencontrer de zéros dans la table c. Toutefois ceci n'est vrai qu'à l'exception d'un bloc infini. Prenons l'exemple de $f : f(z) = \frac{1}{1-z}$ où les polynômes $\overline{Q}_n$ sont définis par :

$$\overline{Q}_0(x) = 1, \qquad \overline{Q}_n(x) = x^n - x^{n-1} \qquad n > 0$$

et la relation d'orthogonalité (24) avec $k = -1$ s'écrit :

$$I_{nn'} = \int \overline{Q}_n(x)\,\overline{Q}_{n'}(x)\,\delta(x-1)\,dx = 0 .$$

On constate toutefois, qu'excepté le cas $n = n' = 0$, on a toujours $I_{nn'} = 0$, même si $n = n'$.

(3) <u>Zéros non-contrôlés des dénominateurs dans le cas général</u>

Bessis a montré [26] que si la distribution $\varphi : \varphi(\frac{1}{x})$ définie par (14) change l fois le signe dans $]0, 1/e[$, alors pour $n > l$ et dans le cas des approximants $[n/n]$, $n-l$ zéros des polynômes $\overline{Q}_n$ se placent dans $]0, 1/e[$, mais l autres zéros ne sont pas contrôlés.

(4) <u>Zéros excédentaires dans le cas de Stieltjes</u>

Dans le cas des suites $\{[n-1/n]\}$ et $\{[n/n]\}$ les zéros et les pôles des approximants se placent sur la coupure :

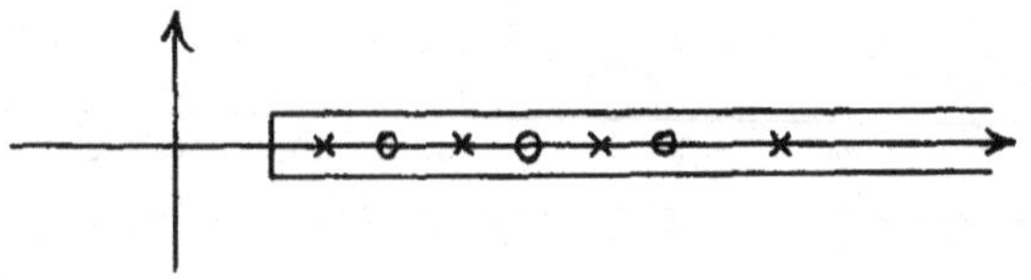

Dans le cas des suites $\{[n+k/n]\}_{n\geq 0}$ $(k>0)$ chaque terme possède k zéros excédentaires, mais on ne dispose pas encore des théorèmes sur leurs emplacements. Les expériences numériques indiquent cependant que ces zéros se placent selon certaines règles. Il est de même pour les suites non-diagonales $\{[m/n]\}$ où le rapport m/n reste constant et est supérieur à 1. Baker [12, p. 223] a étudié la suite des approximants $\{[4n/n]_f\}$ de la fonction

$$f : f(z) = \int_0^1 \frac{dx}{1-xz} = -\frac{1}{z}\log(1-z) .$$

Les zéros excédentaires de ces approximants délimitent un certain domaine comme indiqué sur la figure :

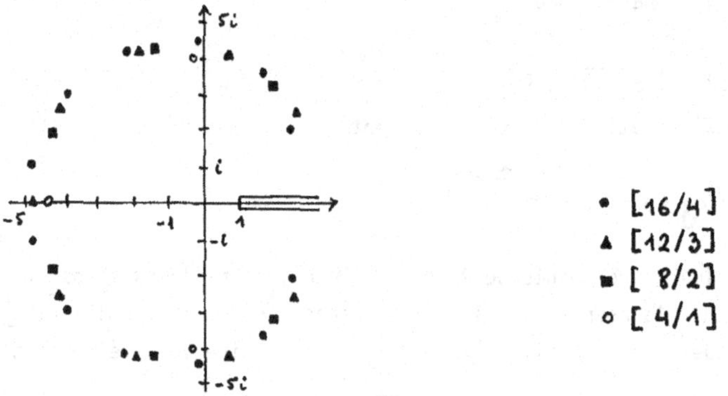

Premièrement il semblerait que le domaine D est le domaine maximal de convergence de la suite $\{[4n/n]\}$ (cf. paragraphe suivant où nous reviendrons à cet exemple). Deuxièmement on constate que $3n$ zéros excédentaires de chaque approximant apparaissent en paires : complexe et son complexe conjugué (plus un zéro réel à l'opposé de la coupure si n est impaire). Troisièmement, les zéros excédentaires de l'approximant $[4n/n]$ s'intercalent entre les zéros excédentaires de l'approximant $[4(n+1)/(n+1)]$ sur la courbe qu'ils "dessinent" (cette propriété est démontrée dans le cas des zéros réels : cf. théorème 3).

Nous avons constaté numériquement que les observations analogues peuvent être faites, symétriquement, pour les pôles excédentaires des approximants $[m/n]$ $(m<n)$, mais dans ce cas non plus, on n'a pas de théorèmes

sur la position de ces pôles.

Notons toutefois qu'une certaine symétrie du théorème 3 montre que le cas des pôles excédentaires pourrait être réglé dès que le cas des zéros excédentaires serait réglé.

La reconstitution de la coupure par les zéros et les pôles des approximants de Padé n'est pas une exclusivité des fonctions de Stieltjes. Les expériences numériques montrent que là où la détermination d'une fonction nécessite l'introduction des coupures, certains zéros et pôles des approximants de Padé, à défaut de se placer sur les coupures, tendent vers ces coupures. En plus la forme de ces coupures est choisie automatiquement par les zéros et pôles en question (cf. analyse du théorème de Nuttall au paragraphe 3).

(5) Second feuillet de Riemann

Si on utilise la série suivante

$$\log(1-z) = -\sum_{n=1}^{\infty} \frac{z^n}{n}$$

pour calculer les approximants de Padé $[n/n]$, alors leurs zéros et pôles "dessinent" la coupure sur l'axe des réels. Chisholm et coll. [198] ont remarqué que si on choisit $z_0 \neq 0$ et on utilise le développement suivant :

$$\log(1-z) = \log(1-z_0) + \log\left(1-\frac{z-z_0}{1-z_0}\right) = \log(1-z_0) - \sum_{n=1}^{\infty} \frac{1}{n}\left(\frac{z-z_0}{1-z_0}\right)^n ,$$

alors les zéros et les pôles des approximants de Padé définiront la coupure, comme précédemment, pour les valeurs de $(z-z_0)/(1-z_0)$ dans $[1,\infty[$, c'est-à-dire seront disposés sur la droite :

$$z = z_0 + t\,(1-z_0) \qquad t \in]1,\infty[$$

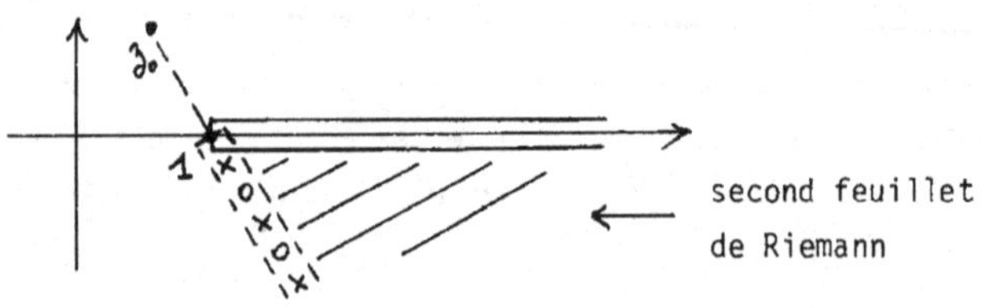

Ainsi on peut atteindre par les approximants de Padé les valeurs de log sur le second feuillet de Riemann. Chisholm a comparé les valeurs de $\log(1-z)$ sur l'axe des réels (en prenant sur $]1,\infty[$ la détermination $\log|1-z| - i\pi$) avec les valeurs des approximants [8/8]. Sauf au voisinage de $z=1$, ces valeurs étaient excellentes.

En déplaçant le point de développement en série de Taylor on peut ainsi déplacer la coupure simulée par les pôles et les zéros des approximants de Padé. Il convient de remarquer que la forme de la nouvelle coupure obtenue pour la fonction log n'a pas été perturbée par d'éventuelles singularités de cette fonction sur le second feuillet de Riemann, car elle n'en a point.

Au paragraphe 3, en interprétant le théorème de Nuttall, nous examinerons des cas analogues pour d'autres types de fonctions.

(6) Méthodes pratiques de construction des polynômes orthogonaux

Le problème est le suivant : étant donnée la distribution définie par (14) et à support dans $[a,b]$ construire les polynômes orthogonaux $\overline{Q}_n$ au sens de :

$$\int_a^b \overline{Q}_n(x)\,\overline{Q}_{n'}(x)\,x^{k+1}\varphi(x)\,dx = \alpha_n\,\delta_{nn'} \tag{31}$$

où, si c'est possible, avec $k=-1$:

$$\int_a^b \overline{Q}_n(x)\,\overline{Q}_{n'}(x)\,\varphi(x)\,dx = \alpha_n\,\delta_{nn'}\,. \tag{32}$$

Notons que si on se donne la fonction f il faudra calculer φ et si on se donne φ on calculera une fonction f d'après (16) (lemme 2), ou directement la série f en développant $\frac{1}{1-xz}$ dans (16) en série géométrique et en intervertissant l'intégration et la sommation. Si on calcule la fonction f il faut la développer ensuite en série de Taylor. Ayant les coefficients de la série f on peut résoudre le système linéaire (5.26") qui définit les polynômes Q_n et par conséquent $\overline{Q}_n$. Si φ est une fonction poids, c'est-à-dire si $\varphi>0$ dans $]a,b[$, alors il existe essentiellement deux méthodes classiques de construction des polynômes orthogonaux $\overline{Q}_n$ [126] : l'une où on obtient les polynômes $\overline{Q}_n$ en dérivant une certaine fonction construite à partir de la fonction φ (cette méthode n'est pas générale) et l'autre où les polynômes $\overline{Q}_n$ s'obtiennent comme coefficients du développement en série de la fonction génératrice, cette dernière étant construite également à partir de φ. La méthode de Padé a deux avantages sur ces méthodes : elle s'applique aux cas où φ n'est pas nécessairement une fonction et en plus elle est automatique : d'après la formule (16) généralisée à l'intervalle $[a,b]$ on calcule la fonction f, on la développe en série et on résoud le système (5.26"). Par exemple, pour les polynômes de Tchebyshev, (16) (avec $p = 0$) donne :

$$f : f(z) = \int_{-1}^{1} \frac{dx}{\sqrt{1-x^2}\,(1-xz)} = \frac{\pi}{\sqrt{1-z^2}} = \pi\left(1 + \frac{1}{2}z^2 + \frac{3}{8}z^4 + \cdots\right) \qquad (33)$$

et pour les polynômes de Legendre :

$$f : f(z) = \int_{-1}^{1} \frac{dx}{1-xz} = \frac{1}{z}\log\frac{1+z}{1-z} = 2\left(1 + \frac{1}{3}z^2 + \frac{1}{5}z^4 + \cdots\right). \qquad (34)$$

Dans les deux cas, en vertu de la symétrie de l'intervalle, on obtient les séries lacunaires et d'après le théorème 5.28, la table c correspondante à une telle série est la suivante :

$m \backslash n$	0	1	2	3	4	5	6	7	
0	×	•	×	×	×	×	×	×	·
1	×	o	•	o	×	o	×	o	·
2	×	×	×	•	×	×	×	×	·
3	×	o	×	o	•	o	×	o	·
4	×	×	×	×	×	•	×	×	·
5	×	o	×	o	×	o	•	o	·
	·	·	·	·	·	·	·	↘	

où les points indiquent la paradiagonale $[n-1/n]$ dans laquelle on calculera les approximants de Padé. En raison de la réduction dans les blocs, l'ordre des polynômes $\overline{Q}_n$ d'indice impaire est 1 et c'est précisément ce qu'il fallait obtenir car les polynômes de Legendre sont :

$$P_0(x) = 1, \quad P_1(x) = x, \quad P_2(x) = \frac{1}{2}(3x^2-1), \quad P_3(x) = \frac{1}{2}x(5x^2-3), \ldots$$

(7) Méthode de Gauss d'intégration

Soient f une fonction analytique dans un domaine contenant $[a,b]$ $(0 \leq a < b)$ et ψ une fonction positive sur $[a,b]$. On se propose de calculer l'intégrale suivante :

$$I = \int_a^b f(x)\psi(x)\,dx \tag{35}$$

par la méthode de Gauss à n points :

$$I = \sum_{j=1}^{n} r_j\, f(x_j) + \varepsilon_n \qquad x_j \in [a,b] \tag{36}$$

où r_j et x_j doivent être choisis de telle façon que si f est un polynôme de degré inférieur à $2n$, alors $\varepsilon_n = 0$.
Pour obtenir un lien avec ce qui précède, on introduit les notations suivantes :

$$F(z) = z^N f\left(\frac{1}{z}\right) \qquad N \geq 0$$

$$\varphi(x) = \frac{\psi(x)}{x}$$

$$\Phi(z) = \int_a^b \frac{\varphi(x)\,dx}{1 - xz}\,. \tag{37}$$

Notons que Φ est une fonction de Stieltjes, F est analytique dans un domaine contenant $[\frac{1}{b}, \frac{1}{a}]$ et si f est un polynôme de degré N, alors F est un polynôme de degré inférieur ou égal à N. Considérons l'intégrale suivante :

$$I_N = \frac{1}{2\pi i} \oint F(z)\,\Phi(z)\,\frac{dz}{z^{N+2}} \tag{38}$$

où le contour comme dans (9) contient l'origine, mais ne contient aucune singularité de F. En faisant le changement de variable $z = \frac{1}{\xi}$ et en rabattant ensuite le contour sur $[a,b]$ on trouve, en vertu de (14), (16) et (37) que $I_N = I$. En remplaçant dans (38) la fonction de Stieltjes Φ par :

$$\Phi(z) = \frac{P_n(z)}{Q_n(z)} + z^{2n+1} R_n(z)$$

où P_n/Q_n est l'approximant de Padé $[n/n]_\Phi$ et où la fonction R_n a la même singularité que Φ plus les mêmes pôles que Q_n , on obtient :

$$I_N = \frac{1}{2\pi i} \oint \frac{P_n(z)}{Q_n(z)} F(z) \frac{dz}{z^{N+2}} + \frac{1}{2\pi i} \oint R_n(z) F(z) z^{2n-1-N} dz .$$

La seconde intégrale donne précisément l'erreur :

$$\varepsilon_n = \frac{1}{2\pi i} \oint R_n(z) F(z) z^{2n-1-N} dz \quad ; \tag{39}$$

en effet si F est un polynôme de degré N et si $N < 2n$, alors $\varepsilon_n = 0$. La première intégrale après le changement de variables $z = \frac{1}{\zeta}$ donne :

$$I_N - \varepsilon_n = \frac{1}{2\pi i} \oint \frac{\overline{P}_n(\zeta)}{\overline{Q}_n(\zeta)} f(\zeta) d\zeta = \sum_{j=1}^{n} \frac{\overline{P}_n(x_j)}{\overline{Q}'_n(x_j)} f(x_j) = \sum_{j=1}^{n} r_j f(x_j),$$

où $r_j = \overline{P}_n(x_j)/\overline{Q}'_n(x_j)$ sont les résidus des pôles de la fraction $\overline{P}_n/\overline{Q}_n$ et x_j sont les zéros de $\overline{Q}_n$ ($1/x_j$ sont les zéros de Q_n). Ainsi pour obtenir la formule (36) d'intégration de Gauss il faut calculer l'approximant de Padé $[n/n]_\Phi$ et calculer les zéros de son dénominateur.

Common [74] a montré que l'erreur $|\varepsilon_n|$ est bornée par un nombre dépendant de n et qui décroit géométriquement avec n d'autant plus vite que la distance entre la singularité la plus proche de $[a,b]$ de la fonction f est plus grande. Par conséquent la formule de Gauss donne des résultats d'autant plus satisfaisants que le domaine d'analyticité de f autour de $[a,b]$ est grand.

6.2 CAS DES FONCTIONS DE STIELTJES.

Nous exposons ici brièvement la théorie de convergence des approximants de Padé vers les fonctions de Stieltjes qui repose essentiellement sur les résultats de Stieltjes lui-même et qui depuis a fait l'objet d'études très complètes [4 ; 12 ; 53 ; 74 ; 90 ; 177 ; 189]. C'est aussi un cas à part dans la théorie de convergence, car la série (de Stieltjes) qui définit les approximants de Padé peut être asymptotique, les autres théorèmes de convergence ne se référant qu'aux séries de Taylor. D'autre part cette théorie découle de toutes nos considérations précédentes. En effet, dans le cas de Stieltjes, il s'agit de traduire les théorèmes des chapitres 3 et 4 concernant le problème des moments de Stieltjes et sa solution par l'intermédiaire des fractions continues S (théorèmes 4.18 et 4.20) en termes d'approximants de Padé qui s'identifient, d'après les théorèmes 5.14 et 5.16 aux approximants des fractions continues. Plus précisément, on peut se référer, dans l'ordre logique, aux théorèmes portant sur :

(i) l'existence d'une solution du problème des moments de Stieltjes en fonction des propriétés de la suite des moments (théorèmes 3.8 et 3.9),

(ii) l'équivalence entre une fraction S et une série formelle (théorème 4.12),

(iii) la convergence des fractions continues vers les fonctions analytiques dans certains domaines (théorèmes 4.4, 4.6, 4.7, 4.8, 4.13, 4.14 et 4.15),

(iv) la solution du problème de Stieltjes par l'intermédiaire des fractions continues (théorèmes 4.18 et 4.20).

Pour les détails des démonstrations, on peut se référer aux excellentes mises au point faites par Wall [163] et plus récemment par Baker [12] .

La formule (4.80) du théorème 4.20 est à l'origine des inégalités emboîtées entre les approximants de Padé de fonctions de Stieltjes. Wynn [177 ; 190] a poursuivi le travail de Stieltjes et a établi un certain nombre d'inégalités nouvelles, qui, jusqu'à présent, étaient passées inaperçues [53] . Nous reproduisons quelques unes de ces inégalités dans le théorème 5. Notons que l'apport de Wynn consiste essentiellement dans l'analyse du cas où le rayon de convergence ρ de la série de Stieltjes est différent de zéro. Dans ce cas, la fonction de Stieltjes

$$f : f(z) = \int_0^\infty \frac{d\mu(x)}{1 - xz} \qquad \mu \in \uparrow\mathcal{B} \tag{40}$$

est analytique en dehors de la coupure $[\rho, \infty[$ et les inégalités de Wynn sont établies pour z appartenant aux intervalles réels $]-\infty, 0]$ et $[0, \rho[$.

Considérons la série de Stieltjes engendrée par la fonction (40) :

$$C : C(z) = \sum_{n=0}^{\infty} c_n z^n \tag{41}$$

$$\forall n : \quad c_n = \int_0^\infty x^n d\mu(x) \qquad \mu \in \uparrow\mathcal{B} . \tag{42}$$

Rappelons que le problème des moments de Stieltjes possède une solution si la suite donnée $\{c_n\}_{n\geq 0}$ est une suite de moments définis par (42). La traduction du théorème 3.9 et des théorèmes 5.17 et 5.18 dans ce cas est :

<u>Théorème 4</u>

Soit une suite $\{c_n\}_{n\geq 0}$ donnée. Le problème de Stieltjes possède une solution si et seulement si les suites $\{c_n\}_{n\geq 0}$ et $\{c_n\}_{n\geq 1}$ sont H-positives. Dans ce cas, on distingue trois types de solutions :

(i) Si

$$\forall n : \quad H_n^0 > 0, \quad H_n^1 > 0, \tag{43}$$

alors la solution μ est dans $\uparrow\mathcal{B}V_i$, la série (41) est une série non-rationnelle de Stieltjes et la table de Padé engendrée par cette série est normale.

(ii) Si

$$0 \leq n \leq k : \; H_n^0 > 0, \; H_n^1 > 0; \qquad n > k : \; H_n^0 = H_n^1 = 0, \tag{44}$$

alors la solution μ est dans $\uparrow\mathcal{B}V_f$ et est donnée par la formule (3.20) :

$$\mu : \mu(x) = \sum_{n=0}^{k} \alpha_n H(x - x_n) \qquad x_n \neq 0 ; \; \alpha_n > 0, \tag{45}$$

le problème des moments est déterminé et la fonction de Stieltjes (40) s'identifie à l'approximant de Padé $[k-1/k]$:

$$f : f(z) = [k-1/k]_C(z) . \tag{46}$$

(iii) Si

$$0 \leq n \leq k : \; H_n^0 > 0 ; \qquad n > k : \; H_n^0 = 0 ;$$

$$0 \leq n < k : \; H_n^1 > 0 ; \qquad n \geq k : \; H_n^1 = 0, \tag{47}$$

alors la solution μ est dans $\uparrow\mathcal{B}V_f$ et est donnée par la formule (3.22) :

$$\mu : \mu(x) = \alpha_0 H(x) + \sum_{n=1}^{k} \alpha_n H(x - x_n) \qquad x_n \neq 0 ; \alpha_n > 0, \tag{48}$$

le problème des moments est déterminé et la fonction de Stieltjes (40) s'identifie à l'approximant de Padé $[k/k]$:

$$f : f(z) = [k/k]_C(z) . \tag{49}$$

Les seules nouveautés dans ce théorème sont les formules (46) et (49) qui s'obtiennent de (40) si on y porte respectivement (45) et (48). Les propositions (ii) et (iii) montrent que le problème de la convergence des approximants de Padé est dans ces cas trivial. En effet dans chacun de ces cas, en calculant les approximants de Padé sur n'importe quelle paradiagonale, on finit par rencontrer le bloc infini et on obtient ainsi automatiquement la solution. Le cas de la série non-rationnelle de Stieltjes (i) sera traité dans le théorème 6. Auparavant, nous donnons les inégalités de Stieltjes et Wynn. Pour simplifier les notations à la place de $[m/n]_C$ on note $[m/n]_f$.

Théorème 5 (Stieltjes, Wynn) [177 ; 189 ; 12]

Soient une fonction de Stieltjes f de forme (40) et sa série de Stieltjes (rationnelle ou non) de rayon de convergence $\rho \geq 0$, alors quels que soient les naturels positifs n et k on a les inégalités suivantes :

(i) pour tout x dans $]-\infty, \rho[$:

$$f(x) \geq 0 \tag{50}$$

$$f'(x) \geq 0 \tag{51}$$

$$[k+n/n]_f(x) \geq 0 \tag{52}$$

$$[n/n+k]_f(x) \geq 0 \quad ; \tag{53}$$

(ii) pour tout x dans $]-\infty, 0]$:

$$0 \leq (-1)^k([k+n+1/n+1]_f(x) - f(x)) \leq (-1)^k([k+n/n]_f(x) - f(x)) \tag{54}$$

$$0 \leq (-1)^k(f(x) - [n+1/k+n+2]_f(x)) \leq (-1)^k(f(x) - [n/k+n+1]_f(x)) ; \tag{55}$$

(iii) pour tout x dans $[0, \rho[$:

$$0 \leq f(x) - [k+n+1/n+1]_f(x) \leq f(x) - [k+n/n]_f(x) \tag{56}$$

$$0 \leq f(x) - [n+1/k+n+2]_f(x) \leq f(x) - [n/k+n+1]_f(x) \tag{57}$$

$$0 \leq f(x) - [n/n+1]_f(x) \leq f(x) - [n/n]_f(x) \tag{58}$$

$$0 \leq f(x) - [n+1/n+1]_f(x) \leq f(x) - [n/n+1]_f(x) \; . \tag{59}$$

Notons seulement que ces inégalités peuvent être établies à partir des théorèmes 5.14, 5.16, 4.20, 4 et du lemme 5.1 (page 207).

En posant $k=0$ dans (ii) et (iii) et en ajoutant les inégalités sur les dérivées [177 ; 190 ; 12] , on obtient :

Corollaire 5

Sous réserve des conditions du théorème 5 et pour tout naturel n , on a les inégalités suivantes :

(i) pour tout x dans $]-\infty, 0]$:

$$0 \leq [0/1] \leq \ldots \leq [n-1/n] \leq f \leq [n/n] \leq \ldots \leq [0/0] \tag{60}$$

$$0 \leq [n/n]' \leq f' \leq [n-1/n]' \quad ; \tag{61}$$

(ii) pour tout x dans $[0, \rho[$:

$$0 \leq [0/0] \leq [0/1] \leq [1/1] \leq \ldots \leq [n/n] \leq [n/n+1] \leq \ldots \leq f \tag{62}$$

$$0 \leq [n-1/n]' \leq [n/n]' \leq f' \; . \tag{63}$$

Nous n'avons cité que certaines des inégalités établies par Wynn. Les inégalités (60) à (63) nous serviront au paragraphe 4 dans la démonstration du théorème de convergence de l' ε -algorithme pour les suites totalement monotones. Il est intéressant de noter que les inégalités en question changent de sens de deux côtés du point $x=0$ où $f(0)=[m/n]_f(0)=c_0$.

Théorème 6 [12]

Soit $C : C(z)=\sum_{n=0}^{\infty} c_n z^n$ une série de Stieltjes de rayon de convergence $\rho \geq 0$, alors :

(i) quel que soit l'entier $k \geq -1$ fixé, la suite des approximants de Padé :

$$\{[n+k/n]_C\}_{n \geq \mathrm{Max}(0,-k)} \qquad (k \geq -1) \tag{64}$$

converge vers une fonction f_k analytique dans le domaine $\mathbb{C} \setminus [\rho, \infty[$; si $\rho > 0$, alors $f_k = f$ pour tout $k \geq -1$, où la fonction f est définie par la série (de Taylor) C ;

(ii) si la condition de Carleman est satisfaite, c'est-à-dire si la série :

$$\sum_{n=1}^{\infty} \left(\frac{1}{c_n}\right)^{\frac{1}{2n}} \tag{65}$$

diverge, alors toutes les suites (64) convergent vers la même fonction de Stieltjes f ; si $\rho > 0$, alors la condition de Carleman est satisfaite automatiquement.

Rappelons que la convergence simple dans ce théorème signifie la convergence uniforme dans tout compact contenu dans le domaine $\mathbb{C} \setminus [\rho, \infty[$.

Note sur la démonstration : Dans le cas $\rho = 0$ on montre que la suite $\{|[n+k/n]_C|\}_{n \geq 0}$ est uniformément bornée supérieurement dans tout compact contenu dans $\mathbb{C} \setminus [0, \infty[$ (cette borne dépend en général de k), ce qui, avec les inégalités (60), conduit à la convergence [12, p. 219]. Nous procéderons aux majorations analogues des approximants $|[n+k/n]_C|$ dans la démonstration du théorème 7 qui traite du cas $\rho > 0$ et où nous n'imposerons plus à k d'être fixé. Ainsi dans le cas $\rho > 0$ le théorème 6 sera démontré en tant que cas particulier du théorème 7.

Montrons que la condition de Carleman est satisfaite si $\rho > 0$; en effet :

$$\forall n : \qquad c_n = \int_0^{1/\rho} x^n \, d\mu(x) \leq \frac{c_0}{\rho^n} \tag{66}$$

donc $\liminf\limits_{n \to \infty} \left(\frac{1}{c_n}\right)^{\frac{1}{2n}} = \rho^{1/2} > 0$ et la série (65) diverge.

C.Q.F.D.

Le théorème suivant sur la convergence de type géométrique, que nous avons démontré en collaboration avec M. Froissart, a pour origine un théorème erroné de Baker [12, p. 220] (dans la formule (16.10) de Baker, il faut remplacer $\frac{\lambda - 1}{\lambda + 1}$ par $\frac{\lambda - 1}{2}$, ce qui change radicalement le résultat). Pour simplifier l'énoncé du théorème 7, nous le précédons du lemme suivant :

Lemme 3

Soient :

$$\rho \in]0, \infty[, \qquad \lambda \in [1, \infty[,$$

$$\alpha = \alpha(z) = \left| \frac{1 - \sqrt{1 - \frac{z}{\rho}}}{1 + \sqrt{1 - \frac{z}{\rho}}} \left(\frac{z}{\rho}\right)^{\frac{\lambda - 1}{2}} \right| ; \qquad z \in \mathbb{C} \setminus [\rho, \infty[\tag{67}$$

et le domaine D_λ défini par :

$$D_\lambda = \{ z : \alpha(z) < 1 \}, \tag{68}$$

alors on a les relations d'inclusion suivantes :

$$D_\infty = \{ z : |z| < \rho \} \subset D_\lambda \subset D_1 = \mathbb{C} \setminus [\rho, \infty[. \tag{69}$$

Démonstration : D'après (67), D_∞ est un disque ouvert de rayon ρ
Considérons maintenant la transformation suivante :

$$z : z(w) = \frac{4 \rho w}{(1 + w)^2} \tag{70}$$

et sa réciproque :

$$w : w(z) = \frac{1-\sqrt{1-\frac{z}{\rho}}}{1+\sqrt{1-\frac{z}{\rho}}} \tag{71}$$

par laquelle le domaine $\mathbb{C}\setminus[\rho,\infty[$ se transforme en disque unité dans le plan des w :

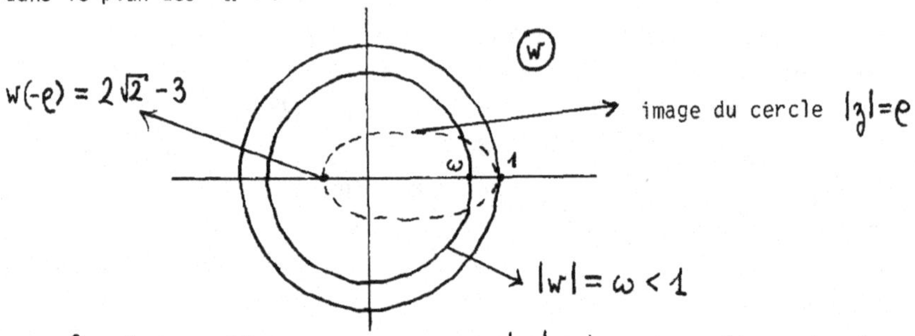

Pour $\lambda = 1$, $\alpha < 1$ est équivalent à $|w| < 1$, ce qui correspond au domaine $\mathbb{C}\setminus[\rho,\infty[$ dans le plan des z . Quand λ croît de 1 à $+\infty$, le domaine D_λ se rétrécit de $\mathbb{C}\setminus[\rho,\infty[$ au disque $|z| < \rho$

C.Q.F.D.

Théorème 7

Soient les réels λ , α et le domaine D_λ définis comme dans le lemme 3 ; soient $C : C(z) = \sum_{n=0}^{\infty} c_n z^n$ une série de Stieltjes de rayon de convergence $\rho > 0$ et f la fonction de Stieltjes définie par cette série, alors quel que soit le couple des naturels (m, n) satisfaisant à :

$$n-1 \leqslant m \leqslant \lambda n \qquad \lambda \in [1,\infty[\tag{72}$$

il existe une constante A telle que :

$$z \in D_\lambda : \quad \left| [m/n]_C(z) - f(z) \right| \leqslant A\,\alpha^{2n} . \tag{73}$$

Si m et n tendent vers l'infini en satisfaisant aux conditions (72), alors la suite des approximants de Padé $\{[m/n]_C\}$ tend géométriquement (comme α^{2n}) vers la fonction f dans le domaine D_λ .

Démonstration : Pour la démonstration de ce théorème, nous nous servirons du lemme de Schwarz :

Soit f une fonction analytique dans le disque $|z|<r$ et continue dans $|z|\leq r$, donc bornée : $|f(z)|\leq M$ sur $|z|=r$, et telle que $f(0)=f'(0)=\ldots=f^{(n)}(0)=0$, alors :

$$\forall z : |z|\leq r : \qquad |f(z)|\leq M\left|\frac{z}{r}\right|^{n+1} . \tag{74}$$

On démontre le théorème dans le cas d'une série non-rationnelle de Stieltjes, car le cas contraire est trivial. D'après le théorème 3(iii) les pôles des approximants $[n+k/n]_C$ $(k\geq -1)$ se placent dans $]e,\infty[$ et d'après le théorème 3(ii) les résidus de ces pôles sont négatifs. On a par conséquent la décomposition suivante :

$$[n+k/n]_C(z) = C_{(k)}(z) + z^{k+1}\sum_{j=1}^{n}\frac{\alpha_j}{1-\beta_j z} \tag{75}$$

$$\forall j : \quad \alpha_j>0, \quad \beta_j>0$$

$$C_{(k)} : \quad C_{(k)}(z) = \begin{cases}\sum_{j=0}^{k} c_j z^j & \text{si} \quad k\geq 0\\ 0 & \text{si} \quad k=-1\end{cases}$$

On remarque que :

$$\forall z\in\mathbb{C}, \forall j : \qquad |1-\beta_j z|\geq \beta_j\delta \qquad \text{où :} \quad \delta = \min_j\left|\frac{1}{\beta_j}-z\right| \quad ,$$

δ étant la distance de z à la plus proche singularité de l'approximant $[n+k/n]$. Par conséquent, on a la majoration de (75) :

$$\forall z\neq\frac{1}{\beta_j}\ (j=1,\ldots,n) : \qquad |[n+k/n]_C(z)|\leq |C_{(k)}(z)| + \frac{|z|^{k+1}}{\delta}\sum_{j=1}^{n}\frac{\alpha_j}{\beta_j} . \tag{76}$$

D'après le théorème 5.18, la série non-rationnelle de Stieltjes est normale, donc on peut appliquer le théorème 5.7 et calculer l'approximant $[n+k/n]_C$ dans (75) par les formules de déterminants (5.68) et (5.69). En divisant par la suite l'équation (75) par z^k et en faisant tendre z vers l'infini, on obtient :

$$c_k - \sum_{j=1}^{n} \frac{\alpha_j}{\beta_j} = H_n^k / H_{n-1}^{k+2} > 0 \ ,$$

car d'après le théorème 5.17 et la propriété 2.1, tous les déterminants de Hankel de la suite c sont strictement positifs. En portant ce résultat dans (76), on obtient :

$$\left| [n+k/n]_C(z) \right| \leq \left| C_{(k)}(z) \right| + \frac{|z|^{k+1}}{\delta} c_k \tag{77}$$

En utilisant les majorations (66) des coefficients c_n, on obtient :

$$\left| [n+k/n]_C(z) \right| \leq \sum_{j=0}^{k} c_0 \left| \frac{z}{\rho} \right|^j + \frac{c_0 \rho}{\delta} \left| \frac{z}{\rho} \right|^{k+1} ,$$

ce qui conduit à :

$$\left| [n+k/n]_C(z) \right| \leq \begin{cases} A' & |z| \leq \rho \\ A' \left| \frac{z}{\rho} \right|^{k+1} & |z| > \rho , \end{cases} \tag{78}$$

où $A' = c_0 \left(k+1+\frac{\rho}{\delta} \right)$.

Considérons la fonction $\mathcal{F}$:

$$\mathcal{F} = [n+k/n]_C - f \tag{79}$$

qui a un zéro d'ordre $2n+k+1$ en $z=0$.

Pour $|z| \leq r < \rho$, la fonction f est bornée, donc en raison de (78), la fonction $\mathcal{F}$ également $(|\mathcal{F}(z)| \leq B)$, alors d'après le lemme de

Schwarz, on a :

$$|z| \leq r < \rho : \qquad |\mathcal{F}(z)| \leq B \left|\frac{z}{r}\right|^{2n+k+1} . \tag{80}$$

Quel que soit z tel que $|z| < \rho$ il existe r tel que $|z|<r<\rho$ et d'après (80) quand n et (ou) k tendent vers l'infini, le module $|\mathcal{F}(z)|$ tend vers zéro, ce qui démontre la convergence dans le cas $|z|<\rho$.

Considérons donc le cas $|z|>\rho$. En utilisant la transformation (70), la fonction $\mathcal{F}$ en tant que fonction de w reste analytique dans le disque $|w| \leq \omega < 1$, donc bornée, disons par A'' et possède un zéro d'ordre $2n+k+1$ en $w=0$. Par conséquent, en appliquant le lemme de Schwarz à $\mathcal{F}(z(w))/z^{k+1}(w)$ et en utilisant (78), on obtient :

$$|w| \leq \omega < 1: \qquad \left|\frac{\mathcal{F}(z(w))}{z^{k+1}(w)}\right| \leq \left|\frac{w}{\omega}\right|^{2n} \max_{|w|=\omega}\left|\frac{A''+A'\left|\frac{z(w)}{\rho}\right|^{k+1}}{z^{k+1}(w)}\right| =$$

$$= \left|\frac{w}{\omega}\right|^{2n}\left(\frac{A''}{z^{k+1}(\omega)} + \frac{A'}{\rho^{k+1}}\right),$$

d'où :

$$|\mathcal{F}(z(w))| \leq \left(|w|^2\left|\frac{z(w)}{\rho}\right|^{\frac{k}{n}}\right)^n \left\{\left[\frac{1}{\omega^2}\left(\frac{\rho}{z(\omega)}\right)^{\frac{k}{n}}\right]^n A''\left|\frac{z(w)}{z(\omega)}\right| + \left(\frac{1}{\omega^2}\right)^n A'\left|\frac{z(w)}{\rho}\right|\right\}$$

Etant donné que $|z|>\rho$ par hypothèse, alors :

$$\left|\frac{z(w)}{\rho}\right|>1 , \qquad \frac{1}{\omega}>1 , \qquad \frac{\rho}{z(\omega)}>1 ;$$

par conséquent, si k varie en fonction de n de telle façon que $\frac{n+k}{n} \leq \lambda \in [1,\infty[$ $(k \geq -1)$, alors on a :

$$|\mathcal{F}(z(w))| \leq \left(|w|\left|\frac{z(w)}{\rho}\right|^{\frac{\lambda-1}{2}}\right)^{2n}\left\{\left[\frac{1}{\omega}\left(\frac{\rho}{z(\omega)}\right)^{\frac{\lambda-1}{2}}\right]^{2n} A''\left|\frac{z(w)}{z(\omega)}\right| + \left(\frac{1}{\omega}\right)^{2n} A'\left|\frac{z(w)}{\rho}\right|\right\} \qquad (81)$$

et pour que $\lim_{n\to\infty} |\mathcal{F}| = 0$, il suffit que la condition suivante soit satisfaite (car A' est linéaire en k) :

$$|w|\left|\frac{z(w)}{\rho}\right|^{\frac{\lambda-1}{2}} < \omega\left[\frac{z(\omega)}{\rho}\right]^{\frac{\lambda-1}{2}} = \omega\left[\frac{4\omega}{(1+\omega)^2}\right]^{\frac{\lambda-1}{2}} < 1 . \qquad (82)$$

Le membre de droite de cette inégalité atteint sa borne supérieure 1 pour $\omega = 1$. Alors, pour tout w $(|w|<1)$ tel que :

$$|w|\left|\frac{z(w)}{\rho}\right|^{\frac{\lambda-1}{2}} < 1 \qquad (83)$$

il existe ω : $|w| \leq \omega < 1$ tel que (82) soit satisfaite. Dans le plan des z, la condition (83) définit le domaine D_λ (cf. (67) et (68)).

D'après (80) et (81), il s'agit de la convergence de type géométrique annoncée dans (73).

C.Q.F.D.

Ce théorème dit en particulier que si on prend $\lambda > 1$ entier, alors la suite $\{[n\lambda/n]\}_{n\geq 0}$ qui est plus "inclinée" dans la table de Padé que la suite diagonale :

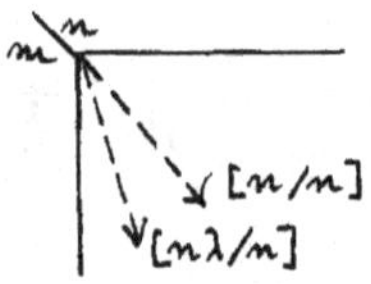

converge dans un domaine D_λ plus petit que $\mathbb{C}\setminus[\rho,\infty[$. Pour la suite verticale $\{[m/0]\}_{m\geq 0}$ $(\lambda=\infty)$ ce domaine se réduit au disque de convergence de la série C.

Revenons à l'exemple de Baker de la suite $\{[4n/n]_f\}$ de la fonction $f : f(z) = -\frac{1}{z}\log(1-z)$ signalée déjà à la page 255 :

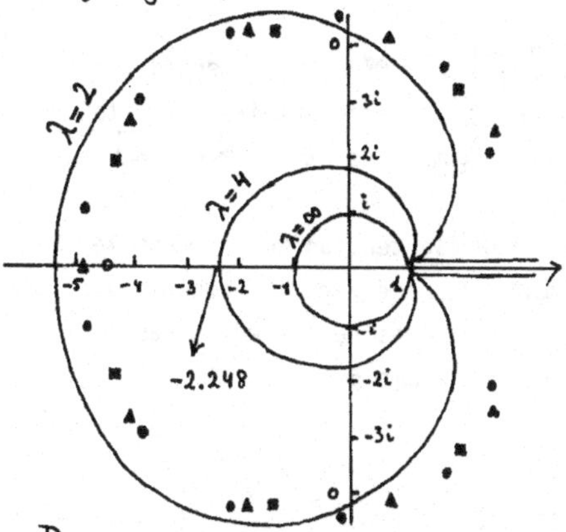

Le domaine D_4 se trouve nettement à l'intérieur du domaine D délimité par les zéros excédentaires. En examinant la suite $\{[4n/n]\}$ Baker a constaté qu'elle converge à l'intérieur du domaine D et qu'elle diverge en oscillant à l'extérieur de D. Il semble donc que le plus grand domaine de convergence est précisément D, ce qui ne contredit pas le théorème 7 où D_λ est une borne inférieure du domaine de convergence. Le théorème 7 peut donc être amélioré.

Il reste toutefois certain que dès qu'on s'écarte des paradiagonales définies dans le théorème 6, le domaine de convergence des approximants de Padé devient borné. On comprend également mieux le sens de la convergence des paradiagonales $\{[n+k/n]\}$ ($k \geq -1$ fixé). En effet, dans le cas $k > 0$, chaque approximant de cette suite se caractérise par k zéros excédentaires z_j ; on a donc :

$$[n+k/n]_c(z) = \frac{P_n(z)}{Q_n(z)} \prod_{j=1}^{k} \left(1 - \frac{z}{z_j}\right)$$

où :

$\dfrac{P_n(0)}{Q_n(0)} = c_0$, P_n a des racines dans $]\rho, \infty[$ et

$$\lim_{n\to\infty} \prod_{j=1}^{k} \left(1 - \frac{z}{z_j}\right) = 1 ,$$

car, d'après le théorème 7, $\lim_{n\to\infty} \operatorname{Inf}_k |z_k| = \infty$. Autrement dit, la frontière sur laquelle se placent les zéros excédentaires "éclate' vers l'infini et asymptotiquement l'approximant de Padé $[n+k/n]$ se comporte comme $[n/n]$.

Rappelons que les zéros excédentaires représentent un "gène" dans le problème de convergence des approximants de Padé vers les fonctions non-rationnelles de Stieltjes, car ces dernières ne possèdent pas de zéros dans le domaine $\mathbb{C}\setminus[\rho,\infty[$ (cf. lemme 5.1).

6.3 THEORIE GENERALE DE LA CONVERGENCE DES APPROXIMANTS DE PADE.

Dans ce paragraphe, on regroupe les résultats essentiels sur la convergence des approximants de Padé en mettant l'accent sur divers types de convergence.

Bien que certains succès numériques obtenus grâce à la méthode d'approximation de Padé aient conduit des gens à parler parfois d'une convergence "miraculeuse" des approximants de Padé pour les fonctions rencontrées en pratique, la théorie n'a pas suivi ce succès, la conjecture de Padé n'est toujours pas démontrée, et les théorèmes de convergence qui ont pu être établis ne couvrent que des classes assez restreintes de fonctions, comme :

- fonctions de Stieltjes,
- fonctions de classe $\mathcal{S}$,
- fonctions ayant des pôles et éventuellement des singularités essentielles (même avec les points isolés d'accumulation de ces singularités).
- fonctions ayant des points de branchement d'un type particulier.

Ces théorèmes spécifient plusieurs types de convergence, plus faibles que la convergence uniforme. En introduisant la notion de c-convergence des fractions continues (cf. paragraphe 4.1), nous avons signalé seulement l'existence des pôles "indésirables" des approximants dans le domaine d'analyticité d'une fonction que nous voulions considérer comme limite de la fraction continue en question. Nous détaillerons maintenant de façon précise les types de convergence auxquels cette notion peut conduire, et que l'on rencontre en théorie des approximants de Padé.

(i) Convergence uniforme dans tout compact contenu dans un domaine D, D pouvant être au mieux le domaine d'analyticité de la fonction limite, sinon, un domaine inclus dans ce domaine (cf. théorème 7).

(ii) Convergence simple (ou ponctuelle) dans D.

(iii) <u>Convergence presque partout</u> (convergence dans D sauf un ensemble mesurable de points de mesure nulle).

(iv) <u>Convergence en capacité.</u>

La <u>capacité</u> d'un ensemble borné E de $\mathbb{C}$ est définie par :

$$\mathrm{cap}(E) = \lim_{n\to\infty} \operatorname*{Inf}_{\mathcal{P}_n} \operatorname*{Sup}_{z\in E} |p_n(z)|^{\frac{1}{n}} \tag{84}$$

où $\mathcal{P}_n$ désigne l'ensemble des polynômes p_n de degré n ayant le coefficient 1 devant le plus haut degré de z.

On dit qu'une suite de fonctions $\{f_n\}$ converge en capacité dans un domaine $D \subset \mathbb{C}$ vers une fonction f analytique dans D si pour tout $\varepsilon > 0$ on a :

$$\lim_{n\to\infty} \mathrm{cap}\left(\{z : |f_n(z) - f(z)| \geq \varepsilon\}\right) = 0 . \tag{85}$$

Si E est un ensemble compact, dénombrable des points, alors $\mathrm{cap}(E) = 0$; si E est un ensemble connexe, alors $\mathrm{cap}(E) > 0$.
Par exemple, pour un disque ou un cercle de rayon r, on a $\mathrm{cap}(E) = r$ et pour un segment de droite de longueur ℓ, on a $\mathrm{cap}(E) = \ell/4$.
Les ensembles bornés et fermés dans $\mathbb{C}$ sont compacts.
Les polynômes étant des fonctions continues dans $\mathbb{C}$, donc bornés sur tout compact dans $\mathbb{C}$, on peut remplacer dans la définition (84) de la capacité l'ensemble E par sa fermeture $\overline{E}$ et on a : $\mathrm{cap}(E) = \mathrm{cap}(\overline{E})$. Si on prend comme exemple de E l'ensemble des rationnels dans $]0,1[$, alors bien qu'il ne soit pas fermé, sa capacité est égale à la capacité de $\overline{E} = [0,1]$, c'est-à-dire à $\frac{1}{4}$.
L'interprétation de la convergence en capacité est assez délicate et on préfère généralement s'en tenir à la définition (85) sans dire un mot de plus. Cela vient du fait que l'ensemble où on a la convergence ponctuelle n'est pas en général localisable. En effet, supposons que chaque fonction f_n a n pôles et qu'on a la convergence en capacité dans D . A priori, aucun point de D ne se distingue par

l'absence des pôles et par conséquence parler d'un ensemble vers lequel les pôles convergent n'a pas de sens. Ce qui importe, ce sont les résidus de ces pôles.
Considérons par exemple les fonctions f_n définies par :

$$f_n : f_n(z) = \prod_{i=0}^{n} \frac{z - r_i + \varepsilon_n}{z - r_i}$$

où les réels r_i sont choisis aléatoirement dans $[0,1]$ et ε_n tend vers zéro. Nous verrons au paragraphe 4 que les fonctions f_n sont les produits des doublets de Froissart de distance moyenne $1/n$. Supposons que les fonctions f_n convergent en capacité sur $[0,1]$ vers la fonction $f : f(z) = 1$. Dans ce cas, la capacité de l'ensemble défini dans (85) doit tendre vers zéro. Etant donné qu'elle est de l'ordre de $n\,\varepsilon_n$, ε_n doit tendre plus vite vers zéro que $1/n$. Si on a la convergence en capacité dans D, alors la somme des résidus des pôles tend vers zéro. Ces pôles, comme on vient de le voir, peuvent se distribuer sur un segment dans D, pourvu que leurs résidus tendent suffisamment vite vers zéro. Notons que dans le cas de Stieltjes, les résidus des approximants de Padé reconstruisent la "fonction poids" et on n'a pas de convergence en capacité sur la coupure.

Dans le théorème 14 de Nuttall, on aura la convergence en capacité dans $\mathbb{C}$ en dehors de certains arcs. On peut l'interprétér ainsi : les "fonctions poids" tendent vers zéro sur tout compact à l'extérieur des arcs, donc nécessairement les "fonctions poids" sont reconstruites sur les arcs.

(v) Convergence en mesure.

On dit qu'une suite de fonctions $\{f_n\}$ converge en mesure dans un domaine $D \subset \mathbb{C}$ vers une fonction f analytique dans D si pour tout $\varepsilon > 0$ on a :

$$\lim_{n\to\infty} mes\left(\{z : |f_n(z) - f(z)| \geq \varepsilon\}\right) = 0\,, \qquad (86)$$

où $mes(E)$ désigne en général la mesure de Lebesgue d'un ensemble

E dans $\mathbb{C}$.

Certains auteurs prennent la même définition, mais en se référant à la mesure extérieure α-dimensionnelle de Hausdorff qui pour un sous-ensemble E d'un espace métrique est définie par :

$$mes_\alpha(E) = \lim_{\varepsilon \to 0+} \operatorname{Inf}_{\{E_i\}: \delta(E_i) < \varepsilon} \sum_i [\delta(E_i)]^\alpha , \qquad (87)$$

où $\{E_i\}$ est un recouvrement dénombrable de E ($E \subset \bigcup_i E_i$), $\delta(E_i)$ désigne le diamètre de E_i et $\alpha > 0$.

La mesure extérieure de Hausdorff est subadditive :

$$mes_\alpha(\bigcup_i E_i) \leq \sum_i mes_\alpha(E_i).$$

On peut montrer qu'il existe un réel positif α_0, appelé dimension de Hausdorff de l'ensemble E, tel que :

$$\alpha_0 = dim(E) = \operatorname{Sup}\{\alpha : mes_\alpha(E) = \infty\} = \operatorname{Inf}\{\alpha : mes_\alpha(E) = 0\}. \qquad (88)$$

Dans le cas des approximants de Padé, on rencontre deux types de convergence en mesure selon la mesure extérieure de Hausdorff : convergence "forte" (pour tout $\alpha > 0$) et convergence "faible" ($\alpha = 2$), mais les auteurs ne le précisent pratiquement jamais. Si $\alpha = 2$, alors on a la relation :

$$mes(E) = 0 \iff mes_2(E) = 0$$

donc dans ce cas, on peut parler de la convergence en mesure sans préciser s'il s'agit d'une mesure de Lebesgue dans $\mathbb{R}^2$ ou d'une mesure bidimensionnelle de Hausdorff.

Si E est un ensemble dénombrable des points, alors on a $mes_2(E) = 0$. Mais pour un segment de droite, on a aussi $mes_2(E) = 0$, tandis que la capacité est dans ce cas strictement positive. La convergence en capacité est donc plus forte que la convergence en mesure ; on a en effet :

$$mes_2 (E) \leq \pi [cap(E)]^2 ,$$
$$mes (E) \leq \pi [cap(E)]^2 .$$

La théorie de la convergence des approximants de Padé se heurte au problème de la localisation des pôles de ces approximants. Ainsi le cas des fonctions de Stieltjes est en quelque sorte idéal, car les pôles et les zéros des approximants de Padé de ces fonctions sont parfaitement localisés d'après la théorie des polynômes orthogonaux. Dans les autres cas où l'ensemble des pôles en question ne peut pas être localisé, on a précisément recours aux notions de convergence en capacité [123 ; 142 ; 143 ; 149 ; 164] ou en mesure [141 ; 135] . Mais avant que ces notions apparaissent dans la théorie de la convergence des approximants de Padé, on a contourné cette difficulté en imposant des restrictions sur l'accumulation des pôles des approximants de Padé d'une suite considérée. Ces théorèmes "historiques" que nous signalerons rapidement ne présentent donc pas de grand intérêt pratique.

En général, plus on restreint la classe des fonctions, plus la convergence est forte. On constate que les théorèmes de convergence portent ou bien sur une suite (complète) d'approximants de Padé, ou bien sur une suite extraite de cette suite, comme dans la c-convergence (cf. hypothèse de Baker, Gammel et Wills dans la conjecture de Padé).

Citons un exemple très instructif de Gammel [12 , p. 204] , qui montre qu'il est en général impossible d'avoir une convergence simple dans tout le domaine d'analyticité d'une fonction. Considérons la fonction définie par la série suivante :

$$f : f(z) = \sum_{j=0}^{\infty} c_j z^j = 1 + \sum_{k=1}^{\infty} \alpha_k \sum_{n=n_k}^{2n_k} r_k^{-n} z^n , \qquad (89)$$

où :

$$\forall k : n_k = 2^k - 1 , \quad r_k \in \mathbb{C}^* , \quad \alpha_k = [(2n_k)! \, \mathrm{Max}(|r_k|^{-n_k} , |r_k|^{-2n_k})]^{-1} .$$

On constate que $|c_j| \leq \frac{1}{j!}$, c'est-à-dire que la fonction f est entière. On vérifie facilement que l'approximant de Padé $[n_k/n_k]_f$ est :

$$[n_k/n_k]_f(z) = \sum_{j=0}^{n_k-1} c_j z^j + \alpha_k z^{n_k}\left(1 - \frac{z}{r_k}\right)^{-1} = [n_k/1]_f(z) , \tag{90}$$

ce qui indique l'existence des blocs de type $(n_k, 1; n_k - 1)$. L'approximant $[n_k/n_k]$ a un seul pôle en r_k . Le choix des nombres r_k était arbitraire, on peut donc accumuler les pôles de la suite $\{[n_k/n_k]_f\}_{k\geq 0}$ de façon dense dans n'importe quelle région de $\mathbb{C}$. Par conséquent, la convergence simple des approximants de Padé dans le domaine d'analyticité de la fonction f est déjà compromise. Notons que les résidus de ces pôles sont $-\alpha_k r_k$ et tendent très vite vers zéro quand k tend vers l'infini.

Wallin [164] a montré que les approximants de Padé $[n/n]_f$ convergent presque partout pour les fonctions entières d'ordre inférieur à 2. Il a construit en même temps une fonction de cette classe pour laquelle la suite $\{[n/n]_f(z)\}$ n'est bornée nulle part dans $\mathbb{C}^*$.

Les théorèmes qui suivent portent sur les suites $\{[m_i/n_i]\}_{i\geq 0}$ telles que $(m_i + n_i)$ tend vers l'infini. On parle de la convergence des lignes si m_i est fixé, des colonnes si n_i est fixé, des paradiagonales si $m_i - n_i$ est fixé ou de la convergence d'une suite générale si seulement certaines bornes asymptotiques sont imposées au "chemin" choisi dans la table de Padé. Le terme "suite complète" est utilisé en général quand :

$$\forall i : \quad m_{i+1} - m_i \leq 1, \qquad n_{i+1} - n_i \leq 1 ;$$

dans le cas contraire, on parle d'une suite extraite d'une suite complète. Dans les deux cas, on ne considère que des suites d'approximants existants.

6.3.1 THEOREMES "HISTORIQUES"

Le premier théorème faisant appel aux pôles d'une fonction date de 1902 et est dû à Montessus de Balore. Ce théorème fut généralisé par Wilson, puis par Saff, puis par Chisholm et Graves-Morris [67] ; nous reproduisons cette dernière version :

Théorème 8 (Montessus de Balore)

Soit f une fonction méromorphe dans le disque $D_R = \{z : |z| < R\}$, bornée sur le cercle $|z| = R$ et ayant dans D_R L pôles distincts z_i de multiplicité totale N, alors la suite "colonne" $\{[m/N]_f\}_{m \geq 0}$ converge uniformément vers f dans tout compact contenu dans $D_R \setminus \{z_i\}$.

Le premier théorème faisant appel aux pôles des approximants est dû à Chisholm, mais j'ai trouvé que sa version originale [62 ; 10, p. 8] était erronée. J'ai donc donné à ce théorème la version qui suit et pour laquelle Chisholm m' a donné son approbation :

Théorème 9 (Chisholm)

Soient f une fonction méromorphe dans le disque $D_R = \{z : |z| < R\}$ et n'ayant ni de zéro ni de pôle en $z = 0$, et $\{[m_i/n_i]_f\}_{i \geq 0}$ une suite d'approximants de Padé satisfaisant dans le disque $D_\rho = \{z : |z| \leq \rho < R\}$ à la condition suivante :

$$\forall i : \quad M_i + N_i \leq K(\rho) \tag{91}$$

où M_i et N_i sont respectivement les nombres de zéros et de pôles (en comptant leurs multiplicités) de chaque approximant, et l'entier $K(\rho)$ ne dépend pas de i, alors la suite des approximants de Padé en question converge en mesure vers f dans D_ρ.

Zinn-Justin et Beardon se sont affranchis de la condition (91) :

Théorème 10 (Zinn-Justin) [195]

Soit f une fonction méromorphe dans $D_R = \{z : |z| < R\}$ et N_n le nombre de pôles de l'approximant $[n/n]_f$ dans le disque $|z| \leq R$, alors si la condition suivante est satisfaite :

$$\lim_{n \to \infty} \frac{N_n \log n}{n} = 0 \quad , \tag{92}$$

la suite des approximants de Padé $\{[n/n]_f\}_{n \geq 0}$ converge en mesure vers f dans le disque $D_{R/\sqrt{3}} = \{z : |z| < R/\sqrt{3}\}$.

Si la condition (92) n'est pas satisfaite, alors on ne peut démontrer que la convergence dans $D_R \setminus E$ où l'ensemble E est de mesure finie ; en plus, il n'est pas localisable et dépend de n .

Théorème 11 (Beardon) [21 ; 12 , p. 184]

Soit f une fonction méromorphe dans un domaine D , analytique au voisinage de l'origine et ayant dans D L pôles z_i ; soit E un compact dans $D \setminus \{z_i\}$, alors pour tout $\delta > 0$ il existe $k \geq 1$ dépendant uniquement de f, E et δ tel que toute suite d'approximants de Padé :

$$\{[m_i/n_i]_f\}_{i \geq 0} \qquad L \leq n_i \leq k n_i \leq m_i \tag{93}$$

dont les termes n'ont pas de pôles à une distance inférieure à δ de E , converge uniformément vers f dans E .

Pour les fonctions analytiques dans un disque, on a un résultat plus fort :

Théorème 12 (Beardon) [21 ; 12 , p. 156]

Soit f une fonction analytique et bornée dans le disque $D_R = \{z : |z| < R\}$, alors il existe une suite d'approximants de Padé $\{[m_i/1]_f\}_{i \geq 0}$ (extraite de la suite $\{[m/1]_f\}_{m \geq 0}$) convergeant uniformément vers f dans chaque disque fermé $D_\rho = \{z : |z| \leq \rho < R\}$.

On généralise immédiatement ce résultat pour une fonction entière en posant $\rho < \infty$. Sous certaines conditions, Baker a montré que la suite $\{[m_i/2]_f\}$ converge également si f est une fonction entière [12, p. 159].

6.3.2 THEOREMES GENERAUX

Le premier théorème sur la convergence en capacité, dû à Pommerenke [149], date de 1973 et s'applique à la classe des fonctions analytiques dans $\mathbb{C}$ amputé d'un ensemble de capacité nulle. Notons que cette classe contient en particulier les fonctions ayant des singularités essentielles, mais ne contient pas de fonctions non-rationnelles de Stieltjes.

Théorème 13 (Pommerenke)

Soit f une fonction analytique au voisinage de l'origine et dans $\mathbb{C}\backslash E$ où E est un ensemble compact de capacité nulle contenu dans $\mathbb{C}$, alors pour tout $\varepsilon > 0$, $\eta > 0$, $\rho > 0$, $\lambda > 1$ il existe un naturel N tel que pour tout couple des naturels m, n satisfaisant à :

$$n > N, \qquad \frac{1}{\lambda} \leq \frac{m}{n} \leq \lambda \tag{94}$$

on a :

$$\mathrm{cap}\,(E_{mn}) < \eta \tag{95}$$

où :

$$E_{mn} = \{z : |z| \leq \rho : |[m/n]_f(z) - f(z)| \geq \varepsilon^n\} . \tag{96}$$

Ce théorème contient et améliore (à la convergence en capacité) le résultat antérieur de Nuttall [141] sur la convergence en mesure des approximants de Padé pour certaines fonctions méromorphes. Dans sa version originale, le théorème de Pommerenke portait sur les approximants de Padé définis par les développements en séries au voisinage de l'infini. Par la transformation $z \to \frac{1}{z}$ nous avons obtenu la version que nous donnons. Notons que cette transformation ne conserve pas la capacité : en particulier un ensemble de capacité arbitrairement petite au voisinage de l'origine peut se transformer en un ensemble de capacité arbitrairement grande au voisinage de l'infini.

Corollaire 13 (Pommerenke)

Soit f une fonction analytique dans $\mathbb{C}\setminus E$ où E est un ensemble compact de capacité nulle contenu dans $\mathbb{C}$; soit A un ensemble compact contenu dans $\mathbb{C}\setminus E$ et ne contenant aucun point d'accumulation des pôles des termes de la suite :

$$\{[m_i/n_i]_f\}_{i\geq 0} \quad , \lambda>0 , 1/\lambda \leq m_i/n_i \leq \lambda , \tag{97}$$

alors pour tout $\varepsilon > 0$, il existe un naturel I dépendant de ε tel que :

$$\forall z \in A, \forall i > I : \quad |[m_i/n_i]_f(z) - f(z)| < \varepsilon^{n_i} . \tag{98}$$

Notons qu'il n'est pas sûr qu'il existe toujours une suite (97) telle qu'il existe un compact A ne contenant pas de points d'accumulation des pôles. D'autre part, si A existe, il n'est pas localisable. Le premier (et le seul) théorème de convergence en capacité des approximants de Padé pour certaines fonctions déterminées à l'aide des coupures finies (et qui ne sont pas de Stieltjes) est dû à Nuttall [142 ; 143] . Bien qu'il s'agisse là d'une classe très restreinte de fonctions, ce théorème a une grande importance, car il explique la nature de la convergence et de l'accumulation des pôles des approximants dans le cas où les autres théorèmes ne s'appliquent pas. Nous reproduisons textuellement les résultats de Nuttall sans rentrer dans les détails. Le théorème fondamental est précédé de quelques résultats préliminaires.

Nuttall considère les fonctions du type :

$$f : f(z) = \frac{\prod_{i=1}^{\ell-1} (z - c_i)}{\prod_{i=1}^{2\ell} \sqrt{z - a_i}} \tag{99}$$

où les constantes complexes a_i et c_i satisfont à une certaine condition (cf. condition 1 qui va suivre) et où la fonction f est déterminée par le choix de ℓ' $(\ell' \geq \ell)$ arcs analytiques finis L_i joignant les points a_i deux à deux (par exemple a_1 et a_2 , a_3 et a_4 , etc.). Les arcs L_i ne se coupent pas et les points c_i peuvent être les extrémités d'un nombre pair des arcs (sic), comme indiqué sur la figure :

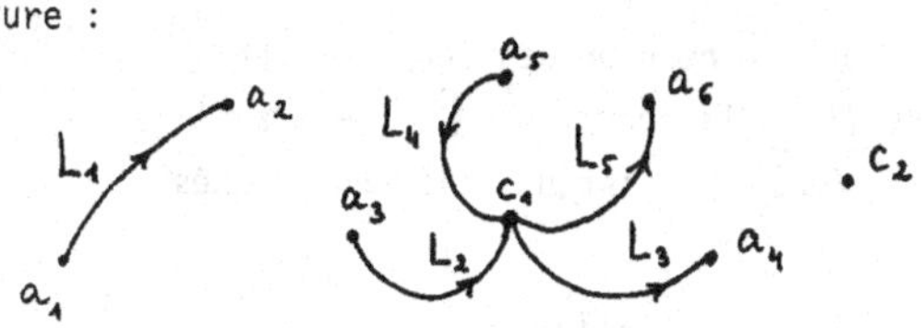

Notons la réunion de ces arcs par $S_{\ell'}$. Notons par f^+ et f^- (cf. (14)) les limites au bord de $S_{\ell'}$ de la fonction f . Nuttall montre que $f^+ = -f^-$ et qu'en considérant la représentation de f par une intégrale de Cauchy, par la déformation du contour (comme au paragraphe 1) sur les coupures, on obtient pour f la représentation suivante :

$$f : f(z) = \frac{i}{\pi} \int_{S_{\ell'}} \frac{f^+(t)}{t - z} \, dt \qquad z \in \mathbb{C} \setminus S_{\ell'} . \tag{100}$$

Plus généralement Nuttall va considérer les fonctions du type :

$$f : f(z) = \int_{S_{\ell'}} \frac{\varphi(t)}{t - z} \, dt \tag{101}$$

où φ est une fonction (ou une distribution) à valeurs complexes.

Notons cette classe par $\mathcal{E}$. Dans la suite, on considère les approximants de Padé $[n/n]_f$ calculés à partir du développement de f au voisinage de l'infini. Les polynômes U_n et V_n des formes de Padé $U_n // V_n$ sont fonctions de $\frac{1}{z}$:

$$\text{ord}_{\frac{1}{z}} \left(f V_n - U_n \right) \geqslant 2n + 1. \qquad (102)$$

Nuttall se réfère à Szegö [158 , p. 54] pour énoncer le lemme suivant qui généralise la notion de polynômes orthogonaux (sans conjugaison complexe) (cf. (14), (16), (24)) au cas des fonctions "poids" φ à valeurs complexes :

Lemme 4

Soit une distribution φ donnée, sur une réunion des coupures non-croisées $S_{\ell'}$ qui définit selon (101) la fonction f , alors si tous les approximants de Padé $[n/n]_f$ existent, ils sont donnés par :

$$\forall n : \quad [n/n]_f(z) = \frac{-1}{Q_n(z)} \int_{S_{\ell'}} \frac{Q_n(z) - Q_n(t)}{z - t} \varphi(t)\,dt \qquad (103)$$

où les polynômes Q_n sont orthogonaux au sens de :

$$\forall n, \forall k \leqslant n-1 : \quad \int_{S_{\ell'}} Q_n(t)\, t^k \varphi(t)\,dt = 0 . \qquad (104)$$

Inversement, si les polynômes $\{Q_n\}$ sont orthogonaux au sens de (104), et si pour tout n on a $Q_{n+1}(t) \neq t\, Q_n(t)$, alors tous les approximants de Padé $[n/n]_f$ existent et sont donnés par (103).

On démontre ce lemme en vérifiant (102) avec :

$$U_n : U_n(z) = z^{-n} \int_{S_{\ell'}} \ldots \qquad \text{et} \qquad V_n : V_n(z) = z^{-n}\, Q_n(z) .$$

Sauf le cas d'un bloc infini, l'existence des approximants de Padé signifie que les formes de Padé sont uniques (cf. théorème 5.6 (vii)). Nuttall donne ce lemme en termes de fractions de Padé (on enlèvera dans ce cas le mot "existent" et la condition $Q_{n+1}(t) \neq t\, Q_n(t)$). Il perd ainsi l'unicité des formes de Padé, par contre il ne se préoccupera plus de l'existence des approximants de Padé dans son théorème de convergence qui sera énoncé pour les fractions de Padé.

Revenons aux fonctions du type (99) ou (100). Pour donner les conditions particulières sur les points a_i et c_i , Nuttall définit la fonction Φ :

$$\Phi : \Phi(z) = \int_{a_1}^{z} f(t)\,dt \tag{105}$$

qui sera déterminée par le choix suivant du domaine simplement connexe : on se donne, comme précédemment, les coupures $S_{\ell'}$, le point a_1 est relié à l'infini et les points $a_3, a_5, \ldots, a_{2\ell-1}$ sont reliés à a_1 comme indiqué sur la figure :

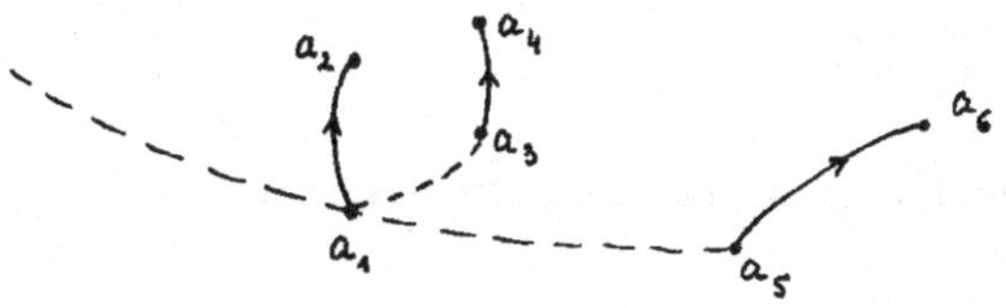

Condition 1

On dira que cette condition est satisfaite si l'ensemble des points a_i et c_i , tous distincts et à module fini, est tel que la fonction Φ satisfait aux conditions suivantes :

$$\forall j \ (3 \leq j \leq 2\ell) : \quad \frac{1}{i\pi}\, \Phi(a_j) = \frac{k_j}{n} \tag{106}$$

où k_j sont des entiers et le naturel n est strictement positif.

Notons par $\mathcal{E}^1$ la classe des fonctions (99) ou (100) qui satisfont à la condition 1.

Nuttall montre que parmi les ensembles possibles $S_{\ell'}$ il en existe un, noté S , indépendant du choix de $S_{\ell'}$ dans la déterminatio de Φ dans (105), et tel que :

$$z \in S : \qquad \mathrm{Re}\ \Phi(z) = 0 ,$$
$$z \in \mathbb{C}\setminus S : \qquad \mathrm{Re}\ \Phi(z) > 0 . \qquad (107)$$

Notons que pour un ensemble $\{a_i\}$ donné, la condition 1 implique :

$$\mathrm{Re}\ \Phi(a_j) = 0 \qquad 3 \leq j \leq 2\ell . \qquad (108)$$

C'est un système linéaire inhomogène de $2\ell-2$ équations pour les parties réelles et imaginaires de c_i (considérées comme inconnues). Si son déterminant est non-nul :

$$\Delta \neq 0 , \qquad (109)$$

alors, il existe un ensemble unique de c_i satisfaisant à (108).

Condition 2

On dira que cette condition est satisfaite si (109) est satisfait.

Notons que si la condition 2 n'est pas satisfaite, il existe les c_i qui satisfont à (108). Si les conditions 1 et 2 sont satisfaites, alors la classe des fonctions (99) ou (100) sera notée par $\mathcal{E}^2$ et l'ensemble S défini par (107) sera noté S_c . On a : $\mathcal{E}^2 \subset \mathcal{E}^1 \subset \mathcal{E}$.
L'importance du théorème de Nuttall consiste précisément dans la caractérisation de l'ensemble S_c .

Théorème 14 (Nuttall) [142, p. 14 et 31]

(i) Soit f une fonction de la classe $\mathcal{E}^1$, alors la suite des fractions de Padé (notées comme approximants) $\{[n/n]_f\}_{n\geq 0}$ converge en capacité dans tout compact contenu dans $\mathbb{C}\setminus S$.

(ii) Soit f une fonction de la classe $\mathcal{E}^2$, alors dans la proposition (i) $S = S_c$ et l'ensemble des arcs S_c est celui qui possède la capacité minimale parmi tous les ensembles $S_{\ell'}$:

$$\text{cap}\,(S_c) = \underset{\{S_{\ell'}\}}{\text{Min}}\,[\,\text{cap}\,(S_{\ell'})\,]\,. \tag{110}$$

Ce théorème dit que dans le cas de la classe $\mathcal{E}^1$ les approximants de Padé choisissent en quelque sorte leurs propres coupures (cf. interprétation de la convergence en capacité, page 6.38) et dans le cas de la classe $\mathcal{E}^2$ ces coupures ont la capacité minimale. Nous verrons plus loin qu'en dehors de ces coupures, les approximants de Padé peuvent présenter les doublets de Froissart.

Nuttall a généralisé ce théorème [143] à une classe de fonctions appartenant à $\mathcal{E}$ et légèrement plus grande que $\mathcal{E}^1$ en remplaçant les numérateurs dans (99) par les fonctions qui satisfont à certaines conditions du type lipschitzien [143, p. 22] .

La généralisation du théorème de Nuttall est extrêmement difficile ; par exemple, avec Pindor, nous n'avons pas pu surmonter les difficultés pour les fonctions aussi simples que $f : f(z) = [(z-a_1)(z-a_2)]^{-\frac{1}{2}} + [(z-b_1)(z-b_2)]^{-\frac{1}{2}}$.

Pour illustrer le théorème de Nuttall, considérons, d'après Pindor [148], la fonction suivante :

$$f : f(z) = \frac{1}{\sqrt{(az-1)(bz-1)}}$$

Par la transformation $z : z(z) = \frac{1}{z}$, on obtient :

$$f \rightarrow g : g(z) = f\left(\frac{1}{z}\right) = \frac{z}{\sqrt{(a-z)(b-z)}}$$

Par la transformation $z : z(\zeta) = \frac{b\zeta}{\zeta - 1}$, on obtient :

$$g \longrightarrow h : h(\zeta) = g\left(\frac{b\zeta}{\zeta - 1}\right) = \frac{\sqrt{\frac{b}{b-a}}\;\zeta}{\sqrt{\zeta - \frac{a}{a-b}}} = \frac{\alpha\zeta}{\sqrt{\zeta - \beta}} = \zeta u(\zeta)$$

où on note :

$$u : u(\zeta) = \frac{\alpha}{\sqrt{\zeta - \beta}} \quad .$$

Faisons encore la translation $\zeta : \zeta(\xi) = \xi + \gamma$:

$$u \longrightarrow v : v(\xi) = \frac{\alpha}{\sqrt{\xi - (\beta - \gamma)}}$$

Rappelons (cf. théorème 5.26) que les approximants de Padé $[n/n]$ sont invariants par rapport aux transformations homographiques et qu'on a aussi :

$$[n/n]_h(\zeta) = \zeta\,[n-1/n]_u(\zeta).$$

On se souvient que parmi tous les arcs joignant deux points A et B , le segment de droite $[A, B]$ possède la capacité minimale, comme dans l'électrodynamique plane. Par conséquent, d'après le théorème de Nuttall, les pôles des approximants $[n/n]_f$ vont "dessiner" le segment $[a^{-1}, b^{-1}]$ dans $\mathbb{C}_z$. Ce segment se transforme en arc (a,b) du cercle passant par $z = 0$ dans $\mathbb{C}_z$ qui sera "dessiné" par les pôles des approximants $[n/n]_g$:

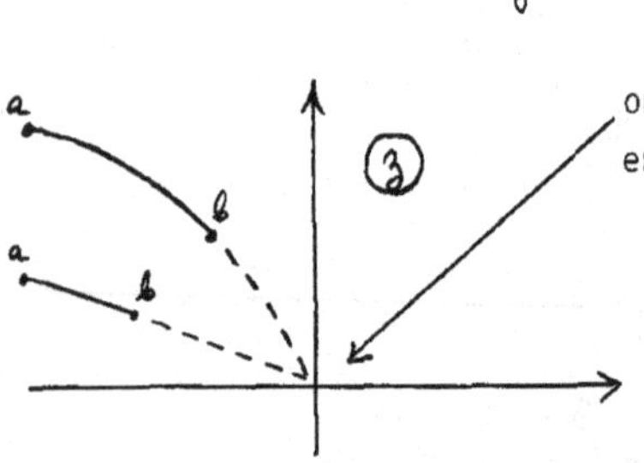

on considère le développement de g en série au voisinage de $z = 0$.

Par la transformation $z \rightarrow \zeta$ le point b est envoyé à l'infini et l'arc (a, b) se transforme en demi-droite $[\beta, \infty[$ de la droite passant par $\zeta = 0$ qui va être "dessinée" par les pôles des approximants $[n-1/n]_u$:

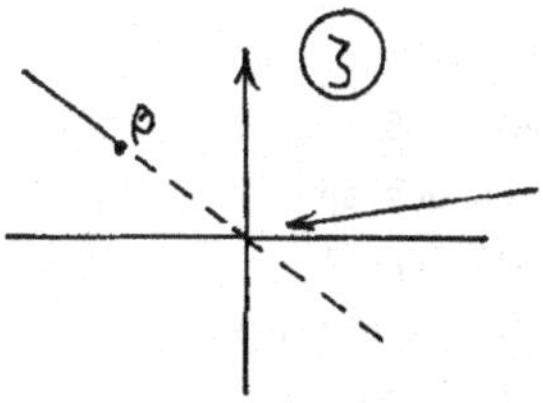

développement de u au voisinage de $\zeta = 0$.

Mais après la translation $\zeta : \zeta(\xi) = \xi + \gamma$ les pôles des approximants $[n-1/n]_v$ vont "dessiner" aussi une demi-droite $[\beta - \gamma, \infty[$ de la droite passant par $\xi = 0$ dans $\mathbb{C}_\xi$ qui n'est plus l'image de la précédente. L'image de cette droite dans le plan $\mathbb{C}_\zeta$ est la droite qui passe par β et γ :

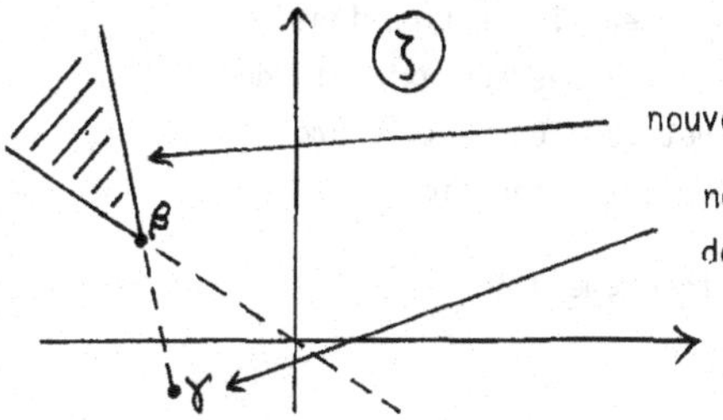

nouvelle coupure

nouveau point de développement en série de la fonction u

On voit par conséquent qu'en changeant le point de développement en série d'une fonction, on peut changer la position des coupures définies par les approximants de Padé. Les valeurs de la fonction u approchées par les approximants $[n-1/n]_v$ dans la partie hachurée proviennent du second feuillet de Riemann. On peut donc utiliser les approximants de Padé comme moyen du prolongement des fonctions à travers des coupures.

Cette illustration complète le commentaire "Second feuillet de Riemann" de la page 256 .

6.3.3 FONCTIONS DE CLASSE $\mathcal{S}$ ET FONCTION EXPONENTIELLE

La convergence des approximants de Padé pour les fonctions de classe $\mathcal{S}$ (cf. (3.43)) a été étudiée par Edrei [5 ; 84 ; 85 ; 86 ; 89]. Ses travaux ont débouché sur l'étude de la convergence des approximants de Padé pour les fonctions entières [87 ; 88] . Parallèlement, l'étude des méthodes A-stables a conduit Varga à étudier les approximations rationnelles de la fonction $z \longmapsto e^{-z}$ et en particulier la convergence des approximants de Padé pour cette fonction. La fonction $z \longmapsto e^{z}$ appartient à la classe $\mathcal{S}$; on a : $[m/n]_{z \mapsto e^{-z}} = [n/m]_{z \mapsto e^{z}}$. Par conséquent, les résultats de Varga, Ehle et Saff [150 ; 151] , complètent les résultats de Edrei en ce qui concerne les fonctions exponentielles.

Tout récemment, Froissart [94] a obtenu les estimations de l'erreur et des positions des pôles et des zéros des approximants de Padé de la fonction exponentielle qui éclairenet complètement le problème de la convergence des approximants de Padé pour cette fonction.

Le théorème suivant complète le théorème 4.16.

Théorème 15 (Arms et Edrei) [5]

Soient f une fonction non-rationnelle de classe $\mathcal{S}$ définie par (3.43), alors :

(i) la table de Padé de f est normale et en plus :

$$\forall m \geq 0, n \geq 0 : \qquad C_n^m > 0 \quad ; \tag{111}$$

(ii) si $\{P_{m_i}/Q_{n_i}\}_{i \geq 0}$ est une suite d'approximants de Padé de f telle que :

$$\lim_{i \to \infty} \frac{m_i}{n_i} = \lambda \, , \qquad \lambda \in \mathbb{R}^+ , \tag{112}$$

alors on a :

$$\lim_{i\to\infty} P_{m_i}(z) = a_0 e^{\frac{\lambda}{\lambda+1}\gamma z} \prod_{j=1}^{\infty} (1+\alpha_j z) \quad ,$$

$$\lim_{i\to\infty} Q_{n_i}(z) = e^{-\frac{1}{\lambda+1}\gamma z} \prod_{j=1}^{\infty} (1-\beta_j z) \quad , \tag{113}$$

où la convergence est uniforme sur tout compact contenu dans $\mathbb{C}$; si $\gamma = 0$, la condition (112) peut être omise.

C'est donc la convergence uniforme des approximants de Padé $[m_i/n_i]_f$ sur tout compact contenu dans $\mathbb{C}\setminus\{\frac{1}{\beta_j}\}$. Notons que même si $\gamma=0$, les fonctions de classe $\mathcal{J}$ ne sont pas de Stieltjes, car elles ont les zéros négatifs ; ce théorème ne contredit donc en rien le théorème 7.

Ce résultat confirme les observations numériques sur l'emboîtement successif des courbes équierreur tracées pour les approximants $[n/n]_{z\mapsto e^{-z}}$ et définies par :

$$L_n = \{z : |[n/n](z) - e^{-z}| = \varepsilon > 0\} . \tag{114}$$

Les approximants de Padé $[m/n] = P_m/Q_n$ de la fonction $z \mapsto e^{-z}$, ainsi que la différence $[m/n](z) - e^{-z}$ sont donnés par les formules explicites [150] :

$$P_m(z) = \sum_{k=0}^{m} \frac{(m+n-k)!\, m!\, (-z)^k}{k!\,(m-k)!} \quad , \tag{115}$$

$$Q_n(z) = \sum_{k=0}^{n} \frac{(m+n-k)!\, n!\, z^k}{k!\,(n-k)!} \quad , \tag{116}$$

$$\varepsilon_{m/n}(z) = \frac{P_m(z)}{Q_n(z)} - e^{-z} = \frac{(-1)^m z^{m+n+1}}{e^z\, Q_n(z)} \int_0^1 e^{tz} t^m (1-t)^n dt \tag{117}$$

Introduisons deux normes :

$$\eta_{m/n} = \sup_{x \in [0,\infty[} | \varepsilon_{m/n}(z) | ,$$

$$\xi_{D,n} = \sup_{z \in D} | e^{-z} - [0/n]_{z \mapsto e^{-z}}(z) | .. \qquad (118)$$

Dans les deux théorèmes qui suivent, nous regroupons les résultats de Saff et Varga [150] :

Théorème 16 (Saff et Varga)

Toutes les propositions concernent la fonction $z \mapsto e^{-z}$.

(i) $\forall n \geq 0$: $\eta_{n/n} = 1$ (119)

(ii) $\forall n > m$: $\eta_{m/n} \leq \prod_{j=1}^{n-m} \left(\frac{m+j}{3m+2j}\right) \leq \frac{1}{2^{n-m}}$; (120)

(iii) dans le cas $m = n-1$ le résultat (ii) peut être amélioré :

$$\exists A_1, A_2 \in \mathbb{R}^{*+} : \quad \frac{A_1}{n} \leq \eta_{n-1/n} \leq \frac{A_2 \log n}{n} \quad (n > 1) ; \qquad (121)$$

(iv) tous les approximants $[0/n]$ sont analytiques dans une région parabolique définie par :

$$T = \{ z : \operatorname{Re} z \geq 0, \quad |\operatorname{Im} z| \leq d \sqrt{\operatorname{Re} z} \} \qquad (122)$$

où :

$$d < 0.863\ 369\ 712 \quad ;$$

(v) tous les approximants $[n/n]$, $[n-1/n]$, $[n-2/n]$ sont analytiques et bornés par 1 dans le domaine $\operatorname{Re} z > 0$.

Les résultats globaux sur la localisation des pôles des approximants $[m/n]$ obtenus tout récemment par Froissart seront donnés dans le théorème 19, mais déjà les propositions (iv) et (v) ont permis à Saff et Varga de démontrer le théorème suivant :

Théorème 17 (Saff et Varga)

(i) La suite des approximants de Padé $\{[m_n/n]\}_{n\geq 0}$ converge uniformément vers la fonction $x \mapsto e^{-x}$ dans $[0,\infty[$ si et seulement s'il existe un naturel N tel que :

$$\forall n > N : \quad m_n < n . \tag{123}$$

(ii) Si

$$\limsup_{n\to\infty} \left[\prod_{j=1}^{n-m_n} \left(\frac{m_n + j}{3m_n + 2j} \right) \right]^{\frac{1}{n}} = \alpha < 1 , \tag{124}$$

alors la suite des approximants de Padé $\{[m_n/n]\}_{n\geq 0}$ converge géométriquement en norme de la convergence uniforme vers la fonction $x \mapsto e^{-x}$ dans $[0,\infty[$, c'est-à-dire :

$$\limsup_{n\to\infty} \left(\eta_{m_n/n}\right)^{\frac{1}{n}} \leq \alpha < 1 . \tag{125}$$

Si en plus on a :

$$\limsup_{n\to\infty} \frac{m_n}{n} = \beta < 1 , \tag{126}$$

alors :

$$\limsup_{n\to\infty} \left(\eta_{m_n/n}\right)^{\frac{1}{n}} \leq \frac{1}{2^{1-\beta}} < 1 . \tag{127}$$

(iii) Soient g une fonction continue sur $[0,\infty[$, à valeurs strictement positives et satisfaisant à :

$$\lim_{x\to\infty} \frac{g(x)}{\sqrt{x}} = d^* ; \quad d^* \geq 0 , \tag{128}$$

et G un domaine défini par :

$$G = \{z : \operatorname{Re} z \geq 0 , \ |\operatorname{Im} z| \leq g(\operatorname{Re} z)\} ; \qquad (129)$$

si

$$d^* < \frac{\sqrt{2}-1}{\sqrt{2}+1}\, d \qquad (130)$$

c'est-à-dire (cf. (122)) $d^* < 0.184\ 130\ 824$, alors la suite des approximants de Padé $\{[0/n]\}_{n\geq 0}$ converge géométriquement vers la fonction $z \mapsto e^{-z}$ dans G , c'est-à-dire :

$$\limsup_{n\to\infty} \left(\xi_{G,n}\right)^{\frac{1}{n}} \leq \frac{1}{2}\left(\frac{d+d^*}{d-d^*}\right)^2 < 1 \quad . \qquad (131)$$

(iv) Les suites des approximants de Padé $\{[n-1/n]\}_{n\geq 1}$ et $\{[n-2/n]\}_{n\geq 2}$ convergent uniformément vers la fonction $z \mapsto e^{-z}$ dans tout secteur S_δ défini par :

$$S_\delta = \{z : |\arg z| \leq \frac{\pi}{2} - \delta ; \ 0 < \delta \leq \frac{\pi}{2}\} . \qquad (132)$$

La condition $m_n < n$ dans (i) assure que $\lim_{z\to\infty} [m/n](z) = 0$; elle ne contredit pas le théorème 15, car il s'agit dans (i) de la convergence uniforme dans tout $\mathbb{R}^+$.

La proposition (ii) fournit uniquement une condition suffisante ; on sait seulement qu'aucune suite $\{[n-k/n]\}_{n\geq k}$ avec $k>0$ fixé ne peut converger géométriquement au sens indiqué dans cette proposition.

Froissart [94] a remarqué que les séries (115) et (116) ont une représentation intégrale, à savoir :

$$f : f(z) = e^{-z} \qquad [m/n]_f = P_m^{m/n} / Q_n^{m/n}$$

$$P_m^{m/n}(z) = (m+n)! + \dots + n!(-z)^m = \int_0^\infty e^{-\lambda} \lambda^n (\lambda - z)^m d\lambda \tag{133}$$

$$Q_n^{m/n}(z) = (m+n)! + \dots + m! z^n = \int_0^\infty e^{-\lambda} \lambda^m (\lambda + z)^n d\lambda = P_n^{n/m}(-z). \tag{134}$$

Par le changement de variable λ en $\lambda + z$ dans (133), on obtient :

$$P_m^{m/n}(z) = e^{-z} \int_{-z}^\infty e^{-\lambda} (\lambda + z)^n \lambda^m d\lambda \tag{135}$$

ce qui conduit immédiatement à la formule d'erreur :

$$\varepsilon_{m/n}(z) = [m/n](z) - e^{-z} = \frac{e^{-z}}{Q_n(z)} \int_{-z}^0 e^{-\lambda} (\lambda + z)^n \lambda^m d\lambda \tag{136}$$

Par le changement de variable $\lambda = -tz$ dans cette dernière formule, on obtient la forme (117).

Les intégrales (134), (135) et (136) portent sur la même fonction :

$$P_m(z) = e^{-z} \int_{-z}^\infty e^{L(\lambda)} d\lambda$$

$$Q_n(z) = \int_0^\infty e^{L(\lambda)} d\lambda$$

$$\varepsilon(z) = \frac{e^{-z}}{Q_n(z)} \int_{-z}^0 e^{L(\lambda)} d\lambda$$

$$L(\lambda) = -\lambda + m \log \lambda + n \log(\lambda + z). \tag{137}$$

Froissart a donné les estimations de ces intégrales par la méthode du col.

L'équation du col $L'(\lambda)=0$ conduit à deux cols λ_+ et λ_- :

$$\lambda_\pm = \frac{1}{2}\left[m+n-z \pm \sqrt{(m+n-z)^2+4mz}\,\right]. \qquad (138)$$

Nous utiliserons par la suite le symbole $\simeq$ pour désigner le comportement asymptotique $\bar{a}$ d'une fonction a selon un paramètre, ce qui signifie :

$$a(x) \simeq \bar{a}(x) \quad : \qquad \lim_{x\to\infty}\left(a(x)/\bar{a}(x)\right)=0.$$

Convergence en un point

Pour étudier la convergence des approximants de Padé en un point z fixé, on peut prendre les contours d'intégrations pour (133) et (134) selon l'axe réel. La contribution majeure à l'intégrale provient de la région $\lambda \sim m+n$ pour $m+n \gg |z|$, région dont la longueur est de l'ordre de $\sqrt{m+n}$. Pour $m+n \gg |z|$ les deux cols sont :

$$\lambda_+ \simeq m+n-z+\frac{mz}{m+n-z}$$

$$\lambda_- \simeq -\frac{mz}{m+n-z} \qquad (139)$$

et il est clair que seul le col λ_+ intervient dans l'estimation asymptotique de (134) et (135), qui est :

$$Q_n(z) \simeq e^z P_m(z) \simeq (m+n)!\, e^{\frac{nz}{m+n}} \qquad (140)$$

Pour $m+n \gg |z|$, l'intégrale (117) est estimée au voisinage du col $t_0 \simeq \frac{m}{m+n}$ ce qui, en tenant compte de l'estimation (140) conduit au :

Théorème 18 (Froissart)

Les approximants de Padé $[m/n]$ de la fonction $z \mapsto e^{-z}$ convergent uniformément sur tout compact de $\mathbb{C}$, pour m et n tendant vers l'infini selon le filtre de Frechet ; cette convergence est plus rapide que toute exponentielle en $(m+n)$, ce qui découle de l'estimation asymptotique de l'erreur :

$$\varepsilon_{m/n}(z) \simeq (-1)^m e^{-\frac{2nz}{m+n}} \frac{m!\, n!}{(m+n)!\,(m+n+1)!} z^{m+n+1} \tag{141}$$

On remarque que la convergence le long de la diagonale $m = n$ n'est que légèrement meilleure que le long des bords $m = 0$ ou $n = 0$; en effet, à part un facteur fixe, on ne gagne qu'un facteur de l'ordre de $1/2^{m+n}$ (à $m+n$ constant).

Etude globale de la convergence. Pôles et zéros des approximants de Padé.

L'étude globale de la convergence se ramène à l'estimation comparative des intégrales (137) pour des valeurs arbitrairement grandes de m , n et z simultanément. Les courbes d'argument $\mathfrak{Im}\, L(\lambda)$ constant passant par les cols λ_- et λ_+ (138) relient les points 0 , $-z$ et $+\infty$ de trois façons possibles :

$$\begin{array}{llcl} A: & 0 \to \lambda_- \to -z & \text{et} & 0 \to \lambda_+ \to +\infty \\ B: & 0 \to \lambda_- \to -z & \text{et} & -z \to \lambda_+ \to +\infty \\ C: & 0 \to \lambda_+ \to +\infty & \text{et} & -z \to \lambda_- \to +\infty \end{array} \tag{142}$$

Ces trois possibilités peuvent s'échanger lorsque la même courbe $\mathfrak{Im}(\lambda)$ constant passe simultanément par les trois points 0 , $-z$, $+\infty$ et les deux cols, c'est-à-dire quand $\mathfrak{Im}(\lambda_+) = \mathfrak{Im}(\lambda_-)$. Un point frontière aux trois régions correspond à la coalescence des deux cols $\lambda_+ = \lambda_-$, auquel cas la courbe $\mathfrak{Im}(\lambda)$ constant admet un point triple au col, chacun des points 0 , $-z$, $+\infty$ étant sur une branche différente.

Il est évident que l'approximation est bonne si l'erreur est petite, c'est-à-dire si d'une part $\mathrm{Re}\, L(\lambda_+) \gg \mathrm{Re}\, L(\lambda_-)$ et d'autre part les chemins d'intégration $0, +\infty$ et $-z, +\infty$ passent tous deux par le col λ_+ (cas A et B).

Introduisons la fonction Λ de m, n et z :

$$\Lambda : \quad \Lambda = L(\lambda_-) - L(\lambda_+)$$

Les zéros (resp. les pôles) des approximants de Padé correspondent à des valeurs de z telles que l'intégrale (135) (resp. (134)) passe par deux cols d'importance voisine, mais de phase opposée. Ce sont donc, avec $\mathrm{Re}\,\Lambda \simeq 0$, le cas A pour les zéros et le cas B pour les pôles. On constate donc que les zéros et les pôles vont se situer à la frontière du domaine de bonne approximation. Pour déterminer celui-ci de façon plus quantitative on étudie la courbe $\mathrm{Re}\,\Lambda = 0$. Elle est composée des deux arcs dont la jonction se fait, avec les angles de $2\pi/3$, aux points z_+ et z_- :

$$z_\pm = \left(\sqrt{n} \pm i\sqrt{m}\right)^2 . \tag{143}$$

Ces points sont sur la frontière entre la région A et la région B comme indiqué sur la figure suivante :

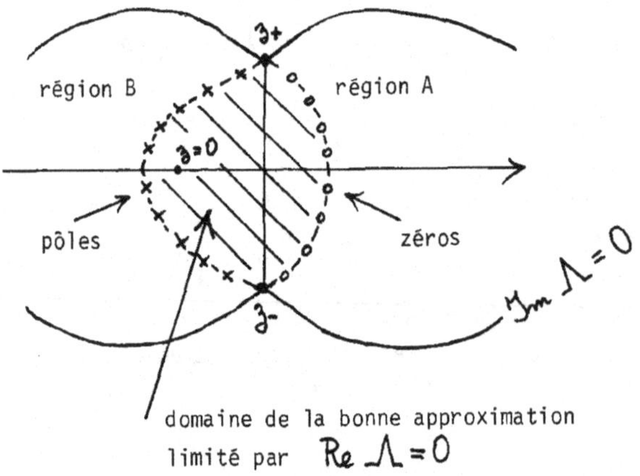

Etant donné que $\mathrm{Re}\, z_{\pm} = n - m$, on constate que l'arc des zéros est d'autant plus petit par rapport à l'arc des pôles que m est petit devant n, ce qui est raisonnable.

Nous regroupons dans le théorème suivant les résultats de l'analyse de diverses situations, ainsi que les estimations numériques des cas extrêmes :

Théorème 19 (Froissart)

(i) Le domaine de bonne approximation (de Padé) de la fonction $z \mapsto e^{-z}$ contient le point $z = 0$ et est limité par deux arcs, "arc de zéros" et "arc de pôles" se joignant aux points $z_+ = (\sqrt{n} + i\sqrt{m})^2$ et $z_- = (\sqrt{n} - i\sqrt{m})^2$ en formant l'angle de $2\pi/3$.

(ii) Les zéros ou les pôles sont situés sur ces arcs régulièrement à des intervalles de l'ordre de 2π en $\mathrm{Im}\,\Lambda$:

$$\mathrm{Im}\,\Lambda = \mathrm{Im}\,L(\lambda_-) - \mathrm{Im}\,L(\lambda_+) = \pi + 2k\pi, \qquad k = 0, \pm 1, \pm 2, \ldots \tag{144}$$

ces intervalles ne sont pas rigoureux en raison de la variation lente de la phase $|L''(\lambda)|^{-\frac{1}{2}}$ qui normalise l'intégrale du col. Le premier zéro (ou pôle) est donc donné asymptotiquement par :

$$L(\lambda_-) - L(\lambda_+) = \pm i\pi . \tag{145}$$

(iii) Dans le cas symétrique $m = n$ les points anguleux z_+ et z_- sont situés à $\pm i2n$, les intersections des deux arcs avec l'axe des réels étant à $\pm$ 0.66274 x (2n) .

(iv) Dans le cas $n \gg m$ (resp. $m \gg n$) les deux points anguleux se confondent à $z = n$ (resp. $z = -m$), confluant en un point anguleux d'angle $\pi/2$; l'autre intersection de la frontière du domaine de bonne approximation avec l'axe des réels se situe alors à - 0.27845n (resp. 0.27845m).

La formule (144) vient de la condition :

$$e^{i\,\mathrm{Im}\,L(\lambda_+)} + e^{i\,\mathrm{Im}\,L(\lambda_-)} = 0\,,$$

qui est la condition de l'annulation des intégrales (134) et (135) estimées aux cols de hauteurs égales.

Approximant optimal pour $(m+n)$ et z fixés.

Nous approchons ici le problème pratique du choix du meilleur approximant de Padé (cf. aussi chapitre 8) au sens de l'erreur (117) sur l'antidiagonale $m+n$ pour z fixé. Dans le cas de la fonction exponentielle, on se sert des estimations asymptotiques précédemment établies et par ailleurs on fixe $m+n$; cette petite incohérence est à l'origine du terme "approximant optimal" pour ne pas parler de "asymptotiquement meilleur".

Pour déterminer les valeurs optimales de m et n, on minimise $\mathrm{Re}\,\Lambda$ par rapport à $m-n$, $\mathrm{Re}\,\Lambda$ étant le logarithme de l'erreur relative. La dérivée de $\mathrm{Re}\,\Lambda$ par rapport à m, à $m+n$ fixé, s'annule pour $n-m = \mathrm{Re}\,z$. En portant cette valeur optimale dans $\mathrm{Re}\,\Lambda$ on obtient :

$$\mathrm{Re}\,\Lambda(x) = (m+n)\left(x + \frac{1}{2}\log\frac{1-x}{1+x}\right)$$

où

$$x = \frac{\sqrt{(m+n)^2 - |z|^2}}{m+n}$$

et on constate donc que $\mathrm{Re}\,\Lambda(x)$ est négatif pour $x \in [0,1[$. On se trouve donc dans le domaine de bonne approximation si z appartient au disque $|z| \leq m+n$.

Quand on s'approche du cercle $|z| = m+n$, l'erreur relative pour l'approximant optimal est asymptotiquement de l'ordre de

$$e^{-\frac{[(m+n)^2 - |z|^2]^{3/2}}{3(m+n)^2}} \,. \tag{146}$$

Cela permet de faire une estimation plus fine du domaine admis pour z . On a finalement :

Théorème 20 (Froissart)

L'approximant optimal $[m/n]$ de la fonction $z \mapsto e^{-z}$ pour $m+n$ fixé et $m-n$ variable est défini par

$$n - m = \mathrm{Re}\, z \tag{147}$$

et on peut donc, en première estimation, déterminer un approximant optimal si z appartient au domaine constitué par le disque

$$D = \{z : |z| \leq m+n\}. \tag{148}$$

En seconde estimation, en tenant compte du comportement asymptotique (146) de l'erreur relative, ce domaine pour une erreur relative ε est donné par :

$$D = \{z : |z| < m+n - \tfrac{1}{2}(m+n)^{\frac{1}{3}}\left(3 \log \tfrac{1}{\varepsilon}\right)^{2/3}. \tag{149}$$

Dans toutes ces estimations asymptotiques effectuées par la méthode du col, on n'a pas tenu compte du facteur en $|L''(\lambda)|^{-\frac{1}{2}}$. Ce facteur introduit des corrections logarithmiques sur les comportements en puissances de $(m+n)$ qui viennent d'être estimés.

Bien que dans tous les théorèmes de convergence on se soucie essentiellement de la localisation des pôles des approximants de Padé, il est clair que les zéros de ces derniers jouent un rôle aussi important et doivent en particulier reconstituer les zéros de la fonction considérée Cela se voit facilement si on se réfère à l'invariance des approximants de Padé par rapport aux transformations homographiques sur la fonction (cf. théorème 5.25).

Le théorème 5.26 et en particulier l'invariance des approximants de Padé par rapport aux transformations homographiques sur la variable fournissent un autre outil dans l'étude des propriétés des approximants de Padé. En effet, si une propriété (par exemple la convergence) est vraie dans un domaine, alors elle est vraie dans l'union de tous les domaines obtenus du domaine en question par les transformations d'Euler. Ainsi se limiter au disque unité, comme dans la conjecture de Padé qui va suivre, ne constitue pas une restriction essentielle.

Les théorèmes 5.25 et 5.26 suggèrent enfin qu'il est naturel de considérer les ensembles des arguments et des valeurs de fonctions dans une sphère de Riemann et étudier la convergence dans une métrique définie sur cette sphère. L'avantage de cette optique est évident : les pôles deviennent des points comme les autres et on peut étudier la convergence en ces points au même titre qu'en d'autres points sur la sphère. Baker [12] a présenté une analyse complète du problème de la convergence des approximants de Padé faite sous cet angle.

Ce qui vient d'être dit s'applique également à la conjecture de Padé, dont nous donnons la version de Baker, Gammel et Wills [11 ; 12] en la complétant de quelques précisions. Tous les exemples numériques la confirment, sans qu'on ait trouvé même la ligne d'une démonstration possible.

<u>Conjecture PBGW</u> (Padé, Baker, Gammel, Wills)

Soit f une fonction analytique au voisinage de l'origine, méromorphe dans l'intersection du voisinage arbitrairement petit du disque unité et de $\mathbb{C}\setminus[1,\infty[$, possédant un nombre fini de pôles dans le domaine $D:\{z: |z|\leq 1 ; z\neq 1\}$ et continue en $z=1$ au sens de la limite prise dans un secteur contenu dans D, alors si C est la série entière engendrée par cette fonction, il existe au moins une suite infinie d'approximants de Padé $\{[n_i/n_i]_C\}_{i\geq 0}$ extraite de la suite $\{[n/n]_C\}_{i\geq 0}$ qui converge uniformément vers f dans le domaine $D\setminus E$ où l'ensemble E est constitué de petits disques ouverts centrés sur les pôles de la fonction f.

Si c'est vrai, alors par exemple dans le théorème de Nuttall, on pourrait extraire une suite d'approximants $\{[n_i/n_i]\}$ dont les pôles se placent strictement sur les coupures comme dans le cas de Stieltjes.

Parmi d'autres hypothèses qui circulent chez les spécialistes, nous en avons relevé deux. L'une dit que si la fonction considérée se comporte à l'infini comme z^k, alors la suite des approximants de Padé $\{[n+k/n]_f\}$ est, dans un sens mal précisé, optimale. C'est entre autres la raison du choix fréquent des approximants diagonaux pour les fonctions bornées à l'infini. Il s'agit là plutôt d'un critère du choix des approximants de Padé (cf. chapitre 8) par ajustement sur une propriété de la fonction dans un autre point que le point de développement en série. La seconde hypothèse est due à Nuttall, qui pense que pour toutes les fonctions avec les points de branchement, les approximants de Padé définissent un ensemble de coupures dans ce sens, qu'en dehors de cet ensemble, on a la convergence de tel ou tel type.

Pour conclure, signalons l'opinion de certains physiciens qui pensent que s'acharner sur le problème de la convergence relève d'un pur intérêt théorique et que les problèmes pratiques suggèrent de considérer les approximants de Padé comme bornes variationnelles (inférieures et supérieures) encadrant la fonction considérée [29 ; 31 ; 196] . L'amélioration de ces bornes passe par la généralisation de la notion d'approximant de Padé scalaire [15 ; 16 ; 32 ; 33 ; 136 ; 137 ; 196 ; 199] , mais cela dépasse déjà le cadre de ce paragraphe.

6.4 DOUBLETS DE FROISSART ET FONCTIONS QUASI-ANALYTIQUES.

Les fonctions qui interviennent dans ce paragraphe ont un trait commun : une frontière naturelle au sens de Weierstrass. Dans certains cas, ces fonctions peuvent être définies à l'intérieur et à l'extérieur de cette frontière, mais leur prolongement analytique au sens de Weierstrass à travers cette frontière est évidemment impossible. C'est précisément le cas où peuvent intervenir les approximants de Padé pour réaliser ce prolongement ; la distribution des pôles et des zéros de ces approximants donne en plus une information sur la position de cette frontière.

Les premières études dans ce domaine ont été faites par Froissart [95] qui a examiné numériquement la distribution des pôles et des zéros des approximants de Padé des séries de type $S = C + \varepsilon A$, où C est une série de Taylor, A une série formelle à coefficients aléatoires (indépendants !) dans le disque unité et ε petit, de l'ordre de 10^{-2} à 10^{-3} . Froissart a voulu simuler ainsi le bruit machine sur les coefficients d'une série de Taylor et examiner l'effet de ce bruit. C'est pourquoi nous appellerons ces fonctions "fonctions bruit" et nous dirons qu'elles sont composées d'une partie analytique (série C) et d'un bruit non-analytique (εA) qui est de l'ordre de ε .

Froissart a observé que la partie analytique est très bien reproduite par les approximants de Padé dans tout le plan des complexes, tandis que le bruit conduit à l'apparition des doublets pôle-zéro à distance ε "dessinant" une frontière naturelle.

Les résultats de Froissart ont conduit Gammel à étudier certaines fonctions quasi-analytiques, par la définition desquelles [203] nous commençons ce paragraphe.

<u>Fonctions quasi-analytiques et classe $\mathcal{A}$ (de Borel).</u>

Considérons la classe $C^{\infty}(]-\rho,\rho[)$ des fonctions indéfiniment dérivables dans l'ouvert $|x| < \rho$, ρ pouvant être infini.

Les fonctions analytiques dans le disque $D_\rho = \{z : |z| < \rho\}$ font partie de cette classe, mais se caractérisent en plus par le fait que leurs valeurs et celles de leurs dérivées en un point, par exemple à l'origine, déterminent entièrement ces fonctions au moins dans D_ρ. Ces dérivées obéissent également aux inégalités de Cauchy :

$$\forall \beta : 0 < \beta < \rho, \forall n \geq 0 : \qquad |f^{(n)}(0)| \leq \alpha_\beta \left(\frac{1}{\beta}\right)^n n!$$

où :

$$\alpha_\beta = \underset{0 \leq \varphi \leq 2\pi}{\operatorname{Max}} |f(\beta e^{i\varphi})| .$$

En tenant compte du principe du maximum, ces inégalités peuvent être généralisées en :

$$\forall \beta < \rho : \quad \| f^{(n)} \|_\beta \leq \| f \|_\beta \left(\frac{1}{\beta}\right)^n n!$$

où $\| f^{(n)} \|_\beta = \sup_{|z| < \beta} | f^{(n)}(z) |$. Mais ces inégalités n'entraînent pas nécessairement l'analyticité. Denjoy a remarqué qu'il existe des fonctions de $C^\infty(]-\rho, \rho[)$ qui satisfont aux inégalités plus faibles, à savoir :

$$\forall n, \forall \beta < \rho : \quad \| f^{(n)} \|_\beta \leq A_\beta B_\beta^n M_n \tag{150}$$

où les constantes A_β, B_β et la suite $\{M_n\}$ sont positives. Nous dirons qu'une fonction appartient à <u>la classe</u> $C\{M_n\}$ s'il existe des constantes A_β et B_β telles que les inégalités précédentes soient satisfaites. On peut montrer que la somme et le produit des deux fonctions de la classe sont encore dans la classe.

On dit que <u>la classe</u> $C\{M_n\}$ est <u>quasi-analytique</u> si les conditions suivantes :

$$f \in C\{M_n\} , \quad \forall n \geq 0 : f^{(n)}(0) = 0$$

entraînent que $f(x) = 0$ pour tout x dans $]-\rho, \rho[$.

Une fonction quasi-analytique dans $]-\rho,\rho[$ est donc entièrement définie dans cet intervalle par sa valeur et celles de ses dérivées en un seul point.

La classe $C\{M_n\}$ est quasi-analytique si et seulement si elle ne contient pas de fonctions non-triviales à support compact. Les restrictions des fonctions analytiques dans D_ρ à z réels sont des fonctions quasi-analytiques appartenant à la classe $C\{n!\}$. Le <u>théorème fondamental</u> sur la quasi-analyticité de Denjoy et Carleman dit que la classe $C\{M_n\}$ n'est pas quasi-analytique si et seulement si une des conditions (équivalentes) suivantes est satisfaite :

$$\sum_{n=1}^{\infty}\left(\frac{1}{M_n}\right)^{\frac{1}{n}}<\infty\,, \qquad \sum_{n=0}^{\infty}\frac{M_n}{M_{n+1}}<\infty\,. \tag{151}$$

On vérifie aisément que la classe $C\{n!\}$ est quasi-analytique, car la série $\sum \frac{1}{n}$ diverge dans $\mathbb{R}$. On a également $C\{n!\}=C\{n^n\}$ car e^{-n} de la formule de Stirling rentre dans la constante B_β^n. Les fonctions de $C\{n!\}$ sont prolongeables en fonctions holomorphes dans une certaine bande au voisinage de $]-\rho,\rho[$. $M_n = n!$ qui est une borne pour les fonctions analytiques est approximativement, d'après les inégalités (150), une borne asymptotique pour les dérivées des fonctions quasi-analytiques. Rappelons que les conditions de Carleman dans les théorèmes 4.17, 4.18 et 4.19 (conditions suffisantes pour que les problèmes des moments soient déterminés) sont sensiblement analogues, ce qui n'est pas étonnant car Carleman les a déduits précisément des conditions (151).

C'est par l'étude des séries de fractions rationnelles, absolument convergentes à l'extérieur et à l'intérieur du cercle unité, que E. Borel a été conduit à introduire la notion de quasi-analyticité. Il s'agit des séries :

$$f:\ f(z)=\sum_{n=1}^{\infty}\frac{A_n}{1-a_n z} \tag{152}$$

où les constantes a_n sont distribuées de façon dense sur le cercle unité, donc la fonction f , bien que définie à l'intérieur et à l'extérieur du cercle unité possède une frontière naturelle au sens de Weierstrass sur ce cercle. T. Carleman a montré que sous réserve des conditions suivantes :

$$\forall n: \quad |A_n| < C e^{-n^{(1+\varepsilon)}} \quad ; \quad C>0, \varepsilon>0, \tag{153}$$

les fonctions définies par les séries (152) sont quasi-analytiques sur une infinité des droites passant par l'origine (c'est-à-dire que les conditions (150) et la négation de (151) sont satisfaites avec la probabilité un sur une infinité des droites). Ainsi la frontière naturelle est en quelque sorte perméable à la quasi-analyticité. Gammel a appelé cette classe des fonctions : classe $\mathcal{A}$ de Borel et a postulé :

Conjecture de Gammel [100]

Les fonctions bruit étudiées par Froissart appartiennent à la classe $\mathcal{A}$.

Cette conjecture semble douteuse, car par développement en série de Taylor de la série (152) on constate qu'il existe des corrélations entre les coefficients de cette série de Taylor (car les a_n sont sur le cercle unité), or la caractéristique essentielle du bruit sur les coefficients est qu'il est indépendant.

A. Denjoy a montré (reproduit dans [99]) , que si la borne dans (153) est changée en $e^{-n^{(1/2-\varepsilon)}}$, alors la fonction f n'est plus quasi-analytique, mais on ne sait rien dire sur la borne $e^{-\sqrt{n}}$.

Théorème 21 (Gammel et Nuttall) [97]

Soit f une fonction de classe $\mathcal{A}$, alors quel que soit l'entier k fixé, la suite des fractions de Padé $\{[n+k/n]_f\}_{n \geq \mathrm{Max}(0,-k)}$ converge en mesure vers f dans tout compact contenu dans $\mathbb{C}$.

On peut bien sûr extraire de cette suite la suite (infinie) des approximants de Padé. Les approximants de Padé peuvent donc être utilisés pour réaliser le prolongement analytique d'une fonction là où le prolongement de Weierstrass échoue.

Tous les théorèmes de convergence des approximants de Padé, ainsi que les résultats numériques indiquent que ces approximants ont une tendance visible à reproduire les propriétés d'analyticité d'une fonction. Supposons que cette fonction représente un signal analytique que l'on perturbe par un signal non-analytique (bruit). Pour analyser l'effet que ce bruit produit sur les approximants de Padé, Froissart [95] a procédé à un certain nombre d'expériences numériques dont nous reproduisons les résultats d'après [19].

Considérons la série :

$$S : S(z) = \sum_{n=0}^{\infty} (1 + \varepsilon r_n) z^n \tag{154}$$

où ε est de l'ordre de 10^{-2} et les nombres complexes r_n sont distribués aléatoirement dans le disque unité. S représente une fonction ayant une frontière naturelle de Weierstrass sur le cercle unité ; la partie analytique de cette fonction est $z \longmapsto \frac{1}{1-z}$ et la partie non-analytique est de l'ordre de ε . Les approximants de Padé $\{[n/n]_S\}_{n \geq 0}$ présentent les caractéristiques suivantes :

(i) le pôle au voisinage de $z = 1$ est très stable avec n ; il est reproduit avec une erreur d'un à deux ordres plus petite que ε ;

(ii) ce pôle est "accompagné" d'un zéro instable à la distance de l'ordre de $1/\varepsilon$;

(iii) les autres pôles et zéros se regroupent en doublets (très instables avec n) pôle-zéro se plaçant au voisinage du cercle unité. La distance entre le pôle et le zéro d'un doublet est de l'ordre de ε sur le cercle unité, décroît si le doublet est à l'intérieur de ce cercle et croît s'il est à l'extérieur.

La figure suivante reproduit les positions des pôles et des zéros de l'approximant $[4/4]_S$ dans le cas $\varepsilon = 5 \cdot 10^{-2}$:

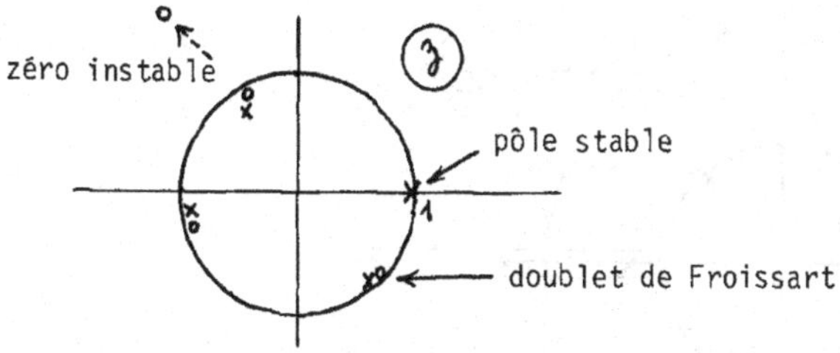

$$[4/4]_S(z) = \underbrace{\frac{(z+55-5i)}{(z-1.003+8\cdot10^{-4}i)}}_{\text{pôle stable et zéro instable}} \; \underbrace{\frac{(z+.95+.21i)(z+.575-.805i)(z-.453+.754i)}{(z+.97+.19i)(z+.572-.791i)(z-.457+.749i)}}_{\text{doublets de Froissart}}$$

Les approximants de Padé reproduisent très bien la fonction $z \longmapsto \frac{1}{1-z}$ même si z est grand et à l'extérieur du cercle unité. Ceci montre que les approximants de Padé sont très stables par rapport à une perturbation aléatoire et concentrent automatiquement l'effet du bruit sur le cercle unité.

Voici un autre exemple de Froissart :

$$S : S(z) = \sum_{n=1}^{\infty} \left(-\frac{1}{n} + \frac{\varepsilon r_n}{2^n}\right) z^n \tag{155}$$

où ε et r_n sont les mêmes que précédemment.
Ici le cercle de convergence $|z| = 1$ de la partie analytique de S $(z \mapsto \log(1-z))$ ne coïncide pas avec la frontière naturelle due au bruit, placée sur le cercle $|z| = 2$. Il s'en suit qu'on observe dans ce cas trois catégories des pôles et des zéros :

(i) pôles et zéros (dont un stable en $z = 0$) reproduisant la coupure $[1, \infty[$ de la fonction log ;

(ii) doublets de Froissart au voisinage du cercle $|z| = 2$;

(iii) d'autres doublets de Froissart au voisinage du cercle $|z| = 1$:

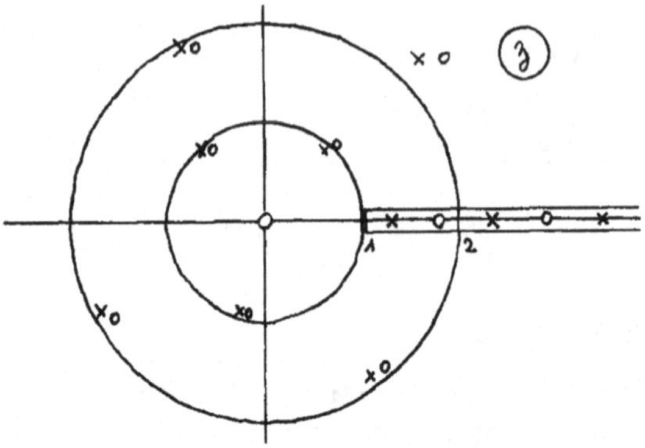

Les doublets de Froissart sur le cercle $|z| = 1$, où la partie "bruit" $\sum \varepsilon r_n \left(\frac{z}{2}\right)^n$ converge parfaitement, traduisent l'effet de la non-linéarité des approximants de Padé. En effet, la partie analytique est ici de Stieltjes et de rayon de convergence égal à 1, la partie "bruit" de rayon de convergence égal à 2, mais la somme des deux ne produit pas les effets séparés sur les approximants de Padé et l'effet du bruit se transmet aussi sur le cercle de convergence de la fonction de Stieltjes.

Ce résultat, comme d'autres exemples du paragraphe 3, confirme l'assertion selon laquelle on ne peut pas avoir de convergence uniforme des approximants de Padé dans des cas trop généraux.

Froissart a observé également que les doublets dûs aux erreurs d'arrondi sur l'ordinateur apparaissent dans les approximants $[n/n]$ quand n est élevé et se placent à une distance de l'origine $z = 0$ qui est de l'ordre de la précision.

Pour compléter les résultats sur les fonctions présentant les frontières naturelles, rappelons quelques remarques de Wall [163, p. 41] qui n'ont jamais été développées. Voici quelques exemples de fractions continues ou séries définissant les fonctions avec les frontières naturelles sur le cercle unité :

(1) $\frac{1}{1+} \frac{z}{1+} \frac{z^2}{1+} \frac{z^3}{1+} \cdots$ (fraction de Ramanujan) ;

(2) $1 + z + z^2 + z^4 + z^8 + z^{16} + \dots$

(3) $\sum_{n=1}^{\infty} d_n z^n$ (série de Lambert), où d_n désignent

les nombres des diviseurs de n et où cette série s'obtient en développant en série chaque terme de la série $\sum_{n=1}^{\infty} \frac{z^n}{1-z^n}$;

(4) $\sum_{n=0}^{\infty} a_n z^{p_n}$, série de rayon de convergence supposé 1 et

ayant les lacunes de Hadamard, c'est-à-dire les naturels p_n satisfont à :

$$\exists r > 0 : \forall n \qquad p_{n+1} \geqslant (1+r)\, p_n . \tag{156}$$

La série (2) en fournit un exemple.

Wall a observé que dans tous ces cas, la table de Padé présente une suite de blocs dont la dimension croît rapidement. Dans le cas des séries avec les lacunes de Hadamard, c'est évident. Nous reproduisons la supposition de Wall sous forme d'une conjecture :

Conjecture de Wall

Si la table de Padé engendrée par une série formelle présente une suite de blocs dont la dimension croît suffisamment vite, alors la série en question représente une fonction avec une frontière naturelle.

Le terme "suffisamment" est imprécis et la position des blocs n'est pas mentionnée, ainsi cette conjecture doit être prise avec beaucoup de réserves.

6.5 CONVERGENCE DE L'ε-ALGORITHME EN TERMES D'APPROXIMANTS DE PADE.

Dans un excellent ouvrage de Brezinski [52] qui vient de paraître, on trouve pratiquement tout sur l' ε -algorithme. Pour les détails, on peut se référer aux principaux articles de Wynn et de Brezinski cités dans nos références. A cela, il faut ajouter d'importants travaux de Cordellier [77 ; 78] (malheureusement, ils ne sont pas encore publiés en totalité), qui a étudié le problème de la complexité dans le calcul de l' ε -algorithme, sa stabilité, les erreurs et qui a démontré une formule généralisée en croix applicable dans le cas de l'ε-algorithme singulier. Signalons seulement que le cas de l'ε-algorithme singulier correspond à l'existence des blocs dans une table de Padé et à ce titre, nous reparlerons de cette formule au chapitre suivant.

Il ne s'agit donc pas pour nous de faire ici une nouvelle mise au point sur l'ε-algorithme. Notre apport, par comparaison aux travaux cités plus haut, se situe dans la mise au point d'une nouvelle méthode d'analyse de l'ε-algorithme, méthode qui utilise les résultats déjà obtenus pour les approximants de Padé. Cette méthode nous a permis de généraliser un très important théorème de convergence de l'ε-algorithme (cf. sous-paragraphe 6.5.2) et de démontrer le théorème sur l'anti-limite (cf. sous-paragraphe 6.5.4). Elle n'est certainement pas encore exploitée à fond. Le premier sous-paragraphe sert d'introduction dans laquelle nous voulons surtout décrire l'ε-algorithme de façon imagée.

6.5.1 ε -ALGORITHME

Trois termes d'une suite géométrique :

$$\forall k: \quad S_k = S + \alpha \lambda^k , \qquad |\lambda| < 1 \tag{157}$$

suffisent pour trouver sa limite S. Cette formule à trois termes consécutifs peut être considérée comme une transformation (non-linéaire) d'une suite en une autre : c'est le procédé Δ^2 -d'Aitken (cf. (1.5)). Shanks [154] a généralisé ces transformations aux transformations à $2n+1$ termes notées $e_n(S_k)$ de sorte que cette quantité soit égale exactement à la limite S d'une suite dont les termes obéissent à :

$$\forall k: \quad S_k = S + \sum_{j=1}^{n} \alpha_j \lambda_j^k \qquad (\forall j: |\lambda_j| < 1). \tag{158}$$

La transformation de Shanks n'est autre qu'une formule de Cramer pour l'inconnue S dans un système de $2n+1$ équations linéaires. Pour éviter le passage par la solution d'un système linéaire, Wynn [171] a proposé l'algorithme de calcul par récurrence des nombres $e_n(S_k)$ et désormais ce procédé a pris le nom de l'ε-algorithme (cf. (1.4)) :

$$\varepsilon_{-1}^{(k)} = 0, \quad \varepsilon_0^{(k)} = S_k, \qquad \varepsilon_{m+1}^{(k)} = \varepsilon_{m-1}^{(k+1)} + \frac{1}{\varepsilon_m^{(k+1)} - \varepsilon_m^{(k)}} . \tag{159}$$

Les transformées de Shanks $e_n(S_k)$ s'identifient aux $\varepsilon_{2n}^{(k)}$, les autres $\varepsilon_j^{(i)}$ servent d'intermédiaires au calcul (159). Les nombres $\varepsilon_j^{(i)}$ sont rangés au fur et à mesure du calcul dans une table triangulaire :

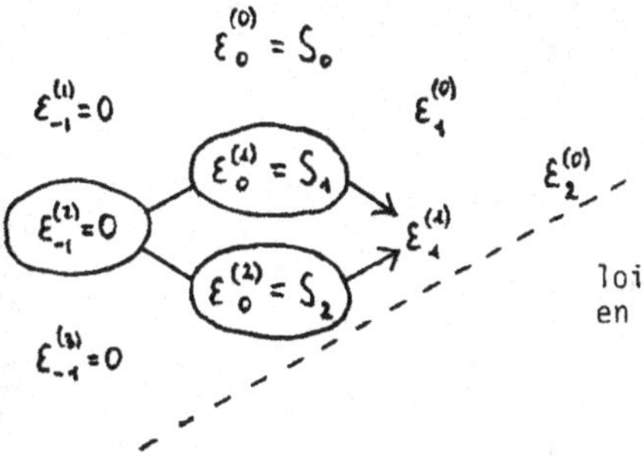

loi de construction
en losange

(160)

Considérons la série suivante :

$$F: \quad F(z) = (1-z)\sum_{n=0}^{\infty} S_n z^n = S_0 + (S_1 - S_0)z + (S_2 - S_1)z^2 + \dots \tag{161}$$

Si la suite $\{S_n\}_{n\geq 0}$ converge vers S , alors la série $F(1)$ converge vers S , car ses sommes partielles sont précisément les termes de la suite en question. Il est donc naturel de considérer les valeurs en

$z = 1$ des approximants de Padé de la série F , car les approximants de Padé ressortent le caractère géométrique d'une suite ; en effet, Shanks (cf. [178]) a montré que :

$$\forall n, k \geq 0: \qquad \varepsilon_{2n}^{(k)} = [n+k/n]_F(1) . \qquad (162)$$

Pour bien montrer que ce procédé peut servir à la sommation d'une série, on présente parfois la suite $\{S_m\}_{m \geq 0}$ comme suite des sommes partielles de la série :

$$f: \quad f(x) = \sum_{j=0}^{\infty} c_j x^j \qquad (163)$$

et comme dans ce cas on a $F(z) = f(xz)$, alors (162) peut être écrit :

$$\forall n, k \geq 0: \qquad \varepsilon_{2n}^{(k)} = [n+k/n]_f (x) . \qquad (164)$$

L'ε-algorithme peut donc servir à calculer <u>les valeurs</u> des approximants de Padé en tout point [58] .

Si on utilise les formules de déterminants (5.68) et (5.69) pour calculer $[n+k/n]_F(1)$, on obtient la formule suivante :

$$\varepsilon_{2n}^{(k)} = \frac{\begin{vmatrix} S_k & S_{k+1} & \cdots & S_{k+n} \\ (\Delta S)_k & (\Delta S)_{k+1} & \cdots & (\Delta S)_{k+n} \\ (\Delta S)_{k+1} & (\Delta S)_{k+2} & \cdots & (\Delta S)_{k+n+1} \\ \vdots & \vdots & \vdots & \vdots \\ (\Delta S)_{k+n-1} & \cdots & \cdots & (\Delta S)_{k+2n-1} \end{vmatrix}}{\begin{vmatrix} 1 & 1 & \cdots & 1 \\ (\Delta S)_k & (\Delta S)_{k+1} & \cdots & (\Delta S)_{k+n} \\ \vdots & \vdots & \vdots & \vdots \\ (\Delta S)_{k+n-1} & \cdots & \cdots & (\Delta S)_{k+2n-1} \end{vmatrix}} \qquad (165)$$

qui est une parmi de multiples formules analogues, que l'on obtient les unes des autres par les maniements des lignes et des colonnes dans les déterminants.

Si la suite $\{S_k\}_{k\geq 0}$ est de la forme (158), alors la série F représente une fraction rationnelle, c'est-à-dire dans la table de Padé de F il y a un bloc infini (cf. théorème 5.6 (ix)). En regardant le système linéaire (5.26") qui définit les dénominateurs des approximants de Padé, on peut exprimer cette propriété différemment, à savoir, on peut dire qu'il existe une relation de récurrence à $(n+1)$ termes consécutifs S_j (ceci correspond à l'annulation des déterminants C_N^M). Shanks a exprimé cela ainsi :

Théorème 22

Soit $\{S_k\}_{k\geq 0}$ une suite convergeant vers S , alors une condition nécessaire et suffisante pour que

$$\forall k \geq K: \qquad \varepsilon_{2n}^{(k)} = S$$

est qu'il existe des nombres a_i tels que $\sum_{i=0}^{n} a_i \neq 0$ et tels que :

$$\forall k \geq K: \qquad \sum_{i=0}^{n} a_i (S_{k+i} - S) = 0 . \tag{166}$$

Les suites de la forme (158) font partie des suites satisfaisant à cette condition.

Nous commencerons par l'étude de la convergence et nous mentionnerons après le problème de l'accélération de la convergence (cf. paragraphe 1.1.2) d'une suite par les suites $\{\varepsilon_{2n}^{(k)}\}$ quand k ou n tend vers l'infini, l'autre indice restant fixé. La convergence en k est la convergence des colonnes, la convergence en n - des diagonales dans la table (160).

Commentaires généraux

1°) La formule (165) montre que le nombre $\varepsilon_{2n}^{(k)}$ est calculé uniquement à partir des termes suivants :

$$S_k\,,\ S_{k+1}\,,\ \ldots\,,\ S_{k+2n}\,. \tag{167}$$

On a en plus :

$$\varepsilon_{2n}^{(k)}\left(\{S_j\}_{j\geq 0}\right) = \varepsilon_{2n}^{(0)}\left(\{S_j\}_{j\geq k}\right), \tag{168}$$

c'est-à-dire que l'on peut toujours ramener l'ε-algorithme au cas des approximants de Padé diagonaux (cf. (164)).

2°) La construction de la suite $\{\varepsilon_{2n}^{(k)}\}_{n\geq 1}$ peut être illustrée par :

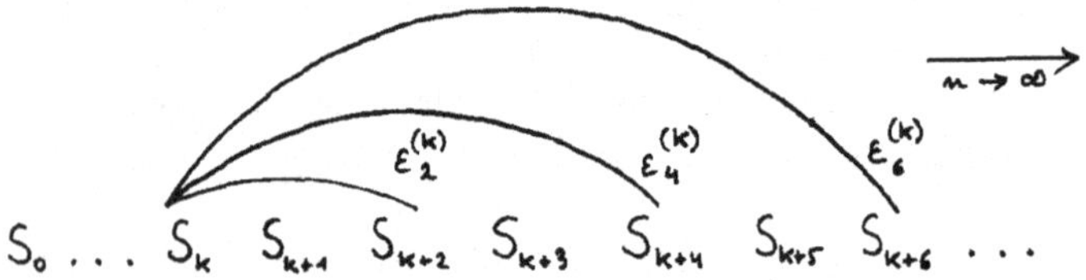

(169)

3°) La construction de la suite $\{\varepsilon_{2n}^{(k)}\}_{k\geq 0}$ peut être illustrée par :

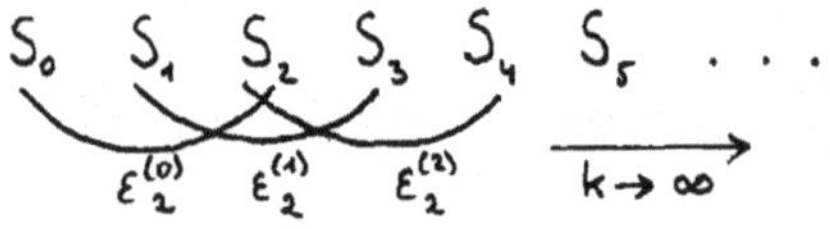

(170)

où nous avons pris $n=1$, ce qui correspond à Δ^2-d'Aitken. La suite $\{\varepsilon_4^{(k)}\}_{k\geq 0}$ utilisera 5 termes, etc. Cela montre déjà que l'on peut espérer plus naturellement la convergence en k que la convergence en n, car dans ce dernier cas, les termes de la suite $\{\varepsilon_{2n}^{(k)}\}_{n\geq 1}$ contiennent toujours les premiers termes de la suite $\{S_j\}$ qui en général n'ont aucun effet sur sa limite (*) et peuvent, au contraire, jouer un rôle perturbateur. Notons qu'il s'agit là d'une situation contraire à celle qu'on a rencontrée dans le problème de la convergence des approximants de Padé où les

(*) Brezinski me signale que la convergence en n est en pratique bien meilleure que celle en k.

premiers coefficients de la série $\sum S_n z^n$ jouaient le rôle essentiel (premières dérivées de la fonction limite). La convergence en k est donc la convergence de la colonne des approximants de Padé $\{[n+k/n]_F(1)\}_{k\geq 0}$.

4°) Si on désigne par s et $T(s)$ une suite et une suite tranformée, alors, on peut considérer l'ε-algorithme comme une transormation de type :

$$\varepsilon(T(s), s)$$

où s et $T(s)$ sont deux colonnes consécutives dans la table ε (cf. loi en losange (160)). Notons seulement qu'on peut envisager d'autres transformations du type $T^m(s)$ que nous signalerons au dernier sous-paragraphe. Dans certains cas, elles donnent de meilleurs résultats que l'ε-algorithme.

5°) La programmation de l'ε-algorithme est un problème complexe. Notons seulement que la formule (1.5) de Δ^2-d'Aitken :

$$\varepsilon_2^{(n)} = \frac{S_n S_{n+2} - S_{n+1}^2}{(\Delta^2 S)_n} = \frac{S_n S_{n+2} - S_{n+1}^2}{S_{n+2} - 2S_{n+1} + S_n}$$

est à proscrire sous cette forme. Cordellier [78] , pour minimiser les erreurs, conseille de la programmer sous la forme :

$$\varepsilon_2^{(n)} = S_n - \frac{(S_{n+1} - S_n)^2}{(\Delta^2 S)_n} \tag{171}$$

ou mieux encore, sous la forme suivante :

$$\varepsilon_2^{(n)} = S_{n+1} + \frac{1}{\frac{1}{S_{n+2} - S_{n+1}} - \frac{1}{S_{n+1} - S_n}} \tag{172}$$

où au besoin on peut remplacer les différences $a-b$ par $\frac{a^2-b^2}{a+b}$ dans le cas où $ab>0$.

6°) En vertu de la loi de construction de la table ε (160) , l'erreur commise sur un terme de la suite $\{S_m\}$ se propage dans cette table en éventail, de façon analogue à (1.13) :

$S_m =$ 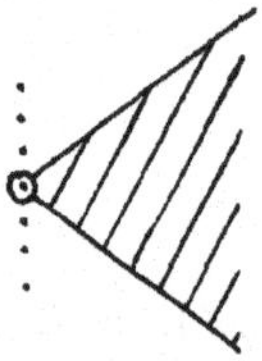 propagation de l'erreur commise sur S_m

et se répartit sur les colonnes consécutives dans cet éventail. Mais que peut-on dire sur la stabilité de l' ε -algorithme par rapport aux petites perturbations des termes de la suite $\{S_m\}$?

La stabilité de l' ε -algorithme a été étudiée par Wynn [178], ce qui lui a permis de démontrer sa convergence pour certaines suites, auxquelles on impose seulement un comportement asymptotique particulier. Nous avons remarqué au paragraphe précédent que les approximants de Padé avaient un pôle très stable en $z = 1$ quand on perturbait par un bruit la suite considérée. D'après (161) et (162) le point $z = 1$ est précisément celui qui intervient dans l' ε -algorithme. Nous avons ainsi conclu dans [214, page 6.82] que l' ε -algorithme est assez stable sous l'effet du bruit. Ceci expliquerait par conséquent pourquoi l' ε -algorithme converge numériquement pour les classes de suites beaucoup plus grandes que celles pour lesquelles on a démontré la convergence rigoureusement.

Mais nos affirmations ont été controversées par Brezinski qui ne pense pas que l' ε -algorithme est stable sous l'effet du bruit. Ce point mérite donc une étude beaucoup plus détaillée.

7°) Plusieurs auteurs [43 ; 65 ; 66 ; 121 ; 183] ont étudié l'application de l'ε-algorithme à l'intégration numérique. Considérons une intégrale

$$S = \int_a^b f(x)dx.$$

La suite $\{S_k\}$ est une suite d'intégrales approchées, mais il convient de déterminer la méthode de construction des termes S_k, par exemple dans le cas de la méthode des trapèzes. Chisholm [65 ; 66] a étudié dans ce cas la segmentation de l'intervalle $[a,b]$ en 2^k intervalles de mêmes longueurs, k correspondant au terme S_k. Il a montré que pour une grande classe de fonctions, l'erreur $\{S - \varepsilon_{2n}^{(k)}\}_{k\geq 0}$ diminue dans ce cas géométriquement. Il a généralisé cette méthode aux intégrales impropres. Les méthodes similaires d'intégration numérique ont été proposées par Watson [167] et Wuytack [170].

8°) Une des généralisations de l'ε-algorithme (qu'on peut appeler : scalaire) est l'ε-algorithme vectoriel. Signalons seulement qu'il est lié aux approximants de Padé dits matriciels que nous évoquerons en Annexe III. A ce titre, il peut donc être étudié par l'intermédiaire de ces approximants de Padé généralisés de la même façon que l'ε-algorithme scalaire va être étudié au sous-paragraphe suivant par le truchement des approximants de Padé scalaires.

6.5.2 GENERALISATION D'UN THEOREME DE CONVERGENCE DE L'ε-ALGORITHME

La convergence de l'ε-algorithme a été étudiée au départ au moyen des méthodes algébriques, c'est-à-dire grâce à l'établissement des inégalités emboîtantes pour les nombres $\varepsilon_{2n}^{(k)}$ à partir de la formule de déterminants (165) (cf. 52 ; aussi : [44] , [45] , [46] , [47] , [59] , [103] , [178]). A ces démonstrations, extrêmement laborieuses, nous opposons une méthode beaucoup plus simple, disons analytique, qui sera exposée dans ce paragraphe.

La relation (162) montre que les nombres $\varepsilon_{2n}^{(k)}$ sont les valeurs de certains approximants de Padé en $z = 1$. Cela suggère en particulier que la convergence de l'ε -algorithme pourrait être étudiée à partir des théorèmes de convergence des approximants de Padé. Cependant, on se heurte à une difficulté : le point $z = 1$ n'appartient pas en général au domaine de convergence des approximants de Padé, mais se trouve sur la frontière de ce domaine (par exemple c'est un point de branchement). En surmontant cette difficulté, nous avons généralisé [110] le théorème de convergence de Brezinski [45] pour les suites totalement monotones et totalement oscillantes. Notre travail [110] est repris, simplifié et développé dans ce qui suit.

Notons que les propriétés des suites pour lesquelles l'ε -algorithme converge en k $\left(\lim_{k\to\infty} \varepsilon_{2n}^{(k)} = S\right)$ peuvent être considérées comme propriétés asymptotiques. Par contre, pour la convergence en n toute la suite $\{S_j\}_{j\geq k}$ doit avoir une certaine "bonne" propriété.

Rappelons que la propriété 1.1 (page 26) dit, que si deux suites x et y sont Δ^k -équivalentes, alors elles ne diffèrent que par un polynôme en n :

$$\forall n: \qquad x_n = y_n + P_{k-1}(n) \quad ; \quad \deg P_{k-1} \leq k-1 . \tag{173}$$

Soit y une suite convergeant dans $\mathbb{R}$. Notons par Y_k la classe des suites Δ^k -équivalentes à y . On a :

$$Y_1 \subset Y_2 \subset \ldots ,$$

mais en raison de (173) , seule la classe Y_1 ne contient que des suites convergeant dans $\mathbb{R}$. D'après (173), les suites x appartenant à Y_1 sont de la forme :

$$x = \alpha y + \beta \quad ; \qquad \alpha = 1 \; ; \beta \in \mathbb{R} . \tag{174}$$

Enonçons un lemme évident :

Lemme 5

Soient S l'ensemble des suites convergeant dans $\mathbb{R}$ et S_1 l'ensemble des suites dont chacune est Δ^1 -équivalente à une suite de S , alors $S_1 = S$.

Nous voulons nous référer à une classe très particulière de suites (aux ensembles TM et TO) :

Définition 1

On dit qu'une suite $\{c_n\}$ convergeant dans $\mathbb{R}$ appartient à la classe S_Δ si une des trois conditions suivantes est satisfaite :

(i) une des suites $\{c_n\}$ ou $\{(-1)^n c_n\}$ est Δ^1 -équivalente à une suite totalement monotone ;

(ii) une des suites $\{-c_n\}$ ou $\{-(-1)^n c_n\}$ est Δ^1 -équivalente à une suite totalement monotone ;

(iii) la suite $\{c_n\}$ est une combinaison linéaire à coefficients de mêmes signes des suites ayant toutes ou bien la propriété (i), ou bien la propriété (ii).

Les suites x de type (i) ou (ii) sont de la forme :

$$x = \alpha y + \beta \quad ; \quad \alpha, \beta \in \mathbb{R} \; ; \qquad y \in TM \quad \text{ou} \quad y \in TO . \tag{175}$$

Le théorème qui suit a été démontré par Brezinski [46] pour les suites (175) ; nous le généralisons aux suites de type (iii).

Théorème 23

Soit $\{c_j\}_{j\geq 0}$ une suite de classe S_Δ , alors :

(i) $\forall k\geq 0$: $\lim_{n\to\infty} \varepsilon_{2n}^{(k)} = \lim_{n\to\infty} c_n$; (176)

(ii) $\forall n\geq 0$: $\lim_{k\to\infty} \varepsilon_{2n}^{(k)} = \lim_{n\to\infty} c_n$. (177)

Démonstration

On note par c la limite de la suite $\{c_j\}$. S'il faut distinguer une série, par exemple F :

$$F: \; F(z) = c_0 + (c_1 - c_0)z + (c_2 - c_1)z^2 + \ldots \tag{178}$$

de la fonction qu'elle engendre, on notera cette dernière par une lettre minuscule (ici f). Remarquons qu'en général, la série F n'est pas de Stieltjes, mais en se référant au théorème 7, nous montrerons quand même que :

$$\lim_{n\to\infty} [n+k/n]_F = f , \tag{179}$$

$$\lim_{k\to\infty} [n+k/n]_F = f , \tag{180}$$

où la convergence est uniforme dans tout compact contenu dans un domaine D dont la fermeture contient le point $z=1$. Etant donné que dans notre cas $\rho\geq 1$ (rayon de convergence de F) et que le plus petit domaine D_λ du théorème 7 est le disque de rayon ρ , on aura certainement la convergence (179) et (180) dans le disque unité. C'est un luxe, car il nous suffirait pour la suite d'avoir cette convergence dans un intervalle réel ouvert $]1-\varepsilon, 1[$, aussi petit que l'on veut. Nous utiliserons pour (179) et (180) une écriture commune $\lim_{\mu\to\infty}$ où μ désigne n ou k , ce qui permet de mener les deux démonstrations, de (i) et de (ii), de front.

En raison de la convergence de la suite $\{c_j\}$ et de la propriété 3.4 (avec $m=1$), la limite suivante, prise dans un secteur contenu dans D est :

$$\lim_{z\to 1} f(z) = c \tag{181}$$

Alors, en passant dans (179) et (180) à la limite dans le même secteur, on a :

$$\lim_{z\to 1} \lim_{\mu\to\infty} [n+k/n]_F(z) = \lim_{z\to 1} f(z) = c\,. \tag{182}$$

Pour démontrer la convergence de l'ε-algorithme, il faut montrer qu'on peut intervertir les limites dans le membre de gauche de (182).

Considérons la série G définie par :

$$F(z) = c_0 + z\,G(z)\,. \tag{183}$$

D'après le théorème 5.27, on a :

$$[n+k/n]_F(z) = c_0 + z\,[n+k-1/n]_G(z)\,. \tag{184}$$

Si la série G est de Stieltjes (c'est-à-dire si la suite $\{-c_j\}$ est Δ^1-équivalente à une suite totalement monotone), alors d'après le théorème 7 on a :

$$\lim_{\mu\to\infty} [n+k-1/n]_G = g\,, \tag{185}$$

donc :

$$\forall k \geq 0 : \quad \lim_{\mu\to\infty} [n+k/n]_F(z) = c_0 + z \lim_{\mu\to\infty} [n+k-1/n]_G(z) = f(z), \tag{186}$$

c'est-à-dire (179) et (180) sont démontrés dans ce cas.
En coiffant (186) par les limites dans un secteur, on obtient :

$$\lim_{z\to 1}\lim_{\mu\to\infty}[n+k/n]_F(z) = c_0 + \lim_{z\to 1}\lim_{\mu\to\infty}[n+k-1/n]_G(z) = \lim_{z\to 1} f(z) = c\ ,$$

ce qui peut être écrit :

$$\lim_{z\to 1}\lim_{\mu\to\infty}[n+k-1/n]_G(z) = c - c_0 = \lim_{z\to 1} g(z). \tag{187}$$

Ces résultats, avec les notations simplifiées :

$$g_{nk} = [n+k-1/n]_G\ ; \qquad a = c - c_0\ , \tag{188}$$

s'écrivent :

$$x \in [0,1[\ : \qquad \lim_{\mu\to\infty} g_{nk}(x) = g(x)\ , \tag{189}$$

$$\lim_{x\to 1} g(x) = a\ , \tag{190}$$

$$\lim_{x\to 1}\lim_{\mu\to\infty} g_{nk}(x) = a\ . \tag{191}$$

Notons que, d'après le théorème 3(iii) on est sûr que les valeurs $g_{nk}(1)$ existent. En posant :

$$a_{nk} = g_{nk}(1) \tag{192}$$

il nous reste donc à démontrer qu'après l'interversion des limites dans (191), on aura $\lim_{\mu\to\infty} a_{nk} = a$, c'est-à-dire que :

$$\lim_{\mu\to\infty}(a - a_{nk}) = 0\ . \tag{193}$$

Considérons donc l'expression :

$$a - a_{nk} = [a - g(x)] + [g(x) - g_{nk}(x)] - [a_{nk} - g_{nk}(x)]\ . \tag{194}$$

L'inégalité (56) du théorème 5 (iii) donne $g_{nk} \leq g$; par le passage à la limite $(x \to 1)$ on obtient : $a_{nk} \leq a$. Selon le corollaire 5(ii) (formules (62), (63)) et le théorème 5.27, les fonctions g_{nk} (et g) sont croissantes dans $[0,1[$, donc $g_{nk}(x) \leq$ $\leq a_{nk}$. Avec ces deux résultats, (194) donne :

$$0 \leq a - a_{nk} \leq [a - g(x)] + [g(x) - g_{nk}(x)] \quad . \tag{195}$$

En se référant, dans l'ordre, à (190) et (189), on a :

$$\forall \tfrac{\varepsilon}{2} > 0 \ \exists x \in [0,1[: \qquad a - g(x) < \frac{\varepsilon}{2} \ , \tag{196}$$

$$\forall x \in [0,1[\ \exists N (\text{resp. } K) : \ \forall n > N (\text{resp. } \forall k > K) : \quad g(x) - g_{nk}(x) < \frac{\varepsilon}{2} \ , \tag{197}$$

donc :

$$\forall \varepsilon > 0 \ \exists N (\text{resp. } K) : \ \forall n > N (\text{resp. } \forall k > K) : \quad 0 \leq a - a_{nk} < \varepsilon \ , \tag{198}$$

ce qui démontre (193).

Remarquons que les points essentiels dans cette démonstration sont :

- la relation $\varepsilon_{2n}^{(k)} = [n + k/n]_F(1)$,
- la convergence des approximants de Padé exprimée dans (189),
- l'existence d'une limite dans un secteur en $z = 1$ exprimée dans (190),
- l'existence des approximants de Padé en $z = 1$ exprimée dans (192).

C'est pourquoi, dès qu'on peut se référer, même indirectement, à une fonction de Stieltjes, la démonstration sera analogue. Considérons donc les autres suites de la classe S_Δ .

Si la suite $\{c_n\}$ est Δ^1 -équivalente à une suite totalement monotone, alors la fonction $-g$ est de Stieltjes, mais $[m/n]_G = -[m/n]_{-G}$ et la démonstration est identique ensuite.

Si c'est le cas de la suite $\{(-1)^n c_n\}$ (resp. $\{-(-1)^n c_n\}$), alors la fonction $-g$ (resp. g) est de Stieltjes avec la coupure sur $]-\infty,-1]$; sa représentation est :

$$g : g(z) = \int_0^1 \frac{d\mu(x)}{1+xz} \quad . \tag{199}$$

Le point $z=1$ est un point régulier et il faut seulement prendre de bonnes inégalités (cf. théorème (i) et (ii) adapté pour la représentation (199)). Notons que c'est la référence aux suites totalement oscillantes.

La difficulté de généraliser cela au cas d'une combinaison linéaire des suites précédentes était due à la non-linéarité de l' ε -algorithme qui complique énormément les démonstrations algébriques. On règle ce cas facilement en se référant aux approximants de Padé. Il suffit de démontrer dans ce cas que si une suite convergeant dans $\mathbb{R}$ est de la forme :

$$\forall n : \quad c_n = \alpha a_n + \beta b_n + \gamma \quad ; \quad \alpha\beta \geq 0 \, , \gamma \in \mathbb{R} \tag{200}$$
$$\{a_n\} \in TM, \qquad \{b_n\} \in TO,$$

alors l'ε-algorithme converge. Cela nous amène au problème particulier de Hamburger où la fonction g est donnée par :

$$g : g(z) = \int_0^1 \frac{d\mu_1(x)}{1-xz} + \int_0^1 \frac{d\mu_2(x)}{1+xz} = \int_{-1}^1 \frac{d[\mu_1(x)-\mu_2(-x)]}{1-xz} = \int_{-1}^1 \frac{d\mu(x)}{1-xz} \tag{201}$$

$$z \in \mathbb{C}\setminus(]-\infty,-\rho_2]+[\rho_1,\infty[); \qquad \rho_1,\rho_2 \geq 1 \; ; \qquad \mu \in \uparrow B[-1,1] \, .$$

La fonction g est la somme des deux fonctions de Stieltjes. La condition de Carleman étant satisfaite automatiquement (car $\rho_i \neq 0$), il est facile de généraliser le théorème 6 (ou 7) de convergence des approximants de Padé à ce cas (cf. par exemple [12, p. 231]). Le théorème sur les limites dans un secteur en $z = 1$ reste toujours applicable. Par conséquent, la démonstration de la convergence de l'ε-algorithme est encore analogue dans ce cas, ce qui complète notre démonstration.

C.Q.F.D.

Remarque

On peut se demander pourquoi le théorème précédent ne porte pas sur toutes les combinaisons linéaires des suites de la classe S_Δ. Pour répondre à cette question, considérons une suite de terme général $c_n = a_n - b_n$ où a est une suite totalement monotone et b une suite totalement oscillante. Les approximants de Padé que nous avons considérés peuvent avoir dans ce cas un pôle qui échappe au contrôle et qui peut se placer précisément en $z = 1$. Ainsi la généralisation du théorème 23 nécessiterait l'introduction des conditions supplémentaires, difficilement vérifiables en pratique.

Rappelons également que si une suite convergente donnée est Δ^k-équivalente à une suite totalement monotone, alors d'après (174) elle est nécessairement Δ^1-équivalente à cette suite totalement monotone. Il est donc inutile de chercher à généraliser le théorème précédent aux suites Δ^2-équivalentes, etc.

La méthode de démonstration exposée ici permet, à notre avis, le développement de la théorie de l'ε-algorithme jusqu'à l'obtention d'un certain parallélisme avec l'état du développement de la théorie de la convergence des approximants de Padé. Par exemple, elle pourrait être appliquée aux suites complexes convergeant qui engendrent les fonctions définies dans le théorème de Nuttall (cf. (103) et le théorème 14).

Dernière remarque : en se référant au commentaire (3°) du paragraphe 6.5.1 (cf.(170)), on conclut que pour la convergence de l'ε-algorithme en k (c'est-à-dire de la suite $\{\varepsilon_{2n}^{(k)}\}_{k \geq 0}$), il suffit d'exiger certaines propriétés asymptotiques d'une suite et il n'est pas nécessaire que cette suite appartienne strictement, par exemple, à la classe S_Δ.

6.5.3 ACCELERATION DE LA CONVERGENCE PAR L'ε-ALGORITHME

Considérons la table ε des $\varepsilon_{2n}^{(k)}$, c'est-à-dire des valeurs utilisées :

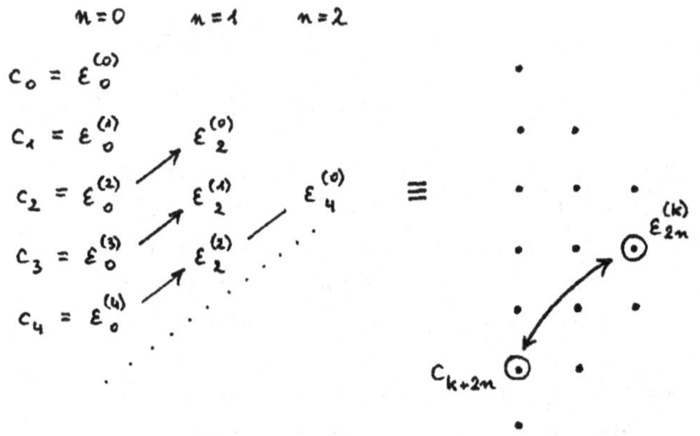

(202)

D'après (167), le dernier terme de la suite $\{c_j\}_{j\geq 0}$ nécessaire au calcul de $\varepsilon_{2n}^{(k)}$ est c_{k+2n} ; nous avons indiqué cela par les flèches sur la figure (202). Par conséquent, il convient de comparer $\varepsilon_{2n}^{(k)}$ à c_{k+2n} pour conclure éventuellement sur l'accélération de la convergence (indiqué à droite de (202)). Il est, bien sûr, évident que la convergence de l'ε-algorithme est une condition nécessaire de l'accélération de la convergence. Mis à part quelques théorèmes portant sur les cas très particuliers des suites [178], seul le théorème de Brezinski, démontré récemment [56] , mérite un intérêt ; on y considère une sous-classe de la classe S_Δ :

Théorème 24 (Brezinski)

Soit $\{c_n\}_{n\geq 0}$ une suite satisfaisant aux conditions suivantes :

1°) $\lim_{n\to\infty} c_n = c$,

2°) $\forall n:\ c_n \neq c$,

3°) une des suites : $\{c_n\}, \{-c_n\}, \{(-1)^n c_n\}, \{-(-1)^n c_n\}$
est Δ^1 -équivalente à une suite totalement monotone,

4°) la suite $\{c_n\}$ n'est pas une suite logarithmique ;
alors on a :

$$\lim_{n\to\infty} \frac{\varepsilon_{2n}^{(k)} - c}{c_{k+2n} - c} = 0, \tag{203}$$

$$\lim_{k\to\infty} \frac{\varepsilon_{2n}^{(k)} - c}{c_{k+2n} - c} = 0 \quad . \tag{204}$$

Considérons une suite logarithmique :

$$\{c_n\}_{n\geq 0} = \{c + \frac{a}{n+b}\}_{n\geq 0} \quad . \tag{205}$$

Un calcul simple donne :

$$\forall k,n : \qquad \varepsilon_{2n}^{(k)} = c + \frac{a}{(n+1)(n+k+b)} \quad . \tag{206}$$

Wynn [178 ; cf. 52] a généralisé ce résultat au cas des suites suivantes :

$$\forall n : \qquad c_n = c + \sum_{i=1}^{\infty} \frac{a_i}{(n+b)^i} \quad ; \quad a_1 \neq 0 \tag{207}$$

et a montré qu'asymptotiquement (n fixé, k grand) on a :

$$\varepsilon_{2n}^{(k)} \sim c + \frac{a_1}{(n+1)(k+b)} \quad .$$

Nous pensons que le résultat correct est :

$$\varepsilon_{2n}^{(k)} = c + \frac{a_1}{(n+1)(n+k+b)} + O\left(\frac{1}{k^2}\right). \tag{208}$$

Toutefois (205) et (206) montrent que (204) n'a pas lieu, mais que (203) a lieu pour ces suites. Il semble donc que le théorème de Brezinski peut encore être généralisé à d'autres suites de la classe S_A .

6.5.4 PROPRIETE D'ANTI-LIMITE

Brezinski a cité plusieurs fois l'exemple suivant :

$$\log(1+x) = x - \frac{x^2}{2} + \frac{x^3}{3} - \frac{x^4}{4} + \dots \qquad |x|<1$$

$$c_{2n} = \sum_{j=0}^{2n} \frac{(-1)^j}{j+1} x^{j+1} \;; \qquad x=2: \qquad \log 3 = 1.098\ 612\ 288$$

n	c_{2n}	$\varepsilon_{2n}^{(0)}$
1	2.67	1.14
2	5.07	1.101
3	12.68	1.0988
4	37.57	1.09862
5	121.35	1.098613
6	410.18	1.0986123

. . . .

Il a interprété ce résultat en disant que l'ε-algorithme réalise le prolongement analytique d'une fonction donnée par sa série de Taylor. Pour mieux comprendre cette propriété, remarquons d'abord que Δ^2-d'Aitken (c'est-à-dire $\varepsilon_2^{(k)}$) donne le résultat suivant :

$$\forall k: \qquad \varepsilon_2^{(k)} = a$$

aussi bien pour la suite $S_n = a + b\lambda^n$ que pour la suite $S_n = a + b\lambda^{-n}$. Par conséquent, si on développe $\frac{1}{1-x}$ au voisinage de zéro et au voisinage de l'infini :

$$\frac{1}{1-x} = \begin{cases} 1 + x + x^2 + \dots \\ -\frac{1}{x} - \frac{1}{x^2} - \frac{1}{x^3} - \dots \end{cases}$$

et si on considère les sommes partielles :

$$S_n = \sum_{i=0}^{n} x^i = \frac{1}{1-x} - \frac{1}{1-x} x^{n+1} ,$$

$$\tilde{S}_n = -\sum_{i=0}^{n} \frac{1}{x^{i+1}} = \frac{1}{1-x} - \frac{1}{1-x} \frac{1}{x^{n+1}}$$

alors $\varepsilon_2^{(k)}$ est toujours égal à $\frac{1}{1-x}$ et il ne faut donc pas s'étonner que par exemple pour $x = 2$ on obtient la valeur exacte -1, bien que la suite $\{S_n\}$ diverge.

Cette propriété d'anti-limite a déjà été observée par Johnson [115, p. 55] dans le cas des approximants de Padé [1/1].

Nous l'avons expliquée dans le cas général [110]:

Théorème 25

Soit une suite $\{c_n\}$ donnée, alors :

$$\forall k,n : \quad \varepsilon_{2n}^{(k)}(c_k, \dots, c_{k+2n}) = \varepsilon_{2n}^{(k)}(c_{k+2n}, \dots, c_k) . \tag{209}$$

On dit que l'ε-algorithme converge vers une anti-limite s'il converge dans $\mathbb{R}$ quand la suite $\{c_n\}$ diverge dans $\mathbb{R}$.

Démonstration

Considérons deux polynômes :

$$f_{2n} : \quad f_{2n}(z) = c_0 + \ldots + c_{2n} z^{2n}$$

$$\tilde{f}_{2n} : \quad \tilde{f}_{2n}(z) = c_{2n} + \ldots + c_0 z^{2n}$$

et construisons les approximants de Padé $[n/n] = P/Q$ des séries $(1-z) f_{2n}(z)$ et $(1-z)\tilde{f}_{2n}(z)$:

$$P_n(z) - Q_n(z)(1-z) f_{2n}(z) = O(z^{2n+1}) = z^{2n+1} R_n(z), \tag{210}$$

$$\tilde{P}_n(z) - \tilde{Q}_n(z)(1-z)\tilde{f}_{2n}(z) = \tilde{O}(z^{2n+1}) = z^{2n+1}\tilde{R}_n(z). \tag{211}$$

On note que le membre de gauche est un polynôme de degré $3n+1$ et que :

$$P_n(1) = R_n(1) . \tag{212}$$

Dans (210), on change z en $\frac{1}{z}$ et on multiplie par z^{3n+1} ; en remarquant que $\tilde{f}_{2n}(z) = z^{2n} f_{2n}\left(\frac{1}{z}\right)$, on a :

$$z^{2n+1}\left[z^n P_n\left(\frac{1}{z}\right)\right] + \left[z^n Q_n\left(\frac{1}{z}\right)\right](1-z)\tilde{f}_{2n}(z) = z^n R_n\left(\frac{1}{z}\right),$$

ce qui montre, en comparant avec (211), que :

$$\tilde{P}_n(z) = z^n R_n\left(\frac{1}{z}\right),$$

$$\tilde{Q}_n(z) = z^n Q_n\left(\frac{1}{z}\right),$$

d'où, avec (212), on obtient :

$$\tilde{P}_n(1) = R_n(1) = P_n(1),$$

$$\tilde{Q}_n(1) = Q_n(1) .$$

Cela achève la démonstration, car $P_n(1)/Q_n(1) = \tilde{P}_n(1)/\tilde{Q}_n(1)$,
c'est précisément la relation (209) en raison de (162).

C.Q.F.D.

A l'origine, nous avons démontré ce théorème directement à partir de la formule (165) qui est invariante par rapport à l'ordre dans lequel on range les termes d'une suite. La démonstration que nous venons de donner a été élaborée en collaboration avec M. Cadilhac.

Ce théorème montre que l'ε-algorithme "épouse" la courbure et s'il converge, il extrapole une suite en quelque sorte dans le "bon" sens. En se référant au théorème 23, nous représentons cette propriété schématiquement sur les graphes suivants, où les points désignent les termes d'une suite et le rond l'effet de l'ε-algorithme :

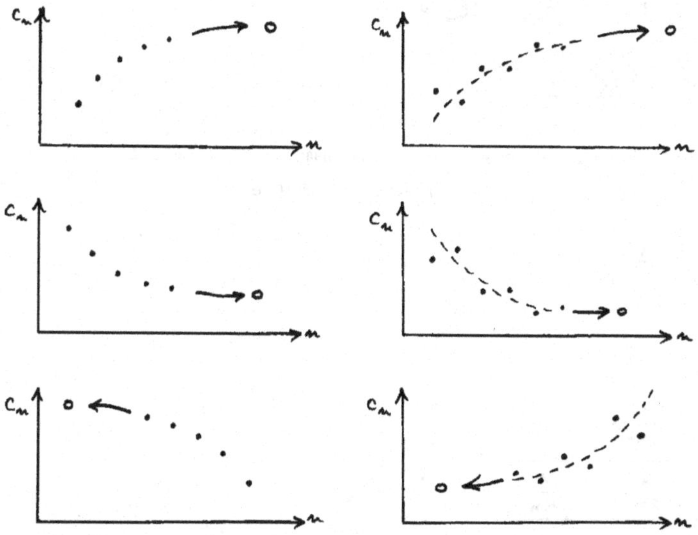

6.5.5 SUR UN ALGORITHME DERIVE DE L'ε-ALGORITHME

Considérons une suite logarithmique $\{\frac{1}{n}\}_{n\geq 1}$ et la table des ε :

$\varepsilon_0^{(k)}$	$\varepsilon_2^{(k)}$	$\varepsilon_4^{(k)}$	$\varepsilon_6^{(k)}$
1			
$1/2$	$1/2\cdot 2$		
$1/3$	$1/2\cdot 3$	$1/3\cdot 3$	
$1/4$	$1/2\cdot 4$	$1/3\cdot 4$	$1/4\cdot 4$
. . . .	. . . .	. . . .	. . . .

On a déjà remarqué que la convergence de l'ε-algorithme n'est pas très satisfaisante dans ce cas. Désignons par A la transformation d'Aitken et notons :

$$(Ac)_n = \varepsilon_2^{(n-1)} = \frac{c_{n+1}\,c_{n-1} - c_n^2}{c_{n+1} - 2c_n + c_{n-1}}$$

$$(A^k c)_n = (A(A^{k-1}c))_n \; . \qquad (213)$$

W. Guzinski (non publié) a remarqué que si on transforme successivement les colonnes par A dans le cas de la suite logarithmique :

$$\begin{array}{ccc} A^0 & A^1 & A^2 \\ \vdots & & \\ \frac{1}{n-2} & & \\ \frac{1}{n-1} & \frac{1}{2(n-1)} & \\ \boxed{\frac{1}{n} \quad\quad \frac{1}{2n} \quad\quad \frac{1}{4n}} & & \xrightarrow{A} 0 \\ \frac{1}{n+1} & \frac{1}{2(n+1)} & \\ \frac{1}{n+2} & & \\ \vdots & & \end{array} \qquad (214)$$

puis, si on transforme par A les termes encadrés, alors on trouve la limite 0 de la suite $\{\frac{1}{n}\}_{n\geq 1}$. Il a appelé ce procédé : transformation T en raison de la forme du schéma (214) . On peut la noter comme suit :

$$(Tc)_k^{(n)} = \left(A\{(A^i c)_n\}_{i\geq 0}\right)_k . \qquad (215)$$

Considérons la suite suivante :

$$\forall n: \qquad c_n = \frac{1}{\binom{n}{k}} \qquad k \text{ fixé} . \qquad (216)$$

On a :

$$(Ac)_n = \frac{1}{k+1} c_n , \qquad (A^i c)_n = \frac{1}{(k+1)^i} c_n$$

$$(Tc)_m^{(n)} = \left(A\{(A^i c)_n\}_{i\geq 0}\right)_m = \left(c_n A\{\frac{1}{(k+1)^i}\}_{i\geq 0}\right)_m = 0 ,$$

donc la transformation T donne la limite exacte dans le cas des suites (216).

Nous avons trouvé avec Guzinski d'autres classes de suites pour lesquelles la transformation T donne les limites exactes. Nous avons établi les critères pour l'application de l'ε -algorithme jusqu'à une certaine colonne (dans la table ε), puis pour l'application de la transformation T . Ce travail préliminaire a été largement développé par Guzinski depuis un an ; malheureusement, ses résultats ne me sont pas parvenus à l'heure de cette rédaction.

Toutefois, ce petit exemple montre que l'ε -algorithme n'est pas un outil universel d'accélération de la convergence et selon les classes des suites, on peut disposer d'algorithmes plus puissants.

C H A P I T R E 7

CALCUL DES APPROXIMANTS DE PADE, DES TABLES DE PADE ET DES TABLES c

Si l'on doit calculer un seul approximant de Padé, on résoud le système linéaire (5.26) ; pour déterminer un seul élément de la table c , on calcule le déterminant (1.31). Dès qu'on doit calculer plusieurs éléments de la table de Padé ou de la table c , on peut tirer profit des relations qui existent entre les éléments voisins et calculer ces tables par récurrence. C'est à certains de ces algorithmes de calcul que nous consacrons ce chapitre.

Il convient de préciser dès le départ que notre présentation ne se borne pas aux énoncés généraux, que l'on peut trouver dans les références [12] et [72]. Nous analysons en détail chaque algorithme et nous le comparons aux autres. Intéressés par l'aspect numérique de la question, nous avons développé les formules jusqu'aux formes directement programmables.

Notre sélection porte sur les algorithmes les plus utiles. Certains sont nouveaux : par exemple, nous avons résolu complètement le problème du calcul de la table c en présence des blocs. Nous donnons également certains développements nouveaux des algorithmes classiques. Nous présentons une analyse complète des algorithmes qui utilisent des fractions continues. Contrairement à ce que nous pensons, ces algorithmes semblent être considérés comme secondaires dans la littérature.

Pour chaque algorithme nous avons établi le coût en opérations arithmétiques. Les tableaux détaillés donnent une idée de ces coûts. Notons que la comparaison de ces coûts n'a pas toujours de sens, car chaque algorithme a un objectif différent.

Au paragraphe 2, on présente les algorithmes de calcul des approximants de Padé par l'intermédiaire des fractions continues S, J, C et G. L'inconvénient de ces algorithmes vient du fait que les approximants de certaines fractions générales ne sont pas toujours les approximants de Padé. Nous analysons ce problème, dit de régularité. Mais ils ont cet avantage, encore jamais signalé, que la traversée des blocs se fait automatiquement.

Les algorithmes présentés au paragraphe 3 deviennent singuliers à la rencontre des blocs. Nous montrons que l'algorithme de Baker, établi pour une chaîne antidiagonale ascendante, possède son symétrique pour une chaîne descendante. On détermine alors les zones dans la table de Padé pour l'utilisation de l'un ou de l'autre, et l'on donne un schéma de calcul à la main des approximants de Padé par cet algorithme. Certains choix des formules de l'algorithme de Baker conduisent aux algorithmes de Longman et de Pindor. L'algorithme de Pindor est le moins coûteux si l'on a besoin de calculer uniquement les dénominateurs ou uniquement les numérateurs des approximants de Padé.

Au paragraphe 4, on donne l'identité de Wynn-Cordellier qui permet de contourner les blocs dans une table de Padé.

Le paragraphe 5 est consacré au calcul de la table c en présence des blocs. On montre qu'il existe parfois une zone à l'Est d'un bloc que l'on ne peut pas atteindre à l'aide de la formule de Sylvester, seule utilisée jusqu'à présent pour calculer les tables c. Nous démontrons une nouvelle relation entre les éléments situés autour d'un bloc, relation qui simplifie le calcul traditionnel et qui permet de calculer complètement une table c , quelle que soit sa structure.

Nous venons d'apprendre [212] que les algorithmes de calculs de la table de Padé, y compris dans le cas non-normal, viennent d'être largement étudiés [210, 211, 213].

7.1 GENERALITES

Le calcul d'un approximant de Padé isolé passe habituellement par la solution numérique du système linéaire découplé (5.26), le calcul du déterminant C_n^m : par la formule (1.31) qui le définit. Nous dirons qu'il s'agit dans ce cas d'un calcul direct. Par contre pour calculer une chaîne d'approximants de Padé (cf. (5.106) et (5.107)), ou une table triangulaire d'approximants de Padé on fait appel à des algorithmes numériques plus élaborés.

Considérons une suite ; à partir de ses premiers termes $\{c_\ell\}_{0\leq\ell\leq L}$ on peut calculer un triangle dans la table c ou dans la table de Padé, limité par l'antidiagonale L : $[L/0],\ldots,[0/L]$. Nous l'appellerons : triangle L. Remarquons que chaque approximant $[m/n]$ sur l'antidiagonale L $(m+n = L)$ contient toute l'information sur le triangle L , c'est-à-dire permet de reconstituer les termes $c_0,\ldots,c_L$. Par conséquent il existe à priori une relation entre les approximants d'une antidiagonale. Plus généralement il existe certaines relations qui conservent la quantité d'information et qui permettent de calculer un approximant de Padé à partir de ses voisins. La découverte de telles relations est précisément à l'origine des algorithmes de calcul par récurrence des approximants de Padé. Les formules (5.74), (5.77) et 5.78) sont des cas particuliers de telles relations pour la table c.

Nous estimerons les coûts de ces algorithmes en opérations arithmétiques en supposant que le coût de la division (notée /) est identique au coût de la multiplication (notée $*$), et que les coûts de l'addition et de la soustraction sont également les mêmes. Il est toutefois difficile de parler de la comparaison des coûts de ces algorithmes car chaque algorithme a un objectif différent : les uns sont destinés à calculer les chaînes diagonales, d'autres les chaînes antidiagonales, et d'autres encore, la table triangulaire toute entière. Nos comparaisons seront donc données à titre purement indicatif.

Il est clair que la précision de ces algorithmes ne dépend pas uniquement du coût en question, mais aucune étude comparative de leurs stabilités numériques n'a jamais encore été faites.

Au début de chaque paragraphe, nous définirons l'objectif de l'algorithme examiné.

7.2 ALGORITHMES INDUITS PAR CERTAINES FRACTIONS CONTINUES

Rappelons avant tout que les approximants d'une fraction continue ne sont pas nécessairement les approximants de Padé de la série qui a engendré cette fraction. Au chapitre 4 (cf. théorèmes 11 et 12) nous parlions d'équivalence entre une série et une fraction J ou S sous réserve des conditions (4.37) ou (4.44) (cf. la récapitulation p. 140). Au paragraphe 4.6 nous avons introduit les fractions G et C. On dit qu'une fraction continue est régulière si tous ses approximants sont des approximants de Padé. Les conditions de régularité sont connues pour les fractions S , J et C, mais leur vérification est très coûteuse (par exemple le calcul de la table c). Il s'ensuit qu'en pratique on utilise les algorithmes induits par des fractions sans procéder à cette vérification. Cela désavantage ces algorithmes par rapport à d'autres algorithmes décrits plus loin.

Les fractions continues sont utilisées pour calculer les chaînes diagonales des approximants de Padé. Mise à part la régularité de la fraction choisie, on distingue trois étapes :

(i) choix d'une fraction continue : S ou J , si la série est développable en cette fraction, C ou G dans le cas général ;

(ii) développement de la série en fraction continue ;

(iii) calcul des approximants de cette fraction qui sont les approximants de Padé si la fraction est régulière.

7.2.1 ALGORITHME INDUIT PAR LES FRACTIONS S

Cet algorithme a pour objectif le calcul d'une chaîne diagonale inférieure :

$$\begin{array}{llll} [k-1/0] & & & \\ [k/0] & [k/1] & & \\ & [k+1/1] & [k+1/2] & \\ & & & \searrow \end{array} \qquad (1)$$

à partir de la suite $\{c_n\}$ (ou plus exactement de la série $\sum c_n z^n$), ou, le calcul d'une chaîne diagonale supérieure (5.107) à partir de la série inversée dont les coefficients sont calculés par (1.36). Une version de cet algorithme a été mise au point par Thacher (cf. [72]), une autre, indépendamment, à Saclay (cf. Zinn-Justin [193]). Nous présentons cette dernière version légèrement modifiée afin que sa programmation soit plus simple.

Si on travaille avec p chiffres décimaux, alors il est conseillé d'arrêter les chaînes calculées par cet algorithme à l'approximant [m/n] tel que

$$m + n \leq 3p .$$

Cette règle empirique m'a été signalée par Zinn-Justin. J'ai souvent observé dans mes expériences, et même dans le cas où les approximants [m/n] étaient calculés par le système linéaire, que soit on a un dépassement de capacité, soit le résultat est insensé dès que l'on dépasse les limites fixées par cette règle.

L'algorithme analysé ci-dessous repose sur les théorèmes 5.14, 5.16 et 4.12. Une série est développable en fraction S (4.96) sous réserve des conditions figurant dans (4.54) ; ce sont également les conditions de régularité. Considérons donc une fraction S suivante :

$$g : g(z) = \frac{1}{1+}\ \frac{a_1 z}{1+}\ \frac{a_2 z}{1+} \cdots , \tag{2}$$

dont les approximants $A_{(p)}/B_{(p)}$ satisfont à :

$$\frac{A_{(p)}(z)}{B_{(p)}(z)} = \frac{1}{1+}\ \frac{a_1 z}{1+} \cdots \frac{a_{p-1} z}{1} \qquad p = 1,2,\ldots$$

$$\frac{A_{(2n)}}{B_{(2n)}} = [n-1/n]_g \qquad n = 1,2,\ldots$$

$$\frac{A_{(2n+1)}}{B_{(2n+1)}} = [n/n]_g \qquad n = 0,1,\ldots \tag{3}$$

Considérons une suite $\{c_n\}$ et la série $f: f(z) = \sum c_n z^n$ engendrée par cette suite . Pour calculer une chaîne d'approximants de Padé aboutissant à $[N+k/N]_f$ écrivons la série f sous la forme :

$$f: f(z) = \sum_{j=0}^{k-1} c_j z^j + c_k z^k \left(1 + \frac{c_{k+1}}{c_k} z + \frac{c_{k+2}}{c_k} z^2 + \dots\right) \qquad (4)$$

où on désigne par g la série figurant entre les parenthèses. Si la série g est développable en fraction S , alors d'après (3) et les formules (5.108), (5.109) et (5.110) on retrouve les approximants de Padé de f :

$$\sum_{j=0}^{k-1} c_j z^j + c_k z^k [n-1/n]_g(z) = [k+n-1/n]_f(z) \qquad n=1,2,\dots; k>0,$$

$$\sum_{j=0}^{k-1} c_j z^j + c_k z^k [n/n]_g(z) = [k+n/n]_f(z) \qquad n=0,1,\dots; k>0. \qquad (5)$$

Il faut donc transformer la série g en fraction S , puis calculer ses approximants.

Afin de simplifier les calculs ultérieurs, écrivons encore la série f sous la forme :

$$f: f(z) = \sum_{j=0}^{k-1} c_j z^j - z^{k-1} + z^{k-1}(1 + c_k z + \dots + c_{k+2N} z^{2N+1}) + O(z^{2N+k+1})$$

et considérons la série h :

$$h: h(z) = 1 + c_k z\, g(z) = 1 + c_k z + \dots + c_{k+2N} z^{2N+1} + O(z^{2N+2}) \qquad (6)$$

pour laquelle on admet le développement en fraction S suivante :

$$h: h(z) \simeq 1 + a_0 z \left[\frac{1}{1+} \frac{a_1 z}{1+} \dots \frac{a_{2N} z}{1} \right] + O(z^{2N+2}) =$$

$$= 1 + a_0 z \frac{A_{(2N+1)}(z)}{B_{(2N+1)}(z)} + O(z^{2N+2}) = [N+1/N]_h(z) + O(z^{2N+2}) . \qquad (7)$$

Cette fraction coupée à l'ordre 2N donne $[N/N]_h$, à l'ordre 2N-1 donne $[N/N-1]_h$ etc. La fraction S entre les parenthèses est le développement de la série g et la série h n'est qu'un intermédiaire de calcul. Le développement de la série h en fraction (7) peut être considéré comme une suite d'inversions :

$$h(z) = h_0(z)$$

$$h_n(z) = 1 + \frac{a_n z}{h_{n+1}(z)} \qquad n = 0,1,\dots \qquad (8)$$

où les séries h_j sont toutes inversibles. Par la substitution $h_n = u_n/u_{n+1}$ on linéarise les relations (8) et on obtient :

$$u_n(z) = u_{n+1}(z) + a_n z\, u_{n+2}(z) . \qquad (9)$$

En choisissant les valeurs initiales suivantes :

$$u_0(z) = h(z) , \quad u_1(z) = 1 , \quad u_n(0) = 1 \qquad n = 0,1,\dots \qquad (10)$$

on obtient :

$$a_n = \left[\frac{u_n(z) - u_{n+1}(z)}{z}\right]_{z=0} \qquad n = 0,1,\dots,2N \qquad (11)$$

$$u_{n+2}(z) = \frac{u_n(z) - u_{n+1}(z)}{a_n z} \qquad n = 0,1,\dots,2N-1. \qquad (12)$$

Les coefficients $\{a_0, \dots, a_{2N}\}$ sont calculés à partir de $\{c_K, \dots, c_{K+2N}\}$; en particulier le terme c_{K+2N} n'intervient que dans le calcul de a_{2N} . Une fois la fraction (7) construite on obtient :

$$f(z) \simeq \sum_{j=0}^{k-1} c_j z^j + a_0 z^k \left(\frac{1}{1+} \frac{a_1 z}{1+} \cdots \frac{a_{2N} z}{1} \right) + O(z^{2N+k+1}) \qquad (13)$$

où les approximants de la fraction entre les parenthèses sont calculés par :

$$A_{(n+1)}(z) = A_{(n)}(z) + a_n z A_{(n-1)}(z) \ ; \quad A_{(0)}=0, A_{(1)}=1 \ ; \quad n=1,2,\dots,2N \tag{14}$$

$$B_{(n+1)}(z) = B_{(n)}(z) + a_n z B_{(n-1)}(z) \ ; \quad B_{(0)}=1, B_{(1)}=1 \ ; \quad n=1,2,\dots,2N. \tag{15}$$

Pour éviter le passage par les formules (5) on peut calculer les approximants de la fraction (13) entière en modifiant simplement les conditions initiales dans (14) en :

$$A_{(0)}(z) = \sum_{j=0}^{k-1} c_j z^j \quad , \quad A_{(1)}(z) = \sum_{j=0}^{k} c_j z^j \ . \tag{16}$$

Examinons les formules (11) et (12). On a $a_0 = c_K$; pour calculer u_2 on a besoin de $(a_0 ; u_0 , u_1)$; pour calculer a_1 on a besoin de (u_1 , u_2) ; on peut maintenant calculer u_3 , etc. En vertu de (10) et en écrivant :

$$u_n : u_n(z) = 1 + u_{n,1} z + u_{n,2} z^2 + \dots \tag{17}$$

les formules (11) et (12) deviennent :

$$a_n = u_{n,1} - u_{n+1,1}$$

$$u_{n+2}(z) = 1 + \frac{u_{n,2} - u_{n+1,2}}{a_n} z + \frac{u_{n,3} - u_{n+1,3}}{a_n} z^2 + \dots ,$$

ce qui nécessite la programmation des formules suivantes :

$c_K , \dots , c_{K+2N}$ données du problème ;

$a_0 = c_K$ superflu ;

$u_{2,j} = c_{K+j} / c_K$ $j = 1, \dots , 2N$

$$a_1 = -u_{2,1}$$

$$u_{3,j} = c_{k+j+1}/c_{k+1} \qquad\qquad j=1,\dots,2N-1$$

$$\begin{cases} a_n = u_{n,1} - u_{n+1,1} & n=2,\dots,2N \\ u_{n+2,j} = \dfrac{u_{n,j+1} - u_{n+1,j+1}}{a_n} & n=2,\dots,2N-1\ ;\ j=1,\dots,2N-n. \end{cases} \qquad (18)$$

Après, on programme les formules (14) et (15), qui nous donnent déjà les approximants de Padé de la chaîne :

$$\begin{array}{llll} [k-1/0]_f & & & \\ [k/0]_f & [k/1]_f & & \\ & \quad\llcorner\!\!-\!\!\!-\!\!\!\urcorner & & \\ & & \cdots\cdots & [N+k-1/N]_f \\ & & & [N+k/N]_f \end{array} \qquad (19)$$

sous la forme :

$$\sum_{j=0}^{k-1} c_j z^j + c_k z^k \frac{A_{(n)}(z)}{B_{(n)}(z)} \qquad\qquad n=0,1,\dots,2N+1. \qquad (20)$$

Puis, si on a besoin, on somme selon les formules (5) (avec (3)) pour avoir les approximants de Padé sous la forme habituelle.

<u>Le coût</u> en divisions pour (18) est de $N(2N+1)$; on peut le remplacer par $2N$ divisions et $N(2N+1)-1$ multiplications ; le coût en additions est de $(2N-1)+\frac{1}{6}(2N-2)(2N-1)2N = (2N-1)\left[1+\frac{2}{3}N(N-1)\right]$. En remarquant que dans (14) et (15) on a :

$$A_{(n)}(0) = B_n(0) = 1, \quad \deg A_{(n)} = \mathcal{E}\left[\frac{n-1}{2}\right], \quad \deg B_{(n)} = \mathcal{E}\left[\frac{n}{2}\right],$$

où $\mathcal{E}(x)$ désigne la partie entière de x on constate que le nombre de multiplications pour obtenir $A_{(n)}$ est de $\mathcal{E}(\frac{n-3}{2})$ $(n=5,\dots,2N+1)$

et pour $B_{(n)}$, est de $\mathcal{E}(\frac{n-2}{2})$ $(n=4,\dots,2N+1)$. Par conséquent, pour calculer tous les approximants jusqu'à l'ordre 2N+1 on effectue :

$$[1+1+2+2+\dots+(N-2)+(N-2)+(N-1)]+[1+1+\dots+(N-1)+(N-1)] = (2N-1)(N-1) \qquad (21)$$

multiplications. Au total la chaîne (19) sous la forme (20) coûte en multiplications et divisoins : $4N^2 - 2N + 1$.

Les formules (5) coûtent en multiplications :

$m(k+1)-1$ pour $[m-1/m]_g \to [m+k-1/m]_f$

$m(k+1)$ pour $[m/m]_g \to [m+k/m]_f$,

ce qui donne $(k+1)N^2+kN$. Le total devient finalement $(k+5)N^2+(k-2)N+1$. Récapitulons pour le

<u>coût de la chaîne (19)</u>

Formules	* /	+ −
(18)	$N(2N+1)$	$(2N-1)[\frac{2}{3}N(N-1)+1]$
(14),(15)	$(2N-1)(N-1)$	$2N^2-N+1$
→ (20):(18)+(14)+(15)	$4N^2-2N+1$	$\frac{1}{3}N(4N^2+5)$
(5)	$(k+1)N^2+kN$	$kN(N+1)$
→ (5):(18)+(14)+(15)+(5)	$(k+5)N^2+(k-2)N+1$	$N(\frac{4}{3}N^2+kN+k+\frac{5}{3})$

(22)

La flèche signifie : "total pour obtenir la forme ( )". Pour calculer un approximant de Padé $[N+k/N]$ isolé par cet algorithme, il vaut mieux remonter la fraction (13) au lieu d'utiliser (14) et (15) : le gain par rapport à (21) est de $(N-1)^2$ multiplications, ce qui donne au total, pour la forme (5) :

$$N\,(3N+k+1) \tag{23}$$

multiplications et divisions.

Pour calculer la chaîne diagonale supérieure terminée par $[N/N+k]$ il faut inverser la série et calculer les termes $\{d_0,\dots,d_{2N+k}\}$ par (1.36), ce qui coûte en plus de (22) en multiplications et divisions:

$$\tfrac{1}{2}\,(2N+k+1)(2N+k+2) \quad . \tag{24}$$

7.2.2 ALGORITHMES INDUITS PAR LES FRACTIONS G , C ET J

Rappelons (paragraphe 4.6) que toute série $\sum c_n z^n$ dont le coefficient c_k est différent de zéro :

$$f : f(z) = \sum_{n=0}^{\infty} c_n z^n = P_{k-1}^{(0)}(z) + c_k z^k\, g(z) \tag{25}$$

est développable en fraction G :

$$f : f(z) \simeq P_{k-1}^{(0)}(z) + c_k z^k \, \frac{1}{P_{\alpha_1-1}^{(1)}(z)+}\;\frac{a_1 z^{\alpha_1+\beta_1}}{P_{\alpha_2-1}^{(2)}(z)+}\;\frac{a_2 z^{\alpha_2+\beta_2}}{P_{\alpha_3-1}^{(3)}(z)+}\cdots$$

$$\forall j>0 : \quad \deg P_n^{(j)} = n, \quad P_n^{(j)}(0)=1, \quad \alpha_j \geqslant 1, \quad \beta_j \geqslant 0, \tag{26}$$

ou en fraction C , qui est un cas particulier de la précédente $(\forall j : \alpha_j = 1)$:

$$f(z) \simeq P^{(0)}_{k-1}(z) + c_k z^k \frac{1}{1+} \frac{a_1 z^{1+\beta_1}}{1+} \frac{a_2 z^{1+\beta_2}}{1+} \cdots \tag{27}$$

Une fraction G se réduit en fraction J si :

$$\forall j: \quad \alpha_j = 2, \qquad \beta_j = 0, \tag{28}$$

et en fraction S si :

$$\forall j: \quad \alpha_j = 1, \qquad \beta_j = 0. \tag{29}$$

On peut construire une fraction G de la série g en procédant à des inversions successives (formules (1.36)) :

$$g(z) = \frac{1}{g_1(z)}, \qquad g_n(z) = P^{(n)}_{\alpha_n - 1}(z) + \frac{a_n z^{\alpha_n + \beta_n}}{g_{n+1}(z)} \qquad n = 1, 2, \ldots \tag{30}$$

Il existe des algorithmes plus élaborés pour la construction des fractions J [163,p.198] et C [163,p.401]. Les choix des α_j et les valeurs des a_j et β_j dépendent des coefficients de la série g.

Pour les fractions C écrites sous la forme (4.113) :

$$f: f(z) \simeq c_0 + \frac{a_1 z^{\gamma_1}}{1+} \frac{a_2 z^{\gamma_2}}{1+} \cdots \tag{31}$$

la condition de régularité se déduit [163] de la formule (4.114) et est:

$$\forall n: \quad \deg A_{(n)} + \deg B_{(n)} < \gamma_1 + \ldots + \gamma_{n+1} \tag{32}$$

où $A_{(n)}/B_{(n)}$ est le n-ième approximant de la fraction (31).
La fraction J est régulière, si (cf. (4.53) ou (5.111)) :

$$\forall n: \quad H^0_n \neq 0 , \tag{33}$$

et la fraction S est régulière, si (cf. (4.54) ou (5.109)) :

$$\forall n: \quad H_n^0 \, H_n^1 \neq 0 . \tag{34}$$

Ce sont également les conditions nécessaires et suffisantes pour qu'une série soit développable en fraction J ou S . Alors, si ce développement est obtenu, on est sûr qu'il conduira aux approximants de Padé.

Par la fraction S on calcule la chaîne (1).

Par la fraction J (28) on calcule les paradiagonales suivantes :

$$\begin{array}{llll} [k-1/0]_f & & & \\ & [k/1]_f & & \\ & & [k+1/2]_f & \\ & & & \ddots \end{array} \tag{35}$$

Par la fraction C régulière avec :

$$\forall n: \quad \alpha_n = 1, \qquad \beta_n = 1 \tag{36}$$

on obtient :

$$\begin{array}{llll} [k-1/0] & & & \\ [k/0] & \bullet & & \\ & \bullet & [k+1/2] & \\ & & [k+2/2] & \bullet \\ & & & \bullet \quad \ddots \end{array} \tag{37}$$

Les fractions G avec $\alpha_n \geqslant 3$ ne peuvent être régulières que s'il y a une extraordinaire corrélation entre les coefficients d'une série. Voyons cela sur l'exemple de :

$$\forall n : \quad \alpha_n = 3 , \qquad \beta_n = 0. \tag{38}$$

Les approximants de cette fraction G sont les fractions rationnelles suivantes :

$$\begin{matrix} [k-1/0]_f & & & \\ \bullet & \{k+1/2\} & & \\ & \bullet & \{k+3/4\} & \\ & & \bullet & \ddots \end{matrix} \quad , \tag{39}$$

mais on remarque que la fraction $\{k+1/2\}$ a été obtenue à partir de $k+2$ coefficients de la série initiale, or, l'approximant de Padé $[k+1/2]$ est calculé à partir de $k+4$ coefficients de cette série.

On comprend donc mieux, pourquoi seules les fractions S J ou C sont utilisées pour calculer les approximants de Padé. Il convient cependant de noter que le cas :

$$\beta_j \neq 0 \tag{40}$$

dans une fraction G indique en général l'existence d'un bloc dans une table de Padé.

Tout ceci est parfaitement illustré sur l'exemple de la série suivante :

$$f : f(z) = 1 - z + z^2 - 2z^3 + 4z^4 + O(z^5) \tag{41}$$

dont la table de Padé présente un bloc de type (0,1;2) et un bloc de type (2,1;2) :

Table triangulaire de Padé de f :

	0	1	2	3	4
0	1	$\frac{1}{1+z}$	$=$	$\frac{1}{1+z+z^3}$	$\frac{1}{1+z+z^3-z^4}$
1	$1-z$	$=$		$\frac{1+z}{1+2z+z^2+z^3}$	
2	$1-z+z^2$	$\frac{1+z-z^2}{1+2z}$	$=$		
3	$1-z+z^2-2z^3$	$=$			
4	$1-z+z^2-2z^3+4z^4$				

(42)

Considérons les développements de f en fractions continues suivantes:

$$f(z) \simeq \frac{1}{1+}\,\frac{z}{1+}\,\frac{-z^2}{1+}\,\frac{-z}{1+}\,\frac{O(z)}{1} \qquad \alpha_1=\alpha_2=\alpha_3=\alpha_4=1, \quad \beta_1=\beta_3=0, \quad \beta_2=1, \tag{44}$$

$$f(z) \simeq \frac{1}{1+z+}\,\frac{z^3}{1+z+}\,\frac{O(z^2)}{1} \qquad \alpha_1=\alpha_2=2, \quad \beta_1=1, \tag{35}$$

$$f(z) \simeq \frac{1}{1+z+z^3+}\,\frac{-z^4}{1+O(z)} \qquad \alpha_1=4; \quad (\beta_1=0), \tag{46}$$

(le développement avec $\alpha_1=3$ n'existe pas)

$$f(z) \simeq 1-\frac{z}{1+}\,\frac{z}{1+}\,\frac{z}{1+}\,\frac{O(z^2)}{1} \qquad \alpha_1=\alpha_2=\alpha_3=1, \quad \beta_1=\beta_2=0, \beta_3\geq 1, \tag{47}$$

$$f(z) \simeq 1-\frac{z}{1+z+}\,\frac{-z^2}{1+z+}\,\frac{O(z^2)}{1} \qquad \alpha_1=\alpha_2=2, \quad \beta_1=0. \tag{48}$$

Les approximants successifs de la fraction (44) sont :

$$1 = [0/0]_f, \quad \frac{1}{1+z} = [0/1]_f, \quad \frac{1-z^2}{1+z-z^2} = ?, \quad \frac{1-z-z^2}{1-2z^2} = ? \tag{49}$$

Les deux derniers ne sont pas les approximants de Padé. Les approximants successifs de la fraction (45) sont :

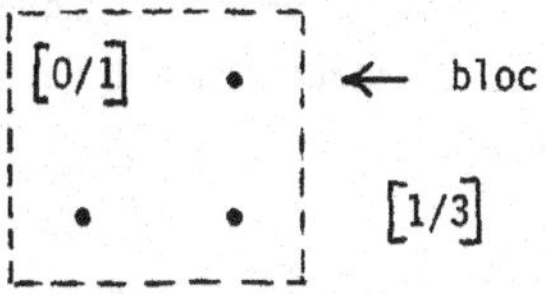

L'approximant $A_{(1)}/B_{(1)}$ de la fraction (46) est $[0/3]_f$.
Les approximants successifs de la fraction (47), qui jusqu'à son troisième approximant est une fraction S, sont :

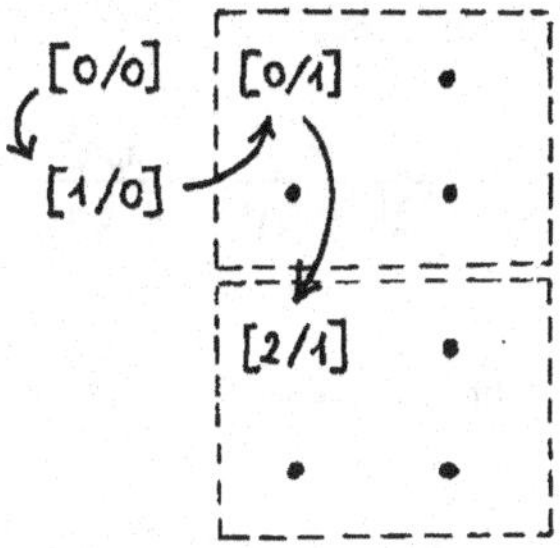

et les approximants de la fraction J (48) sont :

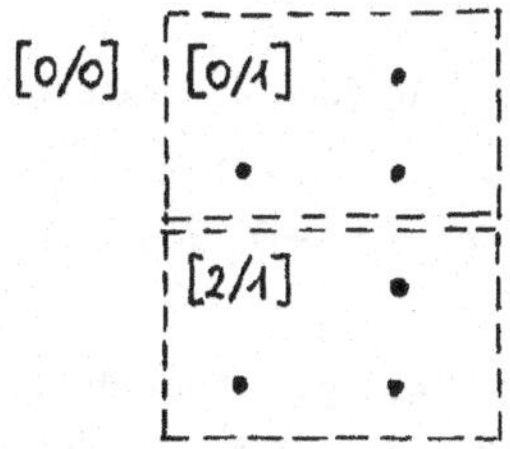

Dans ce dernier exemple les approximants $[0/0]$, $[0/1]$, $[2/1]$ correspondent à la diagonale $[0/0]$, $[1/1]$, $[2/2]$.
Ces exemples montrent que si la fraction G est régulière, alors ses

approximants "traversent" automatiquement les blocs dans la table de Padé en fournissant éventuellement l'élément Nord-Ouest d'un bloc.

Dans un programme de calcul on construira la fraction G choisie par les inversions successives (30). En comparant au coût estimé dans (22) son coût en multiplications et divisions est d'ordre de N^3 au lieu de N^2. Un avantage de cette construction est de pouvoir tester à chaque étape la série à inverser.

Pour calculer les approximants on sera le plus souvent obligé de remonter chaque fraction étagée. Seulement dans certains cas particuliers on peut établir les relations de récurrence entre les approximants, qui rendent le coût de ce calcul relativement raisonnable. Prenons comme exemple le calcul de la paradiagonale (35) terminée par [N+k/N]. La construction de la fraction J suivante :

$$f : f(z) = P_k^{(0)}(z) + c_{k+1} z^{k+1} g(z) \simeq P_k^{(0)}(z) + c_{k+1} z^{k+1} \frac{1}{1+b_1 z+} \frac{a_1 z^2}{1+b_2 z+} \cdots \frac{a_N z^2}{1+b_N z+} \frac{O(z^2)}{1} \quad (50)$$

conduit à N inversions, chaque fois le nombre de termes de la série inversée à déterminer diminuant de deux.
La première inversion est celle de la série g :

$$g : g(z) = 1 + \frac{c_{k+2}}{c_{k+1}} z + \cdots + \frac{c_{k+2N}}{c_{k+1}} z^{2N-1} + O(z^{2N}) . \quad (51)$$

Si la série g admet le développement en fraction J finie :

$$\frac{1}{1+b_1 z+} \frac{a_1 z^2}{1+b_2 z+} \cdots \frac{a_N z^2}{1+b_N z} \qquad \forall j : a_j \neq 0, b_j \neq 0 , \quad (52)$$

alors, même si la série g (toute entière) n'est pas régulière, on est déjà sûr que les approximants de cette fraction sont les approximants de Padé. Pour calculer les approximants de (52), on utilise les relations de récurrence :

$$A_{(n+1)}(z) = (1+b_{n+1} z) A_{(n)}(z) + a_n z^2 A_{(n-1)}(z) \quad ; \quad A_{(0)}(z) = 0, A_1(z) = 1 ,$$

$$B_{(n+1)}(z) = (1+b_{n+1}z)B_n(z) + a_n z^2 B_{(n-1)}(z) \quad ; B_{(0)}(z)=1,\ B_1(z)=1+b_1 z,$$

$$n=1,\dots,N-1. \tag{53}$$

Sachant que $A_{(n)}/B_{(n)} = [n-1/n]_g$, on a :

$$[n+k/n]_f(z) = P_k^{(0)}(z) + c_{k+1}z^{k+1}[n-1/n]_g(z), \quad n=1,\dots,N. \tag{54}$$

En se référant à (24) on obtient le coût du développement (50) par les inversions et on a finalement :

Coût de la paradiagonale $[k/0]_f, \dots, [N+k/N]_f$

Formules	* /	+ −
(50)	$\frac{1}{6}N(4N^2+9N-1)$	$\frac{1}{6}N(4N^2+3N-1)$
(53)	$2N^2-4N+1$	$2(N^2-N-1)$
(54)	$\frac{k}{2}N(N+1)+N^2$	$\frac{1}{2}(k+1)N(N+1)$
(50)+(53)+(54)	$\frac{2}{3}N^3+\frac{1}{2}(k+9)N^2+\frac{1}{6}(3k-25)N+1$	$\frac{2}{3}N^3+\frac{k+6}{2}N^2+\frac{3k-10}{6}N-2$

(55)

Le coût du calcul d'un seul approximant de Padé $[N+k/N]_f$ est en multiplication et divisions :

$$\frac{2}{3}N^3+\frac{5}{2}N^2+\left(\frac{11}{6}+k\right)N-2 \tag{56}$$

où on a calculé l'approximant $A_{(N)}/B_{(N)}$ en remontant la fraction étagée (52).

7.3 ALGORITHMES DE BAKER, DE LONGMAN ET DE PINDOR

Ces trois algorithmes reposent sur les mêmes relations entre trois approximants de Padé. Ces relations deviennent singulières à l'encontre d'un bloc, excepté le coin Nord-Ouest. C'est pourquoi on ne considère par la suite que les approximants de Padé situés en dehors des blocs. Avec les notations suivantes :

$$[m/n]_f(z) = \frac{P^{m/n}(z)}{Q^{m/n}(z)} = \frac{p_0^{m/n} + p_1^{m/n} z + \dots + p_m^{m/n} z^m}{1 + q_1^{m/n} z + \dots + q_n^{m/n} z^n} \tag{57}$$

les relations en question s'écrivent [8;72] :

$$\frac{P^{m-k/k}(z)}{Q^{m-k/k}(z)} = \frac{p_{m-k}^{m-k/k-1} P^{m-k+1/k-1}(z) - p_{m-k+1}^{m-k+1/k-1} \cdot z\, P^{m-k/k-1}(z)}{p_{m-k}^{m-k/k-1} Q^{m-k+1/k-1}(z) - p_{m-k+1}^{m-k+1/k-1} \cdot z\, Q^{m-k/k-1}(z)}, \tag{58}$$

$$\frac{P^{m-k-1/k}(z)}{Q^{m-k-1/k}(z)} = \frac{p_{m-k}^{m-k/k-1} P^{m-k/k}(z) - p_{m-k}^{m-k/k} P^{m-k/k-1}(z)}{p_{m-k}^{m-k/k-1} Q^{m-k/k}(z) - p_{m-k}^{m-k/k} Q^{m-k/k-1}(z)}, \tag{59}$$

$$k = 1, 2, \dots, m-1.$$

Ceci peut être représenté schématiquement par :

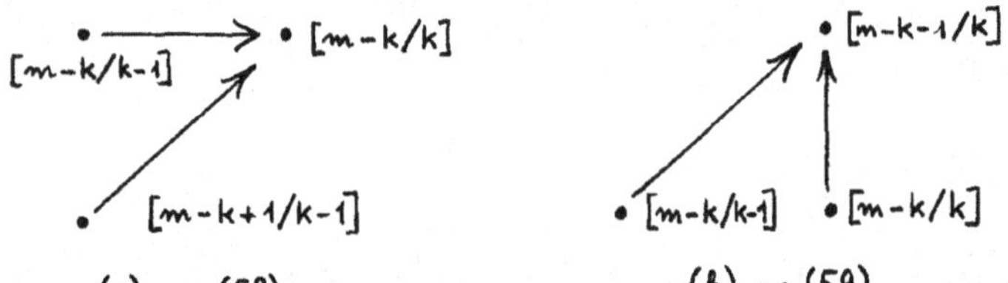

(a) ~ (58) (b) ~ (59) (60)

ce qui conduit au schéma de calcul suivant :

(61)

A partir de ces relations on en déduit [8;72], pour les coefficients, les relations suivantes (bouclées en k dans l'ensemble et en j séparément):

$$p_j^{m-k/k} = p_j^{m-k+1/k-1} - \frac{p_{m-k+1}^{m-k+1/k-1}}{p_{m-k}^{m-k/k-1}}\, p_{j-1}^{m-k/k-1} \qquad k=1,\dots,m \quad j=0,\dots,m-k \tag{62}$$

$$q_j^{m-k/k} = q_j^{m-k+1/k-1} - \frac{p_{m-k+1}^{m-k+1/k-1}}{p_{m-k}^{m-k/k-1}}\, q_{j-1}^{m-k/k-1} \qquad k=1,\dots,m \quad j=0,\dots,k \tag{63}$$

$$p_j^{m-k-1/k} = \frac{p_{m-k}^{m-k/k-1}\cdot p_j^{m-k/k} - p_{m-k}^{m-k/k}\cdot p_j^{m-k/k-1}}{p_{m-k}^{m-k/k-1} - p_{m-k}^{m-k/k}} \qquad k=1,\dots,m-1 \quad j=0,\dots,m-k-1 \tag{64}$$

$$q_j^{m-k-1/k} = \frac{p_{m-k}^{m-k/k-1}\cdot q_j^{m-k/k} - p_{m-k}^{m-k/k}\cdot q_j^{m-k/k-1}}{p_{m-k}^{m-k/k-1} - p_{m-k}^{m-k/k}} \qquad k=1,\dots,m-1 \quad j=0,\dots,k \tag{65}$$

$q_0^{m/0} = 1\,;\ \forall n,j:\ p_j^{n/0} = c_j\,;\ \ \forall \mu,\nu:\ p_{-1}^{\mu/\nu} = q_{-1}^{\mu/\nu} = q_{\nu+1}^{\mu/\nu} = 0,$

où on note comme d'habitude : $f : f(z) = \sum c_j z^j$.

Les relations (62) et (63) correspondent à (58) et deux autres à (59). Pindor [147] a remarqué que la relation $[m/n]_f = [n/m]_{f^{-1}}$ conduit aux relations symétriques à celles indiquées dans (60) :

(66)

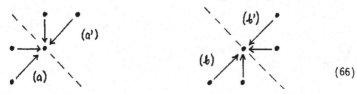

ce qui conduit au schéma de calcul suivant :

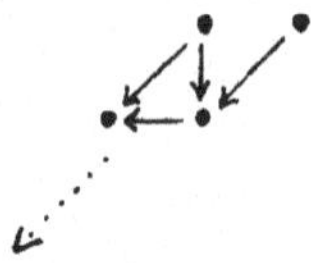

(67)

à partir des coefficients de la série inversée :

$$f^{-1} : f^{-1}(z) = c_0^{-1}\left(1 + d_1 z + d_2 z^2 + \ldots\right) . \qquad (68)$$

Le fait qu'il s'agisse de la série f^{-1} n'a pas d'importance. Les mêmes relations doivent exister pour f^{-1}. Par conséquent les relations (a') et (b') s'obtiennent à partir des relations (62)-(65) par le remplacement des $p_j^{m/n}$ et $q_j^{m/n}$ par $q_j^{n/m}$ et $p_j^{n/m}$ respectivement :

$$q_j^{k/m-k} = q_j^{k-1/m-k+1} - \frac{q_{m-k+1}^{k-1/m-k+1}}{q_{m-k}^{k-1/m-k}}\, q_{j-1}^{k-1/m-k} \qquad \begin{array}{l} k=1,\ldots,m \\ j=0,\ldots,m-k \end{array} \qquad (69)$$

$$p_j^{k/m-k} = p_j^{k-1/m-k+1} - \frac{q_{m-k+1}^{k-1/m-k+1}}{q_{m-k}^{k-1/m-k}}\, p_{j-1}^{k-1/m-k} \qquad \begin{array}{l} k=1,\ldots,m \\ j=0,\ldots,k \end{array} \qquad (70)$$

$$q_j^{k/m-k-1} = \frac{q_{m-k}^{k-1/m-k}\cdot q_j^{k/m-k} - q_{m-k}^{k/m-k}\cdot q_j^{k-1/m-k}}{q_{m-k}^{k-1/m-k} - q_{m-k}^{k/m-k}} \qquad \begin{array}{l} k=1,\ldots,m-1 \\ j=0,\ldots,m-k-1 \end{array} \qquad (71)$$

$$p_j^{k/m-k-1} = \frac{q_{m-k}^{k-1/m-k}\cdot p_j^{k/m-k} - q_{m-k}^{k/m-k}\cdot p_j^{k-1/m-k}}{q_{m-k}^{k-1/m-k} - q_{m-k}^{k/m-k}} \qquad \begin{array}{l} k=1,\ldots,m-1 \\ j=0,\ldots,k \end{array} \qquad (72)$$

$$q_0^{0/m} = 1, \quad \forall n,j : q_j^{0/n} = d_j \;; \quad p_0^{0/m} = c_0 \;; \quad \forall \mu,\nu : p_{-1}^{\mu/\nu} = q_{-1}^{\mu/\nu} = p_{\mu+1}^{\mu/\nu} = 0.$$

L'algorithme de Baker [8] utilise les formules (62)-(65) pour calculer les chaînes ascendantes et les formules (69)-(72) pour calculer les chaînes descendantes des approximants de Padé. On peut arriver au même approximant de Padé, disons [m-k/k], par en bas et par en haut comme indiqué sur le schéma suivant :

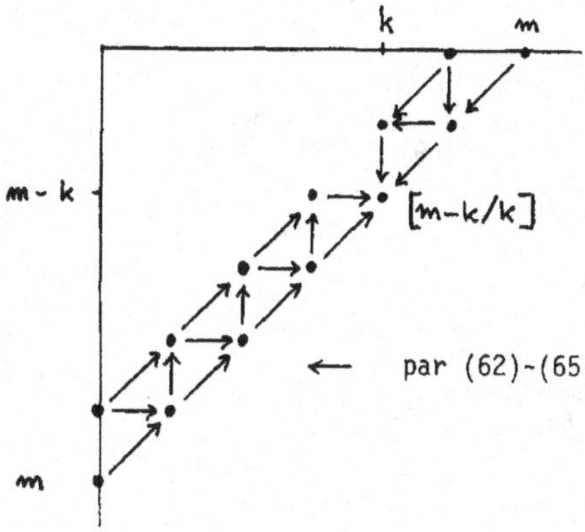

← par (69)-(72)

← par (62)-(65)

(73)

L'algorithme de Longman [131] est conçu pour calculer une table triangulaire de Padé. On arrive à l'approximant de Padé [m-k/k] en calculant les numérateurs des approximants de Padé, en montant, par la formule (62), et les dénominateurs, en descendant, par la formule (69) selon le schéma :

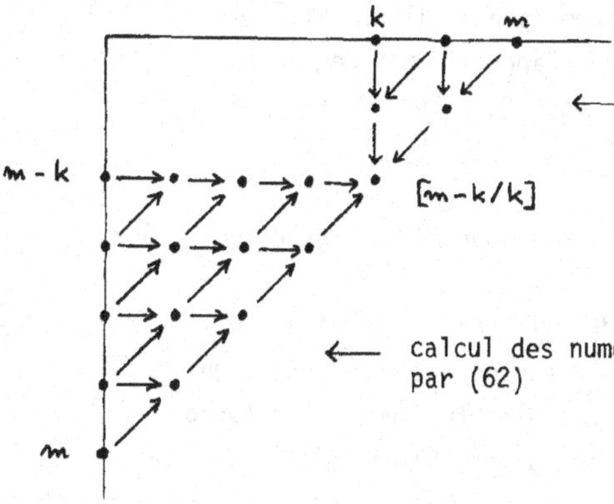

← calcul des dénominateurs par (69)

← calcul des numérateurs par (62)

(74)

<u>L'algorithme de Pindor</u> [147] combine ces deux algorithmes et on arrive à l'approximant de Padé $[m-k/k]$ en calculant, en montant, les numérateurs selon les formules (62) et (64), et les dénominateurs, en descendant, selon les formules (69) et (71) comme indiqué dans le schéma suivant :

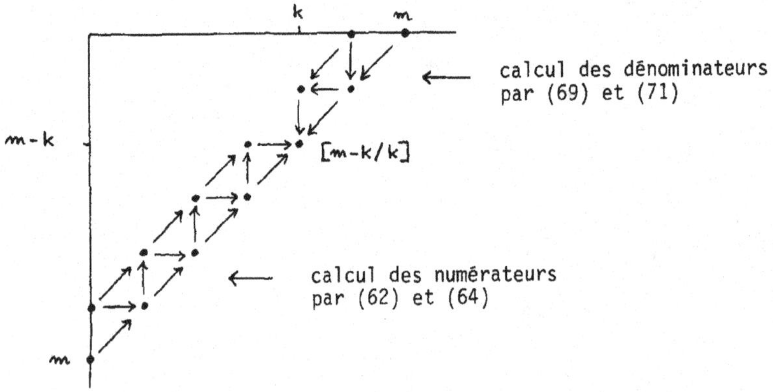

(75)

C'est chez Pindor [147] qu'on voit pour la première fois les formules (69)-(72), que nous avons classées dans le schéma (73), l'algorithme original de Baker mentionnant uniquement le calcul des chaînes ascendantes.

Les algorithmes de Longman et de Pindor sont utilisés si on a besoin uniquement des pôles (resp. zéros) des approximants de Padé. Par l'algorithme de Baker on peut calculer deux fois les mêmes approximants de Padé et faire des comparaisons.

Notons que dans tous ces algorithmes les approximants de Padé sont normalisés ($q_0 = 1$, $p_0 = c_0$).
A titre d'exemple nous donnons le schéma détaillé de l'algorithme de Baker pour calculer une chaîne antidiagonale ascendante. Ce schéma, qui m' a été signalé par Cordellier permet de calculer facilement les approximants de Padé à la main. Notons que les formules (64) et (65) sont

utilisées après la division des numérateurs et des dénominateurs par

$p_{m-k}^{m-k/k-1}$.

La barre centrale sépare les coefficients des numérateurs de ceux des dénominateurs. Les barres horizontales épaisses séparent les cycles. Les plages blanches désignent les zéros, les carrés : les résultats inutilisables et les flèches : la transcription directe des résultats. On procède toujours par addition des deux lignes, les termes entourés étant éliminés. Les multiplications par 1 et les additions de 0 sont effectuées par transcription.

Les symboles ont les significations suivantes :

△ : division à effectuer entre deux constantes : deux derniers éléments entourés avant la barre centrale ; le résultat est porté dans la colonne "opérations" et sert de facteur de multiplication. C'est l'opération clef qui sert à l'élimination par additior

⊘ : division de la ligne supérieure par une constante : opération de normalisation faite une fois par cycle.

△ : opération entre la ligne inférieure et la constante figurant dans la colonne "opérations" ; le résultat de cette multiplication est supposé mis à la place du symbole.

⊕ : opération d'addition faite entre deux lignes précédentes.

Les résultats des opérations ⊕ et ⊘ figurent au-dessous de ces symboles.

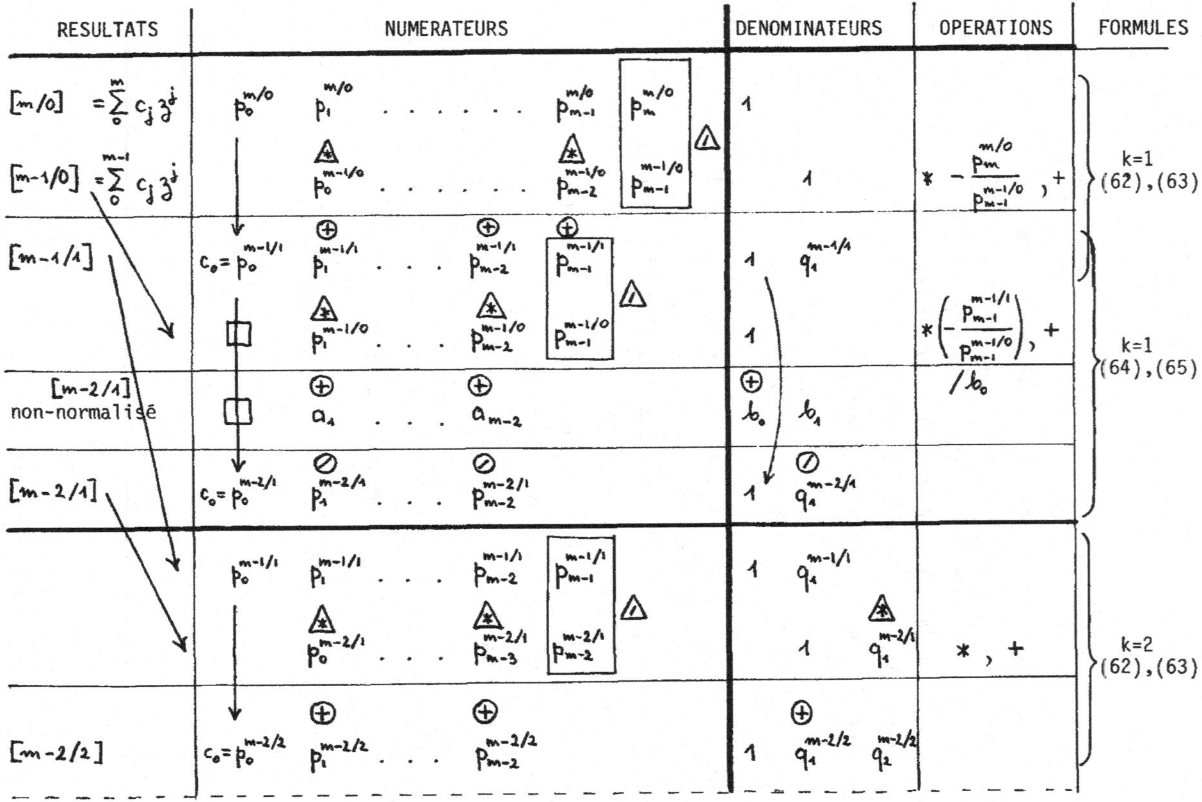

RESULTATS	NUMERATEURS	DENOMINATEURS	OPERATIONS	FORMULES
$[m/0] = \sum_0^m c_j \delta^j$	$P_0^{m/0}$ ... $P_1^{m/0}$ ... $P_{m-1}^{m/0}$ ... $\boxed{P_m^{m/0}}$	1		
$[m-1/0] = \sum_0^{m-1} c_j \delta^j$	$\triangle P_0^{m-1/0}$ ... $\triangle P_{m-2}^{m-1/0}$ ... $\boxed{P_{m-1}^{m-1/0}}$ $\triangle$	1	$* \ 1 - \dfrac{P_m^{m/0}}{P_{m-1}^{m-1/0}} \ , \ +$	$k=1$ (62),(63)
$[m-1/1]$	$c_0 = P_0^{m-1/1} \rightarrow$ $\oplus P_1^{m-1/1}$ ... $\oplus P_{m-2}^{m-1/1}$ ... $\boxed{P_{m-1}^{m-1/1}}$	1 $q_1^{m-1/1}$	$* \left(1 - \dfrac{P_{m-1}^{m-1/1}}{P_{m-1}^{m-1/0}}\right) , +$	$k=1$ (64),(65)
$[m-1/1]$ non-normalisé	$\square$ $\triangle P_0^{m-1/0}$ ... $\triangle P_{m-2}^{m-1/0}$ ... $\triangle P_{m-1}^{m-1/0}$	1 $\oplus b_0$	$/b_0$	
	$\square$ $\oplus a_1$ ... $\oplus a_{m-2}$	1 b_1		
$[m-2/1]$	$c_0 = P_0^{m-2/1} \rightarrow$ $\oslash P_1^{m-2/1}$ ... $\oslash P_{m-2}^{m-2/1}$ ... $P_m^{m-2/1}$	1 $\oslash q_1^{m-2/1}$		
$[m-2/1]$	$P_0^{m-1/1}$ ... $P_1^{m-1/1}$ ... $P_{m-2}^{m-1/1}$ ... $P_{m-1}^{m-1/1}$	1 $q_1^{m-1/1}$	$* \ , \ +$	$k=2$ (62),(63)
	$\triangle P_0^{m-2/1}$ ... $\triangle P_{m-3}^{m-2/1}$ ... $\triangle P_{m-2}^{m-2/1}$ $\triangle$	1 $\triangle q_1^{m-2/1}$		
$[m-2/2]$	$c_0 = P_0^{m-2/2} \rightarrow$ $\oplus P_1^{m-2/2}$ ... $\oplus P_{m-2}^{m-2/2}$ ... $P_1^{m-2/2}$	1 $\oplus q_1^{m-2/2}$ $q_2^{m-2/2}$		

Un exemple concret permet de mieux comprendre ce schéma.

Prenons la série $e^{\lambda} = \sum \frac{\lambda^n}{n!}$ et $m = 3$:

[3/0]	1	1	$\frac{1}{2}$	$\boxed{\frac{1}{6}}$		1				
[2/0]		1	1	$\boxed{\frac{1}{2}}$		1				$*\left(-\frac{1}{3}\right),+$
[2/1]	1	$\frac{2}{3}$	$\boxed{\frac{1}{6}}$			1	$-\frac{1}{3}$			
		1	$\boxed{\frac{1}{2}}$			1				$*\left(-\frac{1}{3}\right),+$
		$\frac{1}{3}$				$\frac{2}{3}$	$-\frac{1}{3}$			$/\left(\frac{2}{3}\right)$
[1/1]	1	$\frac{1}{2}$				1	$-\frac{1}{2}$			
	1	$\frac{2}{3}$	$\boxed{\frac{1}{6}}$			1	$-\frac{1}{3}$			
		1	$\boxed{\frac{1}{2}}$			1	$-\frac{1}{2}$			$*\left(-\frac{1}{3}\right),+$
[1/2]	1	$\boxed{\frac{1}{3}}$				1	$-\frac{2}{3}$	$\frac{1}{6}$		
		$\boxed{\frac{1}{2}}$				1	$-\frac{1}{2}$			$*\left(-\frac{2}{3}\right),+$
						$\frac{1}{3}$	$-\frac{1}{3}$	$\frac{1}{6}$		$/\left(\frac{1}{3}\right)$
[0/2]	1					1	-1	$\frac{1}{2}$		
	1	$\boxed{\frac{1}{3}}$				1	$-\frac{2}{3}$	$\frac{1}{6}$		
		$\boxed{1}$				1	-1	$\frac{1}{2}$		$*\left(-\frac{1}{3}\right),+$
[0/3]	1					1	-1	$\frac{1}{2}$	$-\frac{1}{6}$	

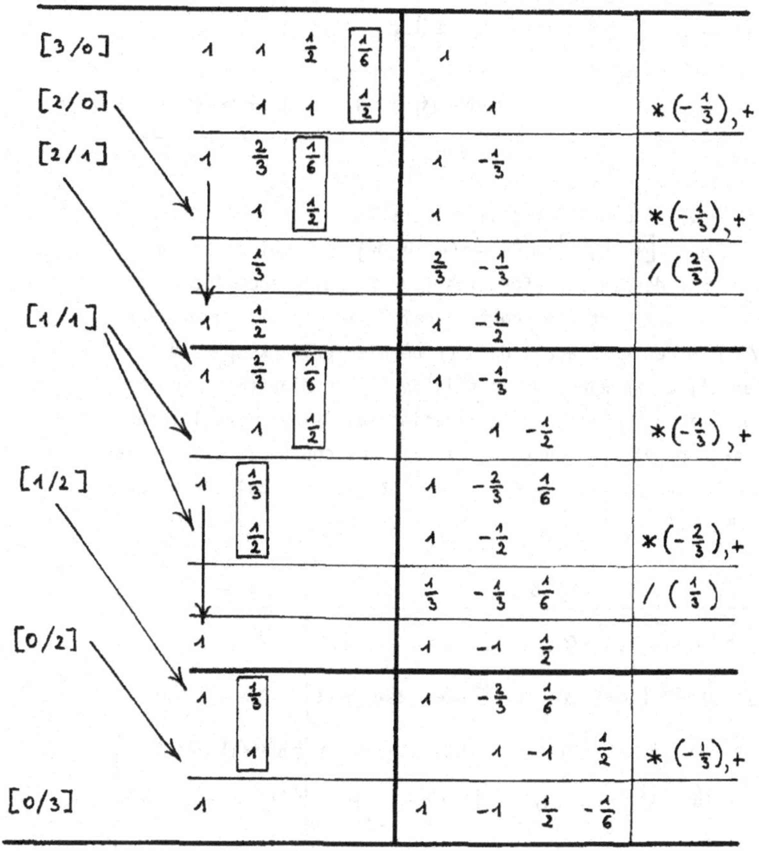

Le coût de tous ces algorithmes peut être établi d'après le tableau suivant :

FORMULES:	(62)ou(69)	(63)ou(70)	(64)ou(71)	(65)ou(72)	(68) :$d_1,\dots,d_m$
*	$m-k$	$k-1$	$m-k-1$	$k-1$	$\frac{1}{2}m(m-1)$
/	1 →	$(+1)$	$m-k$ →	$k\ (+1)$	m
+	$m-k$	$k-1$	$m-k-1\ (+1)$ ←	k	$\frac{1}{2}m(m-1)$

On note par (+ 1) l'opération déjà faite ailleurs.
En remarquant que $[m-k/k]=[(m-k)/m-(m-k)]$ on établit facilement le coût du calcul descendant (formules (69) à (72)) aboutissant à $[m-k/k]$, à partir du coût du calcul ascendant aboutissant à $[m-k/k]$ en remplaçant dans ce dernier prix k par m-k (et vice-versa), et en ajoutant le prix de l'inversion (68). Notons qu'il y a un gain de (m+1) multiplications/divisions dans l'inversion (68) par rapport à l'inversion (1.36). Les coûts des calculs ascendants sont valables pour $k=1,\dots,m$ et ceux des calculs descendants pour $k=m-1,\dots,0$.

ALGORITHME		FORMULES	* /	+ −
Baker	$[m/0]\to[m-k/k]$	(62)−(65)	$3km-2m-2k+2$	$(m-1)(2k-1)$
Baker	$[0/m]\to[m-k/k]$	(69)−(72);(68)	$\frac{7}{2}m(m-1)-3km+2k+2$	$(m-1)(\frac{5}{2}m-2k-1)$
Longman numérateurs	$\to[m-k/k]$	(62)	$\frac{1}{6}k(k+1)(3m-2k+2)$	$\frac{1}{6}k(k+1)(3m-2k-1)$
Longman dénominateurs	$\to[m-k/k]$	(69);(68)	$\frac{1}{6}(m-k)(m-k+1)(m+2k+2)+\frac{1}{2}m(m-1)$	$\frac{1}{6}(m-k)(m-k+1)(m+2k-1)+\frac{1}{2}m(m-1)$
Longman	$[m-k/k]$	(62),(69);(68)	Somme des deux précédents	
Longman : triangle m		−"−	$\frac{1}{6}m(m-1)(2m+11)$	$\frac{1}{6}m(m-1)(2m+5)$
Pindor numér.	$[m/0]\to[m-k/k]$	(62),(64)	$\frac{1}{2}(3k-2)(2m-k+1)$	$m(2k-1)-k^2$
Pindor dénom.	$[0/m]\to[m-k/k]$	(69),(71);(68)	$\frac{1}{2}(3m-3k-2)(m+k+1)+\frac{1}{2}m(m-1)$	$m(2m-2k-1)-(m-k)^2+\frac{1}{2}m(m-1)$
Pindor	$[m-k/k]$	(62),(64),(69),(71);(68)	Somme des deux précédents	
Pindor	$[m/0]\to[0/m]$	−"−	$\frac{1}{2}(7m^2+m-20)$	$\frac{1}{2}(3m^2-3m-2)$

Si on tient compte uniquement du coût des multiplications et divisions, alors le calcul de l'approximant $[m-k/k]$ par l'algorithme de Baker doit être fait par la chaîne descendante si :

$$k > \frac{m(7m-3)}{12m-8} .$$

Cette partie de la table de Padé est délimitée sur la figure suivante:

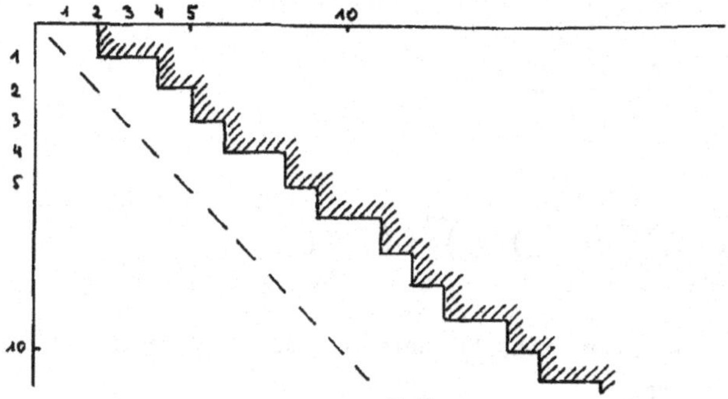

Dans l'article de Claessens [72] on peut trouver, à part des algorithmes de Baker et de Longman, la formulation des algorithmes de Gragg [112], de Tacher et Tukey, de Watson [167] et de l'algorithme QD de Rutishauser. Ces algorithmes, à peu de choses près, sont similaires aux algorithmes que nous avons déjà examinés. Notons également l'algorithme de Brezinski [58] qui repose sur la construction de la fraction J .

Le choix entre tel ou tel algorithme dépend essentiellement de leur stabilité numérique et leur coût. Mais on connaît peu de choses sur la stabilité en question, sauf quelques cas où QD est instable.

7.4 ALGORITHME DE WYNN, IDENTITE DE WYNN-CORDELLIER
ET LE PROBLEME DES BLOCS ; COMPARAISONS DES COUTS
===

L'algorithme de Wynn [172;12] est basé sur l'identité (de Wynn) suivante entre les approximants de Padé (identité en croix) :

$$
\begin{array}{ccc}
 & N & \\
O & C & E \\
 & S &
\end{array}
$$

$$(S-C)^{-1}+(N-C)^{-1} = (O-C)^{-1}+(E-C)^{-1}. \tag{76}$$

On calcule les éléments "Est" (comme pour la table c avec la formule de Sylvester (5.74)) d'après :

$$m = 0,1,\ldots \qquad [m/-1] = \infty,$$

$$n = 0,1,\ldots \qquad [-1/n] = 0,$$

$$E = C + [(S-C)^{-1}+(N-C)^{-1}-(O-C)^{-1}]^{-1}, \tag{77}$$

ce qui conduit au schéma suivant :

$$
\begin{array}{cccc}
 & 0 & 0 & 0 \\
\infty & [0/0] & [0/1] & [0/2] \;\cdots \\
\infty & [1/0] & [1/1] & \\
\infty & [2/0] & & \\
 & \vdots & &
\end{array}
$$

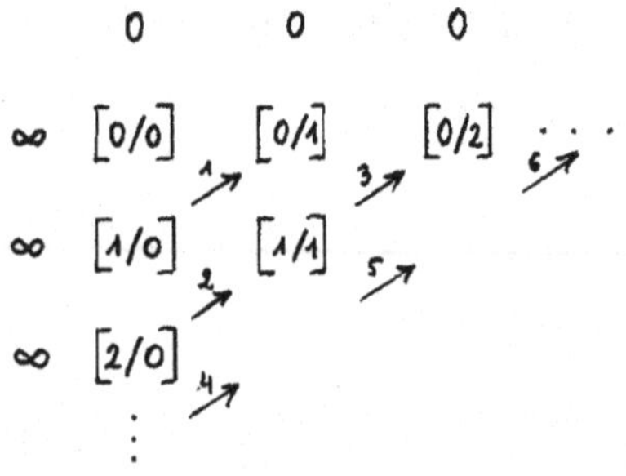

Le coût du calcul d'un triangle dans la table de Padé est comparable au coût des autres algorithmes, par contre le calcul d'un seul approximant de Padé par cet algorithme est évidemment trop couteux. Nous ne rentrerons pas dans les détails de l'algorithme de Wynn, mais nous le signalons, car avec une généralisation de Cordellier il permet de contourner les blocs. En effet, tous les algorithmes que nous avons déjà signalés, ainsi que l'algorithme de Brezinski, utilisant le procédé de l' ε -algorithme, deviennent singuliers dès la rencontre d'un bloc. Wynn [184] a proposé déjà un remède à ce problème, mais seulement la généralisation par Cordellier [78; à paraître] de l'identité de Wynn (76) donne une solution facile pour contourner les blocs. Il reste toutefois le problème d'identification numérique des blocs qui est extrêmement difficile, car il s'agit essentiellement de pouvoir apprécier si un nombre est zéro ou non.[(x)]

Considérons un bloc de dimensions nxn dans une table de Padé et les notations suivantes :

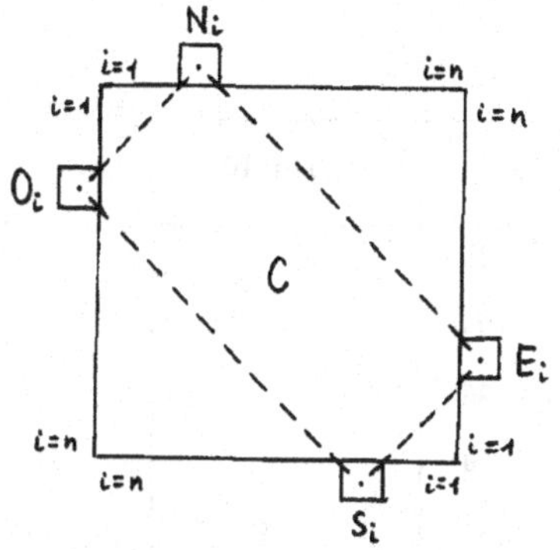

L'identité de Cordellier s'écrit :

$$i=1,2,\dots,n: \quad (S_i - C)^{-1} + (N_i - C)^{-1} = (O_i - C)^{-1} + (E_i - C)^{-1}, \quad (79)$$

où les éléments S_i , N_i , O_i , E_i sont symétriques et immédiatement extérieurs au bloc, comme indiqué sur le schéma.

(x) La méthode de permutation-perturbation de Laporte et Vigne de détection d'un zéro informatique semble, d'après les tests de Brezinski, être adaptée à traiter ce problème.

Pour procéder aux comparaisons des coûts du calcul des approximants de Padé, établissons encore le coût (en multiplications et divisions) du calcul direct de l'approximant de Padé $[m/n]$ par le système linéaire (5.26). La méthode de Gauss coûte :

$\frac{1}{6} n(n+1)(2n+1)$ pour la triangularisation du système (5.26") et $\frac{1}{2} n(n-1)$ pour la solution du système triangulaire ; il faut ajouter $\frac{1}{2} n(n-1) + (m-n+1)n$ pour la solution du système (5.26'). Mais en raison de la symétrie de la table du système (5.26") on utilise pour sa solution la méthode de Cholesky, ce qui permet de diviser par deux le nombre des opérations.(*) Finalement on obtient au total

$$* \; / \quad : \quad \frac{1}{6} n(n^2+2) + mn \quad . \tag{80}$$

Pour avoir une idée réelle des coûts on a tabulé le coût en multiplications et divisions du calcul de l'approximant [6/4] et de la table triangulaire $m+n \leqslant 10$:

Algorithme	[6/4]	triangle 10
système linéaire (Cholesky)	36	
fraction S (cf. (23))	104	
fraction J (cf. (56))	96	
Baker (chaîne ascendante)	94	
Longman	265	465
Pindor	209	

(*) Notons que le meilleur algorithme pour résoudre ce système est celui de Trench [204] (cf. aussi [58]) où l'inversion d'une matrice de Toeplitz ne coûte que n^2 multiplications.

7.5 CALCUL DE LA TABLE c EN PRESENCE DES BLOCS

Ce paragraphe complète les sous-paragraphes du chapitre 5: "Identification des blocs" et "Stratégies numériques de détection d'un bloc" (cf. pages 189-193). Si la suite considérée engendre une série normale, alors tous les éléments de la table c engendrée par cette suite sont différents de zéro. Dans ce cas on peut calculer récursivement la table c en utilisant la formule de Sylvester (5.74) selon un des schémas (5.76). Rappelons que la formule de Sylvester s'écrit symboliquement comme suit :

$$\begin{array}{ccc} & N & \\ O & C & E \\ & S & \end{array} \qquad C^2 = E\cdot O + N\cdot S \tag{81}$$

Si la table c contient des blocs, on peut avoir quelques difficultés pour la calculer récursivement, mais on a toujours le recours au calcul direct des déterminants (1.31). Pour éviter ce calcul direct nous avons établi les formules qui permettent de contourner récursivement les blocs dans tous les cas de figure. Nous consacrons ce paragraphe à l'exposé de ces méthodes de calcul.

Considérons un bloc de type $(i,j;m)$. Il contient un bloc de zéros de dimension $(m-1)\times(m-1)$. La formule de Sylvester montre que sur chaque bord de ce bloc des zéros les éléments de la table c sont en progression géométrique (cf. corollaire 5.9). Nous avons déjà signalé à la page 192 qu'en connaissant quatre éléments indiqués par les croix sur la figure suivante, on peut effectuer le tour complet du bloc des zéros :

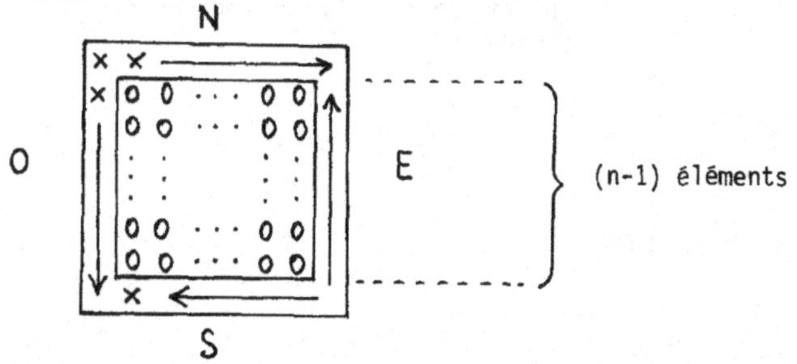

(82)

Les flèches indiquent le sens que nous avons choisi pour chaque progression géométrique. Notons par $\hat{N}$, $\hat{S}$, $\hat{E}$,$\hat{O}$ les raisons de ces progressions. Les éléments en croix nous fournissent $\hat{N}$, $\hat{O}$, $\hat{S}$; $\hat{E}$ peut être déterminé de la relation suivante :

$$\hat{N} \cdot \hat{S} = (-1)^{n-1} \hat{E} \cdot \hat{O} \quad . \tag{83}$$

qui sera démontrée à la fin de ce paragraphe.

En combinant la formule de Sylvester avec les lois de progressions géométriques on peut calculer une table c en remontant progressivement les antidiagonales selon le schéma suivant (on suppose qu'on n'a rencontré qu'un seul bloc):

Table c

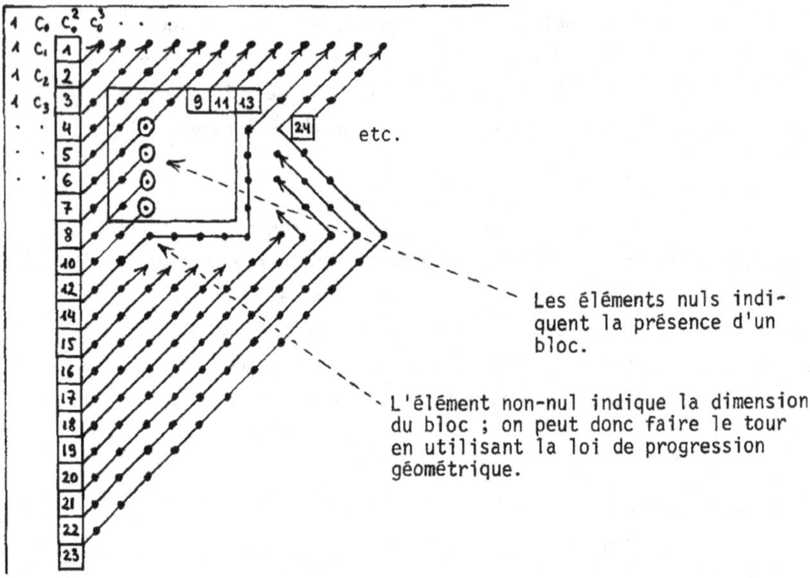

[n] – élément du n-ième départ

⊙ – élément nul (84)

On remarque que pour arriver aux éléments situés à l'Est du bloc, il faut faire un grand détour par les chemins 19 à 23. Si sur ces chemins on avait rencontré un bloc infini, on n'aurait jamais pu calculer par cet algorithme les éléments situés à l'Est du premier bloc, comme indiqué sur la figure suivante :

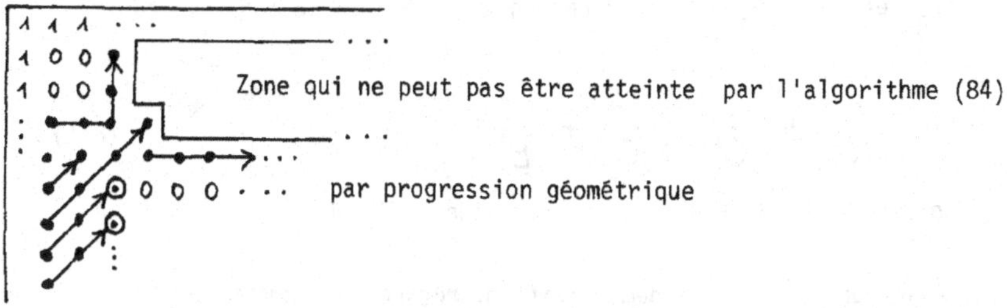

Les formules suivantes, démontrées en collaboration avec M. Froissart, permettent de supprimer les détours 19 à 23 dans le schéma (84), ainsi que d'atteindre les zones "Est" dans le cas où l'algorithme précédent restait impuissant. Nous donnons ses formes schématiques pour les blocs de dimensions n=2 et n > 2 :

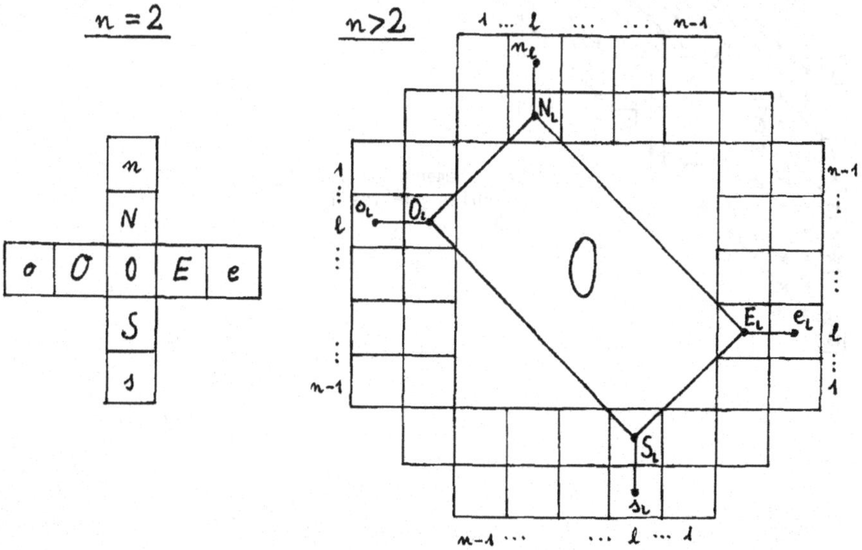

$$n>1;\ \ell=1,\dots,n-1:\quad \frac{1}{\hat{N}\hat{E}}\left\{(-1)^n\frac{\hat{N}n_\ell}{N_\ell}+(-1)^\ell\frac{\hat{E}e_\ell}{E_\ell}\right\}=\frac{1}{\hat{S}\hat{O}}\left\{(-1)^n\frac{\hat{S}s_\ell}{S_\ell}+(-1)^\ell\frac{\hat{O}o_\ell}{O_\ell}\right\} \quad (85)$$

Cette formule permet de calculer l'élément noté e_ℓ. Dans le cas $\ell = n-1$ on a : $N_n = E_n$ et $O_n = S_n$. Dans le cas $n = 2$ la formule (85) se réduit en :

$$n = 2 : \qquad \frac{n}{N^2} + \frac{s}{S^2} = \frac{\sigma}{O^2} + \frac{e}{E^2} \quad (85')$$

car $\hat{N}=N$, $\hat{O}=O$, $\hat{S}=O^2/S$ et $\hat{E}=N^2/E$, et (83) donne $NS=-OE$.

Avant de passer à la démonstration, regardons comment le schéma (84) peut être modifié par l'utilisation de la formule (85). Si les éléments o_ℓ et n_ℓ se trouvent à l'extérieur de la table c, on les remplace par les zéros, comme indiqué sur la figure qui suit :

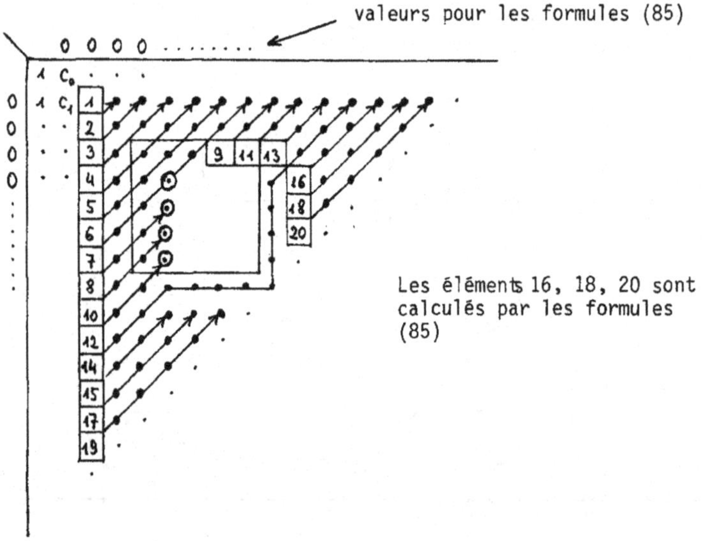

(86)

Démonstration de la formule (85) :

Considérons la figure suivante (n > 2) :

	n_1	n_2	$\cdots$	n_{n-2}	n_{n-1}		
	$1+\lambda_0\varepsilon$ ξ_0	$a+\lambda_1\varepsilon$	$a^2+\lambda_2\varepsilon$	$\cdots$	$a^{n-2}+\lambda_{n-2}\varepsilon$	$a^{n-1}+\lambda_{n-1}\varepsilon$	$a^n+\lambda_n\varepsilon$ v_n	
O_1	$b+\xi_1\varepsilon$	ε	$\varepsilon\alpha$	$\cdots$	$\varepsilon\alpha^{n-3}$	$\varepsilon\alpha^{n-2}$	$(-1)^{(n-1)}\cdot ca^{n-1}+v_{n-1}\varepsilon$	e_{n-1}
O_2	$b^2+\xi_2\varepsilon$	$\varepsilon\beta$			$(-1)^{(n-3)^2}\varepsilon\gamma\alpha^{n-3}$	$(-1)^{(n-2)(n-1)}\cdot c a^{n-2}+v_{n-2}\varepsilon$	e_{n-2}
$\cdot$	$\cdot$	$\cdot$	0		$\cdot$	$\cdot$	$\cdot$
$\cdot$	$\cdot$	$\cdot$			$(-1)^{2(n-3)}\varepsilon\gamma^{n-2}\alpha^2$	$\cdot$	$\cdot$
O_{n-2}	$b^{n-2}+\xi_{n-2}\varepsilon$	$\varepsilon\beta^{n-3}$			$(-1)^{(n-3)}\varepsilon\gamma^{n-3}\alpha_2$	$(-1)^{2(n-1)}c^{n-2}a_2^2+v_2\varepsilon$	e_2
O_{n-1}	$b^{n-1}+\xi_{n-1}\varepsilon$	$\varepsilon\beta^{n-2}$	$\varepsilon\beta^{n-3}\gamma$	$\cdots$	$\varepsilon\beta\gamma^{n-3}$	$\varepsilon\gamma^{n-2}$	$(-1)^{(n-1)}c^{n-1}a+v_1\varepsilon$	e_1
	$b^n+\xi_n\varepsilon$ η_n	$b^{n-1}c+\zeta_{n-1}\varepsilon$	$b^{n-2}c^2+\zeta_{n-2}\varepsilon$	$\cdots$	$b^2c^{n-2}+\zeta_2\varepsilon$	$bc^{n-1}+\zeta_1\varepsilon$	$c^n+\zeta_0\varepsilon$ v_0	
	s_{n-1}	s_{n-2}	$\cdots$	s_2	s_1		

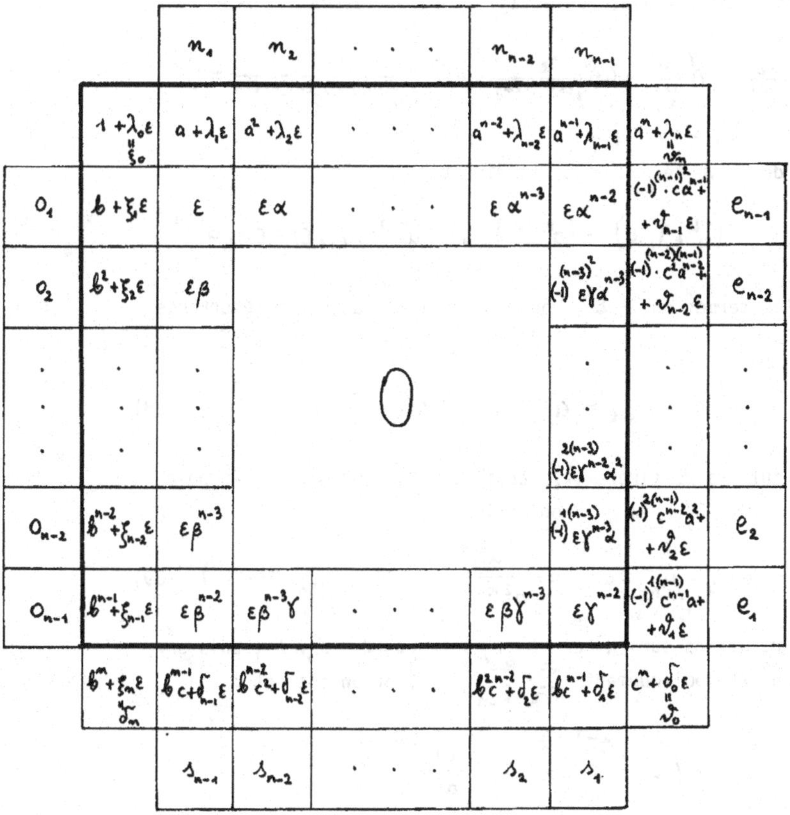

Le bloc de dimension nxn est considéré comme limite, quand ε tend vers zéro, du bloc de dimension (n-2) x (n-2). Ce dernier bloc a été donc créé pour les besoins du calcul. Le contour intérieur, linéaire en ε , dépend des paramètres α , β , γ ; la perturbation sur le contour suivant (paramètres λ_j , ξ_j , δ_j , ϑ_j) va être calculée à l'aide de la formule de Sylvester. La loi de progression géométrique au bord est déjà utilisée dans nos notations. On dispose en plus de 4n relations (Sylvester) et de la possibilité du passage à la limite. La formule (85) s'écrit avec nos notations (dans le cas $\varepsilon = 0$) :

$$\ell=1,\dots,n-1 : \quad \frac{n_\ell}{a^{\ell+1}} + (-1)^\ell \frac{o_\ell}{b^{\ell+1}} + (-1)^n \frac{s_\ell}{b^{\ell+1} c^{n-\ell+1}} + (-1)^{n-\ell} \frac{e_\ell}{(-1)^{(\ell+1)(n-1)} a^{\ell+1} c^{n-\ell+1}} = 0 \qquad (87)$$

car $\hat{N}=a$, $\hat{O}=b$, $\hat{S}=b/c$ et $\hat{E} = (-1)^{n-1}\, a/c$.

Les formules de Sylvester au Nord s'écrivent :

$$k=1,\dots,n-1: \qquad (a^k+\lambda_k\varepsilon)^2 - (a^{k-1}+\lambda_{k-1}\varepsilon)(a^{k+1}+\lambda_{k+1}\varepsilon) = \varepsilon n_k \alpha^{k-1}$$

En rejetant les termes en ε^2 on obtient la relation de récurrence pour λ_j :

$$2a^k\lambda_k - a^{k+1}\lambda_{k-1} - a^{k-1}\lambda_{k+1} = n_k\alpha^{k-1} \qquad (88)$$

d'où il nous suffira de tirer λ_1 en fixant λ_0 et λ_n . En posant $\lambda_k = \mu_k a^k$ ($k=0,\dots,n$) on obtient :

$$k=1,\dots,n-1: \quad 2\mu_k - \mu_{k-1} - \mu_{k+1} = \frac{n_k\alpha^{k-1}}{a^{2k}} \qquad (\mu_0, \mu_n \text{ fixés}) \qquad (89)$$

On somme ces relations sur k de 1 à p-1 $(p=2,\dots,n)$, puis sur p de 2 à n (symboliquement $\sum_{p=2}^{n}\sum_{k=1}^{p-1}$) et on obtient :

$$\mu_1 = \frac{1}{n}\left\{(n-1)\mu_0 + \mu_n + \sum_{\ell=1}^{n-1}(n-\ell)\frac{n_\ell\alpha^{\ell-1}}{a^{2\ell}}\right\}$$

En revenant à λ_1 on a :

$$\lambda_1 = \frac{a}{n}\left[(n-1)\lambda_0 + \frac{\lambda_n}{a^n}\right] + \frac{1}{n}\sum_{\ell=1}^{n-1}(n-\ell)\frac{n_\ell\alpha^{\ell-1}}{a^{2\ell-1}} \qquad (90)$$

Par analogie on obtient sur les autres bords :

$$\xi_1 = \frac{b}{n}\left[(n-1)\xi_0 + \frac{\xi_n}{b^n}\right] + \frac{1}{n}\sum_{\ell=1}^{n-1}(n-\ell)\,\frac{O_\ell\,\beta^{\ell-1}}{b^{2\ell-1}} \tag{91}$$

$$\delta_1 = \frac{b c^{n-1}}{n}\left[(n-1)\delta_0 + \frac{\delta_n}{b^n}\right] + \frac{1}{n}\sum_{\ell=1}^{n-1}(n-\ell)\,\frac{S_\ell\,\beta^{\ell-1}\,\gamma^{n-\ell-1}}{b^{2\ell-1}\,c^{n-2\ell+1}} \tag{92}$$

$$\vartheta_1 = \frac{(-1)^{n-1} a c^{n-1}}{n}\left[(n-1)\vartheta_0 + \frac{\vartheta_n}{a^n}\right] + \frac{1}{n}\sum_{\ell=1}^{n-1}(n-\ell)\,\frac{e_\ell\,(-1)^{\ell(n-1)}\,\alpha^{\ell-1}\,\gamma^{n-\ell-1}}{a^{2\ell-1}\,c^{n-2\ell+1}} \tag{93}$$

où par construction, on a :

$$\lambda_0 = \xi_0, \qquad \xi_n = \delta_n, \qquad \delta_0 = \vartheta_0, \qquad \lambda_n = \vartheta_n . \tag{94}$$

Il nous reste quatre relations de Sylvester en prenant comme centres les coins du contour intérieur sur notre figure. Au Nord-Ouest, on a :

$$\varepsilon^2 = \varepsilon\beta\,(a + \lambda_1\varepsilon) + \varepsilon\alpha\,(b + \xi_1\varepsilon)$$

d'où :

$$a\beta + b\alpha = \varepsilon\,(1 - \lambda_1\beta - \xi_1\alpha)$$

En tendant ε vers zero la correction d'ordre zéro donne :

$$a\beta + b\alpha = 0 \tag{95}$$

et la correction d'ordre un :

$$\frac{a\beta + b\alpha}{\varepsilon} = 1 - \lambda_1\beta - \xi_1\alpha \tag{96}$$

Avec le centre $\varepsilon\gamma^{n-2}$ au Sud-Est, le calcul analogue donne à l'ordre zéro la relation (95) et à l'ordre un :

$$\frac{a\beta + b\alpha}{\varepsilon} = (-1)^{n-1}\left(\frac{\gamma}{c}\right)^{n-1} - (-1)^{n-1}\frac{\beta\vartheta_1}{c^{n-1}} - \frac{\alpha\delta_1}{c^{n-1}}$$

Cette relation confrontée à (96) donne :

$$c^{n-1}\left(1 - \lambda_1\beta - \xi_1\alpha\right) = (-1)^{n-1}\left(\gamma^{n-1} - \beta\vartheta_1\right) - \alpha\delta_1 \quad . \tag{97}$$

Avec le centre $\varepsilon\alpha^{n-2}$ au Nord-Est le calcul analogue donne à l'ordre zéro :

$$\gamma + c = 0 \quad . \tag{98}$$

Avec (95) et (98) on élimine α , β et γ de la relation (97) :

$$\frac{\lambda_1}{a} - \frac{\xi_1}{b} + \frac{\delta_1}{b\,c^{n-1}} + (-1)^n\frac{\vartheta_1}{a\,c^{n-1}} = 0 \tag{99}$$

La relation au Sud-Ouest conduit à la formule analogue à (99) reliant λ_{n-1} , ξ_{n-1} , δ_{n-1} , ϑ_{n-1} , mais après la substitution de ces derniers paramètres on obteint le même résultat qu'avec (99).

En introduisant dans (99) λ_1 , ξ_1 , δ_1 et ϑ_1 donnés par (90) à (93) et en utilisant (94), (95) et (98) on obtient finalement :

$$\frac{1}{n}\sum_{\ell=1}^{n-1}(n-\ell)\left(-\frac{\beta}{b}\right)^{\ell-1}\left\{\frac{n_\ell}{a^{\ell+1}} + (-1)^\ell\frac{o_\ell}{b^{\ell+1}} + (-1)^n\frac{s_\ell}{b^{\ell+1}c^{n-\ell+1}} + (-1)^{n-\ell}\frac{e_\ell}{(-1)^{(\ell+1)(n-1)}a^{\ell+1}c^{n-\ell+1}}\right\} = 0$$

ce qui démontre la formule (87) ou (85), car pour que cette somme soit nulle quel que soit β , il faut et il suffit que chaque terme dans les crochets soit nul.

Pour démontrer (85'), nous montrerons que la formule (87) est valable également pour n = 2 , ce qui donne :

$$\frac{n}{a^2} - \frac{o}{b^2} + \frac{s}{b^2c^2} - \frac{e}{a^2c^2} = 0 \tag{100}$$

On considère, comme précédemment, la table perturbée suivante :

		n		
	$1+\lambda_0\varepsilon$	$a+\lambda_1\varepsilon$	$a^2+\lambda_2\varepsilon$	
o	$b+\xi_1\varepsilon$	ε	$-ac+\vartheta_1\varepsilon$	e
	$b^2+\xi_2\varepsilon$	$bc+\delta_1\varepsilon$	$c^2+\delta_0\varepsilon$	
		s		

Les formules de Sylvester à l'ordre zéro donnent respectivement au Nord, Ouest, Sud et Est :

$$
\begin{array}{ll|l}
n - 2a\lambda_1 + \lambda_2 + a^2\lambda_0 = 0 & & b^2c^2 \\
o - 2b\xi_1 + \xi_2 + b^2\lambda_0 = 0 & & -a^2c^2 \\
s - 2bc\delta_1 + c^2\xi_2 + b^2\delta_0 = 0 & & a^2 \\
e + 2ac\vartheta_1 + c^2\lambda_2 + a^2\delta_0 = 0 & & -b^2
\end{array}
$$

Par addition, après multiplication par les facteurs indiqués à droite, on trouve :

$$(b^2c^2n - a^2c^2o + a^2s - b^2e) - 2abc(bc\lambda_1 - ac\xi_1 + a\delta_1 + b\vartheta_1) = 0 .$$

Or, la formule de Sylvester au centre à l'ordre zéro dit précisément que la parenthèse de droite est nulle. Donc, après la division par $a^2b^2c^2$ on obtient la formule (100) qui est identique à (85').

C.Q.F.D.

<u>Démonstration de la formule (83)</u> :

Considérons le bloc de dimension nxn et les progressions géométriques
dans les sens indiqués sur le schéma (82), avec les raisons $\hat{N}$, $\hat{S}$, $\hat{E}$, $\hat{O}$:

$$
\begin{array}{c|c|c}
A & \longrightarrow & A\hat{N}^m = B\hat{E}^m \\
\hline
\downarrow & 0 & \uparrow \\
\hline
A\hat{O}^m = B\hat{S}^m & \longleftarrow & B
\end{array}
$$

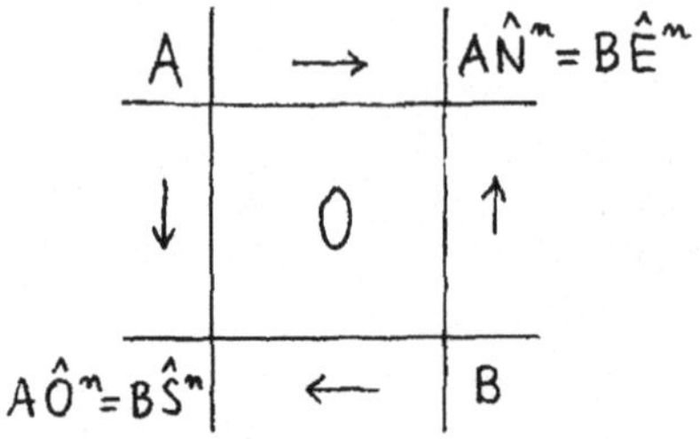

Les identités dans les deux coins donnent :

$$\left(\frac{\hat{N}\,\hat{S}}{\hat{O}\,\hat{E}} \right)^m = 1 \quad ,$$

ce qui démontre déjà la formule (83) pour n impairs. Perturbons maintenant le bloc des zéros, comme dans la démonstration de la formule (85) :

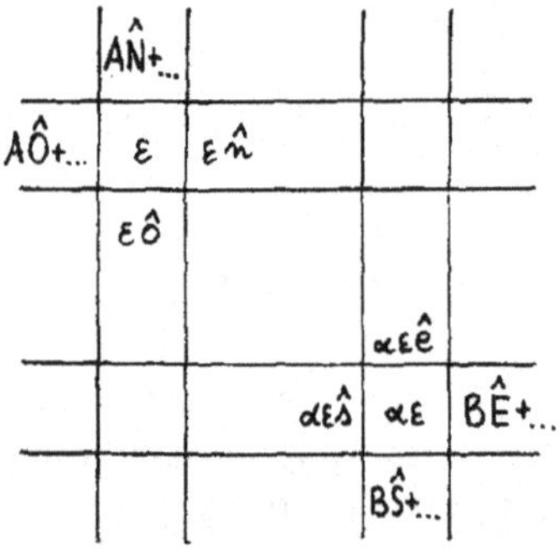

Les formules (95) écrites pour les coins Nord-Ouest et Sud-Est donnent :

$$\hat{N}\,\hat{o} + \hat{n}\,\hat{O} = 0$$

$$\hat{S}\,\hat{e} + \hat{s}\,\hat{E} = 0 \quad ,$$

c'est-à-dire :

$$\frac{\hat{N}\hat{S}}{\hat{O}\hat{E}} = \frac{\hat{n}\hat{s}}{\hat{o}\hat{e}}$$

ce qui signifie que le rapport des raisons conserve la parité de n, car les raisons $\hat{n}, \hat{s}, \hat{o}, \hat{e}$ correspondent au bloc de dimension $(n-2) \times (n-2)$.

Il suffit maintenant de vérifier que pour le bloc de dimension 2x2 on a :

$$\hat{N}\hat{S} + \hat{O}\hat{E} = 0 ,$$

mais c'est précisément la formule qu'on obtient à l'ordre zéro si on perturbe ce bloc comme précédemment. Cela complète la démonstration de la formule (83) pour n pairs.

C.Q.F.D.

C H A P I T R E 8

PROBLEME DU MEILLEUR APPROXIMANT DE PADE DANS UN ENSEMBLE FINI D'APPROXIMANTS

Les approximants de Padé sont les meilleures approximations locales pour la norme de la convergence uniforme (cf. paragraphe 5.3) et de ce point de vue le problème est clos. Cependant on utilise précisément ces approximants pour exhiber les propriétés non-locales des fonctions, par exemple pour réaliser le prolongement analytique d'une fonction donnée par sa série, ce qui est justifié parfois par la théorie de la convergence. Il s'agit donc de regarder comment les approximants de Padé approchent une fonction dans un domaine non-ponctuel. En raison des contraintes numériques on ne dispose en pratique que d'un ensemble fini d'approximants de Padé. Il convient donc de trouver la meilleure approximation (non-locale) dans un ensemble fini d'approximants. C'est un problème bien posé, pourtant il n'a jamais été traité de façon suffisamment générale. Nous avons voulu combler cette lacune [104 ; 105 ; 106 ; 107], car du point de vue pratique il faut bien choisir un approximant de Padé et en justifier le choix.

Nous avons mis au point, empiriquement, quelques méthodes numériques du choix de cet approximant. Ces méthodes ne sont justifiées que pour des cas assez limités, mais leur utilisation nous a permis d'obtenir des résultats numériques très satisfaisants dans plusieurs problèmes de nature purement numérique ou d'origine physique. A ce titre ces méthodes méritent d'être examinées en détail, et cette justification est précisément à l'origine des études présentées dans les chapitres précédents.

Il convient de préciser que toutes les propositions de ce chapitre ont pour origine les expériences numériques. Nous reproduirons donc les résultats les plus significatifs.

Au paragraphe 1, nous analysons brièvement deux points de vue concernant le problème d'approximation : le point de vue théorique qui conduit à la notion de meilleure approximation et le point de vue pratique qui conduit au choix de ce que nous appelons une bonne approximation. Dans le cadre du problème du meilleur approximant de Padé, nous indiquons les difficultés auxquelles on peut se heurter en choisissant telle ou telle norme que l'on va minimiser.

Au paragraphe 2, on présente l'algorithme de détection numérique du "meilleur approximant de Padé empirique" (méthode ϱ). L'adjectif "empirique" traduit le fait que cette méthode repose sur l'analyse visuelle d'un graphe. La méthode ϱ est justifiée pour deux classes de fonctions.

Au paragraphe 3, nous proposons trois autres méthodes d'analyse numérique de la table de Padé ou de la table c . Ces méthodes complètent la méthode ϱ et peuvent être utilisées également pour la détection numérique des blocs. Notons que ce dernier problème n'a jamais été traité non plus ; la grande difficulté réside dans la décision de considérer qu'un nombre voisin de zéro représente effectivement zéro ou non.

Au paragraphe 4, nous signalons quelques méthodes numériques d'analyse des séries de Taylor qui ont été mises au point essentiellement par les mécaniciens des fluides. Ces méthodes sont basées sur les extrapolations graphiques. Nous montrons comment la méthode d'approximation de Padé permet de supprimer un certain arbitraire, inévitable dans les appréciations graphiques. A ce titre, nos algorithmes peuvent utilement compléter les méthodes en question.

8.1 DIFFICULTES DE LA DEFINITION DU MEILLEUR APPROXIMANT DE PADE

La théorie constructive de fonctions a pour objet de trouver une représentation approchée des fonctions d'une certaine classe par les fonctions d'une de ses sous-classes, cette sous-classe étant composée des fonctions plus simples dans un sens ou un autre. Le problème mathématique d'approximation débouche naturellement vers le problème de la meilleure approximation, de son existence et de son unicité. A cela s'ajoute le problème de la convergence des approximations vers la fonction considérée.

Or, du point de vue pratique, non seulement l'unicité de la meilleure approximation importe en général peu, mais le problème de convergence est également secondaire. Par exemple, un physicien désire que la distance entre une fonction et son approximation soit inférieure à l'erreur expérimentale. Comme la distance est déduite fréquemment d'une norme, il convient donc de définir une norme qui a un sens physique. Les approximations qui satisfont à cette condition seront appelées : bonnes approximations. Il est clair que la meilleure approximation n'est pas nécessairement une bonne approximation, d'où le second problème qu'il faut résoudre en pratique : trouver des ensembles qui contiennent de bonnes approximations.

La convergence d'une suite d'approximations est secondaire pour les raisons semblables. Ce qui importe, c'est que certains termes de cette suite, d'indices suffisamment bas soient de bonnes approximations.

Ces remarques ne signifient nullement que les physiciens rejettent les méthodes rigoureuses, faut-il encore qu'elles existent. Il arrive parfois qu'une méthode mis au point empiriquement donne des résultats satisfaisants. On est confronté dans ce cas à une certaine perplexité des mathématiciens, qui attachent plus d'importance à la justification d'une méthode qu'aux résultats auxquels elle conduit.

Nos méthodes du choix du meilleur approximant de Padé, exposées aux paragraphes suivants, n'ont été justifiées que pour certaines classes, assez restreintes, de fonctions. Nous aurions pu nous limiter à ces classes pour ne pas attirer les critiques. Cependant nous avons expérimenté ces méthodes sur d'autres fonctions et nos résultats se sont avérés très satisfaisants. Cela nous a incité à vouloir justifier les méthodes en question pour des cas plus généraux. Inévitablement nous avons rencontré un certain nombre de difficultés, dont nous voulons parler dans ce paragraphe.

La première est liée à la définition même du meilleur approximant de Padé. La seconde réside dans la détermination pratique du meilleur approximant de Padé, supposé défini. Il convient en plus de répondre à la question : quelle est la relation entre le "meilleur approximant de Padé empirique" déterminé par nos méthodes pratiques et le "meilleur approximant de Padé" défini précédemment de façon rigoureuse? Cette dernière question sera étudiée aux paragraphes suivants.

La donnée d'une fonction définit l'ensemble des approximants de Padé dans lequel on voudrait trouver la meilleure ou la bonne approximation. En pratique on ne dispose que d'un ensemble fini d'approximants, car en raison des contraintes numériques leurs degrés sont limités. Nous avons donc les mains liées, mais c'est aussi un avantage, car le problème du choix de la meilleure approximation non-locale dans un ensemble fini d'approximants de Padé devient bien posé. En effet, rappelons que le problème de la meilleure approximation rationnelle d'une fonction analytique dans un domaine non-ponctuel n'est pas résolu dans le cas général ; parfois on ne sait même pas démontrer son existence. Le fait, que nous travaillons avec les ensembles finis simplifie le problème, sans pour autant le rendre facile.

La difficulté vient du fait que parmi les approximants qui sont déjà les meilleures approximations locales on veut trouver la meilleure approximation non-locale, par exemple pour la norme du max :

$$\| \quad \|_D = \max_{z \in D} | \quad | \tag{1}$$

Une autre difficulté est précisément le choix d'une norme adaptée aux besoins pratiques, qui n'est pas nécessairement la norme (1). Illustrons ceci sur les exemples.

Considérons la fonction $z \mapsto e^{-z}$ dans le disque de rayon r. La meilleure approximation constante pour la norme (1) est unique dans ce cas et est égale à $\operatorname{ch} r$; quand r tend vers zéro, $\operatorname{ch} r$ tend vers l'approximant de Padé $[0/0] = 1$. Sur le disque unité on a :

$$\max_{|z|=1} |e^{-z} - 1| = 1.7183 > \max_{|z|=1} |e^{-z} - \operatorname{ch} 1| = \operatorname{sh} 1 = 1.1752$$

Il n'y a rien d'étonnant dans ce résultat, on constate seulement que les approximants de Padé ne sont pas nécessairement les meilleurs.

Dans le même ordre d'idées nous avons voulu confronter les coefficients des approximants de Padé aux coefficients des meilleures approximations rationnelles sur les segments réels. Nous avons choisi la fonction suivante :

$$x \longmapsto \log_{10}(1.5 + x) \quad .$$

La meilleure approximation rationnelle a été calculée par la méthode de régression en minimisant l'erreur de moindre carré sur 100 points étalés dans $[-1,1]$. Nous avons voulu simuler ainsi les programmes du type "best fit" utilisés fréquemment par les physiciens. Dans le tableau suivant nous notons par $P_m^{m/n} / Q_n^{m/n}$ l'approximant de Padé et par $p_m^{m/n} / q_n^{m/n}$ la meilleure approximation rationnelle ; les coefficients des polynômes sont rangés en lignes selon les puissances croissantes :

	x^0	x^1	x^2	x^3
$P_3^{3/0}$	.176089	.2895	-.0965	.0429
$p_3^{3/0}$	.1789	.2844	-.1215	.0629
$P_3^{3/1}$	.176089	.3776	.04825	-.00536
$p_3^{3/1}$	.17602	.3834	.05879	-.00824
$Q_1^{3/1}$	1.	.5		
$q_1^{3/1}$	1.	.5335		
$P_2^{2/2}$	.176089	.4069	.10955	
$p_2^{2/2}$	.17605	.4173	.13043	
$Q_2^{2/2}$	1.	.6667	.0741	
$q_2^{2/2}$	1.	.7255	.0937	

On constate que plus l'indice (correspondant au degré) est grand, plus la différence est grande, mais à part cela ils sont du même ordre de grandeur.

Dans nos travaux [104 ; 105] nous voulions attacher la notion de meilleur approximant de Padé à une norme qui ferait intervenir les coefficients c_j de la série de Taylor f et les coefficients $c_j^{m/m}$ de la série de Taylor engendrée par l'approximant $[m/m]_f$. Essayons d'utiliser la norme (5.92) où on s'affranchit de la localité :

$$S^{m/n}(r) = \|f-[m/n]_f\|_{\overline{D}_r} = \Big(\sum_{j=m+n+1}^{\infty} |c_j - c_j^{m/n}|^2 r^{2j}\Big)^{\frac{1}{2}} \tag{2}$$

En notant respectivement par ρ , $\rho^{m/n}$ et $R^{m/n}$ les rayons de convergence des séries f , $\sum c_j^{m/n} z^j$ et $f-[m/n]_f$ on a :

$$r < R^{m/n}$$

$$R^{m/n} \geq \mathrm{Min}\,(\rho, \rho^{m/n}) , \tag{3}$$

où la première inégalité doit être satisfaite pour que $S^{m/n}(r)$ soit une norme.

Comparons à l'aide de la norme (2) les approximants de Padé de l'antidiagonale m+n constant de la fonction $z \mapsto e^z$. Le meilleur approximant de Padé est [m+n/0] , car aucune somme des séries géométriques ne peut approcher mieux la série en $1/k!$ que la série identiquement nulle. Bien qu'inattendu, ce résultat n'est pas mauvais. Rappelons-nous (Théorème 6.18) que dans les compacts les colonnes des approximants de Padé de la fonction exponentielle convergent presque aussi bien que les diagonales.

L'exemple suivant nous rend plus perplexe . Remarquons d'abord que si on veut comparer deux approximants de Padé $[m_1/n_1]$ et $[m_2/n_2]$ par la norme (2) il faut d'abord choisir r :

$$r < R = \mathrm{Min}\,\left(R^{m_1/n_1}, R^{m_2/n_2}\right) .$$

Supposons que $R^{m_1/n_1} < R^{m_2/n_2}$, alors dans ce cas il existe $R' > 0$ tel que pour tout r satisfaisant à :

$$0 < R' < r < R = R^{m_1/n_1}$$

on a :

$$S^{m_2/m_2}(r) < S^{m_1/m_1}(r) \; .$$

C'est donc un classement par rayons de convergence, pour r proche de R . En effet pour r quelconque dans $]0,R[$ on ne peut pas affirmer à priori laquelle de ces deux normes est la plus petite. Ainsi, si deux approximants de Padé ont respectivement leurs premiers pôles en x_1 et x_2 et la fonction : en x , alors en supposant qu'on puisse avoir les configurations suivantes :

(i) 

(ii) 

on constate :

(i) l'approximant 1 est meilleur que 2 pour r voisin de x et cela nous paraît normal, car il reproduit mieux le pôle en x ;

(ii) l'approximant 2 est meilleur que 1 pour r voisin de x_1 , bien que x_1 reproduit bien mieux le pôle de la fonction que x_2 !!!

Avec les mêmes notations considérons le cas de plusieurs approximants :

Au voisinage de x l'approximant 1 est meilleur que 2 et 2 est meilleur que 3 , mais au voisinage de x_5 on peut affirmer seulement que les approximants 1 , 2 , 3 , 4 sont meilleurs que 5 , mais pour les classer il faut calculer toutes les normes en x_5 .

Les exemples numériques qui suivent montrent comment on détecte numériquement le meilleur approximant de Padé selon la norme du max dans le disque unité. Les tableaux reproduisent le maximum de

$|f - [m/n]_f|$ sur 40 points du cercle unité. Nous nous sommes assurés que ni les fonctions ni leurs approximants n'ont pas de singularités à l'intérieur du disque unité. Notons que dans certains cas le disque unité se trouve strictement à l'intérieur du disque de convergence de la série f , par exemple pour la fonction $z \mapsto \log(1.5+z)$, mais on verra que le résultat obtenu sera quand même conforme avec la théorie de la convergence pour les Stieltjes (cf. à l'analyse précédente de la norme (2)).

Dans les tableaux qui suivent nous entourons les "Min Max" sur les antidiagonales ; cela définit la chaîne diagonale des meilleurs approximants de Padé dans des triangles successifs. On utilise la notation de l'exposant décimal : par exemple 2.2×10^{-3} sera noté .22-2.

Tableau 1

$\underset{|z|=1}{\mathrm{Max}} |f_1(z) - [m/n]_{f_1}(z)|$ (40 points) ; $f_1 : z \mapsto \log(1.5+z)$

m \ n	0	1	2	3	4	5	6
0	.11+1	.15+1	.11+1	.10+1	.95	.94	.92
1	.43	.99-1	.39-1	.18-1	.87-2	.46-2	.25-2
2	.21	.32-1	.77-2	.26-2	.98-3	.41-3	.18-3
3	.11	.12-1	.23-2	.57-3	.18-3	.62-4	.24-4
4	.62-1	.51-2	.80-3	.17-3	.42-4	.13-4	.44-5
5	.35-1	.23-2	.30-3	.54-4	.12-4	.33-5	.13-5
6	.21-1	.11-2	.12-3	.19-4	.40-5	.13-5	

Conclusions : Les meilleurs approximants de Padé se trouvent sur la chaîne [0/0] , [1/0] , [1/1] , [2/1] , ... , Ceci est conforme avec la théorie de convergence pour les fonctions de Stieltjes. En effet cette théorie aurait donné pour la fonction de Stieltjes $z \mapsto \frac{1}{z} \log(1 + \frac{z}{1.5})$ la chaîne [0/0] , [0/1] , [1/1] , ... ; notre chaîne est descendue à cause du facteur en z.

Tableau 2

Mêmes calculs : $f_2 : z \longmapsto \sqrt{1+z}$

m \ n	0	1	2	3	4	5
0	1.	.67	.53	.46	.41	.37
1	.5	.33	.27	.23	.20	.18
2	.37	.25	.20	.17	.15	.14
3	.31	.21	.17	.14	.13	.12
4	.27	.18	.15	.12	.11	.10
5	.25	.16	.13	.11	.10	.091

Conclusions : Les meilleurs approximants de Padé se trouvent sur la chaîne [0/0] , [1/0] , [1/1], ... Notons que la fonction $z \mapsto \frac{\sqrt{1+z}-1}{z}$ est de Stieltjes, donc on peut tirer les conclusions identiques que dans le cas précédent.

Tableau 3

Mêmes calculs ; $f_3 : \; z \longmapsto (1+z)^{3/2}$

m \ n	0	1	2	3	4	5
0	1.8	4.8	3.7	4.1	3.6	3.8
1	.50	.20	.11	.76-1	.55-1	.43-1
2	.13	.50-1	.29-1	.19-1	.14-1	.11-1
3	.63-1	.25-1	.14-1	.95-1	.69-2	.53-1
4	.39-1	.16-1	.89-2	.60-2	.43-2	.33-2
5	.27-1	.11-1	.63-2	.42-2	.30-2	

Conclusions : Les meilleurs approximants de Padé se trouvent sur la chaîne [0/0] , [1/0] , [2/0] , [2/1] , [3/1] , [3/2] , ... Cette chaîne est descendue d'un cran par rapport à l'exemple précédent, ce qui devient clair si on remarque que la fonction $z \longrightarrow \dfrac{(1+z)^{3/2} - 1 - \frac{3}{2}z}{z^2}$ est de Stieltjes.

Dans tous ces exemples les pôles et les zéros des meilleurs approximants de Padé se situent sur les coupures réelles. Nous comparerons plus loin ces résultats aux résultats obtenus par d'autres méthodes.

Si on considère les travaux où on applique la méthode d'approximation de Padé aux problèmes physiques, chimiques, etc. [7 ; 11 ; 16 ; 17 ; 18 ; 19 ; 27 ; 75 ; 91 ; 96; 129 ; 194] , on arrive à dégager certains critères généraux qui guident les gens à choisir tel ou tel approximant de Padé. Ces critères sont :

i) critères liés aux théorèmes de convergence : on prend le dernier terme calculé d'une suite convergeant d'approximants de Padé.

ii) critères liés au problème des moments ; c'est un cas particulier du précédent. L'application des approximations de Padé au problème des moments est la plus fréquente. Dès qu'on peut se ramener au cas de Stieltjes (cf. paragraphe 6.2), on dispose des inégalités emboitantes pour les approximants de la chaîne diagonale et on peut espérer raisonnablement qu'on trouvera dans cette chaîne une bonne approximation.

iii) critères liés aux propriétés de transformations ; il s'agit, par exemple, d'une justification fréquente du choix des approximants diagonaux en vertu de leur invariance par rapport aux transformations homographiques.

iv) critères liés aux valeurs connues de la fonction considérée en certains points, distincts du point de développement en série. En général il s'agit d'un seul point, par exemple autre que l'origine, ce point pouvant être $+\infty$. Ainsi le choix d'un approximant de Padé peut être lié au comportement à l'infini de la fonction considérée.

Pour ne pas avoir affaire aux séries divergentes dans la norme (2), nous avons essayé de considérer les sommes finies du type $\sum_{j=0}^{N} | c_j - c_j^{m/n}|^2 r^{2j}$ pour choisir le meilleur approximant de Padé dans un ensemble fini d'approximants. Ce critère se justifiait dans la mesure où les approximants de Padé étaient utilisés pour extrapoler un certain nombre de coefficients d'une série de Taylor. Dans notre cas l'importance physique du coefficient diminuait avec l'indice (cf. Chapitre 9 , paragraphes 1 et 2).

Les critères dont nous venons de parler sont liés aux problèmes particuliers que l'on traite. Il nous a paru nécessaire de s'affranchir de cette contrainte et de mettre au point un critère numérique du choix d'un approximant de Padé en découvrant le comportement asymptotique de la fonction considérée à partir de l'analyse des premiers coefficients de sa série de Taylor, c'est-à-dire de ceux dont on dispose en pratique pour calculer un triangle dans la table de Padé. Nous exposons cette méthode au paragraphe suivant.

8.2 METHODE ρ , ALGORITHME DE DETECTION NUMERIQUE DU "MEILLEUR APPROXIMANT DE PADE EMPIRIQUE"

Considérons une série de Taylor :

$$f : \quad f(z) = \sum_{j=0}^{\infty} c_j z^j \tag{4}$$

et supposons que tous ses coefficients sont différents de zéro. On peut construire une suite de terme général :

$$\rho_n = \frac{c_n}{c_{n+1}} \tag{5}$$

Si la suite $\{\rho_n\}$ a une limite, alors cette limite est le rayon de convergence ρ de la série f . Nous allons examiner le comportement de cette suite et c'est pourquoi nous avons donné à notre algorithme le nom de méthode ρ [104 ; 105 ; 106 ; 107]. Cette analyse du comportement se fait graphiquement, ce qui nous a conduit à ajouter le terme "empirique" au "meilleur approximant de Padé". Il convient de préciser toutefois qu'il ne s'agit pas d'une extrapolation graphique, comme c'est le cas des méthodes qui seront exposées au paragraphe 4 ; en effet l'arbitraire dans la conclusion tirée du graphe de $n \longmapsto \rho_n$ est très faible.

Considérons l'approximant de Padé $[M/N]_f$ et le système (5.26) qui le définit :

$$[M/N]_f(z) = \frac{p_0 + p_1 z + \ldots + p_M z^M}{1 + q_1 z + \cdots + q_N z^N} \tag{6}$$

$$\begin{cases} -p_k + \sum_{j=1}^{N} c_{k-j}\, q_j = -c_k & k = 0, 1, \ldots, M \quad (7) \\ \sum_{j=1}^{N} c_{k-j}\, q_j = -c_k & k = M+1, \ldots, M+N. \quad (8) \end{cases}$$

Un simple regard sur le système (8) conduit au théorème suivant qui est une autre version du théorème 5.6 (ix) :

Théorème 1 :

La série formelle $f : f(z) = \sum_{j=0}^{\infty} c_j z^j$ engendre exactement la fonction rationnelle $[M/N]_f$ $(N>0)$ si et seulement si il existe des constantes $q_1, \ldots, q_N$ $(q_N \neq 0)$ telles que la relation de récurrence suivante :

$$-c_k = \sum_{j=1}^{N} q_j \, c_{k-j} \tag{9}$$

ait lieu pour tout $k > M$.

Il convient donc en premier lieu de pouvoir déterminer facilement les entiers M et N à partir des coefficients c_j si la fonction considérée est une fraction rationnelle. On peut, bien sûr, calculer la table de Padé ou la table c pour détecter un bloc infini, mais cela nous amène aux calculs trop volumineux.

Supposons, pour simplier le raisonnement, que la fonction f a les pôles réels en β_i et que :

$$0 < \beta_1 < \beta_2 < \ldots < \beta_N \quad . \tag{10}$$

Par hypothèse on a :

$$f = [M/N]_f \tag{11}$$

Par décomposition de $[M/N]_f$ en élements simples on a :

$$[M/N]_f(z) = R_K(z) + \sum_{i=1}^{N} \frac{\alpha_i}{\beta_i - z} \tag{12}$$

où le polynôme R_K satisfait à :

$$\begin{aligned} &\deg R_K = K = M - N && \text{si} \quad M \geq N \\ &R_K : R_K(z) = 0 && \text{si} \quad M < N \end{aligned} \tag{13}$$

En notant par r_j les coefficients du polynôme R_K, on peut exprimer les coefficients c_j comme suit :

$$\forall j \geq 0 : \qquad c_j = r_j + \sum_{i=1}^{N} \frac{\alpha_i}{\beta_i^{j+1}} \quad . \tag{14}$$

Nous voulons déterminer les constantes r_j, α_j et β_j à partir des coefficients c_j. Pour cela on considère la suite $\{\rho_n = c_n / c_{n+1}\}$; on a :

$$\lim_{n \to \infty} \rho_n = \beta_1 \quad , \tag{15}$$

$$\lim_{n \to \infty} (c_n \beta_1^{n+1}) = \alpha_1 \quad . \tag{16}$$

Après avoir déterminé α_1 et β_1 on peut soustraire la série géométrique engendrée par $\alpha_1/(\beta_1 - z)$ de la série $\sum c_j z^j$ et répéter la procédure (15) et (16) pour déterminer β_2 et α_2, et ainsi de suite. Après N étapes, on trouve le polynôme R_K. La convergence d'une suite $\{\rho_n^{(i)}\}_{n \geq 0}$ est d'autant plus rapide que la différence $\beta_{i+1} - \beta_i$ est grande.

Bien sûr, on n'appliquera pas cet algorithme en pratique, car il nécessite de faire un certain nombre d'extrapolations graphiques des limites à partir d'un nombre fini des termes d'une suite. Cependant son analyse montre que :

(a) sauf le début, la suite $\{\rho_n\}$ a un comportement monotone ;

(b) les coefficients r_j du polynôme R_K perturbent cette monotonie.

Ces deux observations nous permettent de mettre au point notre algorithme qui d'une part conduit à la détermination de l'entier $K = M - N$, d'autre part à la sélection des coefficients c_j "bien calculés".

En effet, si K est voisin de zéro, on pourra observer sur le graphe de $n \mapsto \rho_n$ une perturbation des K premiers termes de cette suite. Pour mieux le voir, supposons que le polynôme R_K se réduit à $R_K : R_K(z) = r_K z^K$. Dans ce cas seuls les termes ρ_{K-1} et ρ_K en sont affectés, comme on le voit sur la figure suivante :

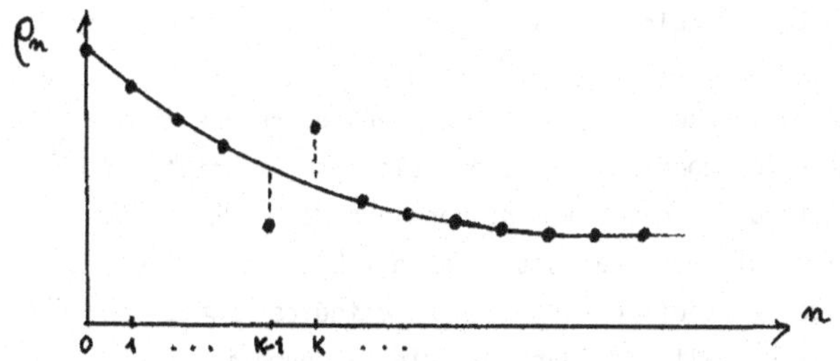

Pour aborder le problème de la sélection des coefficients c_j "bien calculés", nous sommes sobligés de faire quelques commentaires.

Les coefficients c_j sont calculés en pratique par un algorithme (une suite finie d'instructions) mis en oeuvre sur une machine physique. Les instructions doivent être admissibles, c'est-à-dire conduire à une suite finie d'opérations arithmétiques élémentaires. Nous dirons que les nombres c_j sont "calculés", pour que ce terme ne soit pas confondu avec la notion de nombre calculable, cette dernière nécessitant la donnée du modèle arithmétique de machine idéalisée (machine de Turing, Random Access Machine, etc) et d'un algorithme sur cette machine [197].

Les nombres calculés c_j sont entachés des erreurs dont les origines sont diverses. Dans les exemples du chapitre suivant les coefficients c_j sont calculés par intégration numérique et l'erreur sur c_j est d'autant plus grande que l'indice j est grand.

C'est la première contrainte pratique pour ne calculer qu'un nombre fini de coefficients c_j .

Deuxièmement, la régle empirique signalée en page 344 nous indique grossièrement que dans les applications de la méthode d'approximation de Padé il est inutile de calculer beaucoup plus de coefficients c_j que 3p où p est le nombre de chiffres décimaux représentatifs avec lequel on effectue les calculs.

L'analyse du graphe de $n \longmapsto \rho_n$ nous donne une information supplémentaire sur les coefficients bien calculés. En effet, si dans ce graphe on constate qu'un comportement monotone des ρ_n est perturbé (par exemple aléatoirement) à partir de n = L , alors il est raisonnable de penser que les coefficients c_j d'indice $j > L$ ont été mal calculés. Nous avons fait plusieurs expériences numériques et nous avons observé dans beaucoup de cas l'existence de trois zones nettes dans le graphe des ρ_n : perturbation au début, monotonie et perturbation aléatoire à la fin, comme illustré sur le graphe suivant :

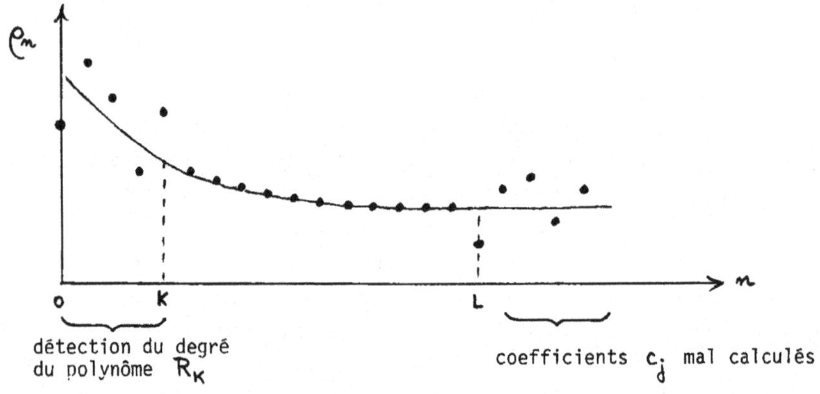

Notons que cette perturbation finale peut être observée également dans le graphe des valeurs absolues $|\rho_n|$, ce qui nous affranchit de l'hypothèse faite sur les β_n .

Rappelons, que nous disposons d'un test supplémentaire (mais couteux) pour détecter les erreurs aléatoires dont sont entachés les coefficients c_j , ce test étant basé sur la détection des doublets de Froissart (cf. paragraphe 6.4).

En récapitulant, la méthode ρ s'applique uniquement dans le cas où le graphe des ρ_n ou des $|\rho_n|$ contient une partie monotone "régulière" et elle sert à déterminer la différence M-N et à sélectionner les coefficients c_j bien calculés.

Toute la difficulté de justification de cette méthode dans un cas général vient du manque de précision dans le terme "partie monotone régulière" ; nous reviendrons sur ce problème plus loin.

Donnons la version finale de la méthode ρ et la définition du meilleur approximant de Padé empirique.

<u>Méthode ρ</u> :

Supposons qu'on connaît un nombre limité des coefficients calculés c_j de la série de Taylor d'une fonction et que le graphe $n \mapsto \rho_n = |c_n/c_{n+1}|$ présente une partie monotone régulière, alors :

(a) si cette monotonie est perturbée à partir de l'indice $n = L$, on rejette, comme mals calculés les coefficients c_j d'indice supérieur et on ne considère par la suite que le triangle L dans la table de Padé ;

(b) la perturbation au début de ce graphe indique la différence M-N si $M \geqslant N$. En l'absence de cette perturbation il convient d'examiner le graphe des $\rho'_n = |d_n/d_{n+1}|$ où d_j sont les coefficients de la série inversée $(\sum c_j z^j)^{-1} = \sum d_j z^j$; la perturbation au début indique que $N \geqslant M$ et définit la différence N-M. En l'absence des perturbations initiales sur les deux graphes, on prend $M = N$;

(c) le "meilleur approximant de Padé empirique" est défini comme le dernier approximant sur la paradiagonale M-N = K dans le triangle L :

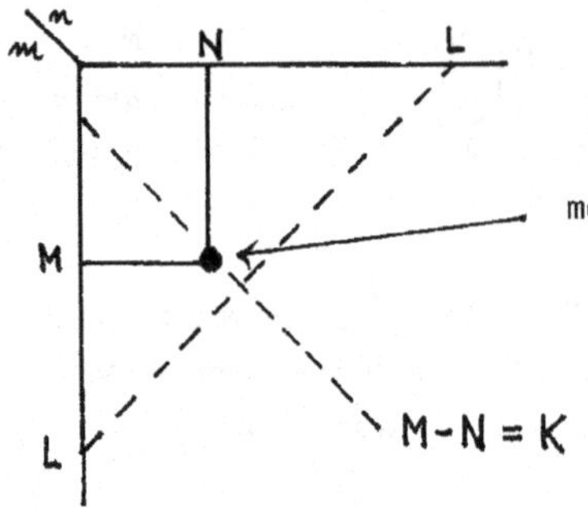

à savoir les naturels M et N sont définis par :

$$M = \mathcal{E}\left(\frac{L+K}{2}\right), \qquad N = \mathcal{E}\left(\frac{L-K}{2}\right) \qquad (17)$$

où $\mathcal{E}$ désigne la partie entière de la division.

Nous avons obtenu plusieurs résultats convaincants en appliquant la méthode ρ et ces résultats seront exposés au chapitre suivant. Nous analyserons maintenant l'applicabilité de cette méthode et les difficultés qu'on y rencontre.

Il est clair que le point essentiel est la détermination de l'entier K . Or, il se peut bien que cela ne soit pas possible si le début de la suite $\{\rho_m\}$ ne présent aucune régularité. Cependant, même si cette régularité est observée, il est parfois difficile d'estimer K, en particulier si le coefficient r_K du polynôme R_K est très voisin de zéro.

Après avoir déterminer M et N par (17) on calcule l'approximant de Padé $[M/N]$, mais il se peut que le système (8) n'ait pas de solution. Cela indique qu'on est dans un bloc et par décrémentation de M et N, en commençant par [M-1/N-1] on arrivera nécessairement vers la solution désirée.

Si la série donnée représente une fraction rationnelle, alors la méthode ρ, si elle est applicable, permet facilement de la déterminer. Elle est donc applicable pour certaines fonctions de Stieltjes et de classe $\mathcal{S}$.

Brezinski a remarqué que l' ε -algorithme fonctionne bien si la courbe des $(\Delta c)_n$ tracée en fonction des c_n est "proche" de la droite. Le terme "proche" contient la même imprécision que notre terme "régularité". Si c'est une droite, alors $(\Delta c)_{n+1}/(\Delta c)_n = a$, donc $(\Delta c)_n = c_0 a^n$ et $c_n = c_0(1-a^{n+1})/(1-a)$. Dans ce cas $\rho_n = c_n/c_{n+1}$ tend vers 1 ou vers a^{-1} et notre régularité est bien définie. Mais il s'agit là d'une suite géométrique $\{c_n\}$ et la détection du meilleur approximant de Padé est triviale.

Pour définir la "régularité" de la suite $\{\rho_n\}$ nous nous sommes tournés vers les suites totalement monotones $\{c_n\}$. Cette réflexion nous a conduit aux théorèmes 2.15 (ii) et 2.16 (x) dont la démonstration était motivée par la méthode ρ. Rappelons le résultat du théorème 2.16 (x) :

"Si pour tout n on a : $c_n = c\, e^{f(n)}$ $(c \in \mathbb{R}^*)$ et si f'' est une fonction totalement monotone dans $[0, \infty[$, alors la suite $\{\rho_n = c_n/c_{n+1}\}_{n \geq 0}$ est totalement monotone".

Voici donc un cas général où la "régularité" équivaut "totale monotonië" mais on ne peut pas l'affirmer pour toute suite totalement monotone (cf. contre-exemple, page 81).

Remarquons que si la suite $\{c_n\}$ est totalement monotone, alors seul ρ_0 peut être perturbé et la méthode ρ conduit au choix des approximants de Padé diagonaux ou éventuellement sous-diagonaux. C'est un choix qui est en excellent accord avec la théorie de la convergence des approximants de Padé pour les fonctions de Stieltjes (cf. paragraphe 6.2).

En plus ces approximants ([N/N] ou [N-1/N]) sont les seuls qui n'ont ni de pôles, ni de zéros excédentaires.

Pour la fonction exponentielle et plus généralement pour les fonctions de classe $\mathcal{S}$ (cf. paragraphe 3.4) la méthode ρ donne également les résultats en accord avec la théorie dela convergence (cf. paragraphe 6.3).

Nous verrons au chapitre suivant que la méthode ρ peut être appliquée avec succès à certaines fonctions qui ne font pas partie des classes dont nous venons de parler. En particulier cette méthode conduit aux mêmes résultats que ceux fournis dans les tableaux 1, 2, et 3.

L'arbitraire dans la méthode ρ est réduit à l'appréciation d'un seul nombre entier à partir d'un graphe. Ceci, ainsi que son coût peu élevé en calcul, (on ne calcule qu'un seul approximant de Padé), place cette méthode en tête des méthodes du choix du meilleur approximant de Padé. Au paragraphe suivant nous décrirons trois autres méthodes du choix qui peuvent compléter la méthode ρ , mais qui sont beaucoup plus coûteuses en calcul.

Nous voulions, bien sûr, confronter le choix par la méthode ρ aux choix du meilleur approximant de Padé dans un ensemble fini d'approximants (par exemple : triangle L) selon les normes (1) ou (2), mais encore, sauf pour le cas de Stieltjes, le parallèle est difficile à établir.

Je tiens à signaler le gain que j'ai obtenu en appliquant la méthode ρ au calcul de l'efficacité d'un réseau métallique dans le proche ultraviolet [135]. Les programmes testés et chronométrés auparavant m'ont été fournis par D. Maystre et mon travail consistait à effectuer un certain nombre de calculs estimés initialement à 60 heures d'unité centrale de l'UNIVAC 1108. J'ai modifié ces programmes en appliquant la méthode ρ à diverses séquences des calculs et j'ai réduit ainsi ce temps plus que de la moitié.

8.3 AUTRES METHODES NUMERIQUES DE DETECTION DU MEILLEUR APPROXIMANT DE PADE. DETECTION DES BLOCS.

Si une série formelle f représente la fraction rationnelle $[M/N]_f$, alors la table c présente un bloc infini de type $(M,N;\infty)$. La détection d'un tel bloc conduit bien sûr à la détection du meilleur approximant de Padé. L'ennui pratique, c'est que les les déterminants calculés C_n^m ne sont pas toujours strictement nuls dans un bloc et il faut décider si un nombre représente zéro ou non. Notons que si le triangle L coupe un grand bloc du type $(M,N;k)$, alors la méthode ρ a toutes les chances de fournir l'approximant $[M/N]$ et l'algorithme du choix qui passe par le calcul de la table c peut compléter cette méthode.

Bien qu'il soit difficile(x) de porter le jugement sur de petits nombres, les expériences numériques faites avec les tables c contenant les blocs nous ont permis de faire les observations qui permettent de contourner cette difficulté. En effet on observe les <u>vallées</u>(xx) minimales sur les diagonales de ces blocs. Ce qui est beaucoup plus intéressant, c'est que ces vallées existent même dans les tables normales et se confondent avec les chaînes des meilleurs approximants de Padé déterminées par d'autres méthodes. Nous aurons donc à notre disposition plusieurs méthodes numériques qui conduisent aux mêmes résultats. Ainsi, par exemple en cas de doute sur le choix du meilleur approximant de Padé par la méthode ρ , une autre méthode peut nous venir en aide.

Nous proposons trois méthodes qui sont les suivantes :

(i) <u>Méthode de la table c</u>

Elle passe par le calcul de cette table. Cette table, à défaut d'avoir des blocs bien marqués de zéros présente des vallées paradiagonales composées des éléments minimaux choisis sur les anti-

---

(x) Nous n'avons pas testé la méthode de permutation-perturbation de Vigne.

(xx) Leur existence vient d'être démontrée dans le cas de Stieltjes [215;216].

diagonales. Les courbes des niveaux dans la table c ont dans ce cas l'allure suivante :

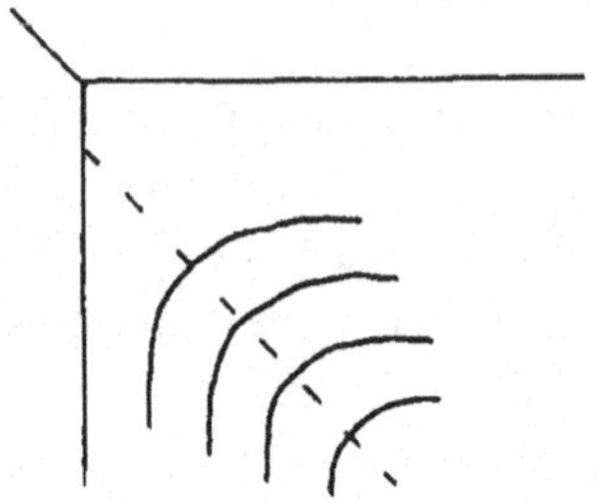

Table des valeurs absolues $|C_n^m|$

Une fois cette vallée observée on calcule un approximant de Padé sur cette vallée et ou bien il se réduit en donnant l'approximant du coin Nord-Ouest du bloc, ou bien on le conserve comme meilleur approximant de Padé en vérifiant éventuellement ce choix avec la méthode ϱ ou la méthode suivante :

(ii) Méthode des coefficients des approximants de Padé :

C'est la méthode la plus naturelle : on calcule les approximants et on compare leurs coefficients. Il s'avère que numériquement on obtient dans des blocs un certain nombre des coefficients très nettement négligeables par rapport aux autres. Cela permet de détecter les blocs ou éventuellement une sorte des vallées, comme dans (i).

Notons qu'on peut adjoindre à cette méthode la méthode des doublets de Froissart. Il convient dans ce cas de calculer les zéros des numérateurs et des dénominateurs et d'analyser leur proximité.

(iii) Méthode des matrices de Gram :

Notons par A_{mn} la table dont le déterminant est C_n^m et par G_{mn} la matrice de Gram engendrée par A_{mn} :

$$G_{mn} = A_{mn} A_{mn}^T . \tag{18}$$

Cette matrice est définie positive et nous allons ordonner ses valeurs propres λ_i . Si le déterminant C_n^m est nul, alors certains λ_i sont nuls. De façon générale on a :

$$|C_m^m| = \left(\prod_{i=1}^{m} \lambda_i \right)^{\frac{1}{2}} . \qquad (19)$$

Seulement on peut avoir une seule valeur propre nulle (et numériquement très proche de zéro), mais le produit qui donne numériquement C_m^m peut être voisin des autres C_m^m qui ne sont pas nuls. Ainsi l'examen comparatif des valeurs propres des matrices de Gram nous permet de décider plus finement si un nombre C_m^m représente zéro ou non. Il suffit souvent de comparer uniquement les plus petites valeurs propres.
En construisant la table des valeurs propres des matrices de Gram on observe les vallées identiques à celles observées dans la table c, mais leur intèrprêtation est plus fine.

Il convient de noter qu'aussi bien dans la méthode de la table c que dans la méthode des matrices de Gram, on peut calculer une antidiagonale de plus par rapport au triangle dans la table de Padé. Cela permet parfois de détecter plus facilement une structure qui est généralement assez mal établie au début.

Dans les exemples numériques qui suivent nous avons utilisé les programmes de la bibliothèque de l'UNIVAC d'Orsay pour calculer les approximants de Padé, les déterminants C_m^m et les valeurs propres. La raison pour laquelle nous n'avons pas voulu utiliser les algorithmes du chapitre 7 est claire. En effet, en choisissant les fonctions élémentaires assez simples nous n'avons pas voulu obtenir de valeurs exactes et ces programmes nous introduisent naturellement un certain bruit.

Etant donné que les tableaux qui suivent sont en réalité assez volumineux, nous ne reproduirons que les résultats qui nous semblent être les plus significatifs.

Tableau 4 (i)

Table c de la fonction f_4 :

$$z \longmapsto \frac{-1}{1.5-z} + \frac{-1}{2-z} + \frac{-5}{2.5-z} + \frac{7}{3-z} = \frac{-75+78z-20z^2}{90-171z+196z^2-36z^3+4z^4}$$

m \ n	1	2	3	4	5	6	7
0	-.83	.7	-.6	.5	-.4	.3	-.3
1	-.72	.1	-.2-2	-.8-3	-.4-3	-.2-3	-.9-4
2	-.48	.2-1	-.2-3	-.9-8	.2-8	-.5-9	.1-9
3	-.30	.2-2	-.2-4	-.4-9	.2-16	.8-17	-.1-17
4	-.19	-.1-3	-.1-5	-.2-10	.1-17	-.9-25	.3-26
5	-.11	-.2-3	-.1-6	-.8-12	-.3-19	-.8-27	.1-34
6	-.07	-.7-4	-.1-7	-.4-13	-.4-21	.6-30	.1-36

limite du bloc des zéros

la vallée

<u>Conclusions</u> : La vallée passe bien par la position [2/4]. Il est tout de même difficile d'affirmer où se trouve la limite du bloc des zéros. La méthode ρ sur les coefficients de la série inverse donne nettement N-M = 2, donc le même résultat. Nous analysons donc la table de Padé au voisinage de cette paradiagonale:

Tableau 4 (ii)

Les coefficients des numérateurs et des dénominateurs sont écrits en colonnes, dans l'ordre $p_0, p_1, \dots, p_m$ et $1, q_1, \dots, q_n$.

m \ n	3		4		5		6	
1	-.83 .47	1 -.14+1 .64 -.93-1	-.83 .47	1 -.14+1 .64 -.94-1 .11-4	. . . . .		. . . . .	
2	-.83 .47 .57-4	1 -.14+1 .64 -.94-1	-.83 .87 -.22	1 -.19+1 .13+1 -.4 .44-1	-.83 .87 -.22	1 -.19+1 .13+1 -.40 .44-1 .16-7	-.83 .87 -.22	1 -.19+1 .13+1 -.40 .45-1 -.46-7 -.16-7
3	. . . . . .		-.83 .87 -.22 -.11-6	1 -.19+1 .13+1 -.40 .44-1	-.83 .12+1 -.60 .97-1	1 -.23+1 .22+1 -.98 .22 -.19-1	-.83 .54 .12 -.88-1	1 -.15+1 .57 .12 -.11 .18-1 -.65-8

— — limite du bloc

Conclusions : Si on compare l'approximant [2/4] à ceux qui l'entourent et si on tient compte des résultats du tableau 4 (i) on constate que c'est un excellent candidat pour le coin d'un bloc. En effet les degrés des numérateurs sur la colonne 4 se réduisent à 2 et les degrés des dénominateurs sur la ligne 2 se réduisent à 4. Ce phénomène est très régulier sur la partie non-reproduite du tableau et par exemple les 7 derniers coefficients du numérateur de l'approximant [9/4] sont de l'ordre de 10^{-5} à 10^{-9}. Il est intéressant de voir les autres approximants dans le bloc. Le nombre des coefficients négligeables est variable et même si on les néglige on ne voit pas de ressemblance avec [2/4]. Cependant si on détermine les zéros des numérateurs et des dénominateurs on découvre de typiques doublets de Froissart et par une réduction grossière on obtient de nouveau [2/4] Dans notre tableau chacun des approximants [3/5] et [3/6] présente un doublet de Froissart.

Tableau 4 (iii)

Valeurs propres des matrices de Gram (attention : ce tableau est transposé).

n \ m	0	1	2	3	4	5
2	.2+1 .3	.2+1 .6-2	.1+1 .2-3	.4 .6-5	.2 .9-7	.7-1 .4-6
3	.3+1 .6 .2	.3+1 .5 .2-5	.3+1 .1-1 .7-6	.1+1 .5-3 .4-6	.5 .7-5 .5-6	.2 .3-5 .3-7
4	.3+1 .9 .4 .2	.4+1 .1+1 .3 .6-6	.4+1 .6 .2-4 .6-8	.3+1 .2-7 .6-5 -.5-8	.1+1 .6-3 .4-5 .2-8	.6 .8-5 .6-5 -.5-9
5	.4+1 .1+1 .5 .3 .2	.4+1 .1+1 .5 .2 .2-6	.4+1 .1+1 .3 .5-5 -.1-7	.4+1 .6 .5-4 -.5-8 -.8-8	.3+1 .2-1 .2-4 .6-9 -.2-8	.1+1 .6-3 .1-4 -.5-9 -.3-8
6	.5+1 .2+1 .8 .4 .2 .2	.5+1 .2+1 .8 .3 .2 .4-7	.5+1 .2+1 .5 .2 .2-5 -.2-7	.5+1 .1+1 .3 .2-4 -.6-9 -.4-8	.4+1 .6 .8-4 -.1-9 -.4-8 -.9-8	.3+1 .2-1 .3-4 .1-8 .2-9 -.8-8

- - - limite du bloc des zéros dans la table c

Conclusions : Notons d'abord que l'apparition des valeurs propres négatives indique que le calcul est erroné. On observe également une vallée, mais moins nette. Il est toutefois difficile d'affirmer, en regardant ces valeurs propres, que le déterminant C_4^2 est différent de zéro et en même temps de déclarer que les déterminants qui correspondent au bloc des zéros sont nuls.

Tableau 5 (i)

Table c de la fonction $f_1 : z \longmapsto \log(1.5 + z)$

$m \backslash n$	1	2	3	4	5	6
0	.4	.2				
1	.7	.5	.4			
2	-.2	-.2-1	-.4-2	-.1-2		
3	.1	-.1-2	-.1-4	-.7-6	-.7-7	
4	-.5-1	-.2-3	.2-6	.3-9	.3-11	.8-13
5		-.3-4	-.6-8	.7-12	.1-15	.4-18
6			.3-9	.6-14	-.8-19	-.2-23

Conclusions : La vallée correspond à la chaîne des approximants [2/2], [3/2], [3/3], ... Notons que ceci est conforme au résultat signalé dans le tableau 1 et au résultat qu'on obtient par la méthode ρ :

$$\{c_n / c_{n+1}\}_{n \geq 0} = \{.608, -.300+1, -.225+1, -.200+1, -.188+1, -.180+1, \ldots\}$$

Remarquons également que la table de Padé de cette fonction n'est pas normale, pourtant la vallée dans la table c existe et indique les approximants en accord avec la théorie de la convergence.

La table de Padé ne fournit pas d'informations particulières, par contre la table des valeurs propres des matrices de Gram indique nettement la même chaîne paradiagonale. Nous donnons uniquement la plus petite valeur propre, les autres pouvant être encadrées par les mêmes inégalités :

Tableau 5 (iii)

La plus petite valeur propre des matrices de Gram

m \ n	2	3	4	5	6
2	.5-3	.5-4	.8-5		
3	.2-4	.3-6	.1-7	.1-8	
4	.2-5	.8-8	.1-9	.1-9	.2-8
5	.2-6	.4-9	.3-10	.1-10	
6		.3-10	.2-10		

Tableau 6 (i)

Table c de la fonction $z \longmapsto (1.5+z)^{1.5}$

m \ n	1	2	3	4	5
0	.2+1	.3+1			
1	.2+1	.3+1			
2	.3	.2	.9-1		
3	-.3-1	-.1-2	-.2-3	-.3-4	
4	.9-2	-.2-4	-.2-6	-.4-8	-.2-9
5	-.3-2	-.1-5	.4-9	.4-12	.2-14

<u>Conclusions</u> : La vallée correspond à la chaîne [3/1], [3/2], [4/2], [4/3], ... des meilleurs approximants de Padé. Notons que la même chaîne a été déterminée par la méthode de la norme du max sur le disque unité pour la fonction $z \mapsto (1+z)^{1.5}$ (cf. tableau 3). La méthode ρ fournit la diagonale M-N = 1 qui appartient à cette chaîne :

$$\{c_n/c_{n+1}\}_{n\geq 0} = \{.100+1, .600+1, -.900+1, -.400+1, -.300+1, -.257+1, -.233+1, \dots\}$$

L'analyse de tous ces exemples montre que nous disposons de plusieurs méthodes du choix du meilleur approximant de Padé et que ces méthodes convergent vers le même résultat, bien que séparemment l'une ou l'autre peut ne pas être concluante. La méthode ρ est la plus rapide et la moins couteuse, la méthode passant par le calcul des valeurs propres des matrices de Gram est la plus couteuse et comparativement à la méthode de la table c ne donne pas de résultats spectaculaires.

Il est remarquable que ces méthodes donnent les résultats identiques dans des cas de fonctions qui ne sont pas couverts par la théorie de la convergence. Cela donne une première indication pour la construction d'une telle théorie.

Le deuxième fait remarquable est l'observation des vallées significatives dans les tables normales. Ce phénomène n'a jamais été expliqué.

8.4 AMELIORATION DES METHODES DE DOMBES-SYKES ET DE VAN DYKE A L'AIDE DE LA METHODE D'APPROXIMATION DE PADE.

Les méthodes que nous analysons ici ont le même but que la méthode d'approximation de Padé : exploiter l'information contenue dans les premiers coefficients d'une série de Taylor afin de découvrir la structure analytique de la fonction engendrée par cette série. Ces métodes, étudiées essentiellement par Van Dyke [83] reposent sur l'estimation graphique du rayon de convergence de la série, l'estimation (souvent intuitive ! ?) de la position de la première singularité, puis sur diverses transformations de la série tronquée. Nous voulons montrer que grâce à la méthode d'approximation de Padé on peut supprimer l'arbitraire dans ces estimations.

Domb et Sykes [82] ont remarqué que dans les problèmes de mécanique des fluides la fonction ponctuelle $1/n \longmapsto |c_{n+1}/c_n|$ est souvent linéaire, ce qui simplifie notablement l'extrapolation du rayon de convergence d'une série. Ils se réferent à la fonction $x \longmapsto \log(1+x)$ pour laquelle $|c_{n+1}/c_n| = 1 + \frac{1}{n}$. Notons qu'on peut utiliser ce graphe pour la méthode ϱ , car la perturbation du graphe au début est beaucoup plus marquée dans ce cas :

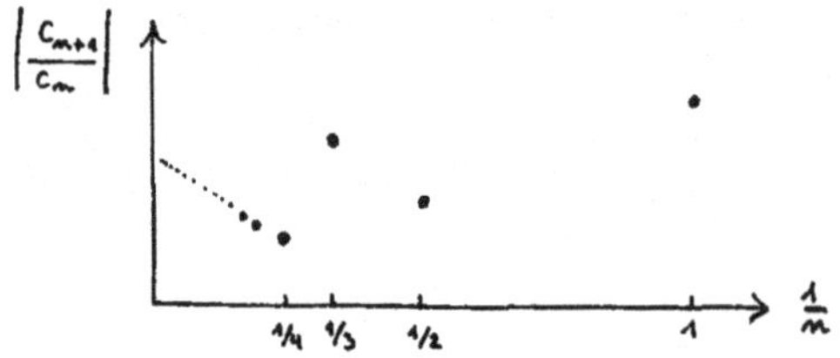

Van Dyke, analysant plusieurs exemples des séries de perturbations issues des problèmes de mécanique des fluides, arrive dans tous les cas, après avoir tracé le graphe de Domb-Sykes, à déterminer la position du premier pôle. Parfois cette position est estimée en vertu des raisons physiques, mais il arrive aussi que les arguments soient extrême ment faibles. C'est précisément dans ce cas que la méthode d'approximation de Padé peut venir en aide, comme nous le verrons sur un exemple tiré de l'article de van Dyke.

Si la convergence d'une série est lente, on peut espérer, en l'inversant, d'obtenir une série qui converge plus vite. Van Dyke va donc travailler avec l'une ou l'autre. Supposons que l'on connaît le développement limité f_N de la fonction f :

$$f_N : f_N(z) = \sum_{j=0}^{N} c_j z^j \tag{20}$$

et qu'on sait que le premier pôle de cette fonction est en z_0 . Van Dyke propose de tester deux autres séries tronquées, l'une, obtenue de f_N par la factorisation du pôle :

$$\hat{f}_N : \hat{f}_N(z) = \frac{1}{z_0 - z} \left(\hat{c}_0 + \hat{c}_1 z + \ldots + \hat{c}_N z^N \right), \tag{21}$$

l'autre, obtenue de f_N par l'extraction du pôle vers l'infini par la transformation d'Euler :

$$\check{f}_N : \check{f}_N(z) = c_0 + \check{c}_1 \frac{z}{z_0 - z} + \check{c}_2 \left(\frac{z}{z_0 - z}\right)^2 + \ldots + \check{c}_N \left(\frac{z}{z_0 - z}\right)^N. \tag{22}$$

Illustrons ces techniques sur un exemple proposé par Van Dyke. Il s'agit de la série $f : f(d)$ qui représente le coefficient de trainée d'une paire de sphères de diamètres d , se déplaçant lentement et à la même vitesse dans un liquide visqueux incompressible le long de la droite qui passe par les centres de ces sphères, ces derniers étant à une distance 1 :

$$f_9(d) = 1 - \frac{3}{4} d + \frac{9}{16} d^2 - \frac{19}{64} d^3 + \frac{93}{256} d^4 - \frac{327}{1024} d^5 + \frac{1197}{4096} d^6 - \frac{5331}{16384} d^7 + \frac{19821}{65536} d^8 - \frac{76115}{262144} d^9 . \tag{23}$$

Traçons le graphe de $n \longmapsto |c_n / c_{n+1}|$ et le graphe de Domb-Sykes de $1/n \longmapsto |c_{n+1} / c_n|$:

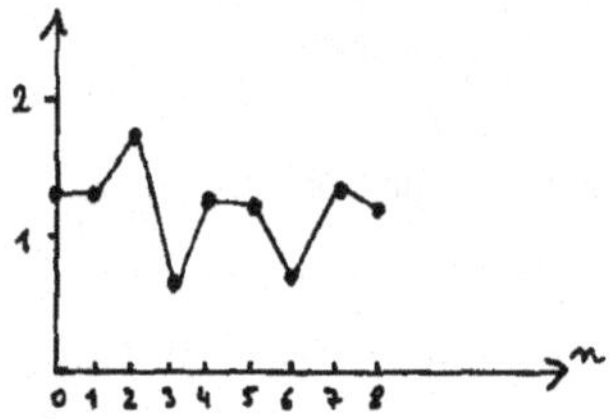

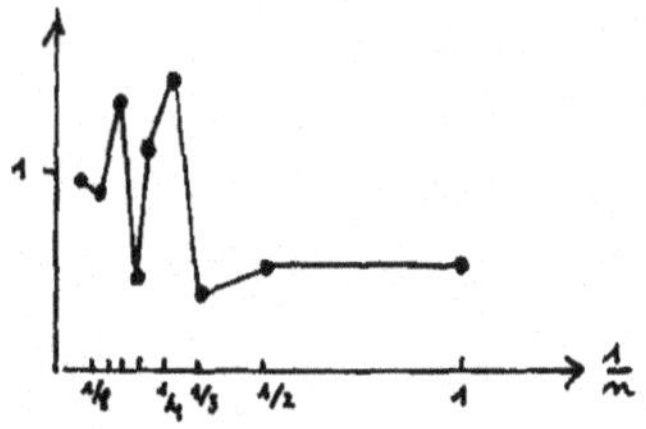

Notons immédiatement que la méthode ρ ne s'applique pas dans ce cas, car ces graphes ne présentent aucune structure régulière. Pourtant Van Dyke déclare que l'alternance des signes des coefficients de la série (23) et le graphe de Domb-Sykes indiquent le pôle en $d = -1$ (sic) et que deux derniers points de ce graphe se trouvent au début d'une partie monotone régulière (! ?). Il ajoute en même temps que le point $d = -1$ n'a pas de sens physique. En effet la région physique est définie par :

$$0 < d \leq 1$$

et pour $d = 1$ les sphères se touchent. Dans ce dernier cas, le coefficient de trainée, que nous noterons $f(1)$, a été calculé "exactement" par Cooley et O'Neill. Van Dyke a choisi donc ce cas pour tester ses méthodes. Nous citons les résultats de Van Dyke en fournissant l'erreur relative en valeur absolue calculée par rapport à la valeur exacte :

$f(1) = 0.645141$	valeur exacte
$f_9(1) = 0.539$	17% d'erreur (série tronquée)
$\hat{f}_9(1) = 0.625$	3% d'erreur
$\check{f}_9(1) = 0.634$	1.7% d'erreur
$[2/2]_f(1) = 0.519$	20% d'erreur.

En donnant cet exemple de l'approximant [2/2] Van Dyke a conclu que la méthode d'approximation de Padé ne sert pas à grande chose (sic).

Nous avons donc analysé cet exemple en détail [201]. Après avoir calculé le triangle 9 dans la table de Padé, nous avons calculé la table des erreurs dont sont entachées les valeurs de $[m/n]_f(1)$:

Table des erreurs en %

m \ n	0	1	2	3	4	5	6	7	8	9
0	55	11		4.6	11	16	17	7.4	3.4	1.8
1	61			18	18	17	16	.178	.597	
2	26	4.2	20.	8.4	16	18	13	.64		
3	20	5.2	12	10	6.5	5.8	6.8			
4	36	10	10	13	5.8	6.3				
5	13	10	10	7.4	7					
6	32	8.2	24	6.9						
7	18	5.9	5.4							
8	28	5.5								
9	17									

bloc

$[1/7](1) = .644$

En analysant cette table on constate que les valeurs deviennent excellentes dans le coin droit de cette table, dont [1/7] (1) est à 0.2% de la valeur exacte. Ce résultat indique effectivement qu'on doit s'attendre que la série f devienne plus régulière après son 9ième terme comme dit Van Dyke, mais nous verrons plus loin que rien ne l'indiquerait si on ne connaissait pas la valeur exacte.

Par exemple, il serait abusif d'affirmer que le graphe ρ pour la série inversée devient régulier à partir de ρ_7 :

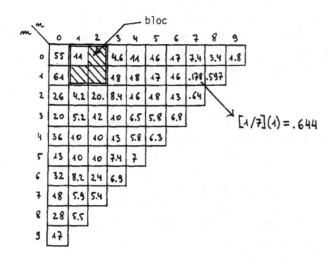

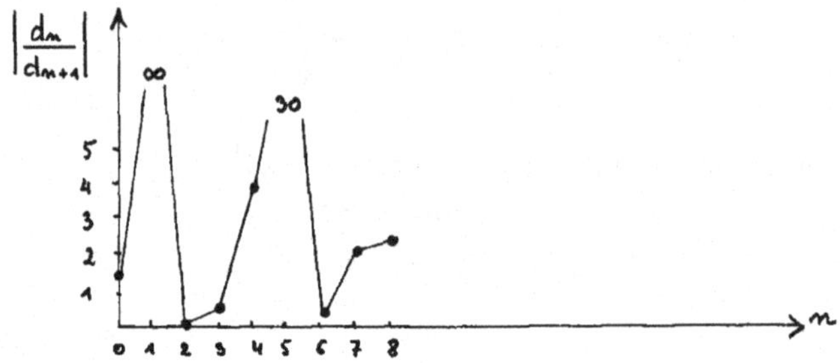

mais il est certainement irrégulier jusqu'à ρ_6 .

Notons également que les approximants [2/1] ou [2/3] donnent des résultats relativement bons ; est-ce donc un hasard que Van Dyke a choisi précisément l'approximant [2/2] pour montrer à quel point la méthode d'approximation de Padé est mauvaise, par opposition à ses techniques ?

Remarquons également que le bas de la colonne [m/1] est assez bon, ce qui justifie en partie le bon résultat obtenu avec $\hat{f}_9\ (1)$.

Nous avons calculé également les pôles de tous les approximants et nous avons constaté que sauf un , tous les pôles sont instables et de modules supérieurs à 1. Dans le tableau qui suit nous donnons les valeurs du pôle stable :

m \ n	1	2	3	4	5	6	7	8	9
0	-1.3		2.95	-1.1	-1.18	-1.2	-1.04	-1.09	-1.07
1			-1.5	-1.16	-1.2	-1.18	-1.07	-1.07	
2	-1.89	-1.5	-1.4	-1.2	-1.16	-1.1	-1.07		
3	-.82	-1.05	-1.09	-.98	-.999	-1.03			
4	-1.1	-1.1	-1.06	-.997	-2.				
5	-1.09	-1.15	-1.02	-1.02					
6	-.9	-.99	-1.02						
7	-1.08	-1.05							
8	-1.04								

Position moyenne du pôle stable : - 1,050

Bien que la série f_9 ne présente aucune régularité et que l'on puisse penser que les approximants de Padé n'apporteraient donc pas grande chose, on observe une remarquable stabilité d'un pôle qui se situe au voisinage de $d = -1$, comme l'a prédit Van Dyke.

Cependant l'observation de ce pôle stable dans la table de Padé nous dispense de toutes les estimations graphiques. Ainsi en complétant les techniques de Van Dyke par la méthode d'approximation de Padé on dispose d'une méthode parfaitement fondée.

Parmi les exemples cités par Van Dyke nous avons choisi exprès celui où la méthode ρ ne fonctionnait pas, pour montrer que même dans des cas apparemment désespérés, les approximants de Padé peuvent fournir un résultat intéressant.

Montrons maintenant que les autres méthodes ne fournissent pas d'élément majeur par le choix du meilleur approximant, que l'on aimerait [1/7]. La table c indique bien le bloc :

m \ n	0	1	2	3	4	5	6	7	8	9	10
0	1.	1.	1.	1.	1.	1.	1.	1.	1.	1.	1.
1	1.	-.8	**.6-8**	.1	-.2	.6-7	-.2-2	-.1	.6-7	-.2-1	
2	1.	.6	.9-1	.2-1	.5-1	.3-2	.7-2	.1-1	.4-3		
3	1.	-.3	-.1	-.3-1	-.9-2	-.5-2	-.3-2	-.1-2			
4	1.	.4	.4-1	.2-2	-.2-2	.1-3	.9-4				
5	1.	-.3	-.4-2	-.2-2	-.3-3	-.3-4					
6	1.	.3	-.2-1	.1-2	-.2-4						
7	1.	-.3	.2-1	-.8-3							
8	1.	.3	-.3-2								
9	1.	-.3									
10	1.										

début possible d'une vallée qui aboutirai à [1/7]

début possible d'une autre vallée

coefficients arrondis de la série (23)

Les coefficients des approximants de Padé n'apportent pas une grande information, par contre l'analyse des zéros et des pôles montrer qu'il y a une certaine tendance à la réduction par effet des doublets qui se présentent par paires. Dans le tableau précédent, nous avons indiqué par flèches cette tendance sur l'exemple de [5/4] et [4/5] , dont les doublets sont distribués comme suit :

[5/4]

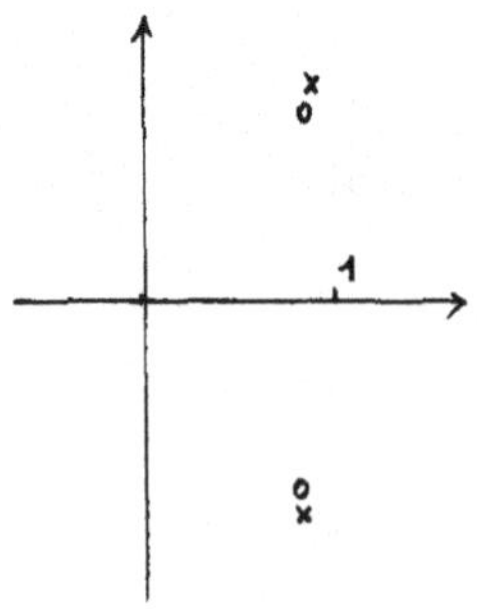

[4/5]

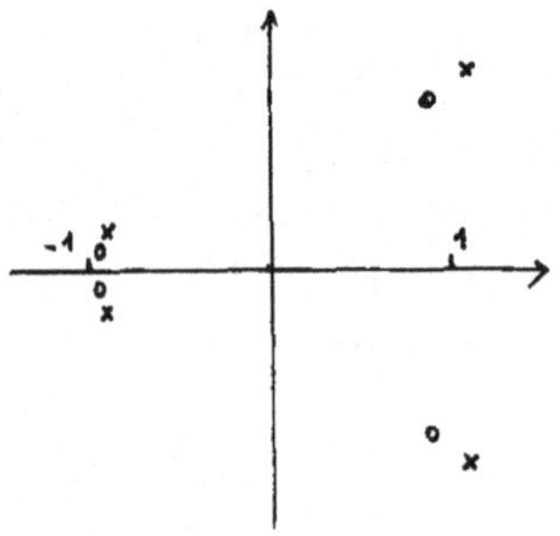

L'analyse des valeurs propres des matrices de Gram confirme les conclusions tirées de la table c . Dans la table suivante nous donnons la plus petite valeur propre sur l'antidiagonale 10 :

[8/2]	[7/3]	[6/4]	[5/5]	[4/6]	[3/7]	[2/8]	[1/9]	[0/10]
.2-4	.6-3	.3-4	.2-3	.1-3	.3-2	.8-5	.2-3	.3
		↑ vallée				↑ vallée		

Notons que si on avait plus d'information pour choisir la seconde vallée, on tomberait nécessairement sur l'approximant de Padé [1/7] qui donne un résultat dix fois meilleur que le meilleur résultat de Van Dyke.

*

* *

CHAPITRE 9

QUELQUES APPLICATIONS DES APPROXIMANTS DE PADE EN ANALYSE NUMERIQUE

Nous présentons dans ce chapitre quelques applications de la méthode ρ et plus généralement, de la méthode d'approximation de Padé, aux problèmes relevant d'analyse numérique.

Au premier paragraphe on décrit un algorithme d'extrapolation des coefficients de Fourier d'une fonction dont l'échantillonnage ne permet de calculer qu'un nombre limité de ces coefficients par la discrétisation des intégrales qui les définissent. On montre sur plusieurs exemples que dans le cas des fonctions qui présentent certaines régularités, et dont l'utilisation est fréquente dans de multiples problèmes de nature physique, la méthode ρ permet une extrapolation raisonnable d'une cinquantaine de coefficients de Fourier à partir d'une douzaine de coefficients déterminés numériquement. De plus la méthode d'extrapolation concurrence sérieusement la méthode du calcul direct des coefficients de Fourier dans le cas où l'échantillonnage donné d'une fonction est suffisant pour calculer le nombre voulu (dans notre cas 50) de coefficients. Il convient de remarquer que cette méthode d'extrapolation est justifiée au même titre que la méthode ρ pour les fonctions de Stieltjes et les fonctions de classe $\mathcal{S}$, mais elle donne aussi des résultats satisfaisants pour d'autres fonctions.

Au paragraphe 2 nous présentons une méthode de la double

accélération de la convergence par approximants de Padé, d'un processus itératif faisant intervenir les séries tronquées. Le problème particulier traité en détail dans ce paragraphe est celui de calculer une transformation conforme ; en fait il n'est présenté ici qu'à titre d'exemple de l'efficacité de la méthode générale d'accélération de convergence exposée ensuite, et qui s'applique aux problèmes entrant dans le cadre suivant :

Soit G l'espace des germes de fonctions holomorphes à l'origine et A un opérateur qui applique G dans G. Soit $\mathcal{F}$ l'espace des fonctions analytiques dans le disque unité. Soit un élément f de $\mathcal{F}$ tel que $Af = f$ et que pour f_0 donné dans G le processus itératif $Af_n = f_{n+1}$ $(\forall j : f_j \in G)$ converge vers f, c'est-à-dire

$$\lim_{n \to \infty} f_n = \lim_{n \to \infty} A^n f_0 = f .$$

Dans les calculs pratiques les fonctions f_n étant remplacées par les séries tronquées, notre amélioration porte essentiellement sur leur remplacement par les approximants de Padé sélectionnés selon la méthode ϱ. Les fonctions f_n, dont nous savons peu de choses, n'appartiennent pas nécessairement à la classe $\mathcal{S}$ ou à celle de Stieltjes. C'est donc précisément le cas où la méthode ϱ n'est pas justifiée a-priori et pourtant nous verrons qu'elle donne d'excellents résultats. Certaines régularités observées dans l'évolution des coefficients des séries f_n au fur et à mesure des itérations suggèrent en plus l'utilisation de l' ε -algorithme pour leur extrapolation. L'algorithme itératif initial peut être ainsi doublement accéléré et dans le cas des exemples que nous traitons le temps global du calcul a pu être ainsi divisé par un facteur allant de 4 à 10 .

Nous nous attardons ensuite sur un problème important (mais quelque peu en marge de notre sujet) encore non résolu : la convergence éventuelle des algorithmes de calcul pour la transformation conforme en question.

Le paragraphe 3 traite d'une possibilité d'application des approximants de Padé à certaines équations intégrales linéaires où figurent à la fois une convolution et une multiplication. Le problème consiste essentiellement à approcher une fonction par une somme (finie) d'exponentielles ajustée sur les moments ; la transformée de Laplace le ramène à un problème d'approximants de Padé. De nombreux travaux traitent de la résolution du problème des moments par les approximants de Padé et, dans ce dernier paragraphe, notre contribution se limite à quelques suggestions, et à la présentation d'expériences numériques destinées à débroussailler la direction proposée.

9.1 EXTRAPOLATION DES COEFFICIENTS DE FOURIER D'UNE FONCTION INSUFFISAMMENT ECHANTILLONNEE A L'AIDE DE LA METHODE ϱ

Soit g une fonction analytique dans la couronne $1-\varepsilon < |z| < 1+\varepsilon$ ($0<\varepsilon\leq 1$). Considérons sa série de Laurent dans cette couronne :

$$g:\quad g(z) = \sum_{n=1}^{\infty} c_{-n}\left(\frac{1}{z}\right)^n + \sum_{n=0}^{\infty} c_n z^n \tag{1}$$

$$c_n = \frac{1}{2\pi i}\oint_{|z|=1} \frac{g(z)\,dz}{z^{n+1}} = \frac{1}{2\pi}\int_{-\pi}^{\pi} f(x)e^{-inx}dx \tag{2}$$

où

$$f:\quad f(x) = g\left(e^{ix}\right) = \sum_{-\infty}^{\infty} c_n e^{inx}. \tag{3}$$

Notons respectivement par C_- et C_+ les deux séries dans le membre de droite de (1). Nous allons sommer séparemment ces séries par la méthode d'approximation de Padé [104 ; 107] (cf. aussi [114]) :

$$g(z) = [m_1/n_1]_{C_-}\left(\frac{1}{z}\right) + [m_2/n_2]_{C_+}(z) + O\left[\left(\frac{1}{z}\right)^{m_1+n_1+2}\right] + O\left[z^{m_2+n_2+1}\right]. \tag{4}$$

Les approximants de Padé $[m_1/n_1]$ et $[m_2/n_2]$ sont calculés à partir de $L = m_1+m_2+n_1+n_2+2$ coefficients c_j ($j = -m_1-n_1-1,\dots,0,\dots,m_2+n_2$). Par les développements en séries des approximants $[m_1/n_1]$ et $[m_2/n_2]$ nous extrapolerons les autres coefficients de Fourier de la série f. Pour les choix des meilleurs approximants de Padé $[m_1/n_1]$ et $[m_2/n_2]$ il convient, bien sûr, de se référer à la norme (8.2)

$$S^{m/n}(r) = \Big(\sum_{j=m+n+1}^{\infty} |c_j - c_j^{m/n}|^2 r^{2j}\Big)^{\frac{1}{2}}.$$

Nous choisirons cependant les meilleurs approximants de Padé selon la méthode ϱ , car en pratique, ne disposant que d'un nombre limité des coefficients, nous ne pouvons pas estimer de normes (8.2). Pour tester cette méthode nous choisirons les exemples où nous connaissons tous les coefficients de Fourier. Cela nous permet d'estimer les différences entre les coefficients de Fourier c_j et les coefficients de Fourier extrapolés $c_j^{m/n}$. C'est aussi en quelque sorte le test de la méthode ϱ . Nous irons plus loin : nous nous fixerons un échantillonnage discret de la fonction f et nous déterminerons par la méthode d'intégration par trapèzes les premiers coefficients de Fourier. Nous les noterons $\bar{c}_j$ et nous les appellerons "coefficients calculés". Nous appliquerons la méthode ϱ aux coefficients calculés $\bar{c}_j$, et nous comparerons les coefficients extrapolés notés cette fois $\bar{c}_j^{m/n}$ aux coefficients exacts. Cela nous place dans les conditions réalistes d'un travail numérique et une fois de plus nous pourrons estimer l'effet de l'erreur dont sont entachés les coefficients $\bar{c}_j$ sur le résultat final.

Cas particulier :

Etant donné que l'algorithme s'applique séparément aux séries C_- et C_+ nous choisirons pour tester la méthode les exemples où la série C_- n'existe pas, c'est-à-dire le cas des fonctions g analytiques dans le disque unité. Si en plus les fonctions g sont symétriques par rapport à l'axe des réels :

$$\overline{g(z)} = g(\bar{z}) , \qquad (5)$$

la barre signifiant ici la conjugaison complexe, alors la formule (2) s'écrit dans ce cas :

$$c_n = \frac{1}{\pi}\int_0^\pi \mathrm{Re}\left(f(x)e^{-inx}\right)dx = \frac{1}{\pi}\int_0^\pi |f(x)| \cos[nx - \arg f(x)]dx . \qquad (6)$$

Si nous nous donnons, comme information de départ, les valeurs de la fonction f en $k+1$ points équidistants de $[0,\pi]$:

$$x_j = \frac{j}{k}\pi \qquad (j = 0,1,\ldots,k) , \qquad (7)$$

alors on ne peut calculer par la discrétisation de (6) que 2k coefficients $\bar{c}_n$. En effet si $n = 2k + p$, alors on a $\exp(inx_j) = \exp(ipx_j)$ et par conséquent on obtient $\bar{c}_{2k+p} = \bar{c}_p$. Ceci est dit d'ailleurs assez clairement dans un théorème de Shannon. L'extrapolation des autres coefficients à partir de cette information est donc apparemment illusoire. Cependant dans de nombreux problèmes de physique mathématique on étudie en général les fonctions qui possèdent certaines "bonnes" propriétés de continuité : dérivées, modules ou arguments de ces fonctions sont continues et à variation lente. S'il est souvent difficile de décrire de façon explicite ces propriétés, elles se résument par le fait que les premiers coefficients de la série de Fourier de telles fonctions contiennent presque la totalité de l'information sur les fonctions en question. Si c'est le cas, alors les écarts entre les ceofficients extrapolés et les vrais ne doivent pas être très grands.

Nous montrerons sur plusieurs exemples que la méthode ρ est parfaitement adaptée à ce type d'extrapolation. Les fonctions g (cf. (3) et (5)) choisies pour ces exemples sont :

1) $g_1 : \quad g_1(z) = \log(1.5 + z)$;

échantillonnage de f : 8 et 101 points dans $[0, \pi]$;
extrapolation par $[6/6]_g$.

2) $g_2 : \quad g_2(z) = \log(1.1 + z)$;

échantillonnage de f : 8 points dans $[0, \pi]$;
extrapolation par $[6/6]_g$.

3) $g_3 : \quad g_3(z) = \log(1.001 + z)$;

échantillonnage de f ; 24 points dans ;
extrapolation par $[6/6]_g$.

4) g_4 : $g_4(z)=\frac{1}{1.5-z}+\frac{1}{2-z}+\frac{1}{2.5-z}+\frac{1}{3-z}$;

échantillonnage de f : 24 points dans $[0,\pi]$;
extrapolation par $[3/4]_g$.

5) g_5 : $g_5(z)=(1.5+z)^{1.5}$

échantillonnage de f : 101 points dans $[0,\pi]$;
extrapolation par $[4/4]_g$ (?!!!).

Dans les quatres premiers cas, l'extrapolation est faite par le meilleur approximant de Padé empirique (*) choisi par la méthode ρ . Dans le dernier exemple la méthode ρ indique l'approximant $[5/4]_{g_5}$, mais nous nous sommes "trompés" délibérement dans ce choix pour voir quel sera l'effet de cette erreur.

Notons également que dans les trois premiers exemples nous approchons le point singulier de la fonction g vers le cercle unité sur lequel on intégre : $z=-1.5$, $z=-1.1$, $z=-1.001$. Nous déséquilibrons ainsi la fonction intégrée dans (6) sur $[0,\pi]$: dans le troisième exemple, elle est de l'ordre de -1 pour x = 0 et de l'ordre de -7 pour $x=\pi$. Si on tient compte en plus de la modulation par $\cos nx$, alors on voit que les coefficients $\bar{c}_j$, pour un échantillonnage constant, seront de plus en plus mal calculés, que la singularité en question sera plus proche du cercle unité. Nous voulions précisément examiné l'effet de la proximité de cette singularité sur le résultat final, c'est-à-dire sur les coefficients extrapolés.

Dans le quatrième exemple on a $g_4 = [3/4]_{g_4}$, donc si on ne commettait pas d'erreur sur les coefficients calculés, les coefficients extrapolés seraient égaux aux coefficients exacts. On pourra ainsi voir jusqu'à quel indice on peut faire confiance à la procédure d'intégration dans (6) et à partir de quel indice il vaut mieux

(*) Le terme "empirique" pourrait être omis ici, car les fonctions examinées dérivent directement des fonctions de Stieltjes ou de classe $\mathcal{S}$ pour lesquelles la méthode ρ est justifiée.

se fier à l'extrapolation.

Si nous extrapolons les coefficients de Fourier par l'approximant $[m/n]$, alors il suffit de résoudre le système d'équations pour le dénominateur :

$$\sum_{j=1}^{n} c_{k-j}\, q_j = -c_k \qquad k = m+1, \ldots, m+n \tag{8}$$

et les coefficients extrapolés seront calculés d'après la formule (8.9):

$$\forall k > m+n : \qquad c_k = -\sum_{j=1}^{n} q_j\, c_{k-j} \,, \tag{9}$$

étant bien entendu que les coefficients $c_0, \ldots, c_{m+n}$ devaient déjà être calculés par (6).

Dans chaque exemple notre analyse portera sur 50 coefficients. Avec un échantillonnage en 8 points on ne peut calculer que 14 coefficients, donc dans ce cas l'extrapolation est le seul moyen d'obtenir les autres. En passant dans le premier exemple de 8 à 101 points, ce qui augmente considérablement le coût du calcul des coefficients $\bar{c}_j$, nous voulions voir si la précision au niveau des coefficients extrapolés $\bar{c}_j^{\,m/n}$ augmente dans les mêmes proportions. Nous verrons que pour cet exemple il n'en est rien et le cas de 8 points est sensiblement équivalent au cas de 101 points.

Notons encore que les paramètres q_j calculés par (8) et utilisés dans (9) sont définis par les coefficients $c_{m-n+1}, \ldots, c_{m+n}$. Ce sont donc les seuls coefficients qui interviennent réellement dans l'extrapolation ; nous les entourerons dans les tableaux qui suivent.

Au lieu de présenter les coefficients, nous donnons dans ces tableaux les erreurs relatives en pourcentage calculées par rapport aux coefficients exacts c_j ; par exemple pour les nombres k_j ces erreurs sont définies par :

$$\forall j : \quad E(k_j) = \frac{k_j - c_j}{c_j} \times 100 \quad .$$

Chaque tableau, pour chaque échantillonnage, contient quatre colonnes

- la première contient les coefficients exacts c_j ;
- la seconde contient les erreurs $E(c_j^{m/n})$ dont sont entachés les coefficients extrapolés à partir des coefficients exacts ;
- la troisième contient les erreurs $E(\bar{c}_j)$ dont sont entachés les coefficients calculés ;
- la quatrième contient les erreurs $E(\bar{c}_j^{m/n})$ dont sont entachés les coefficients extrapolés à partir des coefficients calculés.

Les colonnes 2 et 4 ne contiennent rien jusqu'à l'indice m+n ; il est bien entendu qu'il s'agit là de la transcription des valeurs provenant des colonnes situées immédiatement à gauche. Nous noterons "?" les endroits où l'erreur dépasse 1000%. Nous ne reproduirons que des valeurs significatives.

$g_1 : \quad g_1(z) = \log(1.5 + z)$

extrapolation par [6/6]

n	c_n	échantillonnage de f: 8 points $E(c_n^{6/6})$	8 points $E(\bar{c}_n)$	8 points $E(\bar{c}_n^{6/6})$	101 points $E(c_n^{6/6})$	101 points $E(\bar{c}_n)$	101 points $E(\bar{c}_n^{6/6})$
0	.41		-.06045			-.00	
1	.67		.0229			-.00	
2	-.22		.043			-.00	
3	.99-1		.061			.00	
4	-.49-1		.076			.00	
5	.26-1		.090			.00	
6	-.15-1		.10			.00	
7	.84-2		.11			.00	
8	-.49-2		.12			.00	
9	.29-2		.13			.00	
10	-.17-2		.14			-.00	
11	.11-2		.15			.00	
12	-.64-3		.16			.00	
13	.40-3	-.01	.1633	.1615	.	-.00	-.00
14	-.24-3	-.01	?	.15	.	.00	-.01
15	.15-3	-.01	?	.12	.	.00	-.04
16	-.95-4	-.02	?	.06	.	.00	-.09
17	.60-4	-.03	?	-.05	.	.00	-.18
18	-.38-4	-.05	?	-.21	.	-.00	-.32
19	.24-4	-.09	?	-.43	.	.00	-.51
20	-.15-4	-.15	?	-.73	.	.00	-.76
21	.95-5	-.23	?	-1.1	.	.01	-1.1
22	-.61-5	-.34	?	-1.6	.	-.00	-1.5
23	.39-5	-.48	?	-2.1	.	.04	-2.0
24	-.25-5	-.66	?	-2.7	.	.00	-2.5
25	.16-5	-.88	?	-3.5	.	.05	-3.2
26	-.10-5	-1.1	?	-4.3	.	.05	-3.9
27	.65-6	-1.5	?	-5.1	.	.01	-4.7
28	-.42-6	-1.8	?	-6.1	.	-.05	-5.6
29	.27-6	-2.2	?	-7.1	.	.21	-6.5
30	-.17-6	-2.7	?	-8.2	.	.12	-7.5
31	.11-6	-3.2	?	-9.4	.	1.5	-8.6
32	-.72-7	-3.8	?	-11	.	.60	-9.8
33	.49-7	-4.4	?	-12	.	3.1	-11
34	-.30-7	-5.0	?	-13	.	4.8	-12
35	.20-7	-5.7	?	-15	.	5.6	-14
36	-.13-7	-6.5	?	-16	.	4.3	-15
37	.82-8	-7.3	?	-18	.	25	-16
38	-.54-8	-8.1	?	-19	.	11	-18
39	.35-8	-9.0	?	-20	.	24	-19
40	-.23-8	-9.9	?	-22	.	55	-21
41	.15-8	-11	?	-24	.	32	-22
42	-.96-9	-12	?	-25	.	-22	-24
43	.62-9	-13	?	-27	.	91	-25
44	-.41-9	-14	?	-28	.	-63	-27
45	.26-9	-15	?	-30	.	125	-28
46	-.17-9	-16	?	-31	.	289	-30
47	.11-9	-17	?	-33	.	?	-31
48	-.74-10	-18	?	-34	.	?	-33
49	.48-10	-19	?	-36	.	?	-34

Conclusions :

On remarque d'abord que l'échantillonnage en 101 points conduit aux résultats sensiblement les mêmes que l'échantillonnage en 8 points. Cela montre déjà que pour utiliser notre méthode d'extrapolation il est inutile de pousser dans la précision du calcul des coefficients $\bar{c}_n$.

Pour un échantillonnage en 8 points, qui ne permet de calculer en réalité que 14 coefficients, on obtient par extrapolation une erreur inférieure à 1% sur 21 coefficients et inférieure à 10% sur 32. L'erreur de 36% sur le 50-ième coefficient $(\bar{c}_{49}^{6/6})$ au vu de l'échantillonnage en 8 points et du fait que ce coefficient est déjà de l'ordre de 10^{-10} nous paraît quand même un excellent résultat.

(La colonne $E(c_n^{6/6})$ du cas "101 points" est identique à la colonne analogue du cas "8 points").

g_2 : $g_2(z) = \log(1.1 + z)$

échantillonnage de f : 8 points ; extrapolation par [6/6]

n	c_n	$E(c_n^{6/6})$	$E(\bar{c}_n)$	$E(\bar{c}_n^{6/6})$
0	.0953		-22.9	
1	.909		2.0	
2	-.413		3.9	
3	.250		5.5	
4	-.171		6.9	
5	.124		8.2	
6	-.0941		9.4	
7	.0733		10.5	
8	-.0583		11.5	
9	.		12.4	
10	.		13.2	
11	.		14.0	
12	.		14.7	
13	.	-.00014	15.4254	15.4253
14	.	-.001	?	16.
15	.	-.004	?	17.
16	.	-.01	?	17.
17	.	-.02	?	18.
18	.	-.05	?	18.
19	.	-.09	?	19.
20	.	-.14	?	19.
21	.	-.23	?	19.
22	.	-.3	?	19.
23	.	-.5	?	20.
24	.	-.7	?	20.
25	.	-.9	?	20.
26	.	-1.1	?	20.
27	.	-1.5	?	20.
28	.	-1.8	?	19.5
29	.	-2.3	?	19.3
30	.	-2.7	?	18.9
31	.	-3.2	?	18.5
32	.	-3.8	?	18.0
33	.	-4.4	?	17.5
34	.	-5.1	?	16.9
35	.	-5.8	?	16.2
36	.	-6.6	?	15.4
37	.	-7.4	?	14.6
38	.	-8.2	?	13.7
39	.	-9.1	?	12.8
40	.	-10.0	?	11.8
41	.	-11.0	?	10.8
42	.	-12.0	?	9.7
43	.	-13.0	?	8.6
44	-.343-03	-14.1	?	7.4
45	.305-03	-15.1	?	6.2
46	-.211-03	-16.2	?	5.0
47	.241-03	-17.4	?	3.7
48	-.215-03	-18.5	?	2.4
49	.191-03	-19.6	?	1.1

Conclusions :

La singularité de la fonction g s'approche du cercle unité et les coefficients calculés $\bar{c}_n$ servant à l'extrapolation sont déjà entachés des erreurs qui atteignent 15%. C'était prévu. Cependant dans l'extrapolation on observe une certaine stabilité des $\bar{c}_n^{6/6}$ et l'erreur $E(\bar{c}_n^{6/6})$ diminue, atteignant 1% pour $n = 41$; à partir de n = 41, $\bar{c}_n^{6/6}$ sont meilleurs que $c_n^{6/6}$. Il s'agit là d'une compensation tout-à-fait accidentelle et on ne peut pas la retenir comme qualité de la méthode.

$g_3: \quad g_3(z) = \log(1.001 + z)$

échantillonnage de f: 24 points ; extrapolation par [6/6]

n	c_n	$E(c_n^{6/6})$	$E(\bar{c}_n)$	$E(\bar{c}_n^{6/6})$
0	.001		?	
1	1.0		6.7	
2	-.50		13.	
3	.33		20.	
4	-.25		26.	
5	.20		32.	
6	-.17		38.	
7	.14		44.	
8	-.12		50.	
9	.11		56.	
10	-.10		61.	
11	.090		67.	
12	-.082		73.	
13	.076	-.00	78.	78.
14	-.070	-.00	83.	83.
15	.066	-.00	89.	89.
16	-.062	-.01	94.	94.
17	.058	-.02	99.	99.
18	-.055	-.05	104.	104.
19	.052	-.09	109.	109.
20	-.049	-.15	114.	114.
21	.047	-.23	119.	119.
22	-.044	-.34	124.	123.
23	.042	-.49	128.	128.
24	-.041	-.68	133.	133.
25	.039	-.91	138.	137.
26	-.037	-1.2	142.	141.
27	.036	-1.5	147.	145.
28	-.035	-1.9	151.	149.
29	.033	-2.3	156.	153.
30	-.032	-2.8	160.	157.
31	.031	-3.3	165.	161.
32	-.030	-3.9	169.	164.
33	.029	-4.5	173.	167.
34	-.028	-5.2	177.	171.
35	.028	-5.9	182.	174.
36	-.027	-6.7	186.	177.
37	.026	-7.5	190.	179.
38	-.025	-8.3	194.	181.
39	.025	-9.2	198.	184.
40	-.024	-10.	202.	187.
41	.023	-11.	206.	189.
42	-.023	-12.	210.	191.
43	.022	-13.	213.	193.
44	-.022	-14.	217.	195.
45	.021	-15.	221.	196.
46	-.021	-16.	220.	198.
47	.020	-18.	?	199.
48	-.020	-19.	?	200.
49	.019	-20.	?	202.

Conclusions :

Le $\overline{C}_0$ est entaché d'une erreur supérieure à 1000%, mais il n'intervient pas dans l'extrapolation. La singularité de la fonction g atteint presque le cercle unité et, comme prévu, les coefficients calculés $\overline{c}_n$ sont très mauvais. Notons cependant que l'extrapolation $(\overline{c}_n^{6/6})$ n'est pas tellement plus mauvaise que l'intégration $(\overline{c}_n)$.

$$g_4 : \quad g_4(z) = \frac{1}{1.5-z} + \frac{1}{2-z} + \frac{1}{2.5-z} + \frac{1}{3-z}$$

échantillonnage de f : 24 points ; extrapolation par [3/4]

n	c_n	$E(c_n^{3/4})$	$E(\bar{c}_n)$	$E(\bar{c}_n^{3/4})$
0	1.9		-.00	
1	.97		-.00	
2	.52		.00	
3	.30		.00	
4	.18		.00	
5	.11		.00	
6	.68-1		.00	
7	.44-1		-.00	
8	.28-1	-.00	.00	-.00
9	.	-.00	.00	-.00
10	.12-1	-.00	.00	-.00
11	.80-2	-.00	.00	-.00
12	.	-.00	.00	-.01
13	.	-.00	.00	-.01
14	.	-.01	.00	-.02
15	.	-.01	.00	-.02
16	.10-2	-.01	.00	-.03
17	.68-3	-.02	.00	-.04
18	.	-.02	.00	-.06
19	.	-.02	-.00	-.07
20	.	-.03	.00	-.08
21	.	-.04	-.00	-.10
22	.89-4	-.04	.01	-.12
23	.	-.05	-.00	-.13
24	.	-.05	.02	-.15
25	.	-.06	.01	-.17
26	.	-.07	.05	-.19
27	.	-.08	-.04	-.21
28	.78-5	-.08	.14	-.23
29	.	-.09	.01	-.24
30	.	-.10	.43	-.26
31	.	-.10	.06	-.28
32	.	-.11	.70	-.30
33	.	-.12	-.13	-.32
34	.69-6	-.13	1.4	-.34
35	.	-.13	-.24	-.36
36	.	-.14	2.5	-.38
37	.	-.15	-1.3	-.41
38	.	-.16	7.0	-.43
39	.90-7	-.17	3.9	-.45
40	.	-.17	24.	-.47
41	.	-.18	-8.1	-.49
42	.	-.19	14.	-.51
43	.	-.20	-38.	-.53
44	.	-.20	156.	-.55
45	.79-8	-.21	?	-.57
46	.	-.22	?	-.59
47	.	-.23	?	-.61
48	.	-.23	?	-.63
49	.16-8	-.24	?	-.65

Conclusions :

L'exemple idéal, car $[3/4]_g = g$. L'extrapolation des $\bar{c}_m^{3/4}$ est approximativement deux fois plus mauvaise que l'extrapolation des $c_m^{3/4}$, tout en donnant l'erreur nettement inférieure à 1% sur 50 coefficients. Ici encore, à partir de $\bar{c}_{30}$ il vaut mieux ne pas se fier à l'intégration.

g_5 : $g_5(z) = (1.5+z)^{1.5}$

échantillonnage de f : 101 points ; extrapolation par [4/4].

n	c_n	$E(c_n^{4/4})$	$E(\bar{c}_n)$	$E(\bar{c}_n^{4/4})$
0	1.8		-.00	
1	1.8		-.00	
2	.31		.00	
3	-.34-1		-.00	
4	.85-2		.00	
5	-.28-2		-.00	
6	.11-2		.00	
7	-.47-3		-.00	
8	.22-3		.00	
9	-.10-3	-.55	-.00	-.54
10	.52-4	-2.2	.01	-2.1
11	.	-5.2	-.03	-5.2
12	.	-9.6	.02	-9.5
13	-.76-5	-15.	-.04	-15.
14	.	-21.	-.03	-21.
15	.	-28.	-.15	-28.
16	.	-35.	.44	-35.
17	-.74-6	-42.	.19	-42.
18	.	-49.	.11	-48.
19	.	-55.	-.10	-55.
20	.	-61.	-.14	-60.
21	-.85-7	-66.	1.9	-66.
22	.	-71.	9.1	-70.
23	.	-75.	-12.	-75.
24	.	-79.	16.	-78.
25	.	-81.	-38.	-82.
26	.64-8	-85.	-2.4	-85.
27	.	-87.	9.5	-87.
28	.	-89.	7.6	-89.
29	.	-91.	?	-91.
30	.	-92.	?	-92.
31	.88-9	-94.	-2.9	-94.
32	.	-95.	757.	-95.
33	.	-96.	266.	-96.
34	.	-96.	?	-96.
35	-.78-10	-97.	?	-97.
36	.	-98.	?	-98.
37	.	-98.	?	-98.
38	.	-98.	?	-98.
39	.	-99.	?	-99.
40	.73-11	-99.	?	-99.
41	.	-99.	?	-99.
42	.	-99.	?	-99.
43	.	-99.	?	-99.
44	.	-100.	?	-100.
45	-.71-12	-100.	?	-100.
46	.	-100.	?	-100.
47	.	-100.	?	-100.
48	.	-100.	?	-100.
49	-.11-12	-100.	?	-100.

Conclusions :

L'erreur commise délibérement sur le choix du meilleur approximant de Padé, qui devrait être [5/4], se répercute de façon catastrophique sur les coefficients extrapolés.

En regardant l'erreur $E(\bar{c}_m)$ on constate, encore une fois, que la méthode d'intégration par trapèzes a ses limites ; ici, environ 20 coefficients seulement sont bien calculés en simple précision (à 9 chiffres représentatifs).

En récapitulant, nous estimons que les résultats numériques obtenus sont très convaincants et parlent aussi bien en faveur de la méthode d'extrapolation qu'en faveur de la méthode ϱ . On note également que l'extrapolation dans le cas d'un échantillonnage insuffisant est souvent meilleure que l'intégration avec un échantillonnage beaucoup plus fin. Il convient toutefois de préciser que les fonctions que nous avons choisies pour ces exemples sont directement liées aux fonctions de Stieltjes.

9.2 DOUBLE ACCELERATION DU CALCUL ITERATIF D'UNE TRANSFORMATION CONFORME A L'AIDE DE LA METHODE ρ ET DE L' ε -ALGORITHME

Le problème de la détermination numérique d'une transformation conforme qui fait l'objet de ce paragraphe a pour origine l'étude de la diffraction des ondes électromagnétiques par un réseau périodique infini et infiniment conducteur. Ce problème de physique a fait l'objet de multiples travaux de M. Cadilhac et M. Nevière (cf. par exemple [106] et [135]) et nous ne le mentionnerons ici qu'assez brièvement. Le problème du calcul de la transformation conforme elle-même est en soi un problème indépendant et très riche et nous ne nous servirons de ce problème que pour montrer comment la méthode d'approximation de Padé peut intervenir utilement dans un processus numérique itératif.

La complexité du problème fait qu'il nous est impossible de reproduire ici les résultats numériques que nous avons accumulés durant deux années et nous ne donnerons que des résultats qualitatifs pour situer rapidement les difficultés et les améliorations que nous y avons apportées.

Il convient de préciser que les algorithmes itératifs de calcul de la transformation conforme qui seront exposés plus loin n'ont toujours pas reçu de justification théorique. Leur convergence n'a été constatée que numériquement et on ne peut tester que certaines propriétés des solutions numériques, sans savoir vraiment si ces solutions sont fondées mathématiquement ou non. Dans certains cas ces solutions sont même nettement mauvaises. Mais notre apport se situe essentiellement au niveau de l'accélération de la convergence de ces algorithmes numériques et nous ne discuterons pas ici leur fondement outre mesure.

Considérons la section verticale d'un réseau métallique qui reçoit une onde plane monochromatique de vecteur d'onde $\vec{k}$ $\left(k = |\vec{k}| = \frac{2\pi}{\lambda}\right)$ dans le plan xOy :

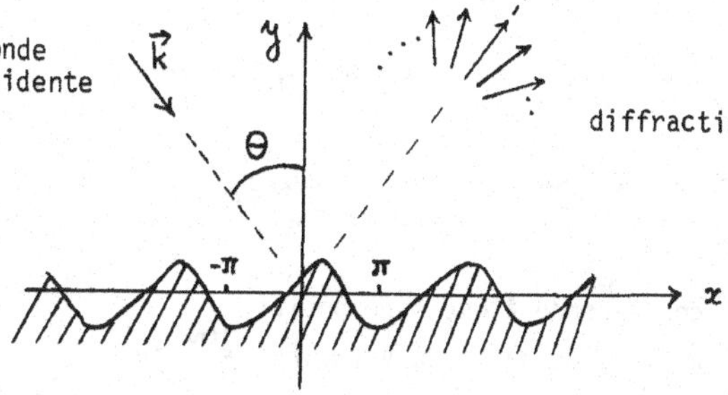

Par convention nous dirons que cette représentation est donnée dans le "plan z" :

$$z = x + iy .$$

le profil du réseau est donné et représenté par la fonction $f : x \mapsto f(x)$ qui, par hypothèse, est périodique : $\forall x : \quad f(x+2\pi) = f(x)$.

Nous nous intéressons aux ondes diffractées dans les différents ordres.

Ce problème est régi par l'équation d'Helmholtz :

$$\forall y > f(x) : \qquad (\Delta_{xy} + k^2)\,\varphi(x,y) = 0 \tag{10}$$

où φ est la somme du champ diffracté et du champ incident, ce dernier étant :

$$\varphi_{in}(x,y) = e^{ik(x \sin\theta - y\cos\theta)} ,$$

avec les conditions aux limites qui sont :

1') $\quad \forall x ,\ y = f(x) : \qquad \varphi(x,y) = 0$

si le champ électrique de l'onde incidente est parallèle aux sillons du réseau ;

1") $\quad \forall x ,\ y = f(x) : \qquad \dfrac{\partial \varphi(x,y)}{\partial y} = 0$

si le champ magnétique de l'onde incidente est parallèle aux sillons du réseau ;

2) La condition "d'ondes sortantes" qui impose que pour y tendent vers $+\infty$:

$$\varphi(x,y) - \varphi_{in}(x,y) \simeq \sum_n B_n e^{ik_y^{(n)}y + ik_x^{(n)}x} \quad ; \quad k_y^{(n)} > 0$$

c'est-à-dire que $\varphi - \varphi_{in}$ corresponde à une superposition d'ondes planes sortantes dont la composante du vecteur $\vec{k}^{(n)}$ sur l'axe des y soit positive.

C'est donc une équation elliptique dans un domaine non-borné avec les conditions aux limites sur le réseau et certaines conditions à l'infini.

Considérons la figure suivante où, pour simplifier, le profil du réseau est symétrique:

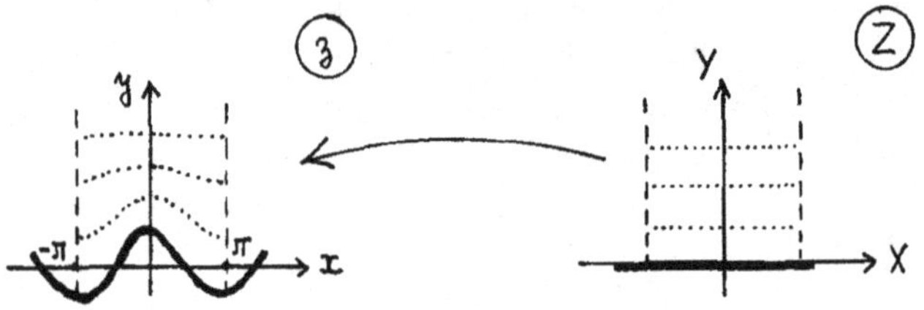

Si on connaît la transformation conforme de la bande délimitée dans le "plan Z" en bande délimitée dans le "plan $\mathfrak{z}$" :

$$\mathfrak{z} : \; Z \longmapsto \mathfrak{z}(Z) , \tag{11}$$

transformation qui satisfait à une condition à l'infini qui sera précisée, alors l'équation (10) se transforme en l'équation

$$\left(\Delta_{XY} + k^2 \left| \frac{d\mathfrak{z}}{dZ} \right|^2 \right) \Phi(X,Y) = 0 \tag{12}$$

avec, cette fois, des conditions aux limites sur la droite $Y=0$.
Si l'on sait intégrer l'équation (12), la difficulté est alors reportée dans le calcul de la transformation conforme (11) qui doit satisfaire à :

$$Y=0,\ \forall X: \qquad z(X) = x(X) + i y(X) \quad [y(X) = f(x(X))]$$

$$Y \to +\infty: \qquad z \sim Z + i b_0 , \tag{13}$$

où :

$$x: \quad x(Z) = \mathrm{Re}\, z(Z) = \mathrm{Re}\, z(X+iY),$$

$$y: \quad y(Z) = \mathrm{Im}\, z(Z) = \mathrm{Im}\, z(X+iY),$$

afin d'éviter de perturber la condition d'ondes sortantes.
M. Cadilhac a proposé de chercher cette transformation conforme sous forme d'une série :

$$z: \ z(Z) = Z + i \sum_{n=0}^{\infty} b_n e^{inZ} \tag{14}$$

et de déterminer les coefficients b_n en se servant de la condition (13), qui peut s'écrire :

$$x: \quad x(X) = X - \sum_{n=0}^{\infty} b_n \sin nX \tag{15}$$

$$f: \quad f(x(X)) = \sum_{n=0}^{\infty} b_n \cos nX . \tag{16}$$

L'algorithme itératif consiste à introduire les valeurs initiales des b_n dans (15) (par exemple $b_0 = 1$, $b_n = 0$ pour $n > 0$), calculer pour un certain nombre de valeurs des X dans $[-\pi, \pi]$ les valeurs de x , développer f en série des cosinus selon (16) et découvrir ainsi les nouveaux coefficients b_n qui vont servir à l'étape suivante de l'itération.

Par les transformations :

$$w: \quad w(z) = e^{iz}$$

$$W: \quad W(Z) = e^{iZ} \tag{17}$$

(14) devient :

$$w: \quad w(W) = \frac{W}{e^{b(W)}} \tag{18}$$

où :

$$b: \quad b(W) = \sum_{n=0}^{\infty} b_n W^n \tag{19}$$

et où cette fois la représentation conforme w transforme le disque unité dans le "plan W" en un certain domaine D_f limité par la frontière Γ dans le "plan w" :

Un cas intéressant les opticiens est fourni par le réseau sinusoïdal. M. Cadilhac a constaté que pour le réseau défini par :

$$f: \quad f(x) = h \cos x \tag{20}$$

les itérations par les séries tronquées convergent en première estimation vers la fonction :

$$w: \quad w(W) = \frac{W}{\operatorname{ch} h + W \operatorname{sh} h} \quad . \tag{21}$$

Par la suite nous avons fréquemment utilisé cette fonction pour démarrer les itérations dans le cas d'un réseau sinusoïdal.

La décroissance des b_n était assez lente et en analysant soigneusement les valeurs numériques des b_n nous étions amenés à penser que la fonction b possède une, ou même plusieurs singularités logarithmiques proches du disque unité. Pour éliminer cette singularité il était donc naturel de considérer, à la place de la fonction (ou série) b, la fonction β définie par :

$$\beta : \quad \beta(W) = e^{b(W)} = \sum_{n=0}^{\infty} \beta_n W^n . \tag{22}$$

La transformation conforme s'écrit alors :

$$w : \quad w(W) = \frac{W}{\beta(W)} \tag{23}$$

et l'algorithme itératif de M. Cadilhac se transforme en :

$$x : \quad x(X) = X - \arg\beta(e^{iX}) \tag{24}$$

$$\beta : \quad \beta(e^{iX}) = e^{i\arg\beta + f(x(X))} . \tag{25}$$

On introduit dans (24) une suite initiale $\{\beta_n\}$, on calcule les valeurs de x, on les porte dans le membre de droite de (25) que l'on développe en série de Fourier :

$$\sum_{n=-\infty}^{\infty} \beta_n^{(1)} e^{inX} , \tag{26}$$

de laquelle on ne conserve que la partie analytique à l'origine $\sum_{n=0}^{\infty}$ pour l'étape suivante de l'itération. La philosophie de cette méthode consiste précisément à forcer l'annulation des coefficients β_n d'indices négatifs. Etudiant essentiellement les réseaux symétriques, nous profitions des relations suivantes :

$$f(-x) = f(x)$$

$$\arg\beta(e^{-iX}) = -\arg\beta(e^{iX})$$

$$x(-X) = -x(X) .$$

A chaque étape de l'itération il fallait calculer un certain nombre de coefficients β_n avec $n \geq 0$ par la discrétisation des intégrales :

$$\beta_n = \frac{1}{2\pi} \int_{-\pi}^{\pi} e^{f(x(X)) + i(\arg\beta - nX)} dX =$$

$$= \frac{1}{\pi} \int_{0}^{\pi} e^{f[X - \arg\beta(e^{iX})]} \cdot \cos[nX - \arg\beta(e^{iX})] dX \ . \qquad (27)$$

Pour les réseaux sinusoïdaux (20) de hauteur h voisine de 1 ce processus numérique convergeait légèrement plus vite que la première méthode, mais son avantage s'est manifesté surtout dans le fait, qu'on pouvait itérer avec une série tronquée en conservant approximativement la moitié des termes par rapport aux nombres des termes (des b_n) que l'on était obligé de conserver dans la première méthode. Les coefficients β_n décroissaient d'autant plus vite que la hauteur h était petite. Pour obtenir un résultat acceptable nous étions obligés de travailler avec 15 coefficients environ.

Notons que la solution de l'équation (12) se fait précisément par le développement en série de Fourier de la fonction Φ et ce sont les modules au carré des coefficients de cette série qui nous intéressent, car ils représentent les énergies diffractées dans différents ordres (sous différents angles) négatifs et positifs. Plus l'ordre est grand (en valeur absolue), plus l'énergie diffractée dans cette direction est pteite. Il convient de préciser qu'on somme précisément ces énergies pour vérifier le critère de conservation de l'énergie, le réseau étant infiniment conducteur, donc sans pertes. Ce critère est donc un test de la qualité pour la solution numérique.

Notons que dans l'équation (12) figure uniquement la dérivée de la transformation conforme. On remarque donc que ce sont les premiers coefficients de la série de Fourier β qui vont avoir de l'importance majeure et contribuer aux "grandes" énergies diffractées dans les ordres proches de l'ordre zéro (réflexion miroir). Nous sommes donc placés exactement dans les conditions des problèmes étudiés au paragraphe précédent et en regardant les intégrales (27) et en les comparant aux intégrales (6) on comprend que le problème d'extrapolation des coefficients de Fourier a été motivé par les problèmes que nous étudions ici.

En effet, calculer à chaque étape d'itération 15 coefficients β_m avec un échantillonnage donné représente un coût considérable. D'autre part le critère de conservation de l'énergie n'est jamais parfaitement satisfait et on est conduit à penser que l'on n'a pas pris assez de coefficients β_m. Après ces explications il paraît tout naturel d'appliquer la méthode d'approximation de Padé aux algorithmes itératifs de M. Cadilhac. C'est ce que nous avons fait en obtenant les résultats assez spectaculaires. Nous ne décrirons que notre algorithme final d'une double accélération de la convergence qui est le plus efficace.

Analysons en détail les itérations par (24) et (25). On impose $x(X) = X - \arg\beta$ et on veut satisfaire à $e^{f(x)} = |\beta|$. On commence les itérations avec une "mauvaise" fonction β^0 qui pour un X (ou W) donné définit le point w^0 :

$$w^0(X) = \frac{e^{iX}}{e^{i\arg\beta^0}\,|\beta^0|} .$$

Etant donné que $|\beta^0| \neq e^{f(x^0)}$, le point w^0 ne se trouve pas sur le contour Γ (cf. la figure qui suit). En posant $\beta^1 = e^{i\arg\beta^0 + f(x^0)}$ on définit en effet le point $\overline{w}^1$:

$$\overline{w}^1 = \frac{e^{iX}}{e^{i\arg\beta^0 + f(x^0)}} = \frac{e^{iX}}{\beta^1} = \frac{e^{iX}}{\beta^1_+ + \beta^1_-} \longrightarrow w^1 = \frac{e^{iX}}{\beta^1_+} .$$

Le point $\overline{w}^1$ sur le contour Γ est obtenu par projection le long du rayon du point w^0. On a donc :

$$\arg \beta^{0} = \arg \beta^{1} \tag{28}$$

Le point w^1 qui ne se trouve pas sur le contour Γ est obtenu par la suppression de la partie non-analytique β^1_- de la série de Fourier β^1. On espère (et les résultats numériques le confirment) qu'il se trouve plus près du contour Γ que le point w^0, comme indiqué sur la figure suivante :

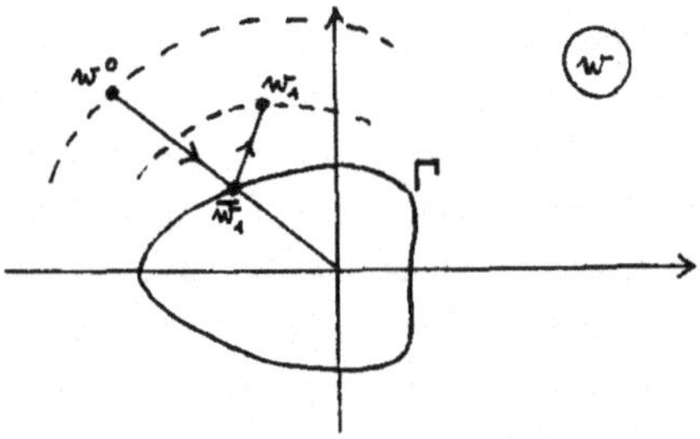

Le remarque (28), ou cette interprétation géométrique, nous montre clairement que ce dernier algorithme de calcul de la transformation conforme est mal adapté aux réseaux présentant de grandes pentes. En effet, prenons à l'extrême les créneaux et considérons le domaine D_Γ dans le plan w :

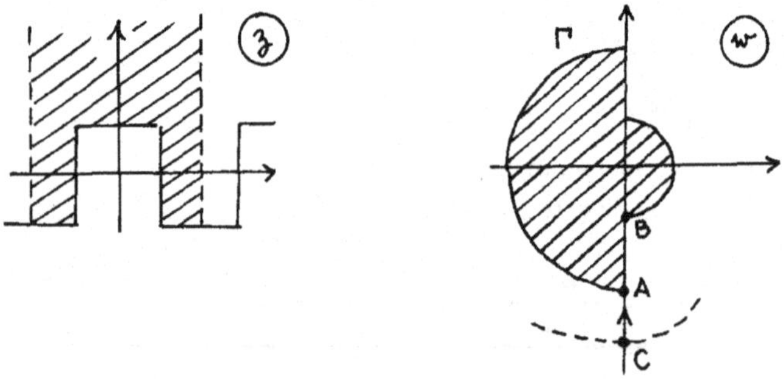

Si le point w^0 se trouve en C on ne saurait pas choisir par projection sur le rayon CAB le contact avec le contour Γ. Il vient donc à l'idée, en se référant à l'électrostatique, d'atteindre le contour Γ par une ligne de force. Cette réflexion nous a conduit à mettre au point avec M. Cadilhac une troisième méthode itérative que nous avons appelée "méthode $k(X)$ " et qui, avec la double accélération de la convergence par la méthode d'approximation de Padé, me servait d'outil définitif pour déterminer ce type de transformations conformes.

Donnons d'abord une interprétation géométrique de la méthode k(X) :

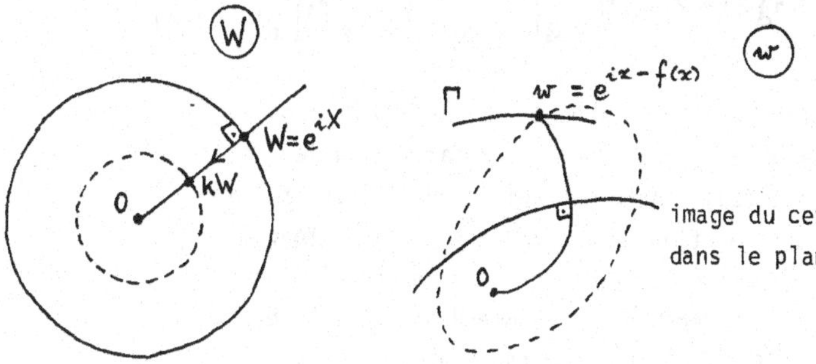

Dans le plan W on cherche sur le rayon (O,W) le point kW , tel que w(kW) soit sur le contour Γ . Pour chaque X , c'est-à-dire pour chaque point du cercle unité $W = e^{iX}$ on détermine k(X) de cette façon. Si pour tout X k(X) = 1 , alors la transformation conforme est trouvée, car ceci signifie que l'image du cercle unité par $w(W) = W/\beta(W)$ est précisément le contour Γ .
La modification de la méthode précédente consiste donc dans les changements :

$$W \longrightarrow kW$$

$$w = \frac{W}{\beta(W)} \longrightarrow w = \frac{kW}{\beta(kW)} \quad .$$

L'algorithme (24), (25) devient par ces changements :

$$x : \quad x(X) = X - \arg\beta\,[k(X)\,e^{iX}] \qquad (29)$$

$$|\beta\,[k(X)e^{iX}]| = \qquad (30)$$

$$\beta(e^{iX}) = e^{f(x(X)) + i\arg\beta[k(X)e^{iX}]} \qquad (31)$$

et (27) devient :

$$\beta_n = \frac{1}{\pi}\int_0^{\pi} e^{f[X - \arg\beta(k(X)e^{iX})]} \cdot \cos[nX - \arg\beta(k(X)e^{iX})]\,dX. \qquad (32)$$

La relation (30) peut être écrite en abrégé $e^f = |\beta|/k$; on est donc conduit à la satisfaire pour chaque X en faisant varier k dans (29) et en vérifiant (30). Autrement dit, pour chaque X on recherche les zéros d'une fonction en déterminant ainsi la fonction $X \longmapsto k(X)$, puis par (32) on calcule les coefficients β_n avec $n \geqslant 0$ et on recommence. Comme dans la méthode précédente les points $w(k(X)e^{iX})$ ne sont pas vraiment calculés, car on ne conserve à chaque itération que la partie β_+ à indices positifs de la série de Fourier. Les itérations convergent si $k(X) = 1$ pour tout X , ou encore si $\beta_n = 0$ pour tout $n < 0$.

Au départ des itérations j'ai observé une certaine régularité dans la modification de la fonction k d'une itération à l'autre qui peut être exprimée approximativement ainsi

$$\operatorname*{Max}_X\,(k_i - 1) = \frac{1}{2}\,\operatorname*{Max}_X\,(k_{i-1} - 1)$$

où i indique l'indice de l'itération. Une fois les coefficients $\{\beta_n\}_{0 \leqslant n \leqslant N}$ stabilisés numériquement, la fonction k présentait de légères oscillations autour de la valeur 1 qui sont dues à la troncature de la série β_- et de la série β_+ à l'indice N. Les valeurs de la fonction $X \mapsto k(X)e^{iX}$ oscillaient donc autour du cercle unité :

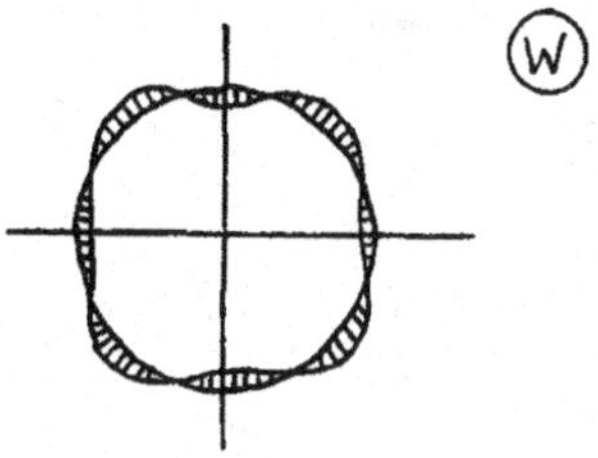

La partie hachurée représente donc l'erreur dans le plan W , c'est donc un des tests de la qualité de la transformation conforme calculée. Etant donné que $|e^{iX} - k(X)e^{iX}| = |1 - k(X)|$, ce test se calcule facilement :

$$T = \| 1 - k \| = \int_{-\pi}^{\pi} |1 - k(X)|\, dX \quad . \tag{33}$$

Si la second méthode itérative convergeait plus vite que la première, sa convergence restait toutefois extrêmement lente pour les profils sinusoïdaux (20) où la hauteur h dépassait 1. La méthode k(X) convergeait beaucoup plus vite et par exemple pour le profil :

$$f : \; f(x) = 4 \cos x \tag{34}$$

en démarrant les itérations avec $\beta : \beta(W) = ch 4 + sh 4 \cdot W$, on avait $\underset{X}{Max} |k(X)| = 1.7$ à la première itération et après la stabilisation des β_m et en itérant avec 50 coefficients on obtenait :

$$\beta_0 = 21.4 \quad , \; \beta_1 = 28.0 \; , \ldots , \; \beta_{49} = .00065$$

où le test T donnait :

$$T \quad = \quad 0.0001 \quad ;$$

toutefois $k(\pi)$ était de l'ordre de 1.1 ce qui signifiait qu'en reproduisant le profil (34) par $\bar{f} : \bar{f}(x) = \log|\beta|$ on reproduisait mal les parties profondes du réseau comme indiqué sur la figure suivante :

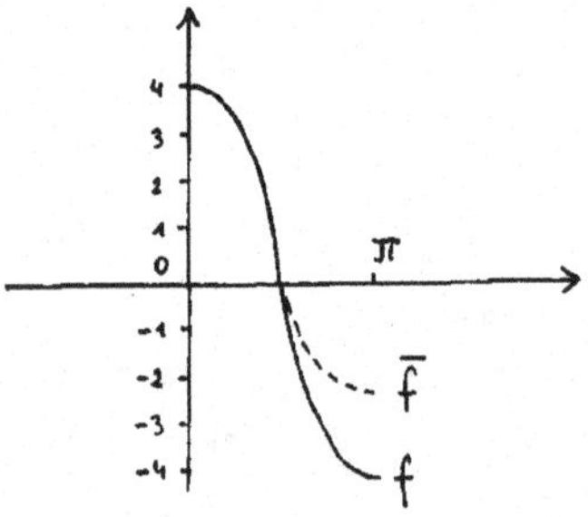

Nous reparlerons plus loin de ceci en parlant de l'échec de la méthode k(X). Notons que cette erreur dans la reconstitution du réseau intervient peu sur les valeurs du champ calculé. Compte tenu de la profondeur des sillons, le champ électromagnétique ne pénètre pas jusqu'au fond, si bien que l'énergie diffractée dépend essentiellement de la partie supérieure des sillons qui, elle, est bien reconstituée.

Mais revenons aux itérations mêmes, pour les accélérer par la méthode d'approximation de Padé.
Dans le cas du profil $4 \cos x$ nous étions obligés d'opérer déjà avec 50 coefficients β_m . Nous avons donc proposé de démarrer la méthode k(X) normalement; au bout de quatre à dix itérations, selon la profondeur du réseau, de déterminer par la méthode ϱ le meilleur approximant de Padé pour la série β_+ , et recommencer cette fois les itérations avec cet approximant de Padé qui restait fixé une fois pour tout. Nous avons appelé cette méthode "méthode k(X) par Padé fixé",

qui schématiquement est représentée sur la figure suivante :

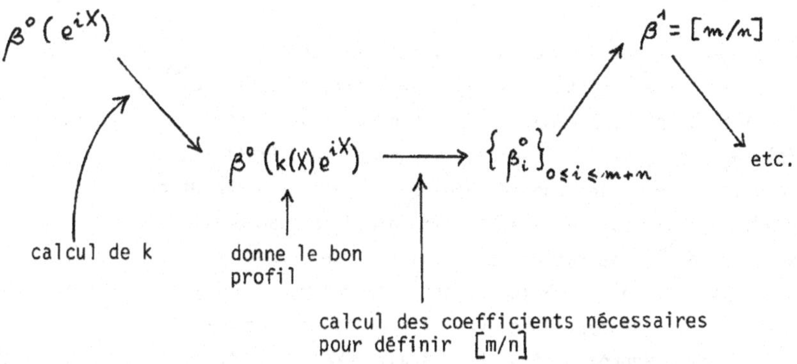

A chaque itération " i " la fonction β^i est introduite sous forme d'un approximant de Padé $[m/n]$.
Par exemple pour les réseaux sinusoïdaux, le bon candidat était l'approximant $[5/3]_\beta$ qui ne nécessitait que le calcul de 9 coefficients β_j à chaque itération (au lieu de 50, pour le profil 4 cos x !!!).
Nous nous sommes aperçus qu'à partir de 10 itérations à peu près, l'évolution des coefficients $\{\beta_j^i\}$, $\{p_j^i\}$ et $\{q_j^i\}$ (i -indice de l'itération, j -indice du coefficient, p_j^i -coefficients du numérateur de $[m/n]_\beta$, q_j^i -coefficients du dénominateur de $[m/n]_\beta$) en fonction de i devenait régulière et on avait l'impression que, par exemple :

$$\lim_{i\to\infty} \frac{\beta_j^{i+1} - \beta_j^i}{\beta_j^{i+2} - \beta_j^{i+1}} = a_j \qquad \text{(constant).} \qquad (35)$$

Ceci signifie que l'erreur dont sont entachés les β_j évolue géométriquement et il venait immédiatement à l'esprit d'extrapoler les β_j par la méthode Δ^2-d'Aitken (cas particulier de l' ε -algorithme).
Nous obtenions ainsi une suite extrapolée notée $\{\beta_j^\infty\}_{0\leq j\leq m+n}$,

à partir de laquelle nous calculions l'approximant de Padé $[m/n]$ servant à une autre séquence d'une dizaine d'itérations.

Cette méthode k(X) doublement accélérée par les approximants de Padé et l' ε -algorithme (car on peut utiliser aussi $\varepsilon_4^{(m)}$) donne une stabilisation presque complète (sur presque tous les chiffres représentatifs) au bout de trois séquences, disons de 10 itérations. En fait le nombre d'itérations dans une séquence dépend essentiellement de la forme du profil. Ainsi pour les profils sinusoïdaux de hauteur voisine de 1 trois séquences de 5 itérations suffisaient, tandis que pour le profil 4 cos x nous prenions 15 itérations par séquence. Dans ce dernier cas avec trois séquences, donc avec 45 itérations avec 9 coefficients β_m si l'approximant de Padé était $[5/3]_\beta$ nous obtenions le même résultat qu'en itérant 400 fois (!!!) avec 50 coefficients β_m selon la seconde méthode (24), (25). Le gain en temps de calcul est donc considérable.

Notons que l'itération par approximant de Padé fixé selon la seconde méthode n'apportait qu'un gain de l'ordre de 30 à 60% en nombre d'itérations par rapport à la méthode utilisant les séries tronquées.

Il nous est impossible de reproduire ici tous les résultats, qualifiés d'excellents, pour les réseaux de profils diverses dont la hauteur ne dépassait pas trop 1. Notons seulement les réseaux trapézoïdaux dont la pente atteignait $f'(x) = 8.4$. Rappelons en effet l'analyse du début qui montre que la grande pente est une autre source de difficultés.

Nous reproduirons ici quelques résultats concernant le profil 4 cos x . Au point de vue des mathématiques, ces résultats ne nous satisfont pas et ils nous ont conduit à réfléchir sur le problème de la convergence elle-même des algorithmes utilisés (ce problème n'est toujours pas résolu).

Suivons donc les 15 premières itérations selon la méthode k(X) par Padé [5/3] pour ce profil:

Données initiales : $\beta(W) = ch4 + sh4 \cdot W$,

donc $\beta_0 = 27.3082$, $\beta_1 = 27.2899$, $\forall j>1 : \beta_j = 0$.

1ère itération :

$\beta_0 = 20.31$, $\beta_1 = 27.74$, $\beta_2 = 2.63$, ... , $\beta_8 = .06689$

$T_W = .78$, $T_w = .0059$

où T_W (resp. T_w) est le test T dans le plan W (resp. w).

⋮

14ème itération :

$\beta_0 = 21.446$, $\beta_1 = 28.037$, $\beta_2 = 5.60$, ... , $\beta_8 = .01811$

$T_W = .00036$, $T_w = .062$

15ème itération :

$\beta_0 = 21.447$, $\beta_1 = 28.036$, $\beta_2 = 5.60$, ... , $\beta_8 = .01814$

$T_W = .00028$, $T_w = .066$

Les valeurs de T_W s'améliorent, les valeurs de T_w évoluent de façon irrégulière au cours des itérations.

Limites d'applicabilité et échec de la méthode k(X) :

Etant donné que la convergence de la méthode k(X) vers la solution cherchée n'a pas été démontrée, nous disposions des deux tests ultimes pour mesurer la qualité de la représentation conforme : le premier consistait à voir si le profil du réseau est bien reconstitué par la fonction calculée, le second consistait à vérifier si la fonction $w : w(W)$ n'a pas de pôles ni de zéros dans le disque unité (sauf évidemment le zéro à l'origine).

Si pour les profils dont la hauteur ne dépassait pas 1 ces tests étaient bien satisfaits, pour le profil 4 cos x aucun de ces tests n'a été satisfait.

Nous avons vu déjà que dans la reconstitution du profil la courbe obtenue n'atteignait jamais le point -4 pour $x = X = \pi$; elle dépassait à peine le point -2. Quant aux pôles et zéros, nous trouvions toujours un pôle ou un zéro à l'intérieur du disque unité en fonction de l'approximant de Padé choisi, et pour être plus sûr de ce résultat nous avons itérés avec tous les approximants de Padé $[m/n]$ dans le triangle $m+n \leq 10$.

Nous avons remarqué que dans le cas du profil sinusoïdal le domaine D_Γ cesse d'être convexe dès que la hauteur dépasse 1, comme indiqué sur la figure :

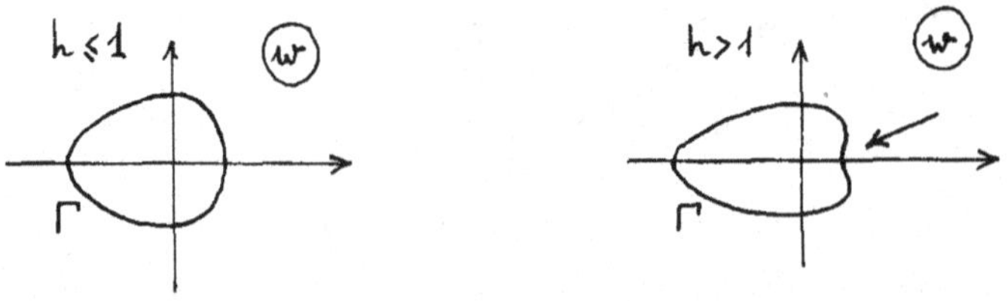

Nous ne pouvons pas dire si cette non-convexité est effectivement responsable de l'échec.

En réfléchissant sur les causes de cet échec, nous avons cherché les conditions qui permettraient de démontrer la convergence des algorithmes utilisés. Nous en avons trouvées une sur les fonctions w, que nous appellerons ici f, qui reproduisent les contours Γ. Avec cette condition nous pouvons démontrer la convergence des algorithmes en question.

Nous avons exprimé cette condition sous forme d'une propriété, mais disons tout de suite que nous n'avons pas trouvé de condition (notée plus bas (iii)) pour rendre cette propriété exacte. En effet les conditions (i) et (ii) sont insuffisantes, comme m'a montré M. Froissart, pour que la propriété désirée soit vraie. Nous espérons qu'un lecteur attentif nous aidera à trouver cette condition manquante.

Propriété (à compléter) :

Soit $\mathcal{F}$ l'ensemble des fonctions d'une variable réelle à valeurs complexes (x) telles que :

(i) $\forall x : \quad f(x) = f(x + 2\pi)$

(ii) $\forall x : \quad \frac{d}{dx}(\arg f(x)) \geqslant 0$

(iii) "condition à trouver" ;
soit encore $\{c_n\}_{-\infty \leqslant n \leqslant \infty}$ les coefficients de la série de Fourier :

$$f : \; f(x) = \sum_{n=-\infty}^{\infty} c_n e^{inx} ,$$

alors on a :

$$\sup_{f \in \mathcal{F}} \frac{\sum_{n<0} |c_n|^2}{\sum_{n \geqslant 0} |c_n|^2} = 1 \qquad (36)$$

(x) L'ensemble de ces valeurs n'est autre que notre contour Γ défini précédemment.

Les approximants de Padé ne sont intervénus dans ces méthodes itératives que comme accélérateurs de la convergence et à ce titre ils ont améliorés considérablement ces méthodes tout en élargissant le champ de leur application au problème de la diffraction.

L'algorithme du calcul de la transformation conforme s'est heurté aux difficultés qui pourraient probablement êtres levées si on démontrait sa convergence. Ainsi ce problème reste ouvert et mérite certainement une nouvelle réflexion.

9.3 SUR UNE APPLICATION POSSIBLE DU PROBLEME DES MOMENTS

Dans la majeure partie des travaux des physiciens [7 à 10 ; 15 à 19 ; 25 à 33 ; 61 ; 74 ; 75 ; 91 ; 92 ; 96 ; 111 ; 115 ; 116 ; 128 ; 129 ; 136 ; 137 ; 151 ; 156 ; 159 à 161 ; 192 à 194 ; 196] les approximants de Padé étaient utilisés de façon plus ou moins directe pour résoudre le problème des moments. On remarque donc dans ces travaux une tendance à se ramener toujours au cas de Stieltjes. Nos réflexions sur le problème du meilleur approximant de Padé étaient destinées précisément à l'analyse des possibilités d'applications des approximants de Padé dans les cas qui ne se ramènent pas nécessairement au cas de Stieltjes. Dans ce paragraphe nous ne prétendons donc pas de traiter le problème des moments. Nous présenterons quelques résultats numériques qui éclairent en partie les voies possibles d'application des approximants de Padé à un problème particulier qui relève de la théorie des réacteurs nucléaires.

Nous sommes concernés par les développements des fonctions définies sur $\mathbb{R}$ et nulles sur $\mathbb{R}^-$ en sommes (finies) d'exponentielles. Ces développements étant réalisés par ajustements sur les moments, c'est donc encore, par l'intermédiaire de la transformation de Laplace, le problème qui se ramène au calcul des approximants de Padé.

Considérons par exemple une équation intégrale lineaire où figurent à la fois une convolution et une multiplication :

$$f * \varphi + g \cdot \varphi = s \tag{37}$$

où les fonctions f , g et s sont données et φ est à déterminer. Si f est une somme (finie) d'exponentielles, l'équation (37) se ramène à un système d'équations différentielles ordinaires. Si maintenant f est approchée par une somme finie d'exponentielles, on peut se demander si la solution de l'équation ainsi modifiée est une bonne approximation de l'équation exacte.

Nous avons fait une étude numérique pour un problème rattaché à la théorie des réacteurs nucléaires, celui du ralentissement des neutrons en régime stationnaire et en milieu infini, homogène et isotrope. Ce problème est régi par l'équation suivante :

$$\int_{-\infty}^{u} f(u-u')\varphi(u')du' + g(u)\varphi(u) = s(u) \qquad (38)$$

où u est la variable appelée "léthargie" (variable proportionnelle au logarithme de l'inverse de l'énergie), f représente la probabilité de transfert de la léthargie u à la léthargie u' dans la diffusion (supposée dans ce modèle isotrope) des neutrons, g est la section efficace totale et s représente les sources de neutrons. La loi de choc f est donnée point par point d'après les données nucléaires, ou elle est calculée d'après les modèles nucléaires ou encore on se propose de la fixer selon un modèle (dit "synthétique") comme c'est le cas du modèle de Greuling-Goertzel :

$$f_G : \ f_G(u) = \begin{cases} 0 & u < 0 \\ \alpha e^{-\beta u} & u > 0 \end{cases} \qquad (39)$$

ou de Placzek :

$$f_P : \ f_P(u) = \begin{cases} 0 & u < 0 \\ \alpha e^{-\beta u} & 0 < u < \varepsilon \\ 0 & u > \varepsilon \end{cases} \qquad (40)$$

On a proposé également des modèles plus généraux :

$$f_N : \ f_N(u) = \begin{cases} 0 & u < 0 \\ \sum_{j=1}^{N} \alpha_j e^{-\beta_j u} & u > 0 . \end{cases} \qquad (41)$$

Il convient d'ajouter qu'on dispose également d'un certain nombre de moments de transfert de léthargie :

$$m_j = \int_0^\infty f(u)\, u^j \, du \quad . \tag{42}$$

En introduisant (41) dans (38) on obtient :

$$\sum_{j=1}^{N} \alpha_j \, e^{-\beta_j u} \int_{-\infty}^{u} e^{\beta_j u'} \varphi(u')\, du' + g(u)\varphi(u) = s(u) \tag{43}$$

et en définissant :

$$j = 1,\dots,N : \qquad \psi_j : \; \psi_j(u) = \int_{-\infty}^{u} e^{\beta_j u'} \varphi(u')\, du' \tag{44}$$

on obtient :

$$\sum_{j=1}^{N} \alpha_j \, e^{-\beta_j u} \psi_j(u) + g(u)\, e^{-\beta_i u} \psi_i'(u) = s(u).$$

En introduisant les notations suivantes :

$$a_i(u) = \frac{s(u)}{g(u)} e^{\beta_i u} \qquad\qquad b_{ij}(u) = -\frac{\alpha_j}{g(u)} e^{(\beta_i - \beta_j)u}$$

on obtient finalement le système d'équations différentielles à coefficients variables :

$$i = 1,\dots,N : \qquad \psi_i'(u) = a_i(u) + \sum_{j=1}^{N} b_{ij}(u)\, \psi_j(u) \, . \tag{45}$$

Nous sommes concernés dans ce paragraphe par le choix de la représentation (41). Dans le premier temps les neutroniciens fixaient les coefficients β_j et ajustaient les coefficients α_j sur les moments. Les résultats n'étant pas très satisfaisant,, M. Cadilhac m'a proposé d'étudier les possibilités d'ajustement de tous les coefficients : α_j et β_j sur les moments. Nous montrerons maintenant que pour obtenir l'approximation de la fonction f par une somme finie d'exponentielles f_N où les coefficients α_j et β_j sont ajustés sur les moments de la fonction f il suffit de calculer l'approximant de Padé $[N-1/N]$ de la transformée de Laplace de f . En effet, si on définit les moments comme suit (la factorielle est introduite pour simplier les notations ultérieures) :

$$j=0,1,\ldots,2N-1: \qquad m_j = \frac{1}{j!}\int_0^\infty f(u)\,u^j\,du \quad ,$$

$$\bar{m}_j = \frac{1}{j!}\int_0^\infty f_N(u)\,u^j\,du \tag{46}$$

et si dans la transformation de Laplace on développe en série l'exponentielle e^{-uz} et si on intégre terme à terme, alors on obtient

$$\hat{f}(z) = \int_0^\infty f(u)\,e^{-uz}\,dz = \sum_{j=0}^\infty (-1)^j\, m_j\, z^j$$

$$\hat{f}_N(z) = \sum_{j=1}^N \frac{\alpha_j}{z+\beta_j} = \sum_{j=0}^\infty (-1)^j\, \bar{m}_j\, z^j \qquad \left(\bar{m}_j = \sum_{k=1}^N \frac{\alpha_k}{\beta_k^{j+1}}\right) \tag{47}$$

et l'ajustement sur les moments m_j conduit à 2N équations $\bar{m}_j = m_j$ pour les coefficients α_j et β_j :

$$j=0,1,\ldots,2N-1: \qquad \sum_{k=1}^N \frac{\alpha_k}{\beta_k^{j+1}} = m_j \quad , \tag{48}$$

mais ceci est identique à :

$$\text{ord}\,(\hat{f} - \hat{f}_N) \geq 2N \tag{49}$$

donc la fraction rationnelle (47) est un approximant de Padé :

$$\hat{f}_N = [N-1/N]_{\hat{f}} \quad . \tag{50}$$

Pour déterminer les α_j et β_j on peut donc calculer les pôles et les résidues de $\hat{f}_N$.

Au point de vue numérique on procède finalement en trois étapes :

$$k=0,1,\ldots,N-1: \quad \sum_{j=1}^{N} m_{k+j}\, c_j = m_k \tag{51}$$

$$-\beta^N + c_1\beta^{N-1} + c_2\beta^{N-2} + \ldots + c_N = 0 \tag{52}$$

$$k=0,1,\ldots,N-1: \quad \sum_{j=1}^{N} \frac{\alpha_j}{\beta_j^{k+1}} = m_k \quad ; \tag{53}$$

on résoud le système linéaire (51) pour les inconnues c_j , on cherche les zéros β_j du polynôme (52) de degré N , on détermine les α_j en résolvant le système linéaire (53). Les équations (51), (52), (53) sont donc équivalentes au système (48). Signalons que Gordon [111] traitait les problèmes analogues à (48) par un algorithme qui relève de la tridiagonalisation d'une table.

J'ai procédé aux expériences numériques avec trois types des noyaux de ralentissement :

$$f^{(1)}: \quad f^{(1)}(u) = \frac{1}{2}\, S(u) \tag{54}$$

$$f^{(2)}: \quad f^{(2)}(u) = \frac{2-u}{2}\, S(u) \tag{55}$$

$$f^{(3)}: \quad f^{(3)}(u) = u(2-u)\, S(u) \tag{56}$$

où :

$$S: \quad S(u) = H(u) - H(u-2)$$

et H désigne l'échelon unité de Heaviside.

Afin d'analyser les propriétés de nos approximations, nous avons étudié systématiquement le spectre de l'opérateur de convolution, c'est-à-dire le problème aux valeurs propres dérivé de (37) et formulé ainsi :

$$f * \varphi = \lambda \varphi \quad . \tag{57}$$

Une telle équation peut être dérivée du problème de diffusion des neutrons en absence des sources, formulé habituellement en neutronique comme suit :

$$\int_{-\infty}^{u} P(u-u')\Sigma_s(u')\Phi(u')du' - \Sigma_s(u)\Phi(u) = 0 \tag{58}$$

où P est la probabilité de transfert, Σ_s la section efficace de diffusion et Φ le flux neutronique. En posant $P = f$, $\Sigma_s\Phi = \varphi$ et $u - u' = v$ on obtient :

$$\int_{0}^{\infty} f(v)\,\varphi(u-v)\,dv - \varphi(u) = 0, \tag{59}$$

l'équation qui conduit au problème (57) formulé ainsi :

$$\int_{0}^{\infty} f(v)\,\varphi(u-v)\,dv = \lambda\,\varphi(u) \tag{60}$$

où les fonctions φ sont bornées.
La méthode de la transformation de Fourier montre que dans le cas du noyau de Greuling-Goertzel (39) ou de celui de Placzek (40) les solutions φ sont, à un facteur près, de la forme suivante :

$$\varphi : \quad \varphi(u) = e^{-i\omega u} \quad . \tag{61}$$

En portant (61) dans (60), on trouve que la valeur propre λ est, à un facteur constant près, la transformée de Fourier du noyau de diffusion:

$$\lambda = \int_0^\infty f(v)\, e^{i\omega v}\, dv \quad . \tag{62}$$

Notons que le noyau $f^{(1)}$ (54) est un cas limite du noyau de Placzek (40). Nous voulions donc comparer le comportement de la valeur propre λ considérée comme fonction de ω, calculée avec le noyau $f^{(1)}$ au comportement analogue où $f^{(1)}$ est remplacée par la somme d'exponentielles (41) $f_N^{(1)}$, déterminée par ajustement sur les moments de $f^{(1)}$. D'après (62) on obtient

$$\lambda : \quad \lambda(\omega) = e^{i\omega} \frac{\sin \omega}{\omega} \tag{63}$$

$$\lambda_N : \quad \lambda_N(\omega) = \sum_{j=1}^{N} \frac{\alpha_j}{\beta_j - i\omega} \tag{64}$$

Les résultats numériques étaient très satisfaisant. Notons que λ et λ_N décrivent les courbes dans le plan complexe quand ω varie entre 0 et $+\infty$, courbes qui sont symétriques (par rapport à l'axe des réels) aux courbes analogues obtenues quand ω varie entre 0 et $-\infty$. Ainsi sur les figures qui suivent nous nous limitons au cas $\omega \in [0, \infty[$.

λ:

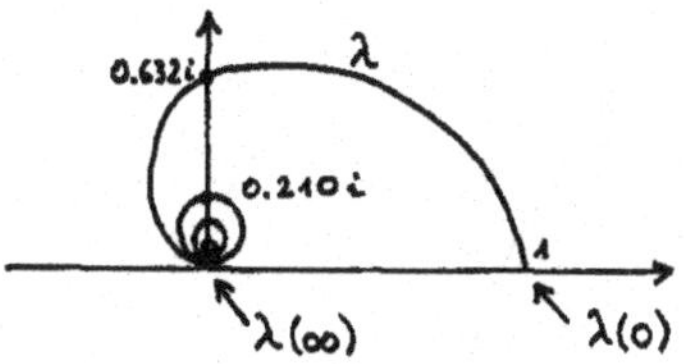

λ, en partant de la valeur $\lambda(0) = 1$, fait un nombre infini des tours au voisinage de l'origine.

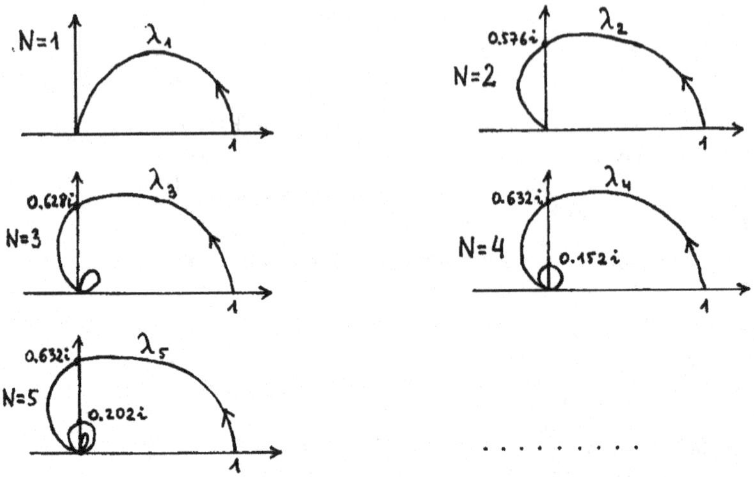

. . . .

Nous avons continué ainsi jusqu'à N = 30. En superposant les courbes λ_N sur la courbe λ on constate que sauf la dernière boucle de λ_N, la courbe λ est très bien représentée par λ_N déjà à partir de λ_3 :

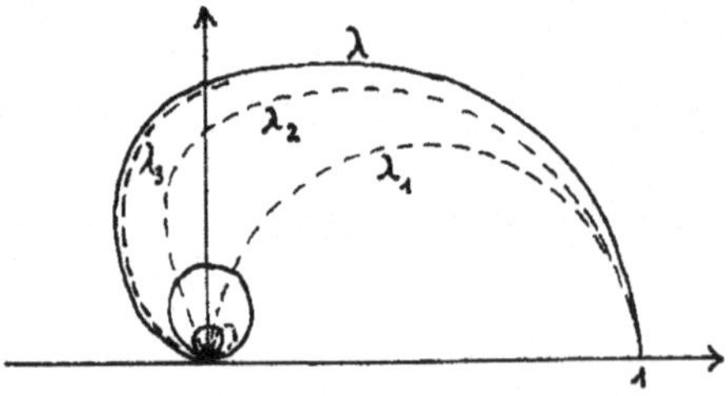

Pour N = 11 la correspondance au début est excellente, comme indiquent quelques données numériques réunies dans le tableau suivant :

$$\lambda_{11}(0) = \lambda(0) = 1.$$

$$\lambda(0.25) = .9588509 + .24483484\,i$$
$$\lambda_{11}(0.25) = .9588511 + .24483488\,i$$

Premier passage par l'axe des imaginaires

$$\begin{cases} \lambda(1.5) = .0470400031 + .663330838\,i \\ \lambda_{11}(1.5) = .0470400027 + .663330832\,i \\ \\ \lambda(1.75) = -.100223787 + .55327338\,i \\ \lambda_{11}(1.75) = -.100223779 + .55327334\,i \end{cases}$$

$$\lambda_{11}(\pi) \simeq \lambda(\pi) = 0.$$

Après le second passage par l'axe des imaginaires

$$\begin{cases} \lambda(4.75) = -.00791064 + .21022866\,i \\ \lambda_{11}(4.75) = -.00791058 + .21022865\,i \end{cases}$$

$$\lambda_{11}(2\pi) \simeq \lambda(2\pi) = 0.$$

Après le troisième passage.

$$\begin{cases} \lambda(8.) = -.01799 + .12235\,i \\ \lambda_{11}(8.) = -.01722 + .12258\,i \end{cases}$$

$$\lambda(10.) = .0456 + .0296\,i$$
$$\lambda_{11}(10.) = .0381 + .0177\,i$$

Pour le moment nous avons analysé l'effet de l'approximation du noyau par une somme d'exponentielles ajustée sur les moments, sur les valeurs propres (62). Ce résultat est d'autant plus remarquable, que les approximations $f_N^{(1)}$ elles-mêmes sont apparemment très mauvaises : plus N est grand, plus les amplitudes α_j deviennent grandes.

Avant de présenter d'autres résultats signalons les difficultés numériques auxquelles nous nous sommes heurtés en calculant, selon (51), (52) et (53) les nombres c_j , β_j et α_j .

Ces calculs ont été effectués en 1969 et 1970 et nous ne connaissions pas alors les algorithmes du chapitre 7.

Remarquons d'abord que le système linéaire (51) est très mal conditionné à cause de la factorielle qui figure dans la définition des moments (46). En effet, l'élément Nord-Ouest de la table de ce système est m_1 et est de l'ordre de 1 , tandis que l'élément Sud-Est est m_{2N-1} et est de l'ordre de 1/(2N)! En utilisant les programmes standards de la bibliothèque IBM nous n'avons pu résoudre en simple précision que les cas où N était inférieur à environ 15 , ce qui correspond aux limites fixées par la régle empirique signalée à la page 344. N'obtenant pas de résultat souhaité par le passage en double précision, nous nous sommes orientés vers la méthode de Gauss appliquée au système (51) "équilibré" auparavant par la multiplication de chaque équation (k-ième équation) par un nombre dépendent de k de sorte que la table de ce système ait sur la colonne centrale les éléments de l'ordre de 1 . Nous avons pu ainsi effectuer les calculs jusqu'à N = 30 , ceci correspondant à l'approximant de Padé [29/30].

Le polynôme (52) a été également affecté par ce déséquilibre et par exemple pour N = 20 le coefficient c_1 était de l'ordre de 10^{21} tandis que le coefficient c_{20} était de l'ordre de 10^2. Le même type "d'équilibrage" nous a permis de calculer les zéros de ce polynôme pour tous les N , en passant éventuellement en double précision.

Sur les graphiques suivants les valeurs de β_j sont tracées pour différents N pour les approximations des trois fonctions $f^{(1)}$, $f^{(2)}$ et $f^{(3)}$:

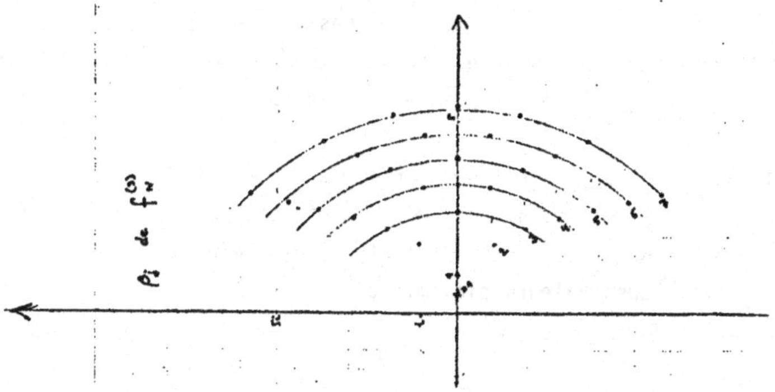

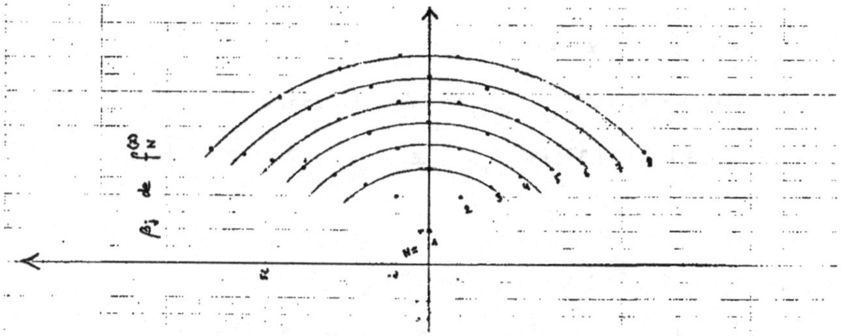

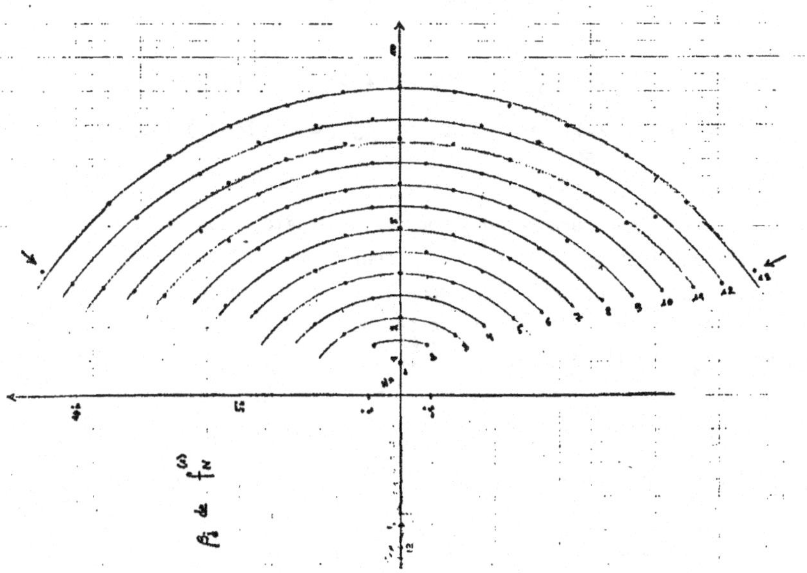

Bien que nous avons lissé ces points par des morceaux des cercles, quand N croit les points extrêmes β_i s'écartent de ces cercles comme on le voit nettement déjà sur le premier graphique dans le cas N = 13.

Si en module, les β_i sont de l'ordre de 1 à 13 quand N varie de 1 à 20 , les amplitudes α_i atteignent par contre en module 10^{20} pour N = 20 , comme le montre le tableau suivant où nous avons choisi quelques valeurs significatives :

$f_N^{(1)}$

N = 2 $\quad \alpha_1 = 1.73\, i \quad , \quad \alpha_2 = \overline{\alpha}_1$

N = 10 $\quad \alpha_1 = -13.54 - 5.24 i \quad , \ldots , \alpha_{10} = -2581. - 20294. i$

N = 20 $\quad \alpha_1 = -(.609+17) - (.379+17) i , \ldots , \alpha_{20} = (.319+20) - (.123+20) i$

$f_N^{(2)}$

N = 10 $\quad \alpha_1 = -4.06 + .362 i \quad , \ldots , \alpha_{10} = -530. - 7222. i$

N = 20 $\quad \alpha_1 = (.259+18) - (.124+19) i , \ldots , \alpha_{20} = (.471+19) + (.441+19) i$

$f_N^{(3)}$

N = 10 $\quad \alpha_1 = -14.4 - .140 i \quad , \ldots , \alpha_{10} = -2101. - 22971. i$

N = 19 $\quad \alpha_1 = -(.191+17) - (.105+17) i , \ldots , \alpha_{19} = -(.586+17) + (.503+15) i$

Dans le problème des valeurs propres que nous avons traité, nous avons présenté l'exemple de l'approximation $f_{11}^{(1)}$ pour laquelle les β_j sont indiqués sur le graphique et son en module de l'ordre de 8 . Nous complétons maintenant ce résultat par la donnée des valeurs numériques des amplitudes α_j de l'approximation $f_{11}^{(1)}$:

$f^{(1)}_{11}$

$\alpha_1 = 10.87 - 13.47\,i$

$\alpha_2 = \overline{\alpha}_1$

$\alpha_3 = 97.79 - 599.3\,i$

$\alpha_4 = \overline{\alpha}_3$

$\alpha_5 = -3611. - 4657.\,i$

$\alpha_6 = \overline{\alpha}_5$

$\alpha_7 = 21569. - 13322.\,i$

$\alpha_8 = \overline{\alpha}_7$

$\alpha_9 = -55866. - 15031.\,i$

$\alpha_{10} = \overline{\alpha}_9$

$\alpha_{11} = 75599.$

L'approximation $f^{(1)}_{11}$ (qui est une fonction à valeurs réelles) présente de très grandes oscillations, tandis que la fonction $f^{(1)}$ ne dépassait pas la valeur $\frac{1}{2}$. Il n'est donc pas étonnant que nous avions manifesté une nette satisfaction après avoir obtenu, avec cette approximation, de très bonnes valeurs propres reproduites en page 467.

Après avoir constaté que les termes $\alpha_i e^{-\beta i}$ d'une approximation f_N ne varient pratiquement pas en module en fonction de i , nous avons pensé pouvoir améliorer la qualité des approximations f_N en orthogonalisant les termes en question par la méthode de la matrice de Gram. Dans beaucoup de cas relevant des problèmes pratiques on constate que quelques valeurs propres de la matrice de Gram sont grandes et beaucoup d'autres très voisines de zéro. Si les éléments de la matrice de Gram en question sont les produits scalaires des vecteurs, alors cette propriété traduit le fait que seulement quelques uns de ces vecteurs sont indépendents linéairement et qu'il y a des grandes corrélations dans le système étudié. Les vecteurs propres de la matrice de Gram peuvent donc servir d'une nouvelle base calculée à partir du système donné des vecteurs. Dans cette nouvelle base les vecteurs sont hiérarchisés par les valeurs propres de la matrice de Gram et uniquement ceux qui sont associés aux grandes valeurs propres ont une réelle importance en pratique. En développant les fonctions sur cette base on peut donc en pratique se limiter aux développements sur un petit nombre des vecteurs.

En considérant donc les termes de nos approximations comme vecteurs, (selon les résultats numériques ces vecteurs sont d'importance égale), nous avons essayé de les orthogonaliser par la méthode de la matrice de Gram. Les résultats n'étaient malheureusement pas très concluants, car dans les cas des trois exemples (54), (55) et (56) que nous avions analysés, la répartition des valeurs propres des matrices de Gram était sensiblement uniforme.

Ces études nous ont entraîné à analyser profondément les propriétés des valeurs propres des matrices de Gram aléatoires (les composantes des vecteurs servant à calculer les éléments des matrices de Gram étaient tirées aléatoirement). Les résultats de ces études dépassent le sujet de ce paragraphe et il serait abusif de les reproduire ici.

*

* *

- CONCLUSIONS -

Alors que les approximants de Padé généralisés sont, et de beaucoup, les plus utilisés en pratique, quelle utilité ce travail sur les approximants ordinaires peut-il apporter ? C'est ce que nous allons essayer de préciser.

Référons-nous tout d'abord à la formulation de certains problèmes physiques pour lesquels une généralisation d'approximants de Padé est opportune (cf. Annexe III). Dans beaucoup d'entre eux le calcul des termes d'une série formelle est si couteux que l'on connait en pratique que quatre ou cinq d'entre eux au mieux et de plus l'erreur croit très vite avec le rang. De ces données limitées les Physiciens cherchent à tirer un maximum d'information.

Il s'est avéré par exemple que les approximants de Padé des séries des polynômes orthogonaux, ou les approximants de Padé matriciels ont donné des résultats beaucoup plus spectaculaires que les approximants ordinaires.

Quant aux dernières nouveautés, on remarque un intérêt croissant porté aux approximants quadratiques et cubiques avec éventuellement une difficulté en plus quand il s'agit des fonctions de deux variables.
Sans parler des avantages offerts par d'autres approximants de Padé généralisés on peut admettre aujourd'hui que les prochaines recherches vont s'orienter dans cette direction.Mais, comme bien souvent, le succès de leurs applications devance de loin les fondements théoriques des méthodes. En outre le problème de choisir le meilleur approximant de Padé généralisé se posera inévitablement ainsi que celui de la convergence. C'est alors qu'il sera utile de se référer à la thoérie plus simple des approximants de Padé ordinaires.

Cette théorie sert donc en quelque sorte de départ pour les analyses plus générales, bien qu'elle soit souvent dépassée par l'actualité.

Il convenait donc de la remettre à jour et de combler les lacunes qui nous semblaient essentielles. Ensuite, le degré de difficulté de cette théorie soit disant "simple" est déjà tel qu'il nous a semblé impensable de s'attaquer aux problèmes plus généraux sans résoudre les problèmes élémentaires.

Il ne faut pas oublier enfin que de nombreux problèmes restent ouverts dans le domaine des approximants de Padé ordinaires. Rappelons seulement que la théorie de la convergence porte encore sur peu de classes de fonctions, que l'on ne dispose pas de beaucoup de théorèmes sur la localisation des pôles et des zéros des approximants de Padé bien que les résultats numériques indiquent certaines régularités, et que le problème du meilleur approximant de Padé non-local reste toujours ouvert.

Il nous semble également qu'au niveau des applications à l'analyse numérique la méthode d'approximation de Padé pourrait encore apporter des solutions intéressantes et originales.

-:-:-:-:-:-:-

- ANNEXES -

I - SUR UNE RELATION AVEC LA TRANSFORMATION EN z

Nous montrons ici, à titre de pure curiosité, qu'à partir de notre transformation (1.22) d'une série on peut en déduire quelques relations pour la transformation en z. Pour les suites la transformation en z peut être considérée comme un analogue de la transformation de Laplace d'une fonction continue [118 ; 120].

Soit F une fonction définie sur $\mathbb{R}$ et nulle dans $\mathbb{R}^-$. Considérons la suite $\{c_n\}_{n\geq 0}$ définie par :

$$\forall n: \qquad c_n = F(nT) \qquad T>0. \tag{1}$$

La transformée en z de F est une série formelle des puissances de $1/z$ engendrée par la suite $\{c_n\}$:

$$t \mapsto F(t) \xrightarrow{\mathfrak{Z}_T} z \mapsto \varphi(z) = \sum_{n=0}^{\infty} F(nT) z^{-n} = \sum_{n=0}^{\infty} c_n z^{-n}. \tag{2}$$

Nous avons noté par $\mathfrak{Z}_T$ l'opération de transformation. Il suffit donc de remplacer z par $1/z$ dans la formule (1.22) pour obtenir une relation entre les transformées en z :

$$t \mapsto (\Delta_T^{n+1} F)(t) \xrightarrow{\mathfrak{Z}_T} z \mapsto (z-1)^{n+1}\varphi(z) - z\sum_{j=0}^{n}(z-1)^{n-j}(\Delta_T^j F)(0) ; \tag{3}$$

nous avons utilisé ici les définitions (1) et (1.12).
Les autres relations intéressantes sont :

$$t \mapsto F(t+mT) \xrightarrow{\mathfrak{Z}_T} z \mapsto z^m\Big[\varphi(z) - \sum_{k=0}^{m-1} F(kT) z^{-k}\Big] \quad (m>0), \tag{4}$$

$$t \mapsto F(t-nT) \xrightarrow{\mathfrak{Z}_T} z \mapsto z^{-n}\varphi(z) \qquad (n\geq 0) \tag{5}$$

$$F(0) = \lim_{z\to\infty} \varphi(z). \tag{6}$$

Si la suite (1) converge, alors on a :

$$\lim_{n\to\infty} F(nT) = \lim_{\substack{z\to 1}} (z-1)\,\varphi(z) \tag{7}$$

où le secteur est pris dans le disque unité.

L'analogie avec la transformation de Laplace se voit sur les formules suivantes qui découlent simplement des définitions précédentes :

$$t \longmapsto t\,F(t) \xrightarrow{\;\mathcal{Z}_T\;} z \longmapsto Tz\frac{d}{dz}\varphi(z)\,, \tag{8}$$

$$t \longmapsto \sum_{0\leq k\leq \frac{t}{T}} F_1(t-kT)\,F_2(kT) \xrightarrow{\;\mathcal{Z}_T\;} z \longmapsto \varphi_1(z)\,\varphi_2(z) \tag{9}$$

et si $\hat{F}$ est la transformée de Laplace de F, alors on a :

$$\varphi(e^{uT}) = \frac{1}{2\pi i}\int_{\Delta} \frac{\hat{F}(p)\,dp}{1-e^{-T(u-p)}} \tag{10}$$

où le contour d'intégration Δ est une droite verticale située à droite de l'abscisse de convergence.

II - TABLE DES DIFFERENCES Δ POUR LA SUITE ENGENDREE PAR LA FONCTION EXPONENTIELLE

En page 94 nous avons montré que la suite $\left\{\frac{1}{n!}\right\}_{n\geq 1}$ n'est pas totalement monotone. Considérons la suite $\left\{\frac{1}{n!}\right\}_{n\geq 0}$ dont le terme général peut s'écrire :

$$c_n = \frac{1}{n!} = \frac{1}{2\pi i}\oint \frac{e^t}{t^{n+1}}\,dt \quad . \tag{1}$$

Comme elle n'est pas totalement monotone, certaines différences (2.3) doivent être négatives. Avec (1) et (1.15) on trouve que ces différences sont données par :

$$\delta_n^k = \left((-\Delta)^k c\right)_n = \frac{1}{2\pi i}\oint \frac{e^t(t-1)^k}{t^{n+k+1}}\,dt \tag{2}$$

Il est intéressant de considérer la table de ces différences et de voir dans quelle région elles sont négatives. On peut facilement estimer cette région en évaluant l'intégrale (2) par la méthode du col . On a :

$$\delta_n^k = \frac{1}{2\pi i}\oint e^{L(t)}\,dt$$

et l'équation du col $L'(t)=0$ donne :

$$t_\pm = \frac{1}{2}\left(n+2 \pm \sqrt{n^2-4k}\right) . \tag{3}$$

Sans aller plus loin on constate que l'on ne peut avoir une oscillation du signe que si le col est complexe, c'est-à-dire si :

$$n^2 - 4k < 0 . \tag{4}$$

Par conséquent la courbe :

$$k = \frac{n^2}{4} \tag{5}$$

délimite asymptotiquement la région dans la table des δ_n^k où on peut trouver δ_n^k négatifs. Dans la table suivante portant sur 3o termes de la suite $\left\{\frac{1}{n!}\right\}_{n\geq 0}$ on indique les endroits où δ_n^k sont négatifs :

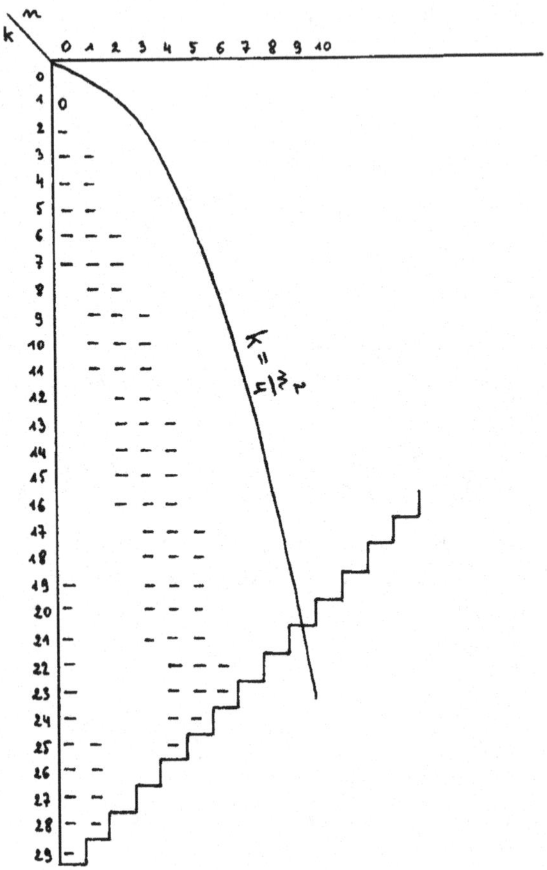

Notons par $N_-(n)$ (resp. $N_+(n)$) le nombre des δ_n^k négatifs (resp. positifs) dans cette table triangulaire. En estimant asymptotiquement les surfaces à gauche et à droite de la courbe $k = n^2/4$ on obtient le comportement asymptotique suivant :

$$\frac{N_-(n)}{N_+(n)} \approx \frac{8}{3\sqrt{n}} \quad . \tag{6}$$

Ce résultat montre que l'effet de la "non-totale monotonie" est asymptotiquement négligeable. Cette propriété explique en partie la convergence de l' ε -algorithme constaté numériquement pour la suite $\left\{\frac{1}{n!}\right\}$, bien qu'elle ne soit pas totalement monotone.

III - APPROXIMANTS DE PADE GENERALISES

Cette annexe est destinée à dresser la liste des approximants de Padé généralisés et à guider le lecteur dans les recherches bibliographiques.

(i) Approximants de Padé matriciels (ou : opérateurs)

Si dans une série formelle $\sum_{i=0}^{\infty} c_i z^i$ les coefficients c_i sont remplacés par des matrices, ou plus généralement par les éléments d'une algèbre non-commutative, alors les approximants de Padé calculés à partir de cette série portent le nom des approximants de Padé matriciels. Il est évident que leur calcul exige la définition d'un certain nombre de règles particulières. Les préciser ici nous aurait entrainé trop loin.

Un exposé détaillé sur ces approximants est donné par Bessis [26] Des exposés généraux se trouvent également dans [29] et [12] . La mise au point de ces approximants a été naturellement motivée par les modèles de la théorie de la diffusion en physique, modèles relevant de la "théorie de la matrice S ". C'est à ces problèmes physiques que sont consacrés les travaux [32] , [33] , [96] , [136] , [137] où l'on applique les approximants en question.

Il convient de remarquer que les approximants de Padé matriciels sont en relation avec l'ε-algorithme vectoriel [51] , [52] , mais il n'y a pas eu encore de travaux consacrés à l'établissement exact de cette relation. Il nous semble que la théorie de l'ε-algorithme vectoriel pourrait s'enrichir grâce au parallélisme en question.

(ii) Approximants de Padé engendrés par les développements des fonctions sur la base des polynômes orthogonaux

On a étudié essentiellement les approximants en question calculés à partir des séries de Tchebychef [73] et de Legendre [75] , [92] , [115] , [116] .

Les approximants de type Legendre ont été appliqués par Fleischer également aux problèmes de diffusion en physique. La définition de ces approximants [73], [116] utilise les relations d'orthogonalité des polynômes choisis. Il convient de remarquer qu'une série tronquée au n-ième terme $\sum_{j=0}^{m} c_j z^j$ peut être facilement transformée à une série de polynômes orthogonaux tronquée également au n-ième terme. On peut donc, dans des cas pratiques, à partir de la même information calculer le triangle de Padé (ordinaire) ou le triangle de Padé (généralisé).

(iii) Approximants de Padé d'interpolation (ou : de type II)

En réalité il s'agit de fractions rationnelles P_m/Q_n ajustées sur $m+n+1$ valeurs données d'une fonction. Baker [12] en donne un exposé détaillé en les appelant "approximants de Padé à N points"

(iv) Approximants de Padé d'ajustement

Ces approximants ont été étudiés récemment par un physicien (cf. Pindor), dans le problème du facteur de forme, par Pindor et par nous-même, mais il n'y a pas encore de publication à ce sujet. Il s'agit du cas où l'on connait N valeurs $f(z_i)$ d'une fonction et où $N \gg m + n + 1$, et où l'on veut approcher cette fonction par une fraction rationnelle Pm/Qn en minimisant par exemple l'erreur de moindres carrés. Une autre façon de faire est d'ajuster un polynôme de degré k $(k \ll N)$ sur ces points et de calculer ensuite le triangle k dans la table de Padé à partir de ce polynôme. Nous avons examiné pour le moment le cas où on disposait de N valeurs réelles $f(x_i)$ dans l'intervalle $x_i \in [-1,1]$, chaque valeur étant entachée d'une erreur expérimentale et où on était intéressé par le premier pôle de la fonction f en dehors de cet intervalle, sur l'axe réel négatif. Selon le cas examiné, l'ajustement direct ou indirect s'avérait meilleur. On a observé très nettement les doublets de Froissart.

(v) Approximants de Padé à plusieurs variables

Ce sont des approximants de Padé calculés à partir des séries formelles de plusieurs variables. Ces approximants ont été introduits par Chisholm [63] et etudiés essentiellement par son école [64], [67], [76]. On trouve un exposé général sur ce sujet dans [61]. Barnslay [196] a étudié avec ces approximants les bornes pour une classe de fonctions de Steiltjes à deux variables.

(vi) Approximants de Padé quadratiques, cubiques etc.

Ces approximants, mentionnés déjà par H. Padé lui-même, ont été réintroduits par R.E. Shafer ("On quadratic approximation", SIAM J. Numer. Anal. 11, 447-460 (1974)). Par analogie aux approximants de Padé ordinaires qui peuvent être considérés comme solution de l'équation :

$$Q_n \cdot [m/n]_f - P_m = 0 \quad ; \qquad \text{ord}\,(Q_n f - P_m) \geq m+n+1 ,$$

les approximants quadratiques, notés $[\ell/m/n]_f$ sont calculés de façon suivante. La relation :

$$\text{ord}\,(P_\ell f^2 + Q_m f + R_n) \geq \ell+m+n+2 \tag{1}$$

conduit au système linéaire dont la solution fournit les coefficients des polynomes P_ℓ, Q_m et R_n, puis l'approximant quadratique $[\ell/m/n]$ est calculé comme solution de l'équation :

$$P_\ell\,[\ell/m/n]^2 + Q_m\,[\ell/m/n] + R_n = 0\,. \tag{2}$$

On a donc deux approximants :

$$[\ell/m/n]_\pm = \frac{-Q_m \pm \sqrt{Q_m^2 - 4P_\ell R_n}}{2P_\ell}\,. \tag{3}$$

Les approximants cubiques sont définis de façon analogue à partir de :

$$\text{ord}\,(P_\ell f^3 + Q_m f^2 + R_n f + S_p) \geq \ell+m+n+p+3. \tag{4}$$

Toutes les généralisations sont possibles en suivant les voies analogues et Chisholm [200] envisage par exemple de définir d'autres approximants par :

$$\text{ord}\,(P_\ell e^f + Q_m f + R_n) \geq \ell+m+n+2\,. \tag{5}$$

Il convient de remarquer que les approximants quadratiques sont les fonctions à deux feuillets de Riemann, les approximants cubiques à trois, etc . Chisholm a étudié récemment [199] la généralisation des approximants à plusieurs variables aux approximants quadratiques. Il a examiné numériquement l'application de ces approximants aux fonctions qui ont deux ou trois feuillets de Riemann. Il a observé que les valeurs sur le second feuillet (dans le cas des deux feuillets) sont bien mieux approchées par ces approximants que les valeurs sur le premier feuillet. Dans le cas des trois feuillets ce sont les valeurs sur le premier et le troisième feuillet qui sont bien représentées.

(vii) Séries avec les coefficients infinis

Il s'agit des cas où la fonction f :

$$f: f(z) = \int_0^\infty \frac{\varphi(x)dx}{1 - xz} \tag{6}$$

n'est pas de Stieltjes et son développement brutal en série n'est pas possible, car tous les moments

$$\forall n > 0 : \quad \int_0^\infty x^n \varphi(x) dx \tag{7}$$

sont infinis. Ce type de problème a été rencontré en physique dans le cadre d'étude de l'équation de Schrödinger avec un potentiel singulier. Villani [159] a proposé d'introduire artificiellement un paramètre régulateur dans (6), par exemple de considérer l'intégrale $\int_0^{1/\varepsilon}$, afin que les moments (7) deviennent finis. Puis, après avoir calculé les approximants de Padé à partir de la série régularisée on fait tendre ε vers zéro . Les fondements mathématiques de cette méthode ainsi que quelques applications à la physique sont exposés dans [28] .
Un exposé général est donné également dans [12] .

(viii) Approximants de type Padé

Tout récemment [207;212] Brezinski a introduit les approximants de type m/n où le nombre des conditions imposées à leur détermination est inférieur à m+n+1. La liberté dans le choix des conditions supplémentaires conduit à de très intéressants développements.

- REFERENCES -

-:-:-:-:-:-:-:-:-:-:-:-:-:-

[1] AKHIEZER, N.I.
"The classical moment problem",
Hafner New York, (1965).

[2] ALLEN, G.D., CHUI, C.K., MADYCH, W.R., NARCOWICH, F.J. et SMITH, P.W.
"Padé approximation and orthogonal polynomials",
Bull. Aust. Math. Soc., 10, 263-271 (1974).

[3] ALLEN, G.D., CHUI, C.K., MADYCH, W.R., NARCOWICH, F.J. et SMITH, P.W.
"Padé approximation and gaussian quadrature",
Bull. Aust. Math. Soc., 11, 63-71 (1974).

[4] ALLEN, G.D., CHUI, C.K., MADYCH, W.R., NARCOWICH, F.J. et SMITH, P.W.
"Padé approximation of Stieltjes series",
J. Approximation Theory, 14, 302-316 (1975).

[5] ARMS, R.J. et EDREI, A.
"The Padé tables and continued fractions generated by totally positive sequences",
dans "Mathematical Essays dedicated to A.J. Macintyre",
Ohio Univ. Press., Athens, Ohio, 1-21 (1970).

[6] ASKEY, R. et POLLARD, H.
"Some absolutely monotonic and completely monotonic functions",
SIAM J. Math. Anal., 5, 58-63 (1974).

[7] BAKER, G.A. Jr.
"Application of the Padé method to the investigation of some magnetic properties of the Ising model",
Phys. Rev., 124, 768-774 (1961).

[8] BAKER, G.A. Jr.
"The Padé approximant method and some related generalizations",
dans [10], 1-39 (1970).

[9] BAKER, G.A. Jr. et CHISHOLM, J.S.R.
"The validity of perturbations series with zero radius of convergence",
J. Math. Phys. 7, 1900-1902 (1966).

[10] BAKER, G.A. Jr. et GAMMEL, J.L., eds.
"The Padé approximant in theoretical physics",
Academic Press (1970).

[11] BAKER, G.A. Jr., GAMMEL, J.L. , et WILLS, J.G.
"An investigation of the applicability of the Padé approximant method",
J. Math. Anal. Appl., 2, 405-418 (1961).

[12] BAKER, G.A. Jr.
"Essentials of Padé approximants",
Academic Press (1975).

[13] BAKER, G.A. Jr.
"The existence and convergence of subsequences of Padé approximants",
J. Math. Anal. Appl., 43, 498-528 (1973).

[14] BANACH, S.
"Théorie des opérations linéaires",
Warszawa (1932).

[15] BARNSLEY, M.
"The bounding properties ofthe multipoint Padé approximant to a series of Stieltjes on the real line",
J. Math. Phys., 14, 299-313 (1973).

[16] BARNSLEY, M. et BESSIS, D.
"Padé approximants bounds on the positive solutions of some nonlinear elliptic equations",
à paraître (1977).

[17] BASDEVANT, J.L.
"Padé approximants",
dans "Methods in subnuclear physics", Vol. IV, pp.129-168,
M. Nikolic ed., Gordon & Breach, London (1970).

[18] BASDEVANT, J.L.
"Strong interaction physics and the Padé approximation in quantum field theory",
dans [116], 77-100 (1973).

[19] BASDEVANT, J.L.
"The Padé approximant and its physical applications",
Fortsch. Phys., 20, 283-331 (1972).

[20] BAUSSET, M. et VAN DYKE, M. Eds.
"Journées Padé. Accélération des convergences",
Centre Universitaire de Toulon, (1973).

[21] BEARDON, A.F.
"The convergence of Padé approximants",
J. Math. Anal. Appl., 21, 344-346 (1968).

[22] BERNSTEIN, S.
"Sur la définition et les propriétés des fonctions analytiques d'une variable réelle",
Matehmatische Annalen 75, 449-468 (1914).

[23] BERNSTEIN, S.
"Sur les fonctions absolument monotones",
Acta Mathematica, 51, 1-66 (1928).

[24] BERTRANDIAS, P. et GASTINEL, N.
"Solutions exactes et approchées de problèmes linéaires. Application à l'Analyse Numérique",
Note de l'Inst. de Math. Appl., Grenoble (1967).

[25] BESSIS, D.,ed.
"Cargèse Lectures in Physics",
Vol. 5, Gordon & Breach, New York (1972).

[26] BESSIS, D.
"Topics in the theory of Padé approximants",
dans [116], 19-44 (1973).

[27] BESSIS, D.
"Padé approximants in quantum field theory",
dans [115], 275-298 (1973).

[28] BESSIS, D. et VILLANI, M.
"Padé approximation in non-relativistic and relativistic mechanics",
International Conference on Mathematical Problems of Quantum Field Theory and Quantum Statistics, Moscou (1972).

[29] BESSIS, D. et TALMAN, J.D.
"Variational approach to the theory of operator Padé Approximants",
dans [119], 151-158 (1974).

[30] BESSIS, D., GILEWICZ, J., MERY, P., eds.
"Workshop on Padé approximants",
Centre de Physique Théorique, C.N.R.S. Marseille 1975;
CPT 76/P.805 (1976).

[31] BESSIS, D.
"Construction of variational bounds for the N-body eigenstate problem by the method of Padé approximations",
dans [61], 17-31 (1976).

[32] BESSIS, D. et TURCHETTI, G.
"Variational matrix Padé approximations in potential scattering and low energy lagrangian field theory",
Preprint CEN-Saclay, D.Ph.T. 76/131 (1976).
(à paraître dans Nucl. Phys.).

[33] BESSIS. D., MERY, P. et TURCHETTI, G.
"Variational Bounds from matrix Padé approximants in potential scattering",
Preprint CEN-Saclay, D.Ph.T. 76/82 (1976),
(à paraître dans Phys. Rev.).

[34] BOAS, R.P.
"Entire functions",
Academic Press (1954).

[35] BOOL, G.
"Calculus of finite difference",
(4th edition by Moulton), (1860).

[36] BOURBAKI, N.
"Théorie des ensembles",
Hermann (1970).

[37] BOURBAKI, N.
"Algèbre",
Hermann (1970).

[38] BOURBAKI, N.
"Topologie générale",
Hermann (1971).

[39] BOURBAKI, N.
"Fonctions d'une variable réelle",
Hermann (1968).

[40] BOURBAKI, N.
"Espaces vectoriels topologiques",
Hermann (1964).

[41] BOURBAKI, N.
"Intégration",
Hermann (1965).

[42] BREZINSKI, C.
"Rhombus algorithms connected to the Padé table and continued fractions",
Publ. Univ. Lille, (1977).

[43] BREZINSKI, C.
"Application du ϱ-algorithme à la quadrature numérique",
C.R. Acad. Sc. Paris, 270 A, 1252-1253 (1970).

[44] BREZINSKI, C.
"Résultats sur les procédés de sommation et l' ε -algorithme"
RIRO, R3, 147-153 (1970).

[45] BREZINSKI, C.
"Méthodes d'accélération de convergence en analyse numérique",
Thèse, Grenoble (1971).

[46] BREZINSKI, C.
"Etudes sur les ε - et ϱ -algorithmes",
Numer. Math. 17, 155-162 (1971).

[47] BREZINSKI, C.
"L' ε -algorithme et les suites totalement monotones et oscillantes",
C.R. Acad. Sc. Paris, 276 A, 305-308 (1973).

[48] BREZINSKI, C.
"Comparaison de suites convergentes",
RIRO, R2, 64-79 (1972).

[49] BREZINSKI, C.
"Conditions d'application et de convergences de procédés d'extrapolation",
Numer. Math., 20, 64-79 (1972).

[50] BREZINSKI, C.
"Notions sur la comparaison de suites convergentes",
Séminaire d'analyse numérique - Lille - 14 mars 1973.

[51] BREZINSKI, C.
"Some results in the theory of the vector ε -algorithm",
Linear Algebra, 8, 77-86 (1974).

[52] BREZINSKI, C.
"Accélération de la convergence en analyse numérique",
Lecture Notes in Mathematics, 584, Springer-Verlag (1977).

[53] BREZINSKI, C.
"Séries de Stieltjes et approximants de Padé",
Congrès Euromech, Toulon (1975).

[54] BREZINSKI, C.
"Les fractions continues",
Publ. 68, Univ. Lille, (1976).

[55] BREZINSKI, C.
"Génération de suites totalement monotones et oscillantes",
C.R. Acad. Sc. Paris, 28 A, 729-731 (1975).

[56] BREZINSKI, C.
"Convergence acceleration of some sequences by the ε-algorithm",
Numer. Math., 29, 173-177 (1978).

[57] BREZINSKI, C. et GILEWICZ, J.
"Inequalities for some moment sequences",
Preprint de l'Université de Lille, (1976).

[58] BREZINSKI, C.
"Computation of Padé approximants and continued fractions",
J. Comp. Appl. Math., 2, 113-123 (1976).

[59] BREZINSKI, C.
"Les procédés de sommation",
Colloque sur les Méth. Math. en Physique, Grenoble (1976).

[60] DE BRUIN, M.G., VAN ROSSUM, H.
"Formal Padé approximation",
Nieuw Archief voor Wiskunde (3), XXIII, 115-130 (1975).

[61] CABANNES, H., ed.
"Padé approximants method and its applications to mechanics",
Lectures Notes in Physics, 47, Springer-Verlag (1976).

[62] CHISHOLM, J.S.R.
"Approximation by sequences of Padé approximants in regions of meromorphy",
J. Math. Phys. 7, 39-44 (1966).

[63] CHISHOLM, J.S.R.
"Rational approximants defined from double power series",
Math. Comput., 27, 841-848 (1973).

[64] CHISHOLM, J.S.R. et MC EWAN, J.
"Rational approximants defined from power series in N variables",
Proc. Roy. Soc., A 336, 421-452 (1974).

[65] CHISHOLM, J.S.R.
"Padé approximation of single variable integrals",
dans [160] (1970).

[66] CHISHOLM, J.S.R.
"Accelerated convergence of sequences of quadrature approximants"
dans [161] (1971).

[67] CHISHOLM, J.S.R. et GRAVES-MORRIS, P.R.
"Generalisation of the theorem of Montessus to two-variable approximants",
Proc. Roy. Soc., A 342, 341 (1975).

[68] CHUI, C.K.
"Recent results on Padé approximants and related problems",
Approx. Theory Conference, Austin (1976).

[69] CHUI, C.K., SHISHA, O. et SMITH, P.W.
"Padé approximants as limits of Chebyshev rational approximants",
J. Approximation Theory, 12, 201-204 (1974).

[70] CHUI, C.K., SHISHA, O. et SMITH, P.W.
"Best local approximation",
(à paraitre dans J. Approximation Theory).

[71] CHUI, C.K., SMITH, P.W. et WARD, J.D.
"Best L_2 local approximation",
(à paraître).

[72] CLAESSENS, G.
"A new look at the Padé table and the different methods for computing its elements",
J. Comp. Appl. Math. 1, 141-152 (1975).

[73] CLENSHAW, C.W. et LORD, K.
"Rational approximations from Chebyshev series",
Preprint University of Lancaster (1972).

[74] COMMON, A.K.
"Padé approximants and bounds to series of Stieltjes",
J. Math. Phys. 9, 32-38 (1968).

[75] COMMON, A.K.
"Properties of Legendre expansions related to series of Stieltjes and applications to π-π scattering",
Nuovo Cimento A(10) , 63, 863-891 (1969).

[76] COMMON, A.K. et GRAVES-MORRIS, P.R.
"Some properties of Chisholm approximants",
J. Inst. Maths. Applics., 13, 229-232 (1974).

[77] CORDELLIER, F.
"Interprétation géométrique d'une étape de l' ε -algorithme",
Séminaire d'analyse numérique, Lille, (1973).

[78] CORDELLIER, F.
Communication privée.

[79] DELLA DORA, J.
"Approximations non-archimédiennes",
Colloque d'Analyse Numérique, Port Bail (1976).

[80] DIEUDONNE, J.
"Calcul infinitésimal",
Hermann (1968).

[81] DIEUDONNE, J.
"Eléments d'analyse",
Gauthier-Villars (1968).

[82] DOMB, C. et SYKES, M.F.
"Use of series expansion for the Ising model of susceptibility and excluded volume problem",
J. Math. Phys. 2, 63-67 (1961).

[83] VAN DYKE, M.
"Analysis and improvement of perturbation series",
Preprint Stanford University (1975).

[84] EDREI, A.
"Sur les déterminants récurrents et les singularités d'une fonction donnée par son développement de Taylor",
Compositio. Math. 7, 20-88 (1939).

[85] EDREI, A.
"Proof of a conjecture of Schoenberg on the generating function of a totally positive sequence",
Can. J. Math. 5, 86-94 (1953).

[86] EDREI, A.
"The Padé table of meromorphic functions of small order with negative zeros and positive poles",
dans [119], 175-180 (1974).

[87] EDREI, A.
"The Padé table of functions having a finite number of essential singularities",
Pac. J. Math., 56, 429-453 (1975).

[88] EDREI, A.
"Convergence of the complete Padé tables of trigonometric functions",
J. Approximation Theory, 15, 278-293 (1975).

[89] EDREI, A.
"The complete Padé tables of certain series of simple fractions",
(à paraître dans Rocky Mountain J. Math.).

[90] FIELD, D.A.
"Series of Stieltjes, Padé approximants and continued fractions",
(a paraître).

[91] FISHER, M.E.
"Critical point phenomena - the role of series expansions",
dans [119], 181-201 (1974).

[92] FLEISCHER, J.
"Nonlinear Padé approximants for Legendre series",
J. Math. Phys. 14, 246-248 (1973).

[93] FROISSART, M.
"Applications of the Padé method to numerical analysis",
dans [160] (1970).

[94] FROISSART, M.
Multiples communications privées.

[95] FROISSART, M.
Non publié, signalé dans [19], 296-298.

[96] GAMMEL, J.L. et McDONALD, P.A.
"Application of the Padé approximant to scattering theory",
Phys. Rev. 142, 1245-1254 (1966).

[97] GAMMEL, J.L. et NUTTALL, J.
"Convergence of Padé approximants to quasi-analytic functions beyond natural boundaries",
J. Math. Anal. Appl. 43, 694-696 (1973).

[98] GAMMEL, J.L., ROUSSEAU, C.C. et SAYLOR, D.P.
"A generalization of the Padé approximant",
J. Math. Anal. Appl., 20, 416-420 (1967).

[99] GAMMEL, J.L.
"Continuation of functions beyond natural boundaries",
dans [119], 203-206 (1974).

[100] GAMMEL, J.L.
"Effect of random errors (noise) in the terms of a power series on the convergence of the Padé approximants",
dans [116], 132-133.

[101] GAMMEL, J.L.
"Review of two recent generalizations of the Padé approximant",
dans [115], 3-10 (1973).

[102] GASTINEL, N.
"Systèmes linéaires ayant une infinité d'inconnues",
D.E.A. de Math. Appliquées, Université de Grenoble,
1965-1966.

[103] GENZ, A.
"The ε -algorithm and some other applications of Padé approximants",
dans [116], 112-125 (1973).

[104] GILEWICZ, J.
"Numerical detection of the best Padé approximant and determination of the Fourier coefficients of the insufficiently sampled functions",
dans [115], 99-103 (1973).

[105] GILEWICZ, J.
"Meilleur approximant de Padé en analyse numérique",
dans [20] (1973).

[106] GILEWICZ, J.
"Method of the determination of the conformal mapping by the accelerated iterations with a Padé approximant",
Ecole d'été de Canterbury, (1972), non publié.

[107] GILEWICZ, J.
"Algorithme pour l'extrapolation des coefficients de Fourier d'une fonction insuffisamment échantillonnée à l'aide d'approximants de Padé",
Colloque A.F.C.E.T., Nov. 1974.

[108] GILEWICZ, J.
"Totally monotonic and totally positive sequences for the Padé approximants method",
Preprint CPT-CNRS 75/P.619 (1974).

[109] GILEWICZ, J.
"Completion of Gragg's theorem",
dans [30] (1975).

[110] GILEWICZ, J.
" ε -algorithme en termes d'approximants de Padé,
Séminaire d'Anal. Numer. Grenoble, N° 240, (1976).

[111] GORDON, R.G. et WHEELER, J.C.
"Bounds for averages using moment constraints",
dans [10], 99-128 (1970).

[112] GRAGG, W.B.
"The Padé table and its relation to certain algorithms of numerical analysis",
SIAM Review, 14, 1-62 (1972).

[113] GRAGG, W.B.
"Matrix interpretations and applications of the continued fraction algorithm",
dans [119], 213-225 (1974).

[114] GRAGG, W.B. et JOHNSON, G.D.
"The Laurent-Padé table",
Information Process, 74, 632-637 (1974).

[115] GRAVES-MORRIS, P.R., ed.
"Padé approximants and their applications",
Academic Press (1973).

[116] GRAVES-MORRIS, P.R., ed.
"Padé approximants",
Inst. of Physics, London and Bristol (1973).

[117] HAUSDORFF, F.
"Summationsmethoden und Momentfolgen",
Mathematische Zeitschrift, 9, 74-109 et 280-299 (1921).

[118] HLADIK, J.
"Les transformations fonctionnelles",
Dunod (1969).

[119] JONES, W.B. et THRON, W.J., eds.
"Proceedings of the International Conference on Padé approximants, continued franctions and related topics",
Rocky Mountain J. Math. 4, 2 (1974).

[120] JURY
"Theory and application of the Z-transformation method",
Wiley, New York.

[121] KAHANER, D.K.
"Numerical quadrature by the ε -algorithm",
Math. Comp. 26, 689-694 (1972).

[122] KARLIN, S.
"Total positivity",
Vol. 1, Stanford Univ. Press, California (1968).

[123] KARLSSON, J.
"Rational interpolation and best rational approximation",
J. Math. Anal. Appl., 53, 38-52 (1976).

[124] KUELBS, J.
Positive definite symmetric functions on linear spaces",
J. Math. Anal. Appl., 42, 413-426 (2973).

[125] LAURENT, P.J.
"Etude de procédés d'extrapolation en analyse numérique",
thèse, Grenoble (1964).

[126] LAVRIENTIEV, M. et CHABAT, B.
"Methodes de la théorie des fonctions d'une variable complexe",
Ed. de Moscou (1972).

[127] LIAPOUNOFF, A.
"Nouvelle forme du théorème sur la limite de probabilité",
Mem. Acad. Sci. St. Petersbourg, VIII, 12, N°5 (1901).

[128] LITTMARK, U.
"En Løsning til det Reduerede Moment-Problem og Dennes Anveldelse pa Impuls-deponering ved Ionbeskydning",
Monograph. N°75-17, Physical Lab. II, Ørsted Inst. (1974).

[129] LOEFFEL, J.J., MARTIN, A., SIMON, B. et WIGHTMANN, A.S.
"Padé approximants and the anhormonic oscillator",
Phys. Lett. B 30, 656-658 (1969).

[130] ŁOJASIEWICZ, S.
"Wstęp do teorii funkcji rzeczywistych",
P.W.N. Varsovie, (1973).

[131] LONGMAN, I.M.
"Computation of the Padé table",
Intern. J. Comp. Math. 3B, 53-64 (1971).

[132] LUKE, Y.L.
"The special functions and their approximations",
Vols. 1 et 2, Academic Press, New York (1969).

[133] LUKE, Y.L.
"The Padé table and the τ-method",
J. Math. and Phys., 37, 110 (1958).

[134] MASSON, D.
"Hilbert space and the Padé approximant",
dans [10], 197-217 (1970).

[135] MAYSTRE, D., PETIT, R., DUBAN, M. et GILEWICZ, J.
"Etude théorique de l'efficacité d'un réseau métallique dans le proche ultraviolet",
Nouvelle Revue Optique, 5, 79-85 (1974).

[136] MERY, P.
"Calcul de la diffusion nucléon-nucléon à basse énergie en théorie lagrangienne des champs",
Thèse, Marseille-Luminy (1976).

[137] MERY, P.
"A variational approach to operator and matrix Padé approximation. Application to potential scattering and field theory",
Preprint CPT-CNRS, 77/PE.900 (1977).

[138] MOSTOWSKI, A. et STARK, M.
"Elementy Algebry Wyższej",
P.W.N. Varosovie (1968).

[139] MOUSSA, P.
Communication privée.

[140] NATIONAL PHYS. LAB., TEDDINGTON
"Modern Computing Methods",
Crown (1961).

[141] NUTTALL, J.
"The convergence of Padé approximants of meromorphic functions",
J. Math. Anal. Appl., 31, 147-153 (1970).

[142] NUTTALL, J.
"The convergence of Padé approximants for a class of functions with branch points",
Non publié (1973).

[143] NUTTALL, J. et SINGH, S.R.
"Orthogonal polynomials and Padé approximants associated with a system of arcs",
J. Approximation Théory, 21, 1-42 (1977).

[144] PADE, H.
"Mémoire sur les développements en fractions continues de la fonction exponentielle pouvant servir d'introduction à la théorie des fractions continues algébriques",
Ann. Sci. Ecole Norm. Sup., 16, 395-426 (1899).

[145] PADE, H.
"Sur la représentation approchée d'une fonction par des fractions rationnelles",
Thèse, Ann. Sci. Ecole Norm. Sup. Suppl., 3, 9, 1-93 (1892).

[146] PERRON, O.
"Die Lehre von den Kettenbrüchen",
Chelsea, N.Y. (1950), et aussi chez Teubner, Stuttgart, (1957)

[147] PINDOR, M.
"A simplified algorithm for calculating the Padé table derived from Baker and Longman schemes",
J. Comp. Appl. Math., 2, 225-257 (1976).

[148] PINDOR, M.
"Zastosowanie aproksymant Padégo do badania formfaktora mezonu π w modelu $\lambda\varphi^4$",
Thèse, Université de Varsovie, (1977).

[149] POMMERENKE, C.
"Padé approximants and convergence in capacity",
J. Math. Anal. Appl. 41, 775-780 (1973).

[150] SAFF, E.B., VARGA, R.S.
"Convergence of Padé Approximants to e^{-z} on Unbounded Sets"
J. Approximation Theory, 13, 470-488 (1975).

[151] SAFF, E.B., VARGA, R.S., eds.
"Rational approximation with emphasis on applications of Padé approximants",
Academic Press (1977).

[152] SCHOENBERG, I.J.
"Some analytic aspects of the problem of smoothing",
dans "Studies and essays presented to R. Courant on his 60th birthday, Jan. 8, 1948", Interscience, New York, 351-370 (1948).

[153] SCHOENBERG, I.J.
"On Polya frequency functions, I ; The totally positive functions and their Laplace transforms",
J. Anal. Math. 1, 331-74 (1951).

[154] SHANKS, D.
"Nonlinear transformations of divergent and slowly convergent sequences",
J. Math. and Phys. (Cambridge Mass.), 34, 1-42 (1955).

[155] SHOHAT, J.A. et TAMARKIN, J.D.
"The problem of moments",
Ameri. Math. Soc. Providence, Rhode Island (1963).

[156] SIMON, B.
"The anharmonic oscillator : a singular perturbation theory",
dans [25], 383-414 (1972).

[157] STIELTJES, T.J.
"Recherches sur les fractions continues",
Ann. Fac. Sci. Univ. Toulouse 8, J,1-122; 9, A,1-47 (1894).

[158] SZEGÖ, G.
"Orthogonal polynomials",
Ann. Math. Soc., N.Y. (1959).

[159] VILLANI, M.
"A summation method for perturbative series with divergent terms",
dans [25], 461-474 (1972).

[160] VISCONTI, A., ed.
"Colloquium on computational methods in theoretical physics",
CPT-CNRS, Marseille (1970).

[161] VISCONTI, A., ed.
"2nd Colloquium on advanced computing methods in theoretical physics",
Vol. 1, CPT-CNRS Marseille (1971).

[162] VOROBYEV, Yu. V.
"Method of moments in applied mathematics",
Gordon & Breach, (1965).

[163] WALL, H.S.
"Analytic thoery of continued fractions",
Van Nostrand (1948).

[164] WALLIN, H.
"The convergence of Padé approximants and the size of the power series coefficients",
Applicable Analysis 4, 235-251 (1974).

[165] WALSH, J.L.
"On the convergence of sequences of rational functions",
SIAM J. Numer. Anal. 4, 211-221 (1967).

[166] WALSH, J.L.
"Padé approximants as limits of rational functions of best approximation, real domain",
J. Approximation Theory, 11, 225-230 (1974).

[167] WATSON, P.J.S.
"Algorithms for differentiation and integration",
dans [115] , 93-98 (1973).

[168] WIDDER, D.V.
"The Laplace transform",
Princeton University Press (1946).

[169] WIDDER, D.V.
"An introduction to transform theory",
Academic Press (1971).

[170] WUYTACK, L.
"Extrapolation to the limit by using continued fraction interpolation",
dans [119], 395-397 (1974).

[171] WYNN, P.
"On a device for computing the $e_m(S_n)$ transformation",
Math. Tables and other Aids to Compt. 10, 91-96 (1956).

[172] WYNN, P.
"Upon systems of recursions which obtain among the quotients of the Padé table",
Numer. Math. 8, 264-269 (1966).

[173] WYNN, P.
"Upon the definition of an integral as the limit of a continued fraction",
Arch. Rat. Mech. Anal., 28, 83-148 (1968).

[174] WYNN, P.
"Vector continued fractions",
Linear Algebra, 1, 357-395 (1968).

[175] WYNN, P.
"Upon a convergence result in the theory of the Padé table",
Trans. Amer. Math. Soc., 165, 239-249 (1972).

[176] WYNN, P.
"Zur Theorie der mit gewissen Speziellen Funktionen Verknüpfen Padeschen tafeln",
Math. Z., 109, 66-70 (1969).

[177] WYNN, P.
"Upon the Padé table derived from a Stieltjes series",
SIAM J. Numer. Anal., 5, 805-834 (1968).

[178] WYNN, P.
"On the convergence and stability of the epsilon algorithm",
SIAM J. Numer. Anal. 3 91-122 (1966).

[179] WYNN, P.
"Sur les suites totalement monotones",
C. R. Acad. Sc. Paris, 275 A, 1065-1068 (1972).

[180] WYNN, P.
"Accélération de la convergence de séries d'opérateurs en analyse numérique",
C. R. Acad. Sc. Paris, 276 A 803-806 (1973).

[181] WYNN, P.
"On the intersection of two classes of functions",
Preprint CRM-160, Centre de Rech.. Math., Univ. de Montréal, (1972).

[182] WYNN, P.
"Some recent developments in the theories of continued fractions and the Padé table",
dans [119] , 297-324 (1974).

[183] WYNN, P.
"A convergence theory of some methods of integration",
Preprint CRM-193, Centre de Rech. Math., Univ. de Montréal, (1972).

[184] WYNN, P.
"L' ε -algorithmo e la tavola di Padé",
Rend. di Mat. Roma, 20, 403 - 408 (1961).

[185] WYNN, P.
""The rational approximation of functions which are formally defined by a power series expansion",
Math. of Comp. 14, 147-186 (1960).

[186] WYNN, P.
"A general system of orthogonal polynomials",
Quart. J. Math., 18 ser. 2, 69-81 (1967).

[187] WYNN, P.
"Four lectures on the numerical application of continued fractions",
CIME Summer School Lectures, (1965).

[188] WYNN, P.
"A note on the convergence of certain non-commutative continued fractions",
MRC Technical Report 750, Madison, (1967).

[189] WYNN, P.
"Upon the diagonal sequences of the Padé table",
MRC Technical Report 660, University of Wisconsin, (1966).

[190] WYNN, P.
"Extremal properties of Padé quotients",
Acta Math. Acad. Sci. Hungariae, 25, 291-298 (1974).

[191] WYNN, P.
"Transformation de séries à l'aide de l' ε -algorithme",
C. R. Acad. Sci. Paris, 275 A, 1351-1353 (1972).

[192] YNDURAIN, F.J.
"The moment problem and applications",
dans [116], 45-63 (1973).

[193] ZINN-JUSTIN, J.
"Approximants de Padé en théorie des champs : système de pions et de kaons",
Thèse, Paris-Orsay, (1968).

[194] ZINN-JUSTIN, J.
"Strong interaction dynamics with Padé approximants",
Phys. Rept. 1, N° 3, 55-102 (1971).

[195] ZINN-JUSTIN, J.
"Convergence of the Padé approximant in the general case",
dans [161], 88-102 (1971).

Références ajoutées au cours de la rédaction

[196] BARNSLEY, M.F., ROBINSON, P.D.
"Rational approximant bounds for a class of two-variable Stieltjes functions",
A paraître dans SIAM J. Appl. Math., 8, n°5 (1977).

[197] BOUHIER, M.
"Quelques problèmes d'analyse numérique traités du point de vue de la calculabilité",
Thèse, Grenoble (1974).

[198] CHISHOLM, J.S.R., GENZ, A.L., PUSTERLA, M.
"A method for computing Feynman amplitudes with branch cuts",
J. Comp. Appl. Math. 2, 73-76 (1976).

[199] CHISHOLM, J.S.R.
"Multivariate approximants with branch cuts",
Durham Symposium on Multivariate Approximation (Juin 1977).

[200] CHISHOLM, J.S.R.
Communication privée.

[201] GILEWICZ, J.
"Domb-Sykes, Van Dyke and Padé approximant methods",
Colloque Euromech 93 "Non-local Theory of Materials",
Jablonna(Pologne), (Août-sept. 1977).

[202] LAMBERT, A.
"Quelques théorèmes de décomposition des ultradistributions",
Preprint Marseille-Luminy, GPT7709 (1977).

[203] RUDIN, W.
"Real and complex analysis",
McGraw-Hill (1974).

[204] TRENCH, W.F.
"An algorithm for the inversion of finite Toeplitz matrices",
SIAM J. Appl. Math., 12, 515-522 (1964).

[205] WILSON, S., SILVER, D.M., FARRELL, R.A.
"Special invariance properties of the [N+1/N] Padé approximants in Rayleigh-Schrödinger perturbation theory",
Proc. R. Soc. Lond., A. 356, 363-374 (1977).

Références ajoutées en MAI 1978

[206] BREZINSKI, C.
"A bibliography on Padé approximation and related subjects",
Publ. N°96 du Lab. de Calcul, Univ. de Lille (1977).

[207] BREZINSKI, C.
"Rational approximation to formal power series",
A paraître dans J. Approximation Theory.

[208] De BRUIN, M.G.
"Generalized C-fractions and a multidimensional Padé table",
Thèse, Amsterdam (1974).

[209] De BRUIN, M.G.
"Some classes of Padé tables whose upper halves are normal",
Nieuw Archief voor Wiskunde, 25, 148-160 (1977).

[210] BUSSONNAIS, D.
""Tous" les algorithmes de calcul par récurrence des approximants de Padé d'une série",
Séminaire d'Anal. Numér. Grenoble, N° 293 (1978).

[211] CLAESSENS, G., WUYTACK, L.
"On the computation of non-normal Padé approximants",
dans [212].

[212] "COLLOQUE sur les Approximants de Padé",
Lille, 28-30 mars 1978.
Non Paru.

[213] CORDELLIER, F.
"Deux algorithmes de calcul récursif des éléments d'une table de Padé non-normale",
dans [212].

[214] GILEWICZ, J.
"Contribution à la théorie des approximants de Padé et à leur technique d'emploi",
Thèse, Université d'Aix-Marseille I (1977).

[215] GILEWICZ, J.
"Sur les blocs et les vallées dans les tables c",
Colloque d'Analyse Numérique, Giens (1978).

[216] GILEWICZ, J., MAGNUS, A.
"Properties of the c-tables in the Stieltjes case",
En préparation.

[217] MAGNUS, A.
"Fractions continues généralisées : théorie et applications",
Thèse, Louvain-La-Neuve (1976).

[218] SAFF, E.B., VARGA, R.S.
"On the zeros and poles of Padé approximants to e^z. III.",
A paraître dans Numer. Math.

[219] CHOQUET, G.
"Lectures on Analysis.
Vol.II. Representation Theory"
Benjamin (1969)

[220] MEYER, P.A.
"Probabilités et potentiel"
Hermann, (Publ. Univ.Strasbourg) (1966).

- INDEX -

INDEX DES SYMBOLES :

INDEX TERMINOLOGIQUE :